W0269176

BARBARA HAHN

Welthandel

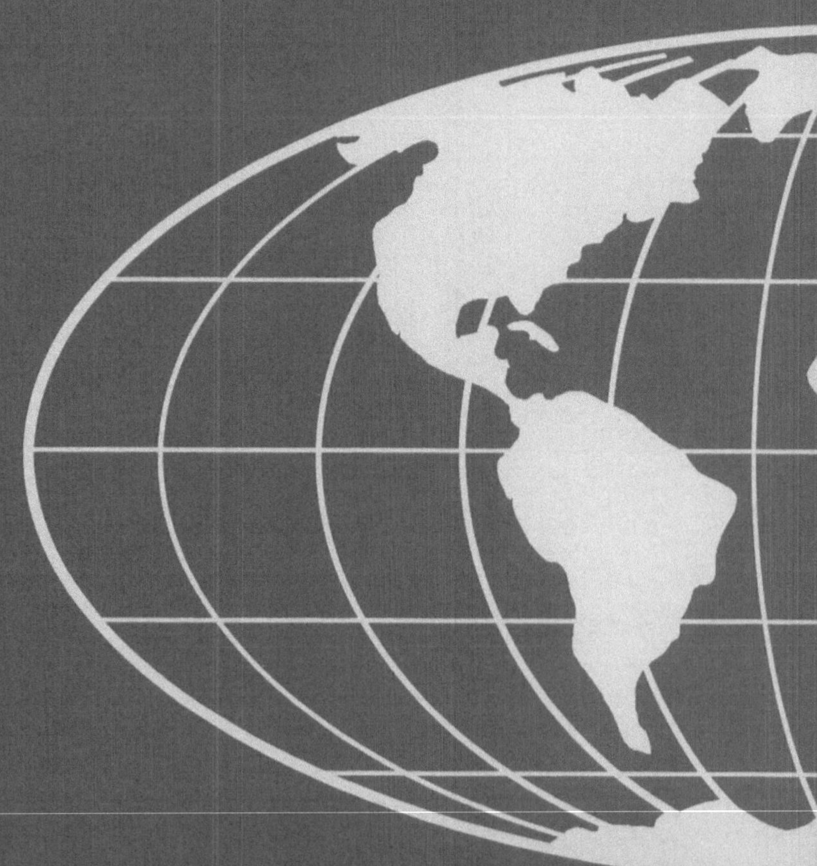

BARBARA HAHN

Welthandel

GESCHICHTE, KONZEPTE, PERSPEKTIVEN

Lizenzausgabe für Spektrum Akademischer Verlag, Heidelberg
© WBG (Wissenschaftliche Buchgesellschaft), Darmstadt, 2009
Die Herausgabe des Werkes wurde durch die Vereinsmitglieder der WBG ermöglicht.
Redaktion: Katrin Kurten, Wiesbaden
Layout, Satz und Prepress: Lohse Design, Büttelborn
Umschlaggestaltung: SpieszDesign, Neu-Ulm
Umschlagabbildung: GettyImages / Stone / Eightfish
Gedruckt auf säurefreiem und alterungsbeständigem Papier
Printed in Germany

ISBN 978-3-8274-1955-2

Inhaltsverzeichnis

Die zahlreichen Veränderungen des Welthandels in den vergangenen Jahrzehnten haben die Anregung zu dem vorliegenden Buch gegeben. Ein Freisemester im WS 2007/08 verbrachte ich weitgehend in Washington, DC für die Recherchen. Dem guten Angebot und Service in der Library of Congress ist es zu verdanken, dass die Erhebungen äußerst zügig durchgeführt werden konnten. Das sehr anregende Klima in der US-amerikanischen Hauptstadt mit ihren zahlreichen internationalen Behörden und Think Tanks, die sich aus unterschiedlichen Blickwinkeln mit dem Welthandel beschäftigen, taten ein Übriges. Im September 2008 war ich wiederum in Washington, als die Investmentbank Lehman Brothers in Konkurs ging. Obwohl die US-amerikanischen Nachrichtensender rund um die Uhr von den Rettungsversuchen berichteten, die letztlich scheiterten, war nicht absehbar, dass die Weltwirtschaft binnen weniger Wochen in eine Krise geraten würde. Die erste Fassung dieses Buches wurde im November 2008 abgeschlossen. Der Zeitpunkt war eigentlich gut gewählt, denn im November veröffentlicht die WTO stets umfassende Statistiken zum Welthandel des Vorjahres, die noch berücksichtigt werden konnten. Für die nächsten Monate war die Überarbeitung des Manuskripts geplant. Nicht voraussehbar war, dass alle optimistischen Ausführungen zur Zukunft des Welthandels geändert werden mussten. Der Welthandel war eingebrochen und die Prognosen für die weitere Entwicklung wurden fast wöchentlich nach unten korrigiert. Soweit möglich habe ich versucht, auch die allerneueste Entwicklung zu berücksichtigen.

Das Buch ist in fünf Teile gegliedert. Teil I beschäftigt sich mit der Geschichte des Welthandels. Es wird sichtbar, dass es schon früh Versuche gegeben hat, den Handel anderer Länder durch protektionistische Maßnahmen zu beschneiden. Im Mittelpunkt von Teil II steht die Globalisierung des Handels. Nach dem Zweiten Weltkrieg hat sich erstmals eine international koordinierte Handelspolitik entwickelt und es bestand weitgehend Kon-

sens, dass eine Liberalisierung des Welthandels anzustreben sei. Internationale Abkommen und Organisationen wie GATT oder später die WTO schufen die Grundlagen für die Umsetzung dieses Ziels. Insbesondere in den vergangenen zwei Jahrzehnten konnten immer mehr Länder in den Welthandel integriert werden. Teil III ist der Struktur des Welthandels gewidmet. Es schien nicht sinnvoll, den Handel mit allen Welthandelsgütern darzustellen. Daher wurden Güter ausgewählt, deren Handel umstritten ist oder die für eine exemplarische Behandlung besonders geeignet erschienen. In Teil IV steht der Transport der Welthandelsgüter im Vordergrund. Hier hat es in jüngster Zeit interessante Verlagerungen bei der Richtung der großen Welthandelsströme gegeben. Teil V wagt einen Blick in die zukünftige Entwicklung des Welthandels. In den vergangenen Monaten sind weltweit eine Reihe protektionistischer Maßnahmen eingeleitet worden. Ob mittel- bis langfristig die Anhänger des Freihandels oder des Protektionismus siegen werden, ist ungewiss.

Alle Daten zum Welthandel sind offiziellen Statistiken entnommen. Berichte und Datenbanken von WTO und UNCTAD, aber auch von FAO und anderen internationalen Behörden enthalten umfangreiche Angaben zu Volumen und Struktur des Welthandels. Darüber hinaus wurde auf Statistiken von Verbänden und vereinzelt Unternehmen zurückgegriffen. Alle Statistiken zum Welthandel werden in US-Dollar geführt. Eine Umrechung in Euro war aufgrund der großen Wechselkursschwankungen nicht möglich und auch nicht sinnvoll. Einzig die Daten zum deutschen Außenhandel sind in Euro angegeben, da sie den Datenbanken des Statistischen Bundesamtes entnommen sind. Um eine Vergleichbarkeit zu ermöglichen, wurden sie teilweise in US-Dollar umgerechnet und in Klammern ergänzt. Fast alle Karten enthalten Angaben zum Welthandel bis einschließlich 2007. In einigen wenigen Fällen, wie insbesondere bei Karten zum Handel mit Agrarerzeugnissen, war dies nicht möglich, da die FAO viele Daten erst mit mehrjähriger Verzögerung veröffentlicht.

Abschließend möchte ich allen Kollegen danken, deren Fotos zum Gelingen dieses Buches beigetragen haben. Mein besonderer Dank gilt Frau Julia Breunig, die Kartographin am Institut für Geographie der Universität Würzburg ist. Frau Breunig arbeitet sehr zuverlässig und eigenständig und hat alle Abbildungen dieses Buches erstellt. Im Laufe des vergangenen Jahres hat sie sich immer mehr für den Welthandel interessiert und mit ihren vielen Ideen sehr zum Gelingen des vorliegenden Bandes beigetragen. Die Zusammenarbeit war eine Freude. Letztlich gilt mein Dank auch der Lektorin Frau Katrin Kurten für die sehr sorgfältige Überarbeitung des Manuskripts.

Barbara Hahn Würzburg, im Mai 2009

Geschichte des Welthandels

Weltweite Handelsverflechtungen sind kein Phänomen der Neuzeit. Bereits bevor im 16. Jahrhundert die Kolonisierung Asiens und Amerikas durch die Europäer einsetzte, gab es Handelsbeziehungen zwischen weit entfernt liegenden Regionen oder sogar zwischen Kontinenten. In Europa war während der Zeit der römischen Herrschaft zeitweise Getreide aus Ägypten importiert worden. Dieser Handel endete mit dem Zusammenbruch des Römischen Reiches. Seit dem 7. Jahrhundert hatte die zunehmende Verbreitung des Islams den Handel über größere Entfernungen erleichtert, da das Reisen zwischen strategischen Punkten des Kontinents, wie dem Indischen Ozean und dem Mittelmeerraum, erstmals seit dem Niedergang des Römischen Reiches ohne große Gefahren möglich war. In den folgenden Jahrhunderten wurde weit mehr Handel im islamischen, östlichen Europa als im christlich geprägten Westeuropa betrieben. Hier war der Handel auf den Mittelmeerraum sowie auf den Nordatlantik begrenzt. Auch in Afrika hatte sich schon früh eine Handelsroute zum Mittelmeer durch die Sahara gebildet, auf der Gold, Sklaven und Salz transportiert wurden, und in Mittelamerika hatten Azteken und Maya Handel zwischen Regionen, die heute zu Mexiko bzw. Nicaragua gehören, betrieben (Buckman 2005: 2, Curtin 1984: 1–89).

China und die Seidenstraße

Einen begrenzten Handel von Luxusgütern, die aus Bernstein, Korallen oder Muscheln hergestellt worden waren, hatte es zwischen Europa, Asien und Afrika wahrscheinlich schon zu prähistorischer Zeit gegeben (Buckmann 2005: 3). Nachdem China erstmals zur Zeit der Han-Dynastie zu einem Großreich vereint worden war, erfolgte ein plötzlicher Aufschwung ab ca. 200 v. Chr., aus dem ein regelmäßiger Überlandhandel von China durch Zentralasien in den östlichen Mittelmeerraum entstand. Außerdem wurde auf dem Seeweg zwischen Marokko und Japan gehandelt. Aufgrund der noch eingeschränkten nautischen Möglichkeiten war dieser Handel auf eine Reihe kürzerer Küstenabschnitte beschränkt (Curtin 1984: 90f.). Von weit größerer Bedeutung war der Handel entlang der so genannten Seidenstraße, die die Hochkulturen Chinas, Indiens und des Irans miteinander verband, ohne jemals selbst einen homogenen Kulturraum darzustellen. Das »Land der Seidenstraße« erstreckte sich über einen geographisch stark zergliederten Raum von der ostiranischen Hochebene bis zur Wüste Gobi, die das chinesische Kernland im Westen begrenzt (s. Abb. 1.1). Dieser von Nomaden und Halbnomaden bewohnte Raum wird durch Steppen und Halb-

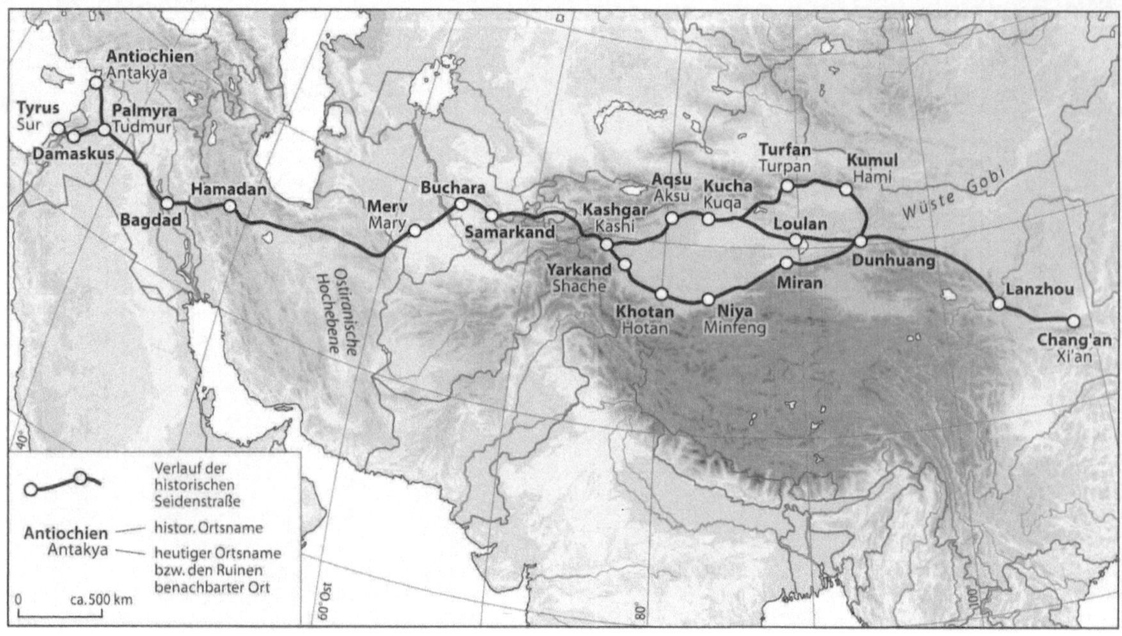

Abb. 1.1

Die Seidenstraße. Quelle: Klimkeit 1988, Umschlaginnendeckel, verändert

wüsten geprägt, die durch in ost-westlicher Richtung verlaufende Hochgebirgsketten untergliedert werden. Die Schmelzwasser aus den Gebirgen bildeten die Lebensgrundlage für Oasenstädte, die wiederum den Verlauf der Seidenstraße bestimmten. Östlich von Kashgar teilte sich die Seidenstraße in eine nördliche und in eine südlich Route (Klimkeit 1988: 8).

Die südliche Route führte über Yarkand, Khotan, Niya und Miran nach Dunhuang, das als westliches Tor Chinas galt. Vermutlich trocknete ein Teil der an dieser Route gelegenen Oasen aufgrund einer Erwärmung des Klimas um das 4. Jahrhundert aus. In der Folgezeit wurde bevorzugt die Nordroute durch das Tarim-Becken gewählt, über das wahrscheinlich schon in vorgeschichtlicher Zeit Waren zwischen China und dem Westen ausgetauscht worden waren. In der Mongolenzeit im 13. und 14. Jahrhundert wurden wieder die nördliche wie auch die südliche Route benutzt. Östlich von Dunhuang, wo die nördliche und die südliche Route zusammenliefen, führte die Seidenstraße in die chinesischen Städte Chang'an und Luyang. Der Westanschluss verlief über die iranische Hochebene in das Zweistromland, von wo es Verbindungen nach Syrien und zu den Häfen Tyrus und Antiochien am Mittelmeer gab. Zeitweise existierte noch eine dritte Route, die eine Kombination von See- und Landweg darstellte. Über den Kyper-Pass wurde der Indus erreicht und die

Reise mit dem Schiff bis zu dessen Mündung fortgesetzt. Von hier führte sie über den Indischen Ozean zu den Häfen an der südarabischen Küste, von denen aus Ägypten erreicht werden konnte. Die Reisen auf der Landroute zwischen den Oasen der Seidenstraße wurden mit Lasttieren durchgeführt (Haussig 1983: 24f., Klimkeit 1988: 10–17). Die an der Seidenstraße gelegenen Oasenstädte waren Orte einer gehobenen geistigen und materiellen Kultur. Neue Techniken und Ideen gaben sie an die Nachbarstädte weiter. Bereits in der Frühzeit der Seidenstraße wurden chinesische Seidenstoffe in den Mittelmeerraum gebracht; andere begehrte Handelsgüter waren Glasmalereien aus Syrien und Gewürze aus Indien. Später wurden auch andere Luxusgüter wie Porzellan, Jade oder Textilien gehandelt. In China war der Maulbeerbaum, dessen Blätter die Nahrungsgrundlage der Raupe des Seidenspinners darstellen, weit verbreitet. Die Seidenraupenzucht ist in Ostasien seit ca. 5000 Jahren bekannt. Die Raupe lässt aus zwei Spinnwarzen der Unterlippe einen mehrere Kilometer langen Faden hervortreten, aus dem sie einen Kokon anfertigt. Die Gewinnung der Fäden und das Weben der Seide fanden anfangs aber nur in geringem Umfang statt, und die Seide war noch von schlechter Qualität. Aus Briefen aus dem 4. Jahrhundert ist bekannt, dass zunächst Händler und Kaufleute die strapaziöse Reise auf der Seidenstraße auf sich nahmen. Andere Reisende waren Mönche und

Pilger (Buckmann 2005: 3, Haussig 1983: 27, Klimkeit 1988: 12 u. 20).

Mit der Gründung der Song-Dynastie im Jahr 960 setzte in China ein wirtschaftlicher Aufschwung ein, wie er weltweit bis dato wahrscheinlich noch nie verzeichnet worden war. Bis zum Einfall feindlicher Nomaden im Norden des Landes 1127 fand eine Verstädterung und Industrialisierung in China statt, die von Historikern mit der Entwicklung, die in Europa erst 600 Jahre später einsetzte, verglichen wird. Es entstand ein Netz von Verkehrswegen, dessen zentrale Achse die Flüsse Huang Ho im Norden und Yangtsekiang in Zentralchina bildeten, die bereits seit einiger Zeit durch den Grand Kanal miteinander verbunden waren. An dieses Flusssystem waren weitere Kanäle und Straßen angebunden. Die im Norden gelegene Stadt Kaifeng hatte vermutlich zwischen 750 000 und 1 Mio. Einwohner und war somit die wohl größte Stadt der Welt. Über das Verkehrsnetz konnten Nahrungsmittel, d. h. vor allem Reis, über große Entfernungen in die Städte transportiert werden. Die Chinesen produzierten in dieser Zeit bereits Stahl in größeren Mengen. Der große Binnenmarkt ermöglichte die Herstellung vieler handwerklicher Erzeugnisse, die auf dem Seeweg nach Südostasien transportiert und dort gegen Gewürze und andere tropische Produkte getauscht wurden. Im frühen 12. Jahrhundert kamen 20 % der Steuern Chinas aus dem Außenhandel, allerdings war der Handel mit dem Westen in dieser Epoche begrenzt. Die Phase der chinesischen Blütezeit endete abrupt. Mitte des 12. Jahrhunderts verschwand sogar die Stahlherstellung. Das Transportnetz blieb zwar bestehen, wurde aber nur zu Friedenszeiten effektiv genutzt (Curtin 1984: 109f.).

Eine Intensivierung des Handels mit dem Westen fand während der Mongolenzeit im 13. bis 14. Jahrhundert statt. Bekanntester Reisender dieser Zeit war Marco Polo, der 1254 als Sohn einer Händlerfamilie in Venedig geboren worden war. Seine erste Reise, die gemeinsam mit Vater und Onkel erfolgte, führte ihn durch die Türkei und den nördlichen Iran bis Hormus an den Persischen Golf und anschließend durch die Wüsten des östlichen Irans und Afghanistans. Über die alte Seidenstraße gelangten sie in die Mongolei. Die Rückreise erfolgte ab 1292 teils auf dem Seeweg über das heutige Vietnam, die malayische Halbinsel, Sumatra, die indische Küste, Iran, Armenien und Konstantinopel nach Venedig (Walter 2006: 48f.). Auch in den folgenden Jahr-

hunderten fand nur noch wenig Handel über die Seidenstraße statt, der schließlich mit dem Zusammenbruch der Ming-Dynastie im 17. Jahrhundert zu einem endgültigen Ende kam. Seit Beginn des 10. Jahrhunderts hatte sich in China neben dem Handel auf dem Landweg ein zunehmender Seehandel entwickelt. Im 14. und 15. Jahrhundert segelten chinesische Kaufleute sogar bis zur afrikanischen Ostküste. Es schien lange, als würde sich China zum Zentrum des internationalen Handels entwickeln. 1433 endeten die chinesischen Aktivitäten jedoch, da die Expansion umstritten war und das Land im Norden zunehmend von den Mongolen bedroht wurde (Buckman 2005: 4).

Handel in Europa

Der Aufstieg des Handels war in Europa eng an die Entstehung des mittelalterlichen Städtesystems geknüpft. Ausgehend vom Maas-Schelde-Raum breiteten sich die Städte bis 1150 über das Rheinland bis an den Main und die Donau sowie den Raum östlich der Elbe aus. Wichtiges Merkmal einer Stadt war der Markt, auf dem Händler aus dem Nah- und Fernraum Waren anboten. Die Grenzen zwischen Kleinhandel, Großhandel und Fernhandel waren fließend. Gerade kostbare Ware wurde häufig in kleinen Mengen über große Entfernungen transportiert, um hier auf Marktplätzen oder Messen angeboten zu werden (Haussherr 1970: 33).

Der Gebrauch von Münzen war unumgänglich, wenn mehr als ein reiner Tauschhandel erfolgen sollte. Die Grundlagen für das mittelalterliche Geldwesen waren von dem karolingischen Herrscher Pippin und seinem Sohn Karl dem Großen gelegt worden. In den 750er Jahren hatte Pippin das Münzwesen unter staatliche Aufsicht gestellt, und Karl der Große führte ein einheitliches Münz-, Maß- und Gewichtssystem ein. In Westeuropa hatte die Silberwährung ca. 500 Jahre Bestand. Das Silber wurde im Harz, im Schwarzwald oder in Freiberg gewonnen. Die Münzprägung erfolgte zunächst in den königlichen Pfalzen oder Abteien, später aber auch in Städten, die mit dem Stadtrecht das Recht der Münzprägung erhielten. Mit der zunehmenden Verbreitung der Münzprägung kam es zu immer größeren Unterschieden bei Gewicht, Feingehalt und Wert der einzelnen Münzen, denn die Festlegung des Wertes lag im Ermessen des Münzherrn (North 1994: 10–12).

Auch in anderen Kulturräumen entstand im Mittelalter ein Geldwesen. In Florenz wurden im Jahr 1252 Goldflorentiner und in Venedig 1284 Dukaten eingeführt. In Frankreich und England gab es nur vorübergehend wertbeständige Münzen und auch der Rheinische Gulden, der sich seit 1386 als Handelswährung durchsetzte, verlor bald an Wert (Haussherr 1970: 34f.).

Die unterschiedlichen Münzen ließen den Beruf des Geldwechslers entstehen, der nach Feingehalt und Gewicht Münzen auf Märkten und Messen tauschte. In italienischen Städten wurde deren Tisch als »bancus« bezeichnet und gab später Banken und Bankiers ihre Namen. Münzen liefen immer Gefahr gestohlen zu werden und waren unpraktisch, wenn ein Kaufmann nicht selbst reiste oder an mehreren Orten gleichzeitig handelte. Um das Jahr 1300 entwickelten die toskanischen Kaufleute die doppelte Buchführung, bei der nicht nur alle Geschäftsvorgänge in ein Buch eingetragen, sondern auch Soll und Haben gegenübergestellt wurden. Die doppelte Buchführung wanderte Ende des 15. Jahrhunderts nach Oberdeutschland. Außerdem wurde der Wechsel eingeführt, der das Versprechen enthielt, eine bestimmte Summe an einem anderen Ort oder in einer anderen Währung zu zahlen. Der Kaufmann musste darauf bedacht sein, seinen Verpflichtungen nachzukommen und alle Wechsel termingerecht einzulösen, um seinen guten Ruf nicht zu verlieren. Der bargeldlose Zahlungsverkehr im Handel war erfunden, und aus Geldwechslern wurden Bankiers. Zu den bedeutendsten Bankiersfamilien stiegen die Medici in Florenz und die Fugger in Augsburg auf (North 1994: 30).

Handel an Nord- und Ostsee

Im Norden Europas stellten im Mittelalter die Nord- und Ostsee wichtige Verbindungen zwischen West und Ost dar. Bis zur ersten Hälfte des 12. Jahrhunderts dominierten die Skandinavier und hier vor allem die Norweger den Handel. Die Wikinger tauschten Ware mit England und gründeten Siedlungen in der Irischen See. Außerdem befuhren Norweger und Dänen die Ostsee und erreichten wohl auch Bremen, Utrecht, Köln sowie Flandern und die Normandie. Im Westen fuhren sie bis Island und Grönland. Wichtige Handelsgüter waren Fisch, Häute, Felle, gesalzene Butter und Bauholz. Friesen und Flamen beherrschten den Handel in der nördlichen Nordsee. Die Flamen verkauften Tuche in London und brachten von dort Wolle, Zinn, Blei, Häute und Felle zurück. Brügge entwickelte sich zu einem wichtigen Handelszentrum für Metallwaren, Rheinwein, Edelsteine und Luxusstoffe aus Regensburg oder sogar Konstantinopel. Im Ostseeraum dominierten zunächst die Friesen den Handel. Mit dem an der Schlei gelegenen Haithabu hatten sie bereits um das Jahr 800 einen Umschlagplatz für den Handel zwischen Westeuropa und Skandinavien angelegt, der aber aus nicht ganz geklärten Gründen bald rückläufig war. Haithabu wurde Mitte des 11. Jahrhunderts durch die Wenden zerstört (Dollinger 1976: 17–20). Ein wichtiges Handelszentrum in der Ostsee war während der späten Wikingerzeit die Insel Gotland, die in zentraler Lage zwischen dem östlichen baltisch-russischen und dem westlichen englisch-friesischen Handelsraum gelegen ist (Walter 2006: 67). Deutsche Kaufleute gewannen immer mehr an Bedeutung, als Bremer und Kölner den Nordseehandel und die Beziehungen zu England ausbauten. Die Kölner erhielten spätestens 1130 das Aufenthaltsrecht in London, wo sie hauptsächlich Rheinwein, aber auch Waffen und Metallerzeugnisse verkauften. Aus England brachten sie Wolle, Metalle und Nahrungsmittel mit. Kaufleute aus Köln handelten auch mit Dänemark, wohin sie ebenfalls Wein und Tuffstein aus Andernach für den Kirchenbau lieferten (Dollinger 1976: 19f.).

Seit Mitte des 12. Jahrhunderts kam es zum Ausbau der Hanse, die eines der größten und komplexesten Zusammenschlüsse von Kaufleuten im Mittelalter darstellte. Ihr auffälligstes Kennzeichen war die Seebezogenheit (Stoob 1995: 3). Der Begriff »Hansa« bedeutete im Gotisch-Altdeutschen »Schar« (Gruppe, Gemeinschaft) und wurde im 13. Jahrhundert auch im Sinne von Handelsabgabe verwendet. Im 14. Jahrhundert bezeichneten »hanse«, »hense« oder »hansa« Kaufmannsgilden (Walter 2006: 53). Die Hanse ist im Zuge der deutschen Ostkolonisation entstanden. 1158 wurde als erste Stadt östlich der Elbe Lübeck durch einen Zusammenschluss westdeutscher Kaufleute gegründet. Von hier aus segelten die Lübecker auf den Spuren der Skandinavier nach Osten und gründeten Riga (1201), Rostock (1218), Reval (1230), Stralsund (1234), Danzig (1238) und Königsberg (1255) (Haussherr 1970: 29, Walter 2006: 57). Die Ostsee bot sich für den Fernhandel an, da sie weit nach Norden und

Osten reicht und das Innere der Anrainerstaaten über die langen Flüsse, die in die Ostsee münden, erschlossen werden kann (Mauro 1990: 256). Über die russischen Flüsse konnten die großen Märkte von Nowgorod und Smolensk erreicht werden. Auch die nordwestdeutschen Städte schlossen sich dem Bund an, der Mitte des 13. Jahrhunderts Handel im Nord- und Ostseeraum entlang der großen Achse Nowgorod–Reval–Lübeck–Hamburg–Brügge–London trieb und das Handelsmonopol besaß (Dollinger 1976: 10f. u. 36). Von großer Bedeutung waren die vier auswärtigen Kontore in Nowgorod, Bergen, London und Brügge (Haussherr 1970: 30). Eine andere Handelslinie verband England und die Niederlande (s. Abb. 1.2). Hier besaß die Hanse kein Handelsmonopol, sondern war nur über die Vermittlung Kölns beteiligt. Als seetüchtige Schiffe zur Verfügung standen, wurde die Umlandfahrt durch Kattegat und Skagerrak üblich. Seit 1294 war Lübeck das unumstrittene Haupt der Hanse. Nach Unstimmigkeiten zwischen den Kaufleuten des Bündnisses und Konflikten mit Flandern rief der Rat von Lübeck 1356 die Vertreter aller hansischen Gebiete zusammen. Auf diesem ersten allgemeinen Hansetag wurde die Städtehanse gegründet, die einen lockeren Städtebund ohne genaue Bestimmungen und Regeln

darstellte (Haussherr 1970: 3, Dollinger 1976: 89, Walter 2006: 30, 59f.). Auf den Hansetagen wurde über wichtige Angelegenheiten befunden, wie die Ratifizierung von Verträgen oder die Vergabe von Handelsprivilegien. Die Bedeutung dieser Treffen darf jedoch nicht überschätzt werden, denn im 14. Jahrhundert wurde weniger als einmal jährlich und im 15. Jahrhundert höchstens alle drei Jahre ein Handelstag abgehalten. Der Hanse gehörten insgesamt, wenn auch wohl nicht gleichzeitig, bis zu 200 Städte an. Der Höhepunkt der Hanse wird heute für das dritte Viertel des 14. Jahrhunderts angesetzt (Dollinger 1976: 14 u. 125, Woodward 2006).

Wesentliche Aufgabe der Hanse war der Handel zwischen West- und Osteuropa, wobei immer mehr von Ost nach West transportiert wurde als umgekehrt. Aus dem Osten wurden vor allem Pelze und Wachs gebracht und vom Westen Tuche und Salz geliefert. Des Weiteren wurden Kupfer und Eisen aus Schweden, Fisch aus Schonen, Norwegen und Island, Getreide aus Preußen und Polen, Erze aus Ungarn sowie Wein und Metallwaren aus Süddeutschland gehandelt (Dollinger 1976: 278f.). Andere Handelsgüter waren Holz, Talg, Tran, Häute, Bernstein, Heringe, Bier und Gewürze sowie Salz aus Lüneburg, das bis Mitte des 14. Jahrhunderts ausschließ-

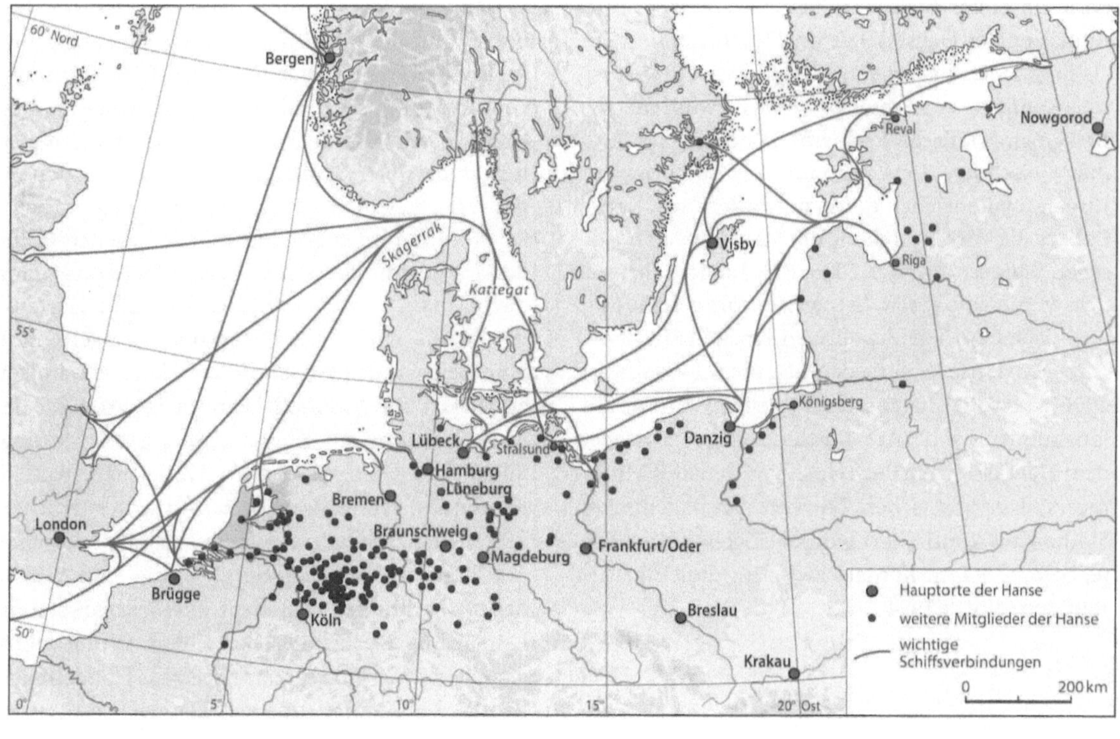

Abb. 1.2
Die Hanse.
Quelle: Walter 2006: 60, Dollinger 1976: Anhang Karte 3 u. 5

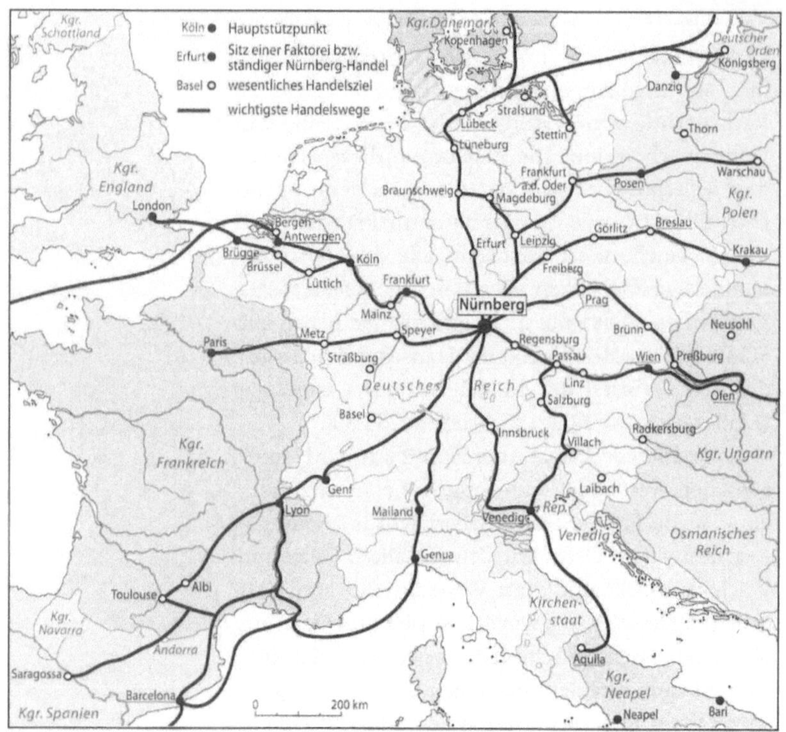

lich den europäischen Markt mit Salz versorgte (Walter 2006: 61). Mengen und Preise für die einzelnen Handelsgüter variierten im Laufe der Zeit; wertmäßig stand der Tuchhandel über mehrere Jahrhunderte an erster Stelle (Dollinger 1976: 285). Der Rückgang der Hanse setzte im 15. Jahrhundert ein, als flämische, englische, niederländische und russische Kaufleute zunehmend zu Rivalen wurden. Hinzu kamen politische Probleme Lübecks mit Dänemark. Nachdem 1534 der Lübecker Bürgermeister Jürgen Wullenweber gestürzt worden war, verlor Lübeck die Vorrangstellung der Hanse in den nordischen Ländern (Walter 2006: 63). Im 16. Jahrhundert wurden die ausländischen Kontore geschlossen, und nach dem Dreißigjährigen Krieg (1618–1648) hatte die Hanse keine Bedeutung mehr (Woodward 2006). Obwohl Brügge seit der zweiten Hälfte des 14. Jahrhunderts eine Art Mittlerfunktion zwischen dem Handelssystem der Hanse und dem des Mittelmeers, das zur gleichen Zeit von den italienischen Städten aus kontrolliert wurde, eingenommen hatte, bestand kaum Kontakt zwischen diesen beiden Räumen (North 1994: 34).

Handel im rheinischen, mittel- und süddeutschen Raum

Der Rhein war Leitlinie des rheinischen Raums mit Köln als wichtigstem Handelsplatz. Frankfurt entwickelte sich zur führenden Messestadt und Drehscheibe des Handels zwischen Flandern, Brabant, dem oberdeutschen Raum und Oberitalien. Mit dem Aufstieg Antwerpens im 15. Jahrhundert stärkten sich die Beziehungen Frankfurts zu dieser Stadt, während Köln mehr durch den Aufstieg Amsterdams im 16. Jahrhundert gewann. Im mitteldeutschen Raum nahm das 400 km weiter östlich gelegene Leipzig eine mit Frankfurt vergleichbare Funktion als Messestadt ein und war sogar zeitweise bedeutender. Leipzig war Drehscheibe der Handelsrouten Oberdeutschland–Mitteldeutschland–Hamburg, Russland–Polen–Deutschland, Ungarn–Regensburg–Mitteldeutschland und Schlesien–Mitteldeutschland–Rheinland. Die Stadt profitierte von der zunehmenden Ausdehnung des Handelsraums nach Osten und Südosten; in Leipzig tauschten westeuropäische Kaufleute mit Händlern aus Polen, Russland und dem Balkan ihre Ware. Auf den Messen wurden hochwertige Produkte Mitteldeutschlands, Schlesiens und Böhmens wie Porzellan, Seidenstoffe, Wollwaren, Kattun oder Tapeten angeboten (North 2000: 20f.).

In Oberdeutschland überwogen das Textilgewerbe und die Metallverarbeitung. Nürnberg und Augsburg waren neben Nördlingen, Ulm, Memmingen und Ravensburg die dominierenden Handelsstädte. Bereits vor dem 15. Jahrhundert war Nürnberg mit anderen Städten des oberdeutschen Raums gut vernetzt, von denen viele für Nürnberger Händler produzierten (s. Abb. 1.3). In der zweiten Hälfte des 16. Jahrhunderts profitierte Oberdeutschland davon, dass sich Handel, Bergbau und Gewerbe von West- nach Mittelosteuropa verlagerten. In Nürnberg wurden fortschrittliche Handelstechniken entwickelt und qualitativ hochwertige Produkte der Metallindustrie aus Kupfer, Eisen, Zinn, Messing, Silber und Gold, aber auch Werkzeuge, Waffen, Rüstungen, Schmiedearbeiten und später Druckerzeugnisse hergestellt. Zentrum der oberdeutschen Textilindustrie war Augsburg, wo die Fugger Ende des 14. Jahrhunderts Barchent, ein Mischgewebe aus Leinen und Baumwolle, herstellten. Wenig später gründete Jakob Fugger das Fuggersche Handelshaus, für das die Kombination des Handels von Luxuswaren und Metallen (Silber und Kupfer) mit dem Bankgeschäft charakteristisch war. Wichtig war der Handel mit Gewürzen (Ammann 1968, Walter 2006: 127–133). Es wurde in Kupfer und Silber investiert und Minen in Ungarn und Tirol gekauft. 1488 erhielt das Haus Fugger das Recht, Silber in Schwarz in Tirol abzubauen. Als Gegenleistung gewährten die Augsburger Erzherzog Sigismund einen hohen Kredit. In den folgenden Jahrzehnten wurden die Bankgeschäfte über weite Teile Europas ausgedehnt. Jakob Fugger der Reiche (1459–1525) finanzierte die Wahl von Kaiser Karl V. maßgeblich durch Zahlung von Bestechungsgeldern in der Hoffnung, so die Gunst des zukünftigen Kaisers zu sichern. Auch dem spanischen Königshaus liehen die Fugger viel Geld. Ende des 16. Jahrhunderts erlitten sie große Verluste, als es nicht gelang, die Kredite wieder einzutreiben. Auch andere oberdeutsche Handelshäuser verzeichneten in dieser Zeit finanzielle Einbußen. Der kontinentale Handel zwischen Westeuropa und dem Mittelmeerraum durch Oberdeutschland war ebenfalls rückläufig, da sich der Handel zunehmend auf die Küsten verlagerte (North 2000: 14, North 2006).

Die Messeplätze Antwerpen und Lyon

In der zweiten Hälfte des 15. Jahrhunderts stieg Antwerpen zu einem bedeutenden Messeplatz auf und löste Brügge als wichtigsten Handelsplatz in der Region ab. Die Engländer lieferten halbfertige Tuche, die noch gefärbt und appretiert werden mussten. Auf den zweimal jährlich stattfindenden Messen erwarben Hansekaufleute und Oberdeutsche die fertigen Tuche. Im Gegenzug boten die Augsburger und Nürnberger Kaufleute Silber, Kupfer und Barchent in Antwerpen an. Außerdem brachten die Portugiesen Gewürze aus Asien sowie Gold und Elfenbein an die Schelde. Aus der Messe entwickelte sich in Antwerpen die Börse, an der täglich zu einer festen Zeit Preise, Geld- und Wechselkurse festgelegt wurden. Nachdem die Portugiesen das Gewürzhandelsmonopol in der zweiten Hälfte des 16. Jahrhunderts verloren hatten, handelte Antwerpen verstärkt mit England, Frankreich, Italien und Spanien, wurde aber bald von Amsterdam als wichtigste Handelsstadt in der Region überholt (North 2000: 14, Walter 2006: 122).

Obwohl die Standortfaktoren des nicht am Meer gelegenen Lyon auf den ersten Blick wenig günstig sind, konnte sich die französische Stadt zur gleichen Zeit wie Antwerpen zu einem wichtigen Messeplatz entwickeln. Auch hier waren ausländische Kaufleute für den Bedeutungszuwachs der Stadt verantwortlich. Im 15. Jahrhundert schlossen sich Kaufleute zusammen, um sich bei ihren Fahrten auf der Loire gemeinsam vor Gefahren schützen zu können. Im 16. Jahrhundert wurde in Lyon viermal jährlich Messe gehalten, besucht jeweils von 5000–6000 Händlern aus vielen Teilen Europas (Mauro 1990: 263–266).

Handel im Mittelmeerraum

Im 10. Jahrhundert waren die byzantinischen und muslimischen Städte für den Handel weit bedeutender als westeuropäische Städte, wo es in dieser Zeit erst wenige Kaufleute gab. Nordafrika erreichte einen wirtschaftlichen und politischen Höhepunkt, zu nennen sind hier vor allem Ajdabiya, Kairouan und Sijialmasa. Kairouan war die größte Stadt im Maghreb, wo Sklaven und Luxuswaren wie Seide, feine Wollstoffe und Teppiche in Richtung Osten gehandelt wurden. Sijilmasa hingegen war ein Umschlagplatz für Karawanen mit kostbaren Gütern, und über das in Meeresnähe gelegene Ajdabiya wurde Ware aus Nordafrika auf dem Seeweg exportiert (Lopez u. Raymond 1955: 51–54).

Im Mittelmeerraum dominierten die italienischen Städte den Fernhandel. Die Grundlagen für diese Entwicklung waren gelegt worden, als die Städte Pisa, Genua und Venedig die wirtschaftliche Führung der Kreuzzüge übernahmen und die Kreuzfahrer von den Flotten der drei Seestädte abhängig wurden. Im Gegenzug wurden den italienischen Seemächten in den großen Handelsstädten Syriens und Palästinas Privilegien eingeräumt und die Möglichkeit gegeben, die neuen Gebiete wirtschaftlich auszubeuten. Nach und nach gelang es den italienischen Seerepubliken, Griechen, Syrer und Juden aus den byzantinischen Märkten zu verdrängen. In dem harten Konkurrenzkampf zwischen den drei Seestädten schied Pisa allerdings bald aus (Haussherr 1970: 24). Als den Italienern erlaubt wurde, Kolonien am Schwarzen Meer zu gründen, konnten sie zunehmend den Ost-West-Handel dominieren. Auch als der Handel mit Byzanz und dem Schwarzen Meer rückläufig war, blieben Venedig und Genua Rivalen, da sie jetzt beide mit Syrien und Ägypten handelten. Beide Städte bauten die Handelsbeziehungen zu Westeuropa aus und traten somit in Konkurrenz zu Florenz, das besonders an Wolle aus England interessiert war. Ende des 13. Jahrhunderts hatten die ersten Galeeren von Florenz, Venedig und Genua aus das Mittelmeer mit Kurs auf Brügge, Antwerpen und London verlassen, und im 14. und 15. Jahrhundert ersetzten regelmäßige Fahrten zwischen Italien und den Nordseehäfen die alten Überlandverbindungen, die durch Frankreich geführt hatten. Genuas Bedeutung war rückläufig, als die Wirtschaft des wichtigen Handelspartners Frankreich durch den Hundertjährigen Krieg (1337–1453) geschwächt wurde. Der darauf folgende geplante Ausbau der Handelsbeziehungen zu Spanien war für Genua schwieriger und langwieriger als geplant. Im zweiten Quartal des 15. Jahrhunderts konnte sich Venedig endgültig gegen die italienischen Rivalen durchsetzen und zur bedeutendsten Handelsstadt des Mittelmeerraums aufsteigen (Van der Wee 1990: 16–20).

Im 15. Jahrhundert waren die geographische Lage und der geschützte Hafen wichtig für den Aufstieg Venedigs. In der Lagunenstadt endeten wichtige Transitwege über die Alpen wie der Brennerpass, und das zentrale und östliche Europa wurden zum Hinterland Venedigs. Die venezianischen Kaufleute arbeiteten eng mit den Kaufleuten und Bankiers Süddeutschlands zusammen. Innovationen im Bergbau führten zu einem zunehmenden Abbau von Kupfer und Silber im Harz, in Böhmen und in Tirol. Der Abbau erfolgte mit Unterstützung aus Venedig und Süddeutschland. Das Fondacco dei Tedeschi, ein beeindruckendes Lager- und Wohnhaus, symbolisierte die Stellung süddeutscher Kaufleute in Venedig. Von großer Bedeutung war die Verbindung über den Rhein nach Köln, über das Venedig an den Handel mit Brügge und Antwerpen angeschlossen war. Die Lagunenstadt war stärker als Genua auf den Handel mit Luxusgütern mit hohen Gewinnmargen konzentriert und verfügte über eine eigene Schiffbauindustrie. Die Flotte Venedigs war straff organisiert und durch strenge Gesetze geschützt. Gewürze durften nur mit Schiffen der venezianischen Flotte nach Venedig gebracht werden. Im östlichen Mittelmeer profitierte Venedig vor allem von der Kontrolle über Kreta und Zypern (Van der Wee 1990: 20–23).

Die italienischen Städte nahmen eine wichtige Funktion im Fernhandel zwischen Nordafrika, Asien und Europa ein. Aus Nordafrika und Asien wurden Luxusgüter wie Seidenstoffe aus Byzanz, Persien oder China, persische Wandteppiche, Baumwollstoffe aus Indien, chinesisches Porzellan, Parfüms und Duftstoffe, Elfenbein, kostbare Hölzer, Juwelen, Farbstoffe, viele Gewürze und Arzneimittel importiert und anschließend in die nördlich der Alpen gelegenen Länder reexportiert. Die venezianischen Kaufleute finanzierten den Erwerb der Luxusware mit dem Verkauf von Wollstoffen aus Nordwesteuropa sowie mit Silber oder Kupfer aus den zentralen Teilen Europas. Im Laufe der Zeit wurden immer mehr Handelsgüter wie Spiegel, Glas und Schmuck in Italien selbst hergestellt und somit Importsubstitution betrieben. Auch die flämischen Wollstoffe wurden durch hochwertige Stoffe aus Florenz ersetzt, die von Venedig aus nach Nordafrika und Asien reexportiert wurden. Rohrzucker war zunächst aus Südostasien eingeführt worden, die Produktion verlagerte sich allerdings immer weiter nach Westen. Die Venezianer pflanzten Rohrzucker auf Zypern und Kreta, später auch auf Sizilien und Malta an, während die Genueser den Rohrzucker in Südspanien einführten, von wo er im 15. Jahrhundert zu den Kanarischen Inseln vorrückte. Venezianern und Genuesen gelang es aber nicht, den Reexport des Zuckers auf Dauer zu dominieren und den europäischen Zuckerhandel zu beherrschen. Beim Reexport von Gewürzen war Venedig erfolgreicher. Es wird geschätzt, dass im Jahr 1400 ca. 45 % und 100 Jahre später mehr als 60 % der aus Asien stammenden Gewürze über Venedig nach Europa gelangten (Van der Wee 1990: 23–26).

Im 15. Jahrhundert war der spanische Handel mit den Handelszentren Bilbao und Sevilla noch auf den europäischen Raum ausgerichtet. Aus dem Baskenland wurde Eisen nach England und Flandern und aus Kastillien wurden Wolle, Wein, Oliven und Öl ebenfalls nach England und Flandern sowie nach Italien exportiert. Textilien aus Flandern waren das wichtigste Einfuhrprodukt. Obwohl Barcelona ab den 1420er Jahren in eine tiefe Krise geriet, blieb es ein wichtiges Handelszentrum. Die Stadt lieferte Wolle und Textilien nach Italien und in den östlichen Mittelmeerraum und importierte Gewürze, Farben und Textilien, die auf den Messen der Champagne gehandelt wurden (Valdaliso 2006).

Europäischer Überseehandel

Politische Veränderungen und technische Innovationen schufen ab dem 15. Jahrhundert die Voraussetzungen für die Befahrung der Weltmeere und eine Eroberung anderer Kontinente durch die Europäer. Bis zum 17. Jahrhundert entstand ein Welthandel, der außer Australien, das erst später entdeckt wurde, alle Kontinente erfasste. Im Vergleich zu heute waren Staaten eher unbedeutend, da die politische Macht von den Städten ausging. Aber langsam entwickelten sich ein nationales Bewusstsein und eine Wirtschaftspolitik, deren Ziel es war, Reichtum und Ansehen der Staaten zu vergrößern. Ein wichtiges Mittel zur Erreichung dieses Ziels war der Handel mit anderen Nationen (Buckman 2005: 69).

Die europäischen Händler wurden selten mit offenen Armen, sondern eher feindlich aufgenommen. Bereits ansässige arabische Kaufleute versuchten, die Übernahme des Handels an der afrikanischen Ostküste durch die Portugiesen zu verhindern. Dieses traf auch für Indien zu, wo sich arabische und persische Händler den Portugiesen entgegenstellten. Ein großer Vorteil der Europäer war, dass sie in den vorausgegangenen Jahrhunderten ein Waffensystem entwickelt hatten, das dem aller anderen Kontinente weit überlegen war. Auch hatten sie das Schießpulver, das bereits viel früher von den Chinesen entwickelt worden war, sozusagen wieder erfunden. Die europäischen Herrscher verfügten zudem über ein Steuersystem, das es ihnen erlaubte, teure Waffensysteme und Handelsflotten zu finanzieren. Wenn es bei der Einrichtung von Handelsstützpunkten durch Vasco da Gama oder Christoph Kolumbus Probleme gab, waren die Portugiesen und Spanier jederzeit in der Lage, sich mit Waffengewalt durchzusetzen. Später verteidigten die Niederländer und Briten ihre Stützpunkte auf ähnliche Weise. Insgesamt war es schwieriger, sich in Asien durchzusetzen als in Amerika, da die asiatischen Länder beim Eindringen der Europäer weit besser organisiert waren und es zuvor Kontakte zu diesen gegeben hatte. Krankheiten griffen daher in Asien nicht im gleichen Maße die Bevölkerung an

wie in Amerika. Bei der Ausweitung des europäischen Handels standen sich nur selten gleichberechtigte Partner gegenüber (Buckman 2005: 6f.). Im Handel mit Asien waren in chronologischer Reihenfolge Portugiesen, Niederländer und Engländer führend, von geringerer Bedeutung waren Franzosen, Dänen und Schweden.

Asienhandel der Portugiesen

Der Ausbau der Seefahrt bewirkte, dass sich der Handel vom östlichen Mittelmeerraum und Italien in Richtung Westen zur Iberischen Halbinsel verlagerte. Zunächst profitierte das bis dato sehr peripher gelegene Portugal wie kein anderes Land von den neuen Möglichkeiten, auch mit außereuropäischen Regionen Handel auf dem Seeweg zu betreiben. Die muslimische Herrschaft hatte in Portugal Mitte des 13. Jahrhunderts geendet, und 1385 war die politische Einheit erreicht worden. Die Herrscher Portugals zeichneten sich durch ein großes handelspolitisches Engagement aus, wobei sie durch ausländische Kaufleute vor allem aus Genua unterstützt wurden. Ein wichtiger Grund für den Ausbau des Handels war vermutlich ein Mangel an vielen Gütern im eigenen Land. Es fehlten Getreide, Zucker, Fisch und Fleisch für die städtische Bevölkerung, und auch Gold und Silber waren knapp (Walter 2006: 85f.).

Die Portugiesen erreichten 1312 die Kanarischen Inseln. Heinrich der Seefahrer konnte aufgrund seines großen Wissens in den Bereichen Geographie, Kartographie, Nautik, Astronomie und Instrumentenbau 1415 die marokkanische Festung Ceuta erobern und die westafrikanische Küste erforschen. 1418 entdeckten die Portugiesen Madeira und 1427 die Azoren. An der afrikanischen Westküste errichteten sie befestigte Niederlassungen, die dem Sklavenhandel dienten und wo Gold, Silber, Gewürze, Elfenbein, Tierhäute, Vieh und Tuch gehandelt wurden (Walter 2006: 87–91, Salentiny 1991: 14).

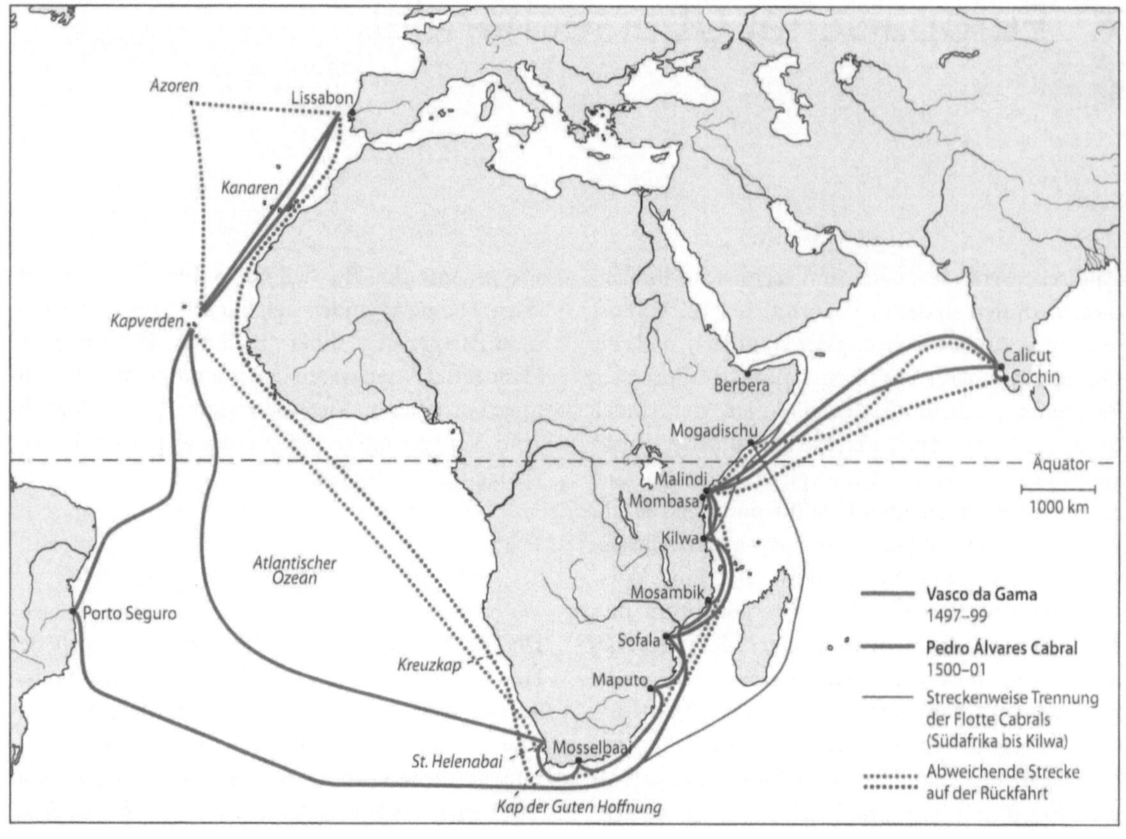

Die Anfänge des portugiesischen Sklavenhandels gehen ungefähr auf das Jahr 1440 zurück und waren zunächst auf einige Hundert Sklaven pro Jahr beschränkt, die in Portugal in der Landwirtschaft eingesetzt wurden (Emmer u. a. 1988: 4 u. 18). 1487/88 gelang es, das Kap der Guten Hoffnung zu umsegeln und in die völlig unbekannte afrikanisch-islamische Welt einzudringen. Der Höhepunkt der portugiesischen Expansion wurde erreicht, als Vasco da Gama in den letzten Jahren des 15. Jahrhunderts die indische Malabarküste auf dem Seeweg erreichte. 1503 legten die Portugiesen eine Festung in Cochin und 1514 eine Niederlassung in Goa an (Salentiny 1991: 48–51). Die Fahrten zwischen Lissabon und Goa wurden als »Carreira da Índia« bezeichnet und dauerten einschließlich Liegezeit ungefähr zwei Jahre. Die portugiesische Expansion schritt auch in den folgenden Jahrzehnten rasant voran. Vor Aden wurde die Insel Sokotra eingenommen und den Genuesen und Venezianern der Handelsweg nach Indien abgeschnitten. Außerdem erreichten die portugiesischen Seefahrer die Moluk-ken, Timor, Sumatra und die Nikobaren sowie in

China Kanton, Nanking und Peking. 1557 ließen sie sich in Macau nieder und durften ab 1569 im japanischen Nagasaki Handel treiben. Die Portugiesen dominierten in diesen Jahrzehnten den Handel mit Ost- und Südostasien (Salentiny 1991: 51f., Walter 2006: 93)(s. Abb. 1.4).

Von besonderer Bedeutung für Portugal war im frühen 16. Jahrhundert der Gewürzhandel, der zuvor weitgehend in venezianischer Hand gelegen hatte. Die Gewürze waren von den Arabern erworben worden, die diese über die Karawanenstraßen an die Levante transportiert hatten. Ihre genaue Herkunft hatten die Araber nie preisgegeben. Da die Gewürze aufgrund der langen Transportwege und vielen Zwischenhändler in Europa sehr teuer waren, hatten sie sich nur wenige leisten können. Sie wurden nicht nur für das Würzen von Speisen, sondern auch in der Medizin und in der Kosmetik genutzt. Besonders begehrt war der Pfeffer, der erstmals 330 v. Chr. durch Alexander den Großen nach Europa gelangt war. Die Portugiesen hatten bereits mit dem so genannten Guineapfeffer aus Westafrika gehandelt, der hauptsächlich in der Medizin Verwendung fand,

Foto 1.1:
Denkmal der Entdeckungen in Belém (Lissabon).
Das Monument zeigt den vorderen Teil eines Segelschiffes, von dem aus Heinrich der Seefahrer, Missionare und Künstler nach Land Ausschau halten.

bevor Vasco da Gama Pfeffer aus Indien mitbrachte. Begehrter war aber der Pfeffer (Piper nigrum), der in den ausgedehnten Monsunwäldern an der Westküste Südindiens und deren Hinterland wild wächst. Die Steinfrüchte liefern halbreif den Schwarzen Pfeffer und reif den milderen Weißen Pfeffer. Im Mittelalter war Pfeffer in Europa das teuerste Gewürz und wurde sogar gelegentlich als Zahlungsmittel genutzt. Aber die Portugiesen brachten so viel Pfeffer aus Indien nach Europa, dass die Preise bald einbrachen (Salentiny 1991, Bernstein 2008: 152–198).

Weitere wertvolle Gewürze, welche die Portugiesen in großen Mengen aus Südostasien mitbrachten, waren Zimt, Ingwer, Muskatnuss und Gewürznelke. Beim Zimt sind der echte Ceylonzimt bzw. Kaneel und der Chinazimt oder Cassia zu unterscheiden. Der Kaneel ist in den Wäldern Sri Lankas in einer Höhe bis zu 900 m beheimatet, während der Chinazimt ein Produkt des Zimtbaumes ist, der wild in den indischen Gebirgsregionen und China wächst. Der Zimt wird aus der Rinde junger Triebe, die gestückelt, geschält, getrocknet und evtl. noch pulverisiert werden, gewonnen. Er wird zum Würzen von Speisen oder auch als Medizin benutzt, da er appetitanregend, magenstärkend und verdauungsfördernd wirken kann. Marco Polo hatte bereits Zimt aus China nach Europa mitgebracht, für das die Venezianer zeitweise das Verteilungsmonopol in Europa hatten. Vasco da Gama vertrieb die arabischen Zimthändler von Sri Lanka und zwang die Einheimischen, regelmäßig eine bestimmte Menge Zimt als Tribut zu leisten. Bis 1656 hatte Portugal auf Sri Lanka das Monopol für den Handel mit Zimt. Auch die Muskatnuss war schon lange in Europa bekannt und galt es sehr wertvoll. 1511 entdeckten die Portugiesen die zu den Molukken gehörenden Banda-Inseln und somit die Heimat der Muskatnuss und der Gewürznelke. In Europa war die Gewürznelke um das Jahr 1200 aufgetaucht. Wie die anderen Gewürze war sie von den Arabern auf dem Landweg gebracht worden, die jedoch wahrscheinlich selbst ihren genauen Herkunftsort nicht kannten. Die portugiesischen Händler hatten das Monopol für die Muskatnuss und die Gewürznelke ungefähr 100 Jahre, bis der Handel 1621 bzw. 1605 in die Hände der Niederländischen Ostindien-Kompanie überging. Eine geringe Bedeutung spielte der Ingwer, den die Portugiesen ebenfalls aus Indien nach Lissabon mitbrachten. Darüber hinaus handelten sie mit den Gewürzen Kurkuma und Gelbwurz sowie den Pharmaka Abelmoschus, Betelpfeffer, Opium, Aloesaft und Sarsaparille (Salentiny 1991: 10–12).

Obwohl sich die Portugiesen auch weiterhin im Gewürzhandel engagierten, war die Hochzeit des Handels auf die Jahre zwischen 1505 und 1515 begrenzt. Pfeffer wurde in Lissabon mit einem Gewinn von 500 % verkauft und der portugiesische König Manuel I. stieg binnen kürzester Zeit zum reichsten Herrscher Europas auf. Viele der noch heute erhaltenen Gebäude in Lissabon wurden aus den Einnahmen des Gewürzhandels finanziert. König Manuel ließ von 1515–1521 den Turm von Belém bauen. Weiterhin wurden der Palast von Sintra erweitert sowie Klöster und Kirchen errichtet. Nach nur zehn Jahren verringerten sich die Gewinne Portugals aus dem Gewürzhandel. Ab 1516 wurden Gewürze wieder in Alexandria angelandet und gelangten über die alte Seidenstraße erneut in die Häfen der Levante. Problematisch war zudem, dass die portugiesischen Kolonialbeamten sehr schlecht bezahlt wurden und häufig auf eigene Rechnung arbeiteten. Gleichzeitig zeichneten sie sich durch Bestechungs- und Verschwendungssucht aus. Kostspielig waren die luxuriöse Hofhaltung der portugiesischen Könige, der Bau vieler Monumentalbauten und die teure Armee. Außerdem war versäumt worden, die kolonialen Rohstoffe aufzuarbeiten, um so ihren Wert zu steigern (Salintiny 1991: 140–142).

Im 16. Jahrhundert dominierten die Portugiesen den Asienhandel vom Persischen Golf im Nordwesten bis nach Japan im Nordosten. Teilbereiche des asiatischen Seehandels waren zuvor bereits von den Arabern und Chinesen beherrscht worden. Die Portugiesen befuhren die asiatischen Meere zunächst abschnittsweise von Stützpunkt zu Stützpunkt, und erst 1578 gelangte das erste Expressschiff ohne Zwischenhalt direkt von Lissabon nach Malakka. Auf dieser Route war der Pfeffer das meist gehandelte Produkt. Von Malakka aus wurde ein innerasiatischer Handel betrieben, der zeitweise bedeutender war als der Handel mit Europa. Zwei Drittel der Gewürznelken wurden nicht nach Europa, sondern von Malakka aus in Richtung China, Burma, Indonesien, Indien und Persien verkauft (Walter 2006: 95). Den Portugiesen war in Asien keine Kolonisie-

rung in dem Sinne gelungen, wie sie wenig später durch die Spanier und Engländer in Amerika erfolgte. Die portugiesischen Besitzungen waren nur engräumige Stützpunkte für den Handel. Wie erwähnt, besaßen sie allerdings für einen begrenzten Zeitraum das Handelsmonopol für bestimmte Güter (Haussherr 1970: 2001). Auch wenn die Portugiesen den Handel in räumlicher Hinsicht in nur wenigen Dekaden stark hatten ausdehnen können, war er keinesfalls mit dem heutigen Welthandel vergleichbar. Die Fahrt von Lissabon an die indische Westküste dauerte zwischen sechs und 18 Monate und wurde nur von ungefähr einem Dutzend Schiffen pro Jahr angetreten. Entsprechend gering war das Handelsvolumen, das in dieser Zeit erreicht wurde (Buckmann 2005: 5).

Asienhandel der Niederländer und Briten

Mit dem Ausbau der Handelsbeziehungen war es den Kaufleuten nicht mehr möglich, die Ware immer selbst zu begleiten. Da es zudem günstiger war, das Kapital für die Reisen gemeinsam aufzubringen und Gefahren und Risiken aufzuteilen, kam es zur Gründung von Handelsgesellschaften, ohne die es Niederländern und Briten im 17. Jahrhundert nicht gelungen wäre, den Welthandel auszuweiten und weitgehend zu kontrollieren (Bernstein 2008: 214–240, Walter 2006: 146).

Seit dem letzten Drittel des 16. Jahrhunderts waren die Niederländer aktiv bemüht, ebenfalls mit Asien auf dem Seeweg Handel zu treiben und das portugiesische Monopol der Route um das Kap der Guten Hoffnung zu brechen. 1595 fuhren im Auftrag einer in Amsterdam ansässigen Handelsgesellschaft vier Schiffe nach Ostindien. Drei dieser Schiffe kehrten mit Gewürzen zurück in die Niederlande. Um sich möglichst erfolgreich gegen die Portugiesen und Spanier durchsetzen zu können, vereinten die Niederländer 1602 mehrere kleinere Gesellschaften zur Ostindien-Kompanie (Vereenigde Oost-Indische Compagnie, VOC), die zunächst für 21 Jahre das alleinige Recht erhielt, östlich des Kaps der Guten Hoffnung zu segeln und die Magellanstraße in westlicher Richtung zu durchfahren. Die Ausschaltung insbesondere der portugiesischen, aber auch der spanischen, britischen und asiatischen Konkurrenz war das wichtigste Ziel der VOC und geschah auf

Foto 1.2
Pfeffersträucher.
Die U.S. Botanical
Gardens in Washington, DC zeigen eine
Auswahl der noch
heute sehr begehrten unterschiedlichen Pfefferarten.

sehr aggressive Weise. Ein wichtiger Beitrag zur Dominanz in Asien war die Monopolisierung oder Quasi-Monopolisierung des Gewürzhandels. Im ersten Jahrzehnt des 17. Jahrhunderts verpflichteten sich die Molukken, ihre Gewürznelken ausschließlich an die Niederländer zu liefern. Ein ähnliches Abkommen wurde 1605 mit den Banda-Inseln für Muskatnüsse abgeschlossen. Die Briten versuchten, das Monopol für Gewürznelken zu unterlaufen, indem sie diese aus den Anbaugebieten schmuggelten. Für den weit bedeutenderen Pfeffer hatten die Niederländer nie das Handelsmonopol in Asien (Gupta u. Pearson 1994: 187f.).

Da der asiatische Gewürzhandel im 16. Jahrhundert weitgehend in der Hand der Niederländer war, konnten sie die Gewürze mit Gewinnen von teilweise über 1000 % verkaufen. Mit den Gewürzen trieben sie auch innerhalb Asiens regen Handel und nur ein Teil wurde nach Europa geliefert. Den Handel im indischen Ozean wickelte die VOC über Batavia, dem heutigen Jakarta, ab. Hier wurden die Gewürze gegen Textilien aus Indien oder gegen Gold und andere Luxusgüter aus China getauscht. Als sich Japan im Jahr 1639 vom Rest der Welt abschottete, durften die Niederländer als einzige Europäer wei-

terhin in dem Land Handel treiben. Gold und Seide aus China tauschten sie gegen japanisches Silber; außerdem lieferten sie Baumwollkleidung, Gewürze, Zucker und Quecksilber nach Japan. Andere wichtige Güter, die die Niederländer in Ost- und Südostasien handelten, waren Zinn von der malayischen Halbinsel und Zimt (Kaneel) aus Sri Lanka, der ausschließlich hier angebaut wurde. Nachdem die Portugiesen 1658 aus Sri Lanka vertrieben worden waren, erhielten die Niederlande das Monopol für dieses Gewürz. In Gegenzug verpflichteten sie sich, der Insel notfalls in einem Konflikt mit den Portugiesen beizustehen. Wenige Jahre später gelang es den Niederländern, die Portugiesen auch an der Malabarküste zu vertreiben und Cochin einzunehmen. Da die Südwestküste Indiens ein Hauptanbaugebiet von Pfeffer ist, war diese Region von großer Bedeutung. In der Folge hielten die Niederländer hier das Monopol für Pfeffer und Opium. In Bengalen war die VOC bereits seit den 1630er Jahren tätig. Zeitweise kam fast die Hälfte der Ware, die die VOC nach Nagasaki lieferte, aus Bengalen, darunter die in Japan so begehrte Rohseide. Wichtig war auch das Opium aus der Region, für das es in Indonesien einen großen Markt gab. Das teure Opium trug nicht unwesentlich zum Gewinn der VOC in der Region bei (Gupta u. Pearson 1994: 189–198).

Die Niederländer konnten nur wenige Güter aus Europa in Asien anbieten, da das asiatische Interesse an europäischen Konsumgütern denkbar gering war; alleine für Edelmetalle gab es eine größere Nachfrage. Dieses galt auch noch, nachdem ab Mitte des 17. Jahrhunderts ein innerasiatischer Handel für wertvolle Metalle entstanden war. Da Europa im 16. und 17. Jahrhundert bereits größere Mengen an Edelmetallen aus Amerika einführte, war es möglich, diese nach Asien zu reexportieren. Obwohl die Niederlande seit 1585 keine spanischen Häfen mehr anlaufen durften und es verboten war, Edelmetalle aus Spanien zu exportieren, wurden diese überwiegend auf dem Landweg über Hamburg nach Amsterdam transportiert. Gegen Ende des 17. Jahrhunderts erreichte der innerasiatische Handel der VOC seinen Höhepunkt, da der Handel mit Europa an Bedeutung gewann. Gleichzeitig fragten die Europäer weniger Gewürze, aber mehr Rohseide und Textilien nach. Die Niederländer waren zwar nicht die Ersten, die in Asien gehandelt hatten; sie waren aber weit besser organisiert und das Handelsvolumen war im 16. Jahrhundert sehr viel größer als das der Portugiesen im 15. Jahrhundert in dieser Region (Gupta u. Pearson 1994: 187–199, Nagel 2007: 103–126).

Die 1600 von Königin Elisabeth I. gegründete Britische Ostindien-Kompanie (East India Company, EIC) war der größte Konkurrent der niederländischen VOC in Asien, denn auch in England stand der Zugang zu den asiatischen Gewürzen im Mittelpunkt des Interesses. Ab 1601 fanden mehrere Reisen nach Java statt, und ab 1613 war Sumatra der wichtigste Lieferant für Pfeffer. Da die britische Nachfrage nach Pfeffer gering war, reexportierten ihn die Briten nach Nordeuropa und sogar in den östlichen Mittelmeerraum (Davis 1973: 34). Der Handel der Briten auf Sumatra führte zu kriegerischen Auseinandersetzungen mit den Niederländern, die das Monopol für Gewürze für sich beanspruchten. Ein 1619 geschlossenes Abkommen zur Aufteilung des Gewürzhandels war nicht erfolgreich, und 1623 zogen sich die Briten nach niederländischen Angriffen von den Gewürzinseln zurück (Prakash 2006). Allerdings gelang es ihnen, ihren Einfluss in Indien auszudehnen. 1613/14 erreichten die Briten die südostindische Koromandelküste und die indische Nordwestküste, wo sie von Surat aus den Handel mit Persien kontrollierten. 1687 wurde der Sitz der EIC von Surat nach Bombay verlegt und des Weiteren Handelsstützpunkte in Madras und Kalkutta sowie in Bengalen eingerichtet (Curtin 1984: 155). Aus Indien wurden Indigo und Salpeter exportiert, besonders bedeutend war aber die Ausfuhr von Textilien, die zunächst im Austausch mit Gewürzen in die indonesische Inselwelt gebracht worden waren. Nachdem sich die Niederländer hier erfolgreich gegen die Britin durchgesetzt hatten, kam dieser Handel zum Erliegen. Aufgrund der Misserfolge im innerasiatischen Handel konzentrierte sich die EIC ab 1661 auf den Handel zwischen Europa und Asien. Hilfreich war die Navigationsakte, ein von England 1651 erlassenes Schifffahrtsgesetz, demzufolge überseeische Ware ausschließlich auf englischen Schiffen und europäische Ware nur auf Schiffen des Herkunftslandes oder englischen Schiffen importiert werden durften (Nagel 2007: 75).

Die wachsende Nachfrage nach Baumwollkleidung in England und anderen europäischen Ländern förderte den Ausbau der Handelsbeziehungen mit Indien. Im Vergleich zu der bis dato üblichen Wollkleidung war sie vor allem im Sommer weit angenehmer zu tragen. Die Herstellung war in Indien so billig, dass die Kosten für den langen Transport nicht ins Gewicht fielen. Angst vor preiswerten Importen und Sorge um die eigene Textilindustrie führten in England dazu, dass die legale Einfuhr ab 1701 zeitweise eingeschränkt wurde (Davis 1973: 34). Das Verbot galt insbesondere für bedruckte Stoffe, die überwiegend in Madras und Bombay hergestellt wurden und in England nur für den Reexport eingeführt werden durften. Groß war aber die Nachfrage nach weißer Baumwolle aus Bengalen, die in der Region London weiterverarbeitet wurde. Die Baumwolle aus Indien leistete einen wichtigen Beitrag in der ersten Phase der Industrialisierung in England. Bereits um 1720 hatten die englischen Textilfabriken häufig mehrere Hundert Arbeiter. Es war erstmals gelungen, aufeinander abgestimmte Produktionsprozesse für eine Massenfertigung und Qualitätskontrollen im größeren Umfang zu garantieren. Wie die Niederländer waren die Briten darauf angewiesen, im Gegenzug Edelmetalle aus Amerika nach Asien zu reexportieren (Prakash 2006, Rothermund 1999).

Auch im Handel mit China war die EIC äußerst erfolgreich. 1637 erreichten die Briten Macau, und ab 1757 durfte der Handel mit China nur noch über den Hafen von Kanton abgewickelt werden. Zu den wichtigsten Handelsgütern gehörten Rohseide, Baumwollgarn, Porzellan und Tee. Im 18. Jahrhundert wurden jährlich schätzungsweise mehr als fünf Millionen Stück chinesischen Porzellans nach Europa exportiert (Hobhouse 1985: 149). Weit mehr Bedeutung kam dem Teehandel zu, da die Nachfrage der Briten im Verlauf des 18. Jahrhunderts stark anstieg. Wie die Inder hatten die Chinesen nur wenig Interesse an britischen Konsumgütern. Die rettende Idee für die Briten war Opium aus Indien, für das sie seit 1758 das Monopol besaßen. Obwohl die Chinesen den Opiumhandel, der zu diesem Zeitpunkt noch in der Hand der Portugiesen gewesen war, bereits 1729 verboten hatten, stieg die Menge des Rauschgifts, das die Briten nach China schmuggelten oder korrupten Händlern verkauften, von Jahr zu Jahr an. Für den Mohnanbau war Bengalen besonders geeignet, wo sich eine regelrechte Opiumindustrie entwickelte. Um 1830 exportierten die Briten jedes Jahr ca. 1500 t Opium nach China, wobei die Einfuhr immer mehr den Zorn der chinesischen Regierung erregte. Ende der 1830er Jahre ließ sie schließlich 20 000 Kisten des Rauschgifts vernichten. Als Ergebnis des folgenden Opiumkriegs zwischen England und China traten 1842 die Chinesen Hongkong an die Briten ab, des Weiteren erhielten diese Zugang zu den Städten Amoy, Futchau, Ningbo und Shanghai (Curtin 1984: 242–245, Hobhouse 1985: 157–166, Brandt 2006, Walter 2006: 162f.).

Lange hat der Wert der britischen Importe aus Asien kontinuierlich unter dem der Niederländer gelegen, erst um 1740 kehrte sich das Kräfteverhältnis um. Wenig später bestanden rund 70 % der britischen Asienimporte aus Textilien und Seide, bei den restlichen 30 % handelte es sich fast ausschließlich um Tee aus China. Seit Mitte des 18. Jahrhunderts wandelte sich der Charakter der EIC zunehmend von einer Handelsgesellschaft zu einer militärischen Einrichtung. Mit der regionalen Ausweitung des britischen Einflusses in Indien und Bengalen waren bald die meisten Briten in Asien Soldaten. Bis 1813 behielt die EIC das alleinige Recht, in Asien Handel zu treiben, erst ab diesem Zeitpunkt durften auch private britische Kaufleute in dieser Region tätig werden. 20 Jahre später zog sich die EIC ganz aus dem Handel zurück und konzentrierte sich auf die Verwaltung Indiens. 1858 wurde die EIC schließlich aufgelöst. Der Niederländischen wie auch der Britischen Ostindien-Kompanie war es gelungen, ihr

Handelsmonopol in Teilräumen Asiens über einen sehr langen Zeitraum aufrecht zu erhalten (Prakash 2006, Steensgaard 1981: 252).

Auch wenn der britische Einfluss in Indien im 17. Jahrhundert beträchtlich war, hatten die Briten nie den gesamten indischen Subkontinent kontrollieren können. Neben den Niederländern handelten noch Franzosen, Dänen und andere Europäer in Indien (Curtin 1984: 156). Der Erfolg der Briten und Niederländer hatte auch in anderen Ländern zu der Gründung von Handelsgesellschaften geführt. Besonders erfolgreich war die Dänische Ostindien-Kompanie, deren Hauptstützpunkt in Indien das 1620 erworbene Tranquebar war. Von hier aus gründeten sie Handelskontore an der Koromandelküste, in Bengalen, auf Sumatra, in Bantam und auf Celebes. Ab 1745 kontrollierten sie zudem die Nikobaren. Die Franzosen litten lange darunter, dass sie keine konkurrenzfähige Handels- oder Kriegsmarine und kein bedeutendes Handelszentrum in Küstennähe besaßen. Die bereits 1664 gegründete Compagnie des Indes war lange Zeit wenig erfolgreich. Von größerer Bedeutung war nur die 1773 im südostindischen Pondichéry gegründete Handelsstation. Im Verlauf des 18. Jahrhunderts wurden in weiteren europäischen Ländern wie Österreich, Schweden und Preußen Ostindien-Kompanien gegründet, und es fand eine Internationalisierung des europäischen Handels mit Asien statt. Erwähnt werden muss noch, dass die Spanier und Portugiesen bereits im 15. Jahr-

Foto 1.3

Gedenktafel der International Opium Commission in Shanghai.
Auf Initiative von U.S.-Präsident Theodore Roosevelt war 1909 die International Opium Commission gegründet worden, die sich im gleichen Jahr erstmals in Shanghai traf. Ziel der Kommission war die Verhinderung des internationalen Handels mit Rauschgiften.

hundert über Südamerika zu den Philippinen und Marianen gesegelt waren (Emmer u. a. 1988: 40 u. 156).

Erschließung des atlantischen Raums

Während weite Teile Asiens bereits bekannt waren, als sie von den Europäern auf dem Seeweg erreicht wurden, musste der atlantische Raum im wahrsten Sinne des Wortes erst entdeckt werden, bevor er in den europäischen Handel einbezogen werden konnte. Anders als in Asien konnten die Eroberer Amerikas nicht auf eine bestehende Infrastruktur oder ein vorhandenes Siedlungssystem zurückgreifen. Während die Portugiesen und Spanier Süd- und Mittelamerika entdeckten und hier Siedlungen und Handel ausbauten, übernahmen in Nordamerika Briten und Franzosen und in der Anfangsphase auch Niederländer diese Aufgabe. Im Gegensatz zu Asien spielten europäische Handelsgesellschaften in der Neuen Welt eine nur geringe Rolle. Ausnahmen bildeten die Niederländische Westindien-Kompanie, die 1621 als Gegenstück zur Vereinigten Ostindien-Kompanie gegründet worden war und im Atlantikhandel vergleichsweise wenig Bedeutung erlangen konnte, sowie die Hudson's Bay Company und die französische Nordwest-Kompanie. Überwiegend wurde der transatlantische Handel über Kaufmannspartnerschaften abgewickelt (Emmer u. a. 1988: 13).

Spanier und Portugiesen in Mittel- und Südamerika

1492 brach der Genuese Christoph Kolumbus im Auftrag Spaniens mit drei Schiffen in westlicher Richtung mit dem Ziel auf, den Seeweg nach Asien zu finden. In dem Glauben, Asien erreicht zu haben, entdeckte er bei seiner ersten Expedition San Salvador, Kuba und Haiti. Im Rahmen von zwei weiteren Reisen fand er 1493 die Insel Dominica und 1498 die vor dem südamerikanischen Festland gelegene Insel Trinidad. Auf seiner letzten Fahrt im Jahr 1502 erreichte er die Küsten von Honduras und Panama. Den Weg zu den gewinnträchtigen Gewürzinseln Asiens fand er aber nicht, und der erhoffte wirtschaftliche Erfolg seiner Expeditionen blieb aus. Fast zeitgleich war um die Jahrhundertwende Brasi-

lien von dem Portugiesen Pedro Álvares Cabral entdeckt worden (Salentiny 1991: 51, Walter 2006: 103–106).

Seit 1495 hatten die Spanier außer Kolumbus auch anderen Seefahrern die Entdeckung der Neuen Welt gestattet, die immer neue Inseln und Küsten des amerikanischen Festlandes erreichten. Ab 1499 fuhr der italienische Seefahrer Amerigo Vespucci, der in spanischen und portugiesischen Diensten stand, mehrmals nach Südamerika. Er erkannte Amerika als selbstständigen Erdteil. Der deutsche Kartograph Martin Waldseemüller bezeichnete auf seiner 1507 erschienenen Weltkarte den südamerikanischen Kontinent als »Amerika«, was Gerhard Mercator dann 1538 auf die gesamte Neue Welt übertrug. 1513 überquerte der Spanier Vasco Núñes de Balboa den Isthmus von Panama und erreichte somit erstmals den Pazifik über Nordamerika. Nach und nach kamen die ersten Spanier durch die Erschließung der Neuen Welt zu einem gewissen Wohlstand und finanzierten weitere Expeditionen zu ihren Stützpunkten in Mittelamerika und der Karibik. 1519 landete Hernán Cortés in Yucatán und eroberte Mexiko. Ebenfalls in diesem Jahr brach der Portugiese Ferdinand Magellan im Auftrag Spaniens auf, die asiatischen Gewürzinseln zu finden. 1521 erreichte er über die später nach ihm benannte Meeresstraße zwischen dem südamerikanischen Festland und Feuerland den Pazifik und gelangte zu den Marianen und den Philippinen (Walter 2006: 108f.).

Von Panama aus erkundeten die Spanier die Westküste Südamerikas und eroberten in den 1530er und 1540er Jahren Peru und Chile. Gleichzeitig gelang es zunehmend, auch das Innere des südamerikanischen Kontinents zu erschließen (Walter 2006: 110f.). Die spanischen Siedlungskolonien waren aufgrund des langen Transportweges und der geringen Transportkapazitäten weitgehend auf Selbstversorgung angewiesen. Nur Luxusgüter, die die spanische Bevölkerung konsumierte, wurden eingeführt (Haussherr 1970: 206). Auch der Export von Südamerika in das Mutterland war im 16. Jahrhundert gering. Von größerer Bedeutung waren allein die Ausfuhr von Gold und Silber. Auf den Antillen trieben die Spanier ab 1494 Gold von den Indios ein. In nur wenigen Jahren erbeuteten die Eroberer das gesamte Gold, das die Einheimischen in 1000 Jahren gewonnen und als Schmuck genutzt hatten. Mitte des 16. Jahrhunderts entdeckten die Spanier große

Silbervorkommen in Peru und Mexiko. In dem in einer Höhe von mehr als 4000 m gelegenen Potosí in Peru entstand binnen weniger Jahre eine Stadt, die bereits 1573 rund 120.000 Einwohner zählte. Zeitweise wurde hier mehr als die Hälfte der Weltproduktion an Silber gewonnen. Der Vizekönig des Landes führte zur Gewinnung des Silbers das Verfahren der Amalgamierung ein. Das hierfür benötigte Quecksilber wurde 1200 km entfernt gewonnen, wo es von Zwangsarbeitern abgebaut und nach Potosí gebracht wurde. Das Silber wurde in Barren gegossen und über Lima nach Panama und von dort über das am Atlantik gelegene Cádiz nach Sevilla versandt. In Mexiko lagen die Silbervorkommen zwischen 20° und 25° nördlicher Breite überwiegend in den Provinzen Nueva Galicia und Nueva Vizcaya. Das Quecksilber, das hier für die Amalgamierung benötigt wurde, kam aus Spanien (Emmer u. a. 1988: 5, 11 u. 395–402). Im tropischen Amerika lernten die europäischen Eroberer den Mais und in Peru und Chile die Kartoffel kennen und brachten diese mit nach Europa, wo Letztere später zu einem wichtigen Hauptnahrungsmittel wurde (Walter 2006: 115).

Während sich die Spanier auf den Abbau von Bodenschätzen in Mexiko und Peru konzentrierten, entwickelten die Portugiesen in ihren Besitzungen ein Plantagensystem. Die Portugiesen legten in der ersten Hälfte des 16. Jahrhunderts auf Madeira und São Tomé Zuckerrohrplantagen an und tauschten in Westafrika Alkohol, Textilien und Gebrauchsgegenstände gegen Pfeffer, Gummi, Elfenbein, Gold oder Sklaven ein. In Brasilien richteten sie erstmals in der Neuen Welt Plantagen für Zucker und Tabak ein, für deren Bearbeitung Sklaven aus Westafrika nach Amerika gebracht wurden. Auf den brasilianischen Plantagen arbeiteten um 1600 ca. 15 000 Sklaven. Zucker und Tabak wurden nach Portugal transportiert und somit von den Portugiesen der atlantische Dreieckshandel, der später von den Briten ausgebaut wurde, eingeführt. Die brasilianische Plantagenwirtschaft erlebte nach 1680 einen Einbruch aufgrund der großen Konkurrenz aus dem karibischen Raum, von dem sie sich erst nach 1750 mithilfe staatlicher Subventionen erholen konnte. Die intensive Suche nach Gold in Brasilien führte um 1690 zum Erfolg, als bei Minas Gerais, Goiás und Mato Grosso Gold und drei Jahrzehnte später auch Diamanten gefunden wurden, was zu einer Abwanderung der Plantagenarbeiter in die Bergbau-

gebiete führte. Im 18. Jahrhundert war Brasilien zeitweise der größte Goldproduzent der Welt. 1580 wurden Spanien und Portugal durch König Philipp II. von Spanien vereinigt, da das portugiesische Königshaus keinen rechtmäßigen Nachfolger nachweisen konnte. Die Iberier behielten ihr Monopol im Atlantik bis zum Jahr 1600 (Emmer u. a. 1988: 1, 5, 12 u. 408).

Die Ausbeutung der Ressourcen in Nordamerika

In Nordamerika stand zunächst die Ausbeutung der Ressourcen im Vordergrund. Dieses galt insbesondere für die nördlichen Teile des Subkontinents. 1497 war der aus Genua stammende Seefahrer Giovanni Caboto im Auftrag der Briten in Richtung Westen gesegelt und in dem Glauben, Asien erreicht zu haben, an den Küsten Neufundlands, Cape Breton Islands und vermutlich auch Labradors gelandet. Seine Berichte über reiche Fischgründe in den vom ihm entdeckten Gebieten waren von großer Bedeutung (Lower 1973: 10). Die Fischbestände vor der nordostamerikanischen Küste waren für Europa von Interesse, da aufgrund von Überfischung immer weniger Heringe in der Ostsee zur Verfügung standen. Die Heringe galten als das Fleisch des kleinen Mannes und waren für die Grundversorgung der Bevölkerung unabdingbar. Wann die einzelnen europäischen Mächte in welchem Umfang vor den Küsten Labradors, Neufundlands und Neuenglands gefischt haben, ist nicht klar, aber Basken, Portugiesen, Engländer und Franzosen standen auf jeden Fall in Konkurrenz zueinander, wobei wohl die französischen Atlantikfischer und die Engländer mit teils staatlicher Unterstützung der nationalen Fischfangflotten am aktivsten gewesen sein dürften. Bekannt ist, dass die Franzosen um 1600 mit ca. 230 Schiffen und die Engländer Mitte des 17. Jahrhunderts mit ca. 250 Schiffen und 20.000 Mann Besatzung vor den amerikanischen Küsten Hochseefischerei betrieben haben. Zentrum der Kabeljaufischerei war Neufundland. Ab Ende des 16. Jahrhunderts wurde der Fisch an den Stränden Neufundlands getrocknet und konserviert und erst anschließend nach Europa transportiert. Außerdem wurde Fisch in die Plantagenkolonien im Süden Nordamerikas und der Karibik zur Versorgung der Sklaven geliefert (Emmer u. a. 1988: 315–318).

Außer Kabeljau wurden Lachs, Schildkröten, Robben und Wale gefischt bzw. gefangen. Die Robben waren Ende des 16. Jahrhunderts auf Reisen in das Nordmeer entdeckt worden. Wale wurden im Sankt-Lorenz-Golf und vor den Küsten Südamerikas gejagt, wo die Bestände bis Ende des 18. Jahrhunderts dermaßen dezimiert wurden, dass sich die Jagd nicht mehr lohnte. Zeitweise waren ca. 250 europäische Schiffe auf Walfang im westlichen Atlantik unterwegs. Besonders aktiv waren die Niederländer in diesem Bereich. Aus den Fetten der Wale wurden Seifen, Kerzen, Lampenöl und Lebertran gewonnen. Die Trankocherei fand zunächst noch auf den Schiffen, bald aber in der Nähe von Amsterdam statt – begleitet von starkem Gestank (Emmer u. a. 1988: 320).

1534 machte sich der Franzose Jacques Cartier erstmals auf, um den Seeweg nach Asien zu finden. Auf seiner zweiten und dritten Reise in Richtung Westen fand er die Mündung des Sankt-Lorenz-Stroms, auf dem er in den nordamerikanischen Kontinent eindrang. 1608 gründete sein Landsmann Samuel de Champlain die Stadt Québec und eine Pelzhandelsstation, aus der die Stadt Montréal hervorging. Die Region von der Mündung bis zu den Großen Seen wurde bis 1742 von den Franzosen kontrolliert, die aufgrund der wenigen Siedler in diesem Gebiet kaum Produkte für das Mutterland gewinnen oder herstellen konnten (Haussherr 1970: 213, Lower 1973: 11f.). Ähnlich ging es den Niederländern, die 1626 die Insel Manhattan von Indianern erworben hatten. Den Franzosen und Niederländern kam die wachsende Nachfrage nach Pelzen in Europa, wo die heimischen Tierbestände aufgrund zu reger Jagdtätigkeit drastisch zurückgingen, zugute. Von Vorteil war, dass die Bestände in Nordamerika kaum angetastet waren und unerschöpflich schienen. Bereits vor Ankunft der Europäer hatten die Indianer aus Pelzen hergestellte Winterbekleidung getragen. Nach deren Ankunft tauschten sie die Felle gegen Gebrauchs- und Luxusgegenstände wie Töpfe, Decken, Bekleidung, Spiegel, Glasketten, Ringe und Kämme ein, aber auch gegen Waffen. Begehrt waren vor allem die Biberfelle aus Nordamerika, aus denen in Europa Hüte hergestellt wurden. Biberfelle wurden seit Mitte des 16. Jahrhunderts von Franzosen, für die sie in den nächsten 150 Jahren die Basis des Kolonialhandels darstellten, von Niederländern, die von Manhattan aus den Hudson River hinauffuhren, sowie von Briten, die über die Hudson Bay

in den Norden des Kontinents eindrangen, nach Europa exportiert. 1664 übernahmen die Briten Manhattan von den Niederländern. Über Amsterdam wurde ein großer Teil der Felle im Rahmen des Ostseehandels zur Weiterverarbeitung nach Russland geliefert. Da die Indianer bald nicht mehr die steigende Nachfrage befriedigen konnten, gründeten Frankreich mit der Nordwest-Kompanie und England mit der Hudson's Bay Company Handelsgesellschaften, deren Jäger immer tiefer in die nordamerikanischen Wälder eindrangen. Die wichtigsten Handelsplätze, von denen die Pelze nach Europa transportiert wurden, waren Montréal am Sankt-Lorenz-Strom und Fort Churchill an der Hudson Bay. Die beiden konkurrierenden Unternehmen vereinigten sich 1821 und bestanden weiter als Hudson's Bay Company. Diese Handelsgesellschaften waren zu keinem Zeitpunkt annähernd so mächtig wie die Ostindien-Kompanien, da sie ihre Monopolstellung nicht im gleichen Maße in Nordamerika durchsetzen konnten wie die in Asien tätigen Handelsgesellschaften dieses im Gewürz- oder Textilhandel vermochten hatten (Blussé u. Gaastra 1981: 249–259, Carlos 2006, Hofmeister 1988: 168, Curtin 1984: 207–229, Emmer u. a. 1988: 321–325).

Plantagenwirtschaft und Verbreitung tropischer Produkte

In Brasilien, in Teilen Nordamerikas und in der Karibik entstand eine auf den Export ausgerichtete Plantagenwirtschaft, die tropische Produkte für die steigende Nachfrage in Europa erzeugte. Auf dem alten Kontinent bewirkte das erweiterte Angebot eine Veränderung der Konsum- und Ernährungsgewohnheiten (Emmer u. a. 1988: 495).

In der Karibik wurden Kakao, Tabak, Indigo und vor allem Zucker erzeugt. Zucker ist ursprünglich in Polynesien beheimatet, war aber schon um 1000 v. Chr. nach China gelangt. Über Indien verbreitete er sich westwärts und erreichte wahrscheinlich im 8. Jahrhundert den östlichen Mittelmeerraum. Lange dominierte Venedig den Zuckerhandel, von wo er im 14. Jahrhundert nach West- und Nordeuropa gelangte. Bis zu diesem Zeitpunkt stand in Europa ausschließlich Honig zum Süßen von Speisen zur Verfügung. Vermutlich brachte Kolumbus die Zuckerrohrpflanze von den Kanarischen Inseln nach Haiti, von wo aus sie nach Kuba und auf ande-

re Inseln der Karibik gelangte. Um 1515 führten die Portugiesen die Zuckerrohrpflanze in Brasilien ein, wo es um 1570 bereits 70 Zuckermühlen gab. Bis zum 18. Jahrhundert stieg ihre Zahl auf rund 500 an (Carrington 2006, Emmer u. a. 1988: 501, Hobhouse 1985: 68f.).

Zucker war in Europa ein begehrtes Produkt und lange weit teurer als Getreide. Bis zum 16. Jahrhundert wurde pro Kopf und Jahr nur ein Teelöffel verbraucht (Hobhouse 1985: 68). In den folgenden zwei Jahrhunderten verzehnfachte sich die Einfuhr von Zucker in Europa auf über 200 000 t jährlich. Die Nachfrage nahm auch aufgrund des steigenden Konsums von Kakao, Tee und Kaffee zu. Von besonderer Bedeutung war der Zuckeranbau auf Barbados, das zwischen 1660 und 1670 der weltgrößte Zuckerproduzent war. Auf der Karibikinsel wurde die Zuckerrohrpflanze erstmals nicht mehr in einem jeweils eigenen Loch, sondern in Gräben angepflanzt, in denen die Pflanzen 15 Monate reifen durften. Da aufgrund der intensiven Nutzung der Boden bald ausgelaugt war, verließen die Kleinbauern, die neben Zucker auch Tabak, Indigo, Baumwolle, Ingwer und andere Gewürze für den Export sowie Maniok, Bananen, Bohnen und Mais zur Selbstversorgung angebaut hatten, die Insel. In der Folge entstand die Plantagenwirtschaft, bei der die verbleibenden Wei-

ßen die Schicht der Besitzenden darstellten und die schweren Arbeiten des Pflanzens, Erntens, Zerkleinerns und Auskochens des Zuckers von Zwangsarbeitern und Sklaven aus Afrika verrichtet wurden. Da bald alle Bäume auf der Insel für die Befeuerung der Bottiche, in denen der Zucker erhitzt wurde, gefällt worden waren, wurden diese von anderen Karibikinseln, aus Guayana und Carolina angeliefert und sogar Kohle aus England nach Barbados gebracht. Von Barbados aus gelangte das Zuckerrohr im späten 17. Jahrhundert auf die britischen Kleinen Antillen und Jamaika. Noch Ende des 18. Jahrhunderts kontrollierten die Briten mehr als die Hälfte des Zuckerhandels zwischen Amerika und Europa, der überwiegend dem Eigenkonsum diente. In der zweiten Hälfte des 18. Jahrhunderts wurde die Zuckerproduktion auf Kuba ausgeweitet, nachdem die Franzosen, die aus Haiti vor der Revolution geflohen waren, hier Innovationen eingeführt hatten (Emmer u. a. 1988: 501). Im 19. Jahrhundert gelangte die Pflanze auf das Territorium der USA und nach Puerto Rico und Hawaii. Zu diesem Zeitpunkt war die Nachfrage nach Rohrzucker in Europa bereits rückläufig. 1747 war es dem preußischen Chemiker Andreas Sigismund Marggraf gelungen, Zucker aus Möhren, Runkel- und anderen Rüben zu isolieren und zu kristallisieren. 1801 wurde mit Unterstützung durch Friedrich Wilhelm III. die erste Rübenzuckerfabrik eingerichtet, und weniger als 50 Jahre später gab es in Europa keinen Markt mehr für Rohrzucker. Um 1885 wurde weltweit mehr Zucker aus Rüben als aus Zuckerrohr gewonnen (Carrington 2006, Hobhouse 1985: 88–113).

Tabak war eine weitere Pflanze, die auf den Plantagen der Neuen Welt gewonnen wurde. Bereits vor Ankunft der Europäer waren die Einheimischen in vielen Teilen Nord- und Südamerikas mit dem Anbau und Genuss von Tabak vertraut. Die Spanier begegneten dem Tabak an der Nordküste Südamerikas und bauten ihn für den europäischen Markt im Bereich des heutigen Venezuelas an. Niederländer handelten in Amsterdam mit Tabak und reexportierten ihn in viele Länder Europas, vor allem aber nach Frankreich und England. Brasilien stellte einen weiteren Schwerpunkt der marktorientierten Produktion dar. Die Portugiesen lieferten den Tabak nach Afrika, wo er eine wichtige Rolle bei der Finanzierung des Sklavenhandels spielte. Auch auf den Karibikinseln pflanzten Spanier, Franzosen und Briten Tabak an (Price 2006). Von besonders guter Qualität waren die kubanischen Erzeugnisse. Auf vielen Inseln war der Boden aber bald ausgelaugt, und man ging auf den profitableren Zuckeranbau über. Zudem zeigte sich, dass der Tabak aus Virginia den karibischen Produkten überlegen war (Emmer u. a. 1988: 502). Im 17. Jahrhundert nahm der Tabakanbau in Virginia und in Maryland rasch zu, und am Ende des Jahrhunderts übertraf die Ausfuhr aus diesen Kolonien nach Europa den aller anderen atlantischen Regionen bei Weitem. Franzosen, Spanier und Engländer waren an einer Ausweitung der Tabakeinfuhren interessiert, da sie diese mit hohen Steuern belegt hatten und so die Staatseinnahmen steigern konnten. Zunächst war der Tabak in den nordamerikanischen Kolonien in kleineren und in größeren Betrieben angebaut worden. Ab Ende des 17. Jahrhunderts wurden zunehmend Plantagen eingerichtet, auf denen afrikanische Sklaven die Arbeiten verrichteten. Während der nordamerikanischen Revolution ging der Tabakanbau in Virginia und Maryland stark zurück. Da viele Sklaven während der Unruhen von den Plantagen geflohen waren, konnte die Produktion nur langsam wieder ausgeweitet werden. Auch war nach Erlangung der Unabhängigkeit eine Reihe von Plantagenbesitzern mit den verbleibenden Sklaven in den tiefen Süden abgewandert, wo sie sich der Produktion von Baumwolle zuwandten. Erst in den 1830er Jahren erreichte die US-amerikanische Tabakproduktion wieder den Vorkriegsstand. Zwischenzeitlich hatte sich der Anbau von Tabak in südlicher Richtung nach North Carolina und westwärts in das Tal des Ohio verlagert (Price 2006).

Baumwolle ist ein altes Handelsprodukt. Frühe Anbaugebiete waren Ägypten, Syrien, das Omanische Reich und Bengalen. Bis Ende des 18. Jahrhunderts bezog Europa die Baumwolle aus Asien. Mit der steigenden Produktion von Baumwollkleidung in England mussten neue Anbaugebiete erschlossen werden, da die traditionellen Anbieter die Nachfrage nicht mehr decken konnten. Die Westindischen Inseln und Brasilien entwickelten sich bald zu den wichtigsten Produzenten für den europäischen Markt. England führte in den späten 1770er Jahren jährlich 3,7 Mio. Pfund und Mitte der 1780er Jahre bereits 9,4 Mio. Pfund Baumwolle von den Westindischen Inseln ein. Mitte der 1790er Jahre gab es jedoch Probleme, als sich die Erzeuger weigerten, Arbeitskräfte und Land, auf dem Zuckerrohr angebaut wurde, für den Anbau von Baumwolle zu nutzen. Außerdem wirkten sich Unruhen auf Hispaniola, dem wichtigsten Produzenten von Baumwolle in der Region, negativ aus. In den 1790er Jahren wurden die USA zum bedeutendsten Exporteur auf dem Weltmarkt. Boden und Klima waren hier für den Baumwollanbau bestens geeignet, außerdem standen genug Land für den uneingeschränkten Ausbau der Anbaufläche sowie die nötigen Arbeitskräfte zur Verfügung (Beckert 2006).

Weitere Produkte, die aus Nordamerika ausgeführt wurden, aber bei Weitem nicht die Bedeutung der Zucker-, Baumwoll- und Tabakexporte erreichten, waren Getreide, Schiffszwieback und Mehl im direkten Handel zwischen England und den Kolonien New Jersey, Pennsylvania, New York und Connecticut. Im Gegenzug war der gesamte nordamerikanische Subkontinent lange auf die Einfuhr von Gebrauchs- und Luxusgegenständen aus Europa angewiesen. Für Nahrungsmittel, die in den einzelnen Regionen nicht selbst erzeugt werden konnten, hatte sich ein inneramerikanischer Warenaustausch entwickelt. Aus Neuengland wurden gesalzener Fisch, Arbeitspferde, Getreide, Textilien und Hüte zu den Westindischen Inseln geliefert, während von dort Zucker, Melasse, Rum und andere tropische Produkte importiert wurden (Emmer u. a. 1988: 13, Haussherr 1988: 212).

Dreiecks- und Sklavenhandel

Die Plantagenwirtschaft war arbeitsintensiv und wäre ohne die kontinuierliche Einfuhr von Sklaven nicht möglich gewesen. Sklavenarbeit und -handel waren keine neuen Phänomene und haben ihren Ursprung im Mittelmeerraum. Schon im alten Ägypten waren viele Arbeiten durch Zwangsarbeiter ausgeführt worden. Später gab es Sklaven in Venedig, Südfrankreich, auf der Iberischen Halbinsel, in Marokko und im Osmanischen Reich. Ein großer Teil der Sklaven war aus Afrika importiert worden. Die Mittelmeeranrainer setzten sie als Ruderer in den Galeeren ein, in Haushalten, im Gewerbe und in der Landwirtschaft. Hier waren sie auch im Anbau von Zuckerrohr tätig, dem allerdings nur vergleichsweise wenig Bedeutung zukam. Mit der Wanderung des Zuckers auf die atlantischen Inseln und nach Brasilien verlagerte sich auch die Sklaverei in diese Richtung. Den atlantischen Sklavenhandel nahmen erstmals die Portugiesen Mitte des 15. Jahrhunderts auf, als sie gleichzeitig Gold und zu einem geringeren Teil Elfenbein aus Westafrika exportierten. Dieser Handel war noch unbedeutend, wuchs aber mit der steigenden Nachfrage nach Arbeitskräften in Amerika stark an. Bald entwickelten sich die Niederländer und vor allem die Engländer zu ernsthaften Konkurrenten der Portugiesen. Die Engländer setzten Sklaven ab 1645 in den karibischen Kolonien ein und dominierten schnell den atlantischen Sklavenhandel. Zwischen 1670 und 1807 brachten die Briten fast so viele afrikanische Arbeitskräfte in die Neue Welt wie Portugiesen, Niederländer, Franzosen, Dänen und US-Amerikaner zusammen. Nach 1807 füllten portugiesische Sklavenexporte nach Brasilien und spanische Transporte nach Kuba die durch das Verbot für britische Händler entstandene Lücke aus. Es wird geschätzt, dass insgesamt rund elf Millionen Sklaven nach Amerika verschleppt worden sind, aber es werden auch deutlich höhere Werte genannt. Größter Händler über die Jahrhunderte war Portugal mit einem Anteil von ca. 45 %, gefolgt von den Engländern, die 3,25 Mio. oder ca. 30 % der Sklaven in Richtung Amerika transportierten (Richardson 2006).

Erst nachdem die Goldproduktion in Afrika ihren Höhepunkt überschritten hatte, übertraf ab ca. 1700 der Wert der Sklaven den der anderen afrikanischen Exportgüter. Der Kauf wurde hauptsächlich mit Textilien bezahlt, die über den französischen Hafen Nantes und den britischen Hafen Liverpool nach Afrika verschifft wurden. Im 18. Jahrhundert hatten Textilien einen Anteil von 68 % an den Exporten Englands nach Afrika; hiervon waren 40 % Reexporte aus Indien. Die restlichen Handelsgüter setzten sich aus Alkohol, Metall- und Eisenwaren, Waffen und Schießpulver sowie anderen Gebrauchsgegenständen zusammen. In Afrika wurde der Sklavenhandel von Afrikanern kontrolliert, die auch die Preise festlegten. Nur ein Drittel bis ein Viertel der Sklaven waren Frauen und weniger als zehn Prozent Kinder, obwohl der Preis für Frauen nicht weit unter dem für männliche Sklaven lag und diese die gleichen Arbeiten auf den Plantagen verrichteten wie die Männer. Vermutlich boten die Afrikaner weniger Frauen zum Handel an, da diese in einigen Stämmen einen hohen Status hatten. Die Frauen wurden zudem benötigt, um Nachwuchs und somit weitere Sklaven für den Verkauf zu produzieren. In Amerika gab es einen ständigen Bedarf an neuen Sklaven, da die Geburtenrate aufgrund des Frauenmangels niedrig und die Sterblichkeit hoch waren. Es kann davon ausgegangen werden, dass zeitweise wenigstens ein Fünftel der Schiffsladungen von der Alten in die Neue Welt aus verschleppten Zwangsarbeitern bestand. Der Gewinn aus dem Menschenhandel war allerdings vergleichsweise gering. Für England wird geschätzt, dass nur ca. zehn Prozent des Gewinns, den das Land im Transatlantikhandel erwirtschaftete, auf den Handel mit Sklaven zurückgingen (Klein 1999: 296–307). Der Sklavenhandel erreichte seinen Höhepunkt Mitte des 18. Jahrhunderts, als jährlich 85.000 Afrikaner über den Atlantik verschleppt wurden. Die europäischen Handelsmächte hielten die Sklaven bis zur Verschiffung in mächtigen Forts an der afrikanischen Westküste, von denen es allein im Bereich des heutigen Ghana ca. dreißig gab. Der größte Lieferant von Sklaven war Angola. Aus dem westafrikanischen Land wurden ca. 4,9 Mio. Menschen gegen ihren Willen nach Brasilien gebracht (Richardson 2006).

Die Sklaven arbeiteten in den Gold- und Silberminen Südamerikas, bauten Gewürze in der karibischen Inselwelt an und waren auf Kaffee-, Baumwoll-, Indigo-, Tabak- und Zuckerplantagen tätig. Den größten Bedarf an Zwangsarbeitern hatten die arbeitsintensiven Zuckerplantagen, und mit den regionalen Verlagerungen des Zuckeranbaus veränderten sich auch die Ziele der Sklaventransporte. Im Bereich der Westindischen Inseln waren vor 1700

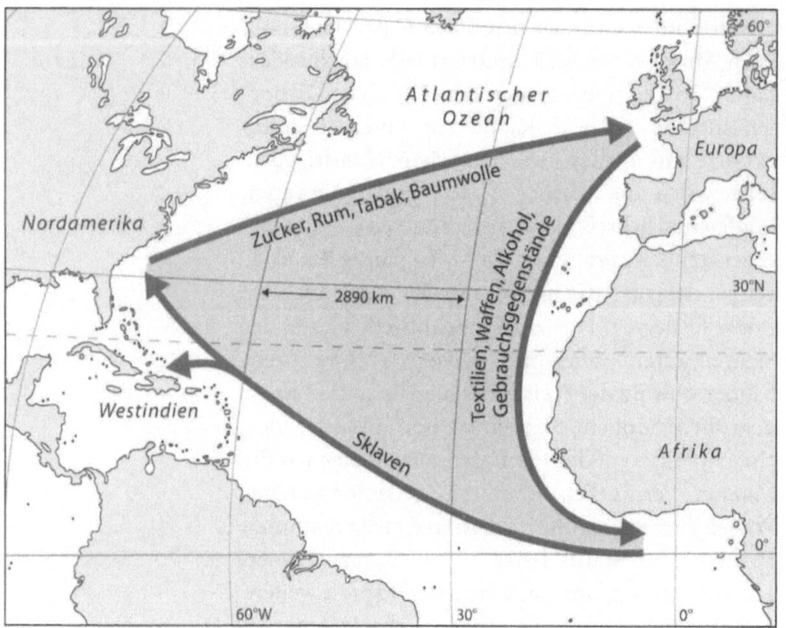

Abb. 1.5:
Dreieckshandel.
Quelle: Hobhouse
1985: 104

Barbados und Martinique die wichtigsten Empfangsländer des britischen und französischen Menschenhandels, während nach 1700 Jamaika und Hispaniola bedeutender waren. Den größten Bedarf hatte Brasilien als weltgrößter Zuckerproduzent. Zwischen 1500 und 1867 wurden rund 40 % aller Sklaven in das südamerikanische Land verschleppt (Richardson 2006).

Von der Neuen Welt brachten die Schiffe auf ihrem Rückweg nach Europa vor allem Zucker und Rum, aber auch andere Plantagenprodukte mit und vervollständigten so den Dreieckshandel, bei dem je nach Bedarf und Nachfrage von Europa nach Afrika Textilien, Alkoholika, Waffen und andere Gebrauchsgegenstände gebracht wurden sowie in der mittleren Passage Sklaven von Afrika nach Amerika (s. Abb. 1.5). Möglicherweise wurde sogar erstmals eine Dienstleistung in das Ausland verlagert, als französische Sklavenhändler ihre Hemden zum Waschen in das heutige Haiti transportierten, wo das Wasser angeblich besser zum Bleichen geeignet war (The Economist: 22.02.07). Der Transport Berliner Hotelwäsche zu polnischen Wäschereien heute erscheint angesichts der Verfrachtung französischer Schmutzwäsche wenig spektakulär. Die Reisen wurden zeitlich so organisiert, dass die Winde im Atlantik optimal genutzt werden konnten. Die Schiffe verließen England im Frühherbst in Richtung Afrika,

überquerten den Atlantik zwischen Dezember und Februar und kehrten im Nordsommer nach England zurück (Hobhouse 1985: 104, Emmer u. a. 1990: 4–13).

Der Sklavenhandel wurde in Europa keinesfalls als unmoralisches Geschäft angesehen, und viele Wohlhabende wollten von den Gewinnen profitieren. In England investierten die königliche Familie und sogar die Kirche in den Menschenhandel (The Economist: 22.02.07). In Nordamerika lebten in den 1770er Jahren rund 400 000 Afrikaner, davon drei Viertel in den südlichen Kolonien. Die Sklavenhalter waren der Meinung, dass die Haltung der Zwangsarbeiter für die Kolonialwirtschaft unerlässlich sei. Zu den prominentesten Sklavenbesitzern gehörten George Washington, der erste Präsident der USA, und Thomas Jefferson, der als Hauptverfasser der Unabhängigkeitserklärung gilt (Raeithel 1995: 156f.). Die Abschaffung des Sklavenhandels geht in England maßgeblich auf das Engagement von Thomas Clarkson zurück, der sich nach Abschluss seines Studiums an der Universität Cambridge kritisch mit der Verschleppung der Afrikaner beschäftigte. 1787 gründete er einen Verein zur Abschaffung der Sklaverei. In öffentlichen Vorträgen und auf Postern machte er auf die Missstände, die kaum in der Bevölkerung bekannt waren, aufmerksam. Clarkson setzte den vermutlich ersten Boykott in der Geschichte des Welthandels gegen ein Handelsgut durch, als er seine Landsleute dazu aufrief, auf Zucker im Tee zu verzichten, da dieser mit dem Blut der Sklaven bezahlt worden sei. Zeitweise beteiligten sich mehr als 300.000 Menschen an dem Boykott und gefährdeten so die Einnahmen der Plantagenbesitzer. 1807 verbot das britische Parlament den Transport von Sklaven nach Nordamerika. Dänemark hatte den Handel bereits 1803 eingestellt; die anderen europäischen Staaten folgten bald. Portugal stellte erst in den 1860er Jahren die Sklaventransporte völlig ein. Die Abschaffung des Menschenhandels war durch eine Reihe von Sklavenaufständen in Übersee unterstützt worden (The Economist: 22.02.07). Nicht unbedeutend war, dass der Verkauf von Sklaven immer unprofitabler wurde und sich die Investoren neuen Geschäften, die die Industrialisierung bot, zuwandten (Hobhouse 1985: 110). Der direkte Handel zwischen den europäischen Ländern und Amerika löste den Dreieckshandel ab.

Industrialisierung und Ausweitung des Welthandels

Vereinfacht dargestellt, können vor Ausbruch der industriellen Revolution drei Welthandelsströme unterschieden werden: Sklaven aus Afrika, Gold und Silber aus Amerika und der Export landwirtschaftlicher Produkte (Zucker, Kaffee, Tee, Tabak, Baumwolle, Gewürze) aus Amerika und Asien (Buckman 2005: 10). Binnen weniger Jahre veränderte sich im Zuge der Industrialisierung die Struktur des internationalen Handels völlig und das Handelsvolumen stieg stark an. Immer mehr Länder beteiligten sich an dem Warenaustausch. Bis zur industriellen Revolution hatten Produktion und Konsum überwiegend an den gleichen Standorten stattgefunden. Mit der Zunahme der globalen Handelsströme galt dieses immer weniger. Produzenten und Konsumenten wurden räumlich voneinander getrennt, und die Verbraucher waren kaum noch über die Produktionsbedingungen und die Bedürfnisse der Erzeuger informiert. Die alten Handelsbeziehungen wurden durch ein neues System weltweiter Verflechtungen abgelöst.

Die Umwandlung einer Agrargesellschaft in eine Industriegesellschaft war in England durch wichtige Innovationen in verschiedenen Bereichen ausgelöst worden. Die Produktion in der Textilindustrie wurde ab 1733 durch den Einsatz des fliegenden Weberschiffchens und in der zweiten Hälfte des 18. Jahrhunderts durch weitere Erfindungen wie die mechanische Spinnmaschine, den mechanischen Webstuhl und die Baumwollentkörnungsmaschine deutlich erhöht. Aufgrund der zahlreichen Innovationen übertraf die Produktion von Baumwolltextilien in Großbritannien 1840 die des Jahres 1760 um das Hundertfache (Harley 2006: 396). Wichtig war vor allem die Erfindung der Dampfmaschine 1765 durch James Watt. Kohle ließ sich jetzt in größeren Tiefen abbauen und neue Verfahren in der Eisen- und Stahlgewinnung legten den Grundstein für die Schwerindustrie. Allein von 1820 bis 1840 stieg die weltweite Erzeugung von Eisen von 1,01 Mio. t auf 2,68 Mio. t an (Rostow 1978: 48).

In den 1830er Jahren setzte der Prozess der Industrialisierung in Belgien und Frankreich sowie zwischen 1840 und 1860 in den USA und in Deutschland ein. Da in den folgenden Jahrzehnten auch die skandinavischen Länder, Japan, Italien, Russland und andere osteuropäische Länder die Industrialisierung einleiteten, blieben die Steigerungen der weltweiten Industrieproduktion bis zum Ausbruch des Ersten Weltkrieges auf einem hohen Niveau. Nach 1785 hat die Zunahme der jährlichen globalen Industrieproduktion zu keinem Zeitpunkt unter 2,5 % gelegen. Ab 1840 hat dieser Wert mit Ausnahme der 1860er Jahre, in denen sich der US-amerikanische Bürgerkrieg negativ auswirkte, sogar stets mehr als 3,5 % betragen. Zwischen 1900 und 1913 erreichte das jährliche Wachstum einen Spitzenwert von 4,2 % (Rostow 1978: 49).

Transport- und Kommunikationswesen

Die industrielle Revolution wurde durch eine Revolution im Transport- und Kommunikationswesen begleitet. Die Verkürzung der Reisezeiten zu Wasser und zu Land ermöglichten den Warenaustausch über große Entfernungen hinweg. Der Bau von befestigten Chausseen im 19. Jahrhundert, der durch Napoleon in erster Linie aus militärischen Gründen initiiert worden war, leistete den ersten Schritt für einen zuverlässigen, regelmäßigen und schnelleren Transport. Eisenbahn und Dampfschiffe erleichterten den Transport schwerer Güter über weite Strecken. Außerdem waren Dampfschiffe weit weniger vom Wetter abhängig als Segelschiffe. Die erste Eisenbahn wurde 1825 in Großbritannien zwischen Stockton und Darlington gebaut. Die Eröffnung der ersten kontinentaleuropäischen Eisenbahn erfolgte 1832 zwischen Saint-Étienne und Lyon, und 1835 nahm in Deutschland eine Verbindung zwischen Fürth und Nürnberg den Betrieb auf. In den folgenden Jahrzehnten wurde das Eisenbahnnetz in Europa und in Amerika, wo 1869 die transkontinentale Verbindung fertig gestellt wurde, ausgebaut.

Während zuvor der Transport über größere Entfernungen weitgehend auf den Wasserweg beschränkt gewesen war, konnte jetzt auch das Landesinnere für den Handel erschlossen und so die Wettbewerbsfähigkeit der Regionen erhöht werden.

Dampfschiffe setzten sich allerdings nicht so schnell durch wie die Eisenbahn, denn auch die Segelschiffe wurden immer leistungsstärker und waren noch weit in das 19. Jahrhundert hinein auf den Weltmeeren konkurrenzfähig. 1854 stellte der Segler Lightning einen Rekord auf, als das Schiff innerhalb von 24 Stunden 436 Meilen oder 18,5 Knoten pro Stunde zurücklegte; eine Geschwindigkeit, die auch heute kaum von modernen Frachtschiffen übertroffen wird. Da die Segler immer größer wurden und weniger Platz für Segel und andere technische Vorkehrungen benötigten, stieg ihre Transportkapazität (Vance 1986: 26f.). Das erste kommerziell genutzte Dampfschiff war 1812 in Glasgow gebaut worden und verkehrte an der schottischen Küste; 1838 trat das erste Dampfschiff die Reise über den Atlantik an (Buckman 2005: 16). Die frühen Dampfschiffe benötigten noch viel Kohle, die das Transportvolumen verringerten. Fahrten nach Nordamerika waren möglich, aber bei Fahrten nach China musste unterwegs mehrfach Kohle nachgeladen werden. Bis zur Eröffnung des Suezkanals im Jahr 1869 konnten die Dampfschiffe auf den Reisen nach Ostasien kaum Profit abgeworfen haben. In den ersten Jahren nach Inbetriebnahme des Kanals wurden nur Passagiere, Post, Seide, Tee und andere leichte und wertvolle Güter auf diesem Weg nach Asien transportiert, da der Transport voluminöserer Fracht mit Segelschiffen um das Kap der Guten Hoffnung zunächst noch preisgünstiger war (Hobhouse 1985: 171). Ab ca. 1880 wurde der Suezkanal, der die Reisezeit von London nach Kalkutta um 32 % verkürzte (Walter 2006: 195), zur wichtigsten Verbindung auch für Massengüter zwischen Europa und Asien. Insbesondere Bombay profitierte vom Suezkanal, da die Schiffe bevorzugt die westindische Hafenstadt und nicht mehr Kalkutta anliefen (Tignor 2006). Der erstmalige Einsatz von Turbinen 1897 trug zu einer weiteren Verbesserung der Dampfschiffe bei. Ihre Geschwindigkeit übertraf inzwischen die der Segelschiffe um ein Vielfaches. Sie waren wetterunabhängig und konnten mehr Fracht transportieren. Die Frachtkosten fielen von 1815 bis 1850 um 80 % und von 1870 bis 1900 um weitere 70 %. 1914 wurde der Panamakanal eröffnet und damit der Warenaustausch zwischen Atlantik und Pazifik beschleunigt und verbilligt. Da jetzt nicht mehr der Umweg durch die Magellanstraße an der Südspitze Südamerikas genommen werden musste, verkürzte sich die Reisezeit von New York nach San Francisco um 60 %. Der Einsatz von Dampfkraft auf dem Land- und auf dem Seeweg trug dazu bei, dass erstmals schwere Massengüter über größere Distanzen zu einem günstigen Preis transportiert werden konnten (Buckman 2005: 17, Walter 2006: 195).

Erfindungen im Bereich der telegrafischen Kommunikation legten weitere Grundlagen für die Ausweitung des Welthandels im 19. Jahrhundert. 1816 war der Telegraf erstmals in Großbritannien von Francis Ronalds vorgestellt worden und wurde nach der Einführung des Morsealphabets durch Samuel Morse in den 1830er Jahren populär. 1851 wurden Großbritannien und die USA erstmals durch ein Unterseekabel miteinander verbunden, und 1876 entwickelte Alexander Graham Bell das Telefon (Buckman 2005: 17).

Theoretische Überlegungen zum Außenhandel

Bereits im Altertum waren Überlegungen zu wirtschaftlichen Zusammenhängen und Handel angestellt worden. Mit fortschreitender Industrialisierung und Außenhandel nahm die Beschäftigung mit diesen Fragestellungen sprunghaft zu. Die Theoretiker arbeiteten mögliche Vor- und Nachteile des internationalen Handels heraus und legten die Grundlagen für den Freihandel.

In der Antike und im Mittelalter nahmen Philosophen und Theologen zu Einzelfragen des Handels Stellung, ohne eine Nationalökonomie im modernen Sinne zu entwerfen. Aristoteles (384–322 v. Chr.) beschäftigte sich mit dem Haushalt als Grundlage der Staatswirtschaft und erkannte, dass dieser mit wichtigen Gütern versorgt werden müsse. Die Versorgung könne durch Jagd oder Landwirtschaft, aber auch durch den direkten Tausch von Produkten mit anderen Haushalten oder durch indirekten Handel, bei dem Geld nötig ist, erfolgen. Die Kirchenväter, deren Werk zur Zeit der Wende von der Antike zum Mittelalter entstanden und in die christliche Lehre eingegangen war, stellten Regeln für das Verhalten im Tauschverkehr auf. Im Mittelpunkt stand die Suche nach dem gerechten Preis, da sich die Kirchenväter vor allem für die ethische Haltung der Tauschpartner interessierten. Im Mittelalter wurde die christliche Philosophie durch die Scholastiker geprägt, die an den Kloster- und Domschulen sowie den Universitäten tätig waren. Die Scholastiker bekämpften den Handel lange als verwerfliche Tätigkeit, da er bis zum 11. Jahrhundert ausschließlich der Versorgung mit Luxusgütern diente. Diese Haltung wurde beibehalten, auch als mit der wachsenden Verbreitung der Städte der Handel eine stärkere Versorgungsfunktion übernahm und sich die Klöster selbst daran beteiligten (Schinzinger 2002: 18–22).

Merkantilismus

Ab ca. 1450 begannen sich die mittelalterlichen Hierarchien aufzulösen, und es wurde langsam eine Wende zu den Nationalstaaten eingeleitet. Gleichzeitig blühten die Wissenschaften auf und es setzte sich eine optimistische Grundeinstellung durch, die sich wiederum günstig auf den ökonomischen Wandel auswirkte. Handel und Gewerbe entwickelten sich positiv. Die Zeit bis ca. 1750 wurde durch den Merkantilismus geprägt, dem gemeinsame Ideen zugrunde liegen, obwohl er keine einheitliche und geschlossene Theorie darstellt. Das theoretische Grundgerüst wurde insbesondere von Kaufleuten und Finanziers erarbeitet. Die Briten Thomas Mun (1571–1641), Richard Cantillon (1680–1734), John Law (1671–1729), John Locke (1632–1704), William Petty (1623–1687) und James Steuart (1712–1780) gehörten zu den wichtigsten Theoretikern des Merkantilismus, der allerdings insbesondere von französischen Politikern umgesetzt wurde. Zum bedeutendsten Verfechter der merkantilistischen Politik wurde Jean-Baptiste Colbert (1619–1683), der Finanzminister von Ludwig XIV. (Söllner 2001: 10f.).

Wichtigstes Ziel des Merkantilismus war der Wohlstand. Reichtum und Macht des eigenen Landes sollten durch die Erhöhung der Edelmetallbestände gemehrt werden. Bereits die Monetaristen oder Bullionisten (»Bullion« = Barren aus Edelmetall) des 15. und 16. Jahrhunderts hatten den Bestand eines Land an Edelmetallen als wichtigen Gradmesser des Reichtums betrachtet und daher davor gewarnt, Gold und Silber zu exportieren (Schmidt 2002: 43). Wenn ein Land arm an den Edelmetallen Gold und Silber ist, muss es diese aus dem Ausland importieren. Edelmetallzuflüsse ermöglichen eine

Geldmengenexpansion, die die wirtschaftliche Entwicklung günstig beeinflusst. Die Merkantilisten erkannten, dass die Handelsbilanz mit einzelnen Ländern zwar negativ sein kann, insgesamt sollte aber ein Exportüberschuss angestrebt werden. Weiterhin sollte die Spezialisierung gefördert werden, um die Arbeitsproduktivität zu vergrößern. Tätigkeiten in Landwirtschaft, Industrie und Fernhandel galten als produktiv, während Dienstleistungen als unproduktiv eingestuft wurden. Es wurde davon ausgegangen, dass die Ausweitung des Außenhandels und eine Spezialisierung nur möglich sind, wenn Staat und Wirtschaft zusammenarbeiteten (Söllner 2001: 12f.).

Um die wirtschaftliche Entwicklung des Landes zu stabilisieren, reorganisierte Frankreich die Finanzverwaltung. Mit staatlichen Mitteln wurden Straßen, Kanäle, Häfen und Bildungsstätten eingerichtet und der Bau der königlichen Manufakturen finanziert. In den privilegierten, aber kontrollierten Unternehmen wurden Luxusgüter für den Verkauf im Ausland und für den französischen Hof angefertigt. Auf diese Weise konnte der Import teurer Güter eingeschränkt werden. Im Merkantilismus wurde eine Ankurbelung der Exporte durch einen staatlichen Ausbau der Handels- und Kriegsflotte sowie die Gewährung von Handelsmonopolen begrüßt. Gleichzeitig sollte es möglich sein, Importe durch Zölle zu behindern. Dieses galt aber nicht für die Einfuhr der als wichtig erachteten Edelmetalle. Der Wohlstand sollte zudem durch niedrige Löhne bei gleichzeitiger Einschränkung des Konsums im eigenen Land gefördert werden. Gewinnstreben und Handel galten nicht als verwerflich oder minderwertig, sondern wurden als ehrenwert und nützlich eingestuft. Da für den angestrebten wirtschaftlichen Aufschwung ein großes Bevölkerungswachstum von Vorteil war, förderte Colbert Frühehen und sprach sich für niedrigere Mitgiften bei Eheschließungen aus. Außerdem schränkte er die Vertreibung jüdischer Kaufleute und Hugenotten ein, um die potenzielle Zahl der Arbeitskräfte sowie die Nachfrage nach gewerblichen Waren zu steigern. Auch der französische Finanzminister Anne Robert Jacques Turgot bemühte sich ab 1774, die Ideen der Merkantilisten umzusetzen, scheiterte aber an der Intervention der Physiokraten. Nach dem Tod Ludwigs XIV. im Jahr 1715 hatte sich die Bedeutung des Merkantilismus jedoch schnell verringert (Schmidt 2002: 38 u. 47f., Söllner 2001: 12–16).

In England und Deutschland wurden die Ideen des Merkantilismus weniger aktiv in der Politik umgesetzt als in Frankreich. Die englischen Vertreter des Merkantilismus waren in erster Linie Praktiker und Geschäftsleute und kaum an theoretischen Fragestellungen interessiert. Nicht selten kritisierten sie die Regierung oder regten Veränderungen an. Sie trugen dazu bei, die spätmittelalterlichen Traditionen zu beseitigen und den Aufstieg des Handelskapitalismus zu stärken (Kopf 1987: 48). Finanzpolitische Maßnahmen und Steuerbegünstigungen stärkten in England die gewerbliche Produktion und den Handel und somit den Aufstieg des Bürgertums. Im deutschen Sprachraum entwickelte sich aus den Ideen der Merkantilisten der Kameralismus. Als »Camera« wurde die fürstliche (Schatz-)Kammer bezeichnet, und der Kameralismus war ursprünglich die Lehre der wirtschaftlichen Verwaltung des fürstlichen Privat- und Kronvermögens. Die deutsche Ausprägung des Merkantilismus umfasste die wirtschaftlichen Empfehlungen für die Gesetzgebung, Verwaltung und Finanzwirtschaft der Fürsten und fand bis Ende des 18. Jahrhunderts in Preußen und in Österreich Anwendung (Schmidt 2002: 38 u. 48). Ein bedeutender Anhänger der merkantilistischen Ideen war Friedrich II. von Preußen. Ähnlich wie in Frankreich sollten seine Manufakturen verhindern, dass das Geld außer Landes geht, und die Exportrate Preußens erhöhen. Um dieses Ziel zu erreichen, wurden den Kaufleuten und Fabrikanten Privilegien eingeräumt (Kopf 1987: 133).

Physiokratie

Um die Mitte des 18. Jahrhunderts setzte sich in Frankreich die Physiokratie als Gegenbewegung zum Merkantilismus durch. Diese Lehre geht auf einen Aufsatz über Landbau und Getreidehandel des Franzosen François Quesnay zurück, den er zu Beginn des Siebenjährigen Krieges schrieb. Die Ausführungen konkretisierte Quesnay in einer grafischen Darstellung der Wirtschaftsbeziehungen Frankreichs in einer darauf folgenden selbstständigen Schrift. Auf diesen Ausführungen basierend, entwickelte sich die Schule der Ökonomisten oder Physiokraten. Im Gegensatz zu den Merkantilisten, die Handel und Gewerbe eine große Bedeutung beimaßen, stellten die Physiokraten die Landwirtschaft in den Mittelpunkt ihrer Überlegungen. Dieses war nicht ganz unverständlich, denn zum damaligen Zeitpunkt waren in Frankreich noch ungefähr vier Fünftel der Bevölkerung im primären Sektor tätig. Die Bewirtschaftung des Bodens stellte die Hauptquelle des nationalen Reichtums dar. Die Physiokraten hielten Kaufleute und Handwerker für unproduktiv, da diese nur die Rohstoffe verarbeiteten und handelten, die der Landwirt liefert. Aus ihrer Sicht waren ausschließlich die Erträge aus Grund und Boden zu besteuern. Dieses widersprach der üblichen Privilegierung der herrschenden Klasse, zu der die Grund- und Bodenbesitzer gehörten. Zum Ausgleich sollten den Landbesitzern andere Freiheiten wie die Auflösung der Dreifelderwirtschaft mit dem damit verbundenen Flurzwang eingeräumt werden. Im Mittelpunkt der Forderungen der Physiokraten standen Reformen der Produktion und Preisbildung in der Landwirtschaft, des Steuersystems, der Staatsverschuldung und der Staatsausgaben (Haussherr 1970: 278–281, Schmidt 2002: 57).

Adam Smith

In England leitete die Industrialisierung eine Abkehr vom Merkantilismus ein, die durch die Kritik des Schotten Adam Smith (1723–1790) in seinem 1776 veröffentlichten Werk »The Wealth of Nations« unterstützt wurde. Für Smith stellte der Merkantilismus eine interventionistische und dirigistische und sogar äußerst schädliche Wirtschaftspolitik dar, da sie die Konkurrenz begrenzte, um die Profite zu erhöhen. Smith setzte sich für weniger Eingriffe in individuelle Freiheitsrechte und das wirtschaftliche Handeln ein. Allerdings räumte er ein, dass soziale Regeln nötig seien, da aus der egoistischen Verfolgung der ökonomischen Interessen durch den Einzelnen Konflikte und Ungerechtigkeiten entstehen könnten (Dostaler 2007a: 22f., Trapp 1987: 186f., 301 u. 303). Eine zentrale Frage war, wovon der allgemeine gesellschaftliche Reichtum und somit die Macht des Staates abhängen. Smith zufolge wird der Wohlstand nicht durch die Menge der Edelmetalle, sondern von der Produktivität der Arbeit und vom Grad der Arbeitsteilung sowie von der Menge produktiver Arbeit, die jährlich in Bewegung gesetzt wird, bestimmt. Es entscheiden somit nicht exogene Faktoren wie die Bodenqualität oder die Goldzufuhr über den Wohlstand der Nationen, sondern die Geschicklichkeit und der Fleiß eines Volkes (Schefold u. Carstensen 2002: 69, Starbatty 1985: 11f., Trapp 1987: 181).

Smiths' Einstellung den Physiokraten gegenüber, denen er in seinem Hauptwerk nur wenig Platz einräumte, ist weniger eindeutig. Er bestätigte, dass die produktive Kraft von Arbeit und Kapital in der Landwirtschaft am größten (Starbatty 1985: 9f.) und dass alle menschliche Produktion an die natürlichen Voraussetzungen der Agrikultur gebunden sei, da die Städte nur auf der Grundlage überschüssiger Lebensmittel aufblühen könnten, und die Landwirtschaft eine wichtige Lebensgrundlage für Handel und Industrie darstelle. Allerdings habe sich in der Geschichte gezeigt, dass Handel und Industrie häufig erst die Entwicklungen der Landwirtschaft ermöglicht hatten. Während die Physiokraten nur die Landwirtschaft für produktiv hielten, traf dieses laut Smith für Industrie und Handel ebenfalls zu. Er stellte fest, dass der Fernhandel die feineren Manufakturwaren in den Städten eingeführt hatte und die Fortschritte in der Landwirtschaft ohne Gewerbe und Außenhandel nicht möglich gewesen wären. Unbeabsichtigt hatten sich das Bedürfnis nach Luxus und die Gewinnsucht günstig auf das Gemeinwohl ausgewirkt. Smith setzte sich für die Liberalisierung des Außenhandels ein, da zukünftig die Produktion aufgrund der Arbeitsteilung anwachsen würde, und nicht mehr alle Produkte auf den heimischen Märkten abgesetzt werden könnten (Söllner 2001: 30f., Trapp 1987: 184f.). Eine Liberalisierung umfasste alle Maßnahmen, mit denen in bestimmten, bislang staatlich reglementierten Bereichen Marktbedingungen geschaffen wurden. Freihandel und Kolonialismus waren für Smith notwendig, um Rohstoffe und Absatzmärkte zu sichern. Der Import von Gütern, die im Ausland günstiger produziert werden könnten, garantiere einen Gewinn (Buckman 2005: 14). Letztlich ging es Smith um das Wohl Englands. Handelsbeschränkungen durch Einfuhrzölle hielt er nur dann für gerechtfertigt, wenn auch andere Länder diese Zölle erhoben oder wenn eine junge Industrie geschützt werden sollte (Dostaler 2007a: 22f., Söllner 2001: 32). Wachstum spielte bei Adam Smith eine große Rolle. Er hielt ein dauerhaftes Wirtschaftswachstum für erstrebenswert und möglich. Im Gegensatz zu den Merkantilisten waren für Smith nicht Gold und Silber für die Entstehung des Reichtums einer Nation entscheidend, sondern die Menge der hergestellten und nutzbaren Güter. Während für die Merkantilisten der Erwerb von Edelmetallen im Rahmen des internationalen Handels im Mittelpunkt der Überlegungen stand, konnte für Smith der Wohlstand aller Nationen vor allem durch die gegenseitige Nutzbarmachung überschüssiger Produkte gesichert werden (Smith 1776: Buch IV, Trapp 1987: 187).

Bedeutung erlangte Smiths' Parabel von der »unsichtbaren Hand«. Da jedes Individuum nach seinem eigenen Gewinn strebe, nütze es damit unbewusst dem Allgemeinwohl. Dabei werde es von eben dieser unsichtbaren Hand geleitet. Nur wenn die Menschen in ihrer wirtschaftlichen Betätigung frei seien, könnten sie der Gesellschaft bestmöglich dienen. Es bilde sich ein gesellschaftliches Band, das durch die Arbeiten vieler Einzelner entstehe und seine Grundlage in der menschlichen Bedürfnisstruktur habe. Anders als das Tier trachte der Mensch nicht nur danach, sich zu ernähren und zu schlafen, sondern er habe das Bedürfnis, die eigene Lebenslage zu verbessern. Diesem Bedürfnis liege alle menschliche Tätigkeit zugrunde. Allerdings sei der Mensch in der arbeitsteiligen Gesellschaft bei der Befriedigung seiner Bedürfnisse abhängig von der Arbeitsleistung anderer Menschen. Der Einzelne müsse an das Eigeninteresse anderer Menschen appellieren, denn erst durch die Arbeiten vieler Individuen lasse sich das Bedürfnis des Einzelnen befriedigen und dessen Lebenslage verbessern. Das Ergebnis sei der Tausch, der die Grundstruktur des individuellen ökonomischen Handels in der modernen Gesellschaft darstelle und sich durch die Harmonie von Einzel- und Gesamtinteresse auszeichne. Da der Einzelne immer an einem möglichst großen Gewinn interessiert sei, vergrößere er gleichzeitig den gesellschaftlichen Reichtum. Wenn der Landwirt aus Eigeninteresse Brachland zu Ackerland umwandele, um seinen Ertrag zu steigern, diene er dem allgemeinen Wohl (Dostaler 2007a: 22f., Söllner 2001: 29, Starbatty 1985: 27 u. 37, Trapp 1987: 285–296).

David Hume

Auch der schottische Philosoph und Wirtschaftstheoretiker David Hume (1711–1776) kritisierte den Merkantilismus und die Physiokratie, wenn auch nur implizit und daher weniger deutlich als Adam Smith. Für Hume war der Gewerbefleiß (engl.: industry) der wichtigste Faktor ökonomischer Entwicklung. Heute kann der englische Begriff im Sinne Humes auch mit Produktionskapazität übersetzt werden. Wenn diese laut Hume ansteigt, dann erhöhe sich die Leistungskraft der Wirtschaft und es werden die Voraussetzungen für Handel und Gewerbe geschaffen (Kopf 1987: 135–137). Hume

sprach sich für den Freihandel ohne staatliche Einmischung aus. Sein Laissez-faire-Prinzip umfasste den ungehinderten Handel der Menschen. Hume ging davon aus, dass jede Nation mit Gewerbefleiß einen Überschuss erzeugte, den er verkaufen sollte. Der Gewerbefleiß der Nationen bewirke auch, dass sie konkurrenzfähig bleiben. Ohne Außenhandel würde England »aufgrund des Mangels an Wettbewerb, Vorbild und Unterweisung an Mattigkeit versinken« (zitiert in: Kopf 1987: 171). Basierend auf Überlegungen zu internationalen Geldströmen kam Hume zu dem Ergebnis, dass sich die Handelsbilanzen der am Außenhandel beteiligten Länder automatisch ausgleichen würden. Der Freihandel förderte seiner Meinung nach den Wohlstand aller Länder, während Handelsrestriktionen für alle schädlich seien (Söllner 2001: 28).

David Ricardo

David Ricardo (1772–1823) wurde als Kind einer jüdischen Familie portugiesischer Abstammung in London geboren. Bereits in jungen Jahren nahm ihn sein Vater, der Börsenmakler war, mit an die Börse und machte ihn mit den Grundlagen der Wirtschaft bekannt. Der Nationalökonomie wandte sich Ricardo zu, nachdem er Adam Smiths' Hauptwerk gelesen hatte. Ricardo hat sich in seinen Schriften u. a. mit der Wert- und Preistheorie sowie der Verteilungs- und Wachstumstheorie beschäftigt. Im Gegensatz zu Smith interessierte ihn weniger, wie der Wohlstand vergrößert werden kann, als die Frage danach, wie das auf der Erde Vorhandene verteilt werden könne (Starbutty 1985: 18). Ricardo beteiligte sich an der Diskussion um die Abschaffung der Kornzölle. In England unterlagen Getreideeinfuhren hohen Zöllen, um die heimische Landwirtschaft und die Grundbesitzer zu schützen. Die Industriellen forderten die Abschaffung der Getreidezölle, damit die Brotpreise fallen konnten. Die Arbeiter hätten dann weniger für Nahrungsmittel ausgeben müssen, und die Löhne hätten gesenkt werden können. Ricardo unterstützte das Anliegen der Industriellen (Dostaler 2007b: 22).

Bekannter wurde Ricardo aber mit seiner Theorie der komparativen Vorteile, die er mit dem Beispiel der englischen Tuch- und der portugiesischen

Weinindustrie verdeutlichte. In seinem Modell ist Arbeit der einzige Produktionsfaktor und innerhalb eines Landes mobil, nicht aber zwischen Ländern. Ricardo ging davon aus, dass eine Einheit Tuch in England mit einem Aufwand von 100 Arbeitsstunden und in Portugal mit einem Aufwand von 90 Stunden produziert werden könne. Wein ließe sich dagegen in England mit einem Arbeitsaufwand von 120 Stunden und in Portugal mit 80 Arbeitsstunden herstellen. Portugal könne somit beide Produkte zu geringeren Kosten als England herstellen und verfüge über einen absoluten Kostenvorteil. Die Frage sei, wie sich ein Land verhalten solle, dass alle Güter kostengünstiger produziere als andere Länder? Sollte dieses Land völlig auf den Außenhandel verzichten und alle Güter selbst produzieren? Ricardo war der Meinung, dass Portugal nicht Tuch und Wein herstellen, sondern von dem relativen Kostenvorteil profitieren sollte. Da Portugal relativ betrachtet Wein am kostengünstigsten herstelle, sollte es sich auf die Produktion von Wein konzentrieren, statt die Hälfte der Arbeitskräfte mit der Herstellung von Tuch zu beschäftigen. Das Gleiche gelte für England in Bezug auf die Herstellung von Tuch, auf das sich das Land konzentrieren sollte. Wenn England mit Portugal handele, erhielte es im Tausch einer Einheit Tuch im Wert von 100 Arbeitsstunden eine Einheit Wein von Portugal, für den es selbst 120 Stunden hätte aufwenden müssen. Portugal tausche Wein im Wert von 80 Arbeitsstunden gegen Tuch aus England, für das es selbst 90 Stunden benötigt hätte. England wende letztlich für eine Einheit Tuch und Wein 200 Arbeitsstunden statt 220 auf, während Portugal 160 statt 170 Arbeitsstunden benötige. England sowie Portugal profitierten vom Außenhandel, wenn sich beide Länder auf die Herstellung des Gutes, das sie relativ kostengünstiger herstellen können, spezialisierten (Söllner 2001: 44–47). Ricardo wollte mit diesem Beispiel die Vorteile des Freihandels beweisen. Die Spezialisierung bewirke, dass der Gesamtheit der Länder eine größere Gütermenge zur Verfügung stehe. Der Freihandel sorge für die Aufteilung der Güter. Gleichzeitig würde der Wohlstand in allen am Welthandel beteiligten Ländern erhöht (Dostaler 2007b: 23).

Friedrich List

Friedrich List (1789–1846) setzte sich kritisch mit den Ideen des Freihandels auseinander und gilt als bedeutendster Vordenker für einen wirtschaftlichen Zusammenschluss der deutschen Staaten. Er gründete den Deutschen Zoll- und Gewerbeverein und sprach sich dafür aus, alle Binnenzölle in Deutschland aufzuheben. Um den Ausbau einer eigenen Industrie zu ermöglichen, sollte sich das Land jedoch für eine Übergangszeit gegen die freie Einfuhr durch Schutzzölle wehren. Aus seiner Sicht hatten die Theoretiker den unterschiedlichen Stand der Volkswirtschaften in den einzelnen Staaten zu wenig beachtet. Die Einführung des Freihandels könnte daher nicht allen Staaten gleichermaßen empfohlen werden, da der Übergang von einer Agrar- zu einer Industriegesellschaft nur in einem Klima des Protektionismus gelingen könne. Dagegen sei der Freihandel in vorindustriellen und spätindustriellen Gesellschaften von Vorteil (Kenwood u. Lougheed 1983: 81).

Liberalisierung des Welthandels

Technische Innovationen und institutionelle Veränderungen haben im 19. Jahrhundert wichtige Voraussetzungen für die Ausweitung des internationalen Handels geschaffen. Ausgehend von Großbritannien, wo sich Adam Smith für die Einführung des Freihandels eingesetzt hatte, wurde der Handel in immer mehr Ländern liberalisiert. Einen ersten Sieg verzeichneten die Anhänger des Freihandels, als Großbritannien 1786 im Eden Treaty die Zölle im Handel mit Frankreich reduzierte. Als Folge der kriegerischen Auseinandersetzungen mit Frankreich wurden diese Erleichterungen jedoch bald wieder aufgehoben (Kenwood u. Lougheed 1983: 74). Auch andere europäische Länder versuchten zu Beginn des 19. Jahrhunderts noch, sich durch Zölle vor Importen aus dem Ausland zu schützen. Österreich-Ungarn sperrte sich gegen Importe von Eisen, Stahl und Textilien, Frankreich gegen die Einfuhr landwirtschaftlicher Produkte und Gewerbeerzeugnisse und die USA gegen Industrieprodukte (Haussherr 1970: 457).

Ab 1823 setzten in Großbritannien erneut Bestrebungen ein, die Einfuhrzölle abzubauen und die Zollgesetze zu vereinfachen. Kontrovers wurden lange die Kornzölle behandelt, die 1815 eingeführt worden waren, um britische Farmer vor preiswerten Einfuhren zu schützen. Allerdings war die erhoffte Stabilisierung der Getreidepreise nicht eingetreten. Vor allem die Textilproduzenten setzten sich für die Beseitigung der Getreidezölle ein. Sie hofften, dass in der Folge im Ausland Importschranken für britische Textileinfuhren fallen würden. England sollte zum Exporteur von Industriewaren und zum Importeur von Agrarprodukten werden. Aus Sicht der Fabrikanten aus Manchester sollte jeder Staat diejenigen Wirtschaftszweige ausbilden, in denen er am konkurrenzfähigsten ist. So könne außerdem ein Beitrag zum Weltfrieden geleistet werden, da alle Beteiligten zufrieden seien. 1842 senkte das britische Parlament die Einfuhrzölle für Rohstoffe und Industrieprodukte, hob sie aber nicht auf. 1845 kam es zu einer weiteren Liberalisierung des Handels, als 520 Einfuhrzölle und alle verleibenden Ausfuhrzölle auf Rohstoffe beseitigt wurden. 1846 schließlich wurden die umstrittenen Kornzölle abgeschafft. Nachdem die Missernten in Irland zu Hungersnöten geführt hatten, war erkannt worden, dass man die eigene Bevölkerung nicht selbst ernähren konnte und auf die Einfuhr von Nahrungsmitteln angewiesen war. Diese lebenswichtige Einfuhr durfte nicht durch Zölle belastet werden (Haussherr 1970: 458f., Kenwood u. Lougheed 1983: 75).

1833 wurde der Handel mit China für alle britischen Kaufleute geöffnet, und 1849 hob England die Navigationsakte auf, die auf den Weltmeeren den Transport auf britischen Schiffen bevorzugt hatte. Dieses war ein wichtiger Schritt zur Liberalisierung des Handels mit den Kolonien, die in der Folge nicht mehr nur als Ausbeutungsobjekte, sondern zunehmend als Absatzmärkte europäischer Produkte betrachtet wurden. Ähnlich liberalisierte Frankreich seinen Handel mit den Kolonien. Auch die ehemals spanischen Kolonien wurden dem Welthandel angeschlossen. Zu einer Reihe von chinesischen Hafenstädten hatte England nach dem Opiumkrieg Zugang erhalten, und die Amerikaner erzwangen 1854 die Öffnung Japans (Haussherr 1970: 461–463). In Großbritannien wurden zwischen 1860 und 1875 die letzten noch bestehenden Handelshemmnisse beseitigt. England und Frankreich schlossen 1860 den Cobden-Chevalier-Vertrag ab, der nicht nur den Handel zwischen diesen beiden Ländern weitgehend liberalisierte. Eine Meistbegünstigungsklausel garantierte, dass England in den Genuss aller Vorteile kam, die Frankreich in Zukunft anderen Ländern einräumen würde. Staaten, die einen Vertrag mit Frankreich abschlossen, konnten von den guten Bedingungen im Handel mit England profitieren. Zwischen 1861 und 1867 schlossen nacheinander Belgien, Preußen, der Deutsche Zollverein, Italien, die Schweiz, Schweden-Norwegen, Spanien, Österreich-Ungarn und Portugal mit Frankreich Verträge. Nachdem ab 1866 Holz frei gehandelt werden durfte und 1875 die Einfuhrzölle auf Zucker aufgehoben worden waren, hatte sich Großbritannien gänzlich für den Freihandel geöffnet (Kenwood u. Lougheed 1983: 76).

1834 war der Deutsche Zollverein aus den wenige Jahre zuvor gegründeten preußisch-hessischen und bayerisch-württembergischen Zollverein, dem sich das Königreich Sachsen und die sächsisch-thüringischen Staaten anschlossen, hervorgegangen. Der Zollverein umfasste 18 Staaten mit einer Bevölkerung von 23,5 Mio. Menschen. In den folgenden Jahren traten Baden, das Zugang zum Oberrhein hatte, die beiden Enklaven Frankfurt und Nassau, Waldeck und Lippe-Detmold, Luxemburg und Braunschweig dem Zollverein bei. Nachteilig war, dass lange ein Zugang zur Nordsee fehlte und der zur Ostsee sehr eingeschränkt war, und dass die Hansestädte, die Herzogtümer und die mecklenburgischen Staaten nicht Mitglied des Bündnisses waren. Die norddeutschen Hansestädte Bremen und Lübeck, und allen voran Hamburg, lehnten eine Mitgliedschaft auf das Schärfste ab. Diese Städte traten erst 1888 dem Zollverein bei. Als Ausgleich wurde in Hamburg der Freihafen gegründet, der nicht zum Reichszollgebiet gehörte. Für einen freien Warenaustausch zwischen den deutschen Staaten war ein freier Verkehr auf den Flüssen und Kanälen eine wichtige Voraussetzung, für den sich der Wiener Kongress bereits 1815 ausgesprochen hatte. Zwischen 1821 und 1857 wurden die Elbakte, die Weserakte, die Rheinakte, die Emsakte, die Scheldeakte und die Donauakte geschlossen, aber erst in den 1860er Jahren wurde auf allen Binnenwasserstraßen restlos auf Zölle verzichtet (von Borries 1970: 15–17, Kenwood u. Lougheed 1983: 77).

Handelsgüter und -volumen

Seit Beginn der Industrialisierung hatten die Zunahme der Produktion, Verbesserungen in Verkehr und Kommunikation sowie die Liberalisierung des internationalen Warenaustausches eine Ausweitung des globalen Handels in bis dato nicht bekanntem Umfang bewirkt. Die weltweite Nachfrage nach Rohstoffen zog an, und die neuen Industrieländer produzierten mehr als sie selbst konsumieren konnten.

Sie waren zunehmend auf den Absatz überschüssiger Güter im Ausland angewiesen. Gleichzeitig beteiligten sich immer mehr Länder an dem internationalen Warenaustausch und es fand eine Diversifizierung der Handelsgüter statt. Der Goldstandard, dem praktisch alle Länder zwischen 1870 und 1914 angehörten, wirkte sich stabilisierend auf den Güteraustausch aus. Die Zentralbanken waren verpflichtet, Bargeld jederzeit in eine bestimmte Menge Gold umzutauschen. Da England im 19. Jahrhundert eine dominierende Rolle in der Weltwirtschaft einnahm, konnte sich das Pfund Sterling zur internationalen Leitwährung entwickeln, mit dem auch der internationale Handel weitgehend abgewickelt wurde. Da die einzelnen Länder fest an das Gold gekoppelt waren, ergaben sich automatisch feste Wechselkurse, und Kursschwankungen waren kaum möglich (Mildner 2004).

In der Literatur lassen sich teilweise unterschiedliche Angaben zu Volumen oder Anteil der einzelnen Länder am Welthandel finden. Dieses gilt insbesondere für die ersten Jahrzehnte nach dem Einsetzen der industriellen Revolution, als noch nicht alle Güterströme statistisch genau erfasst wurden. Auch für den Handel in Deutschland variieren die Daten teilweise erheblich aufgrund der territorialen Zersplitterung des Landes. Es lassen sich aber wichtige Tendenzen herausarbeiten. Im Folgenden werden bevorzugt die Darstellungen von Rostow (1978), der einen umfassenden Überblick über die Entwicklung des Welthandels seit Beginn der Industrialisierung bis 1971 gibt, und von Hanson (1980), der die noch nicht industrialisierten Länder in einem größeren Maße als Rostow in seine Untersuchungen einbezieht, berücksichtigt. Hanson kommt zudem zugute, dass er ältere Untersuchungen zum Welthandel sehr sorgfältig miteinander vergleicht und auch teilweise korrigiert.

Von 1800 bis zum Ausbruch des Ersten Weltkrieges hat sich der Welthandel äußerst positiv entwickelt (s. Abb. 1.6). Eine Wachstumsspitze wurde in der Hochphase der Industrialisierung zwischen 1840 und 1860 erreicht, als der internationale Warenaustausch jährlich um 5,6 % anstieg, aber auch in den Zeiträumen von 1820 bis 1840 und von 1896 bis 1913 nahm der internationale Handel jedes Jahr um jeweils rund 4,0 % zu (Hanson 1980: 14). Im Jahr 1800 waren die europäischen Länder noch mit einem Anteil von 77 % am Welthandel beteiligt. Besonders groß war der Anteil Großbritanniens, auf

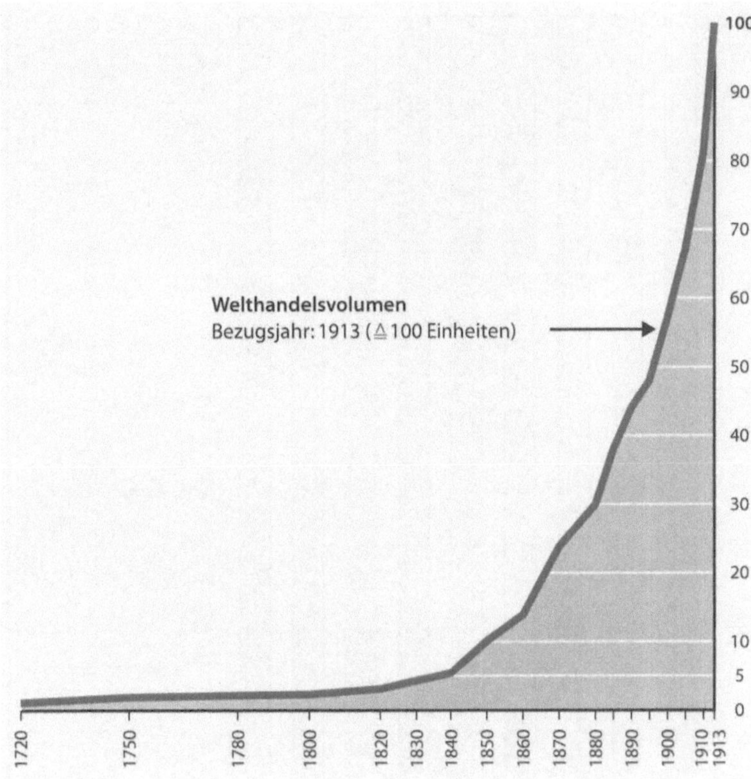

Abb. 1.6
Entwicklung des Welthandels 1720–1913.
Quelle: Rostow 1978: 669, Tab. B-3

das 1800 ein Drittel entfiel. Erstaunlicherweise hatte sich diese Dominanz erst gegen Ende des 18. Jahrhunderts eingestellt. 1780 waren Frankreich und Großbritannien noch gleichermaßen mit jeweils zwölf Prozent am Welthandel beteiligt gewesen. Als Folge der französischen Revolution und der napoleonischen Kriege war der Handel Frankreichs mehrere Jahrzehnte rückläufig, während Großbritannien aufgrund der frühen Industrialisierung sowie der quasi-monopolistischen Beherrschung der Weltmeere die internationalen Handelsbeziehungen ausbauen konnte. Auch in den ersten Jahrzehnten des 19. Jahrhunderts war der Außenhandel sehr bedeutend für das Inselreich. Für die Textilindustrie mussten Rohmaterialien in großen Mengen eingeführt werden, und ein bedeutender Teil der in Großbritannien hergestellten Textilien wurde exportiert. Da das Land außerdem weitgehend von Getreideimporten abhängig wurde, sank der Anteil Großbritanniens am Welthandel erst nach ca. 1860 auf weniger als ein Fünftel. 1937 waren alle europäischen Länder nur noch für gut die Hälfte des internationalen Handels verantwortlich. Gleichzeitig hatte sich der Anteil Nordamerikas von fünf Prozent im Jahr 1800 auf gut

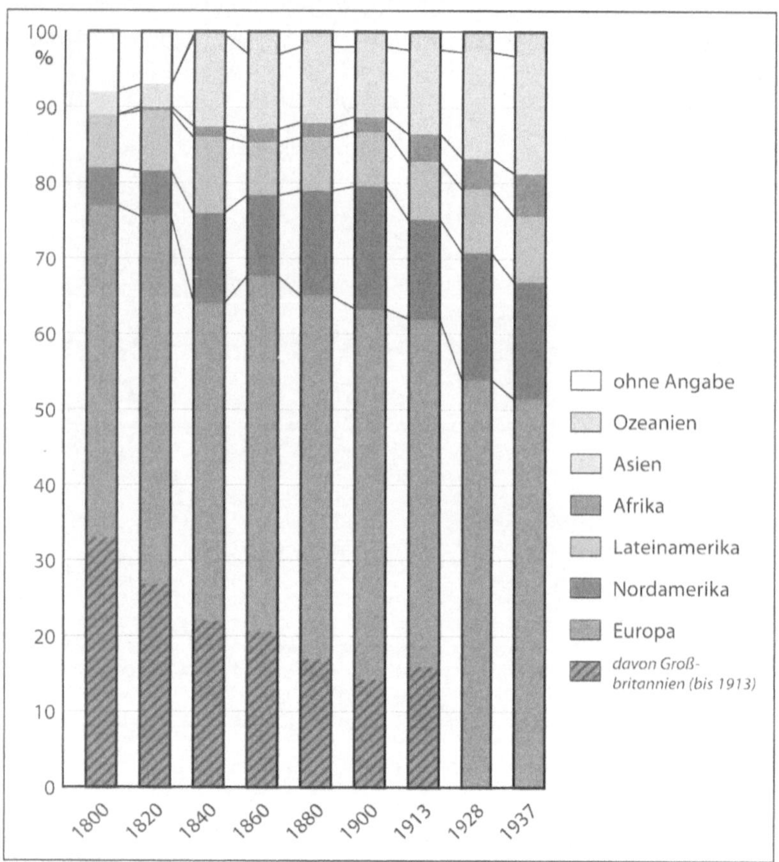

Abb. 1.7
Welthandel nach
Regionen 1800–
1937.
Quelle: Hanson
1980: 20, Rostow
1978: 70–72, Ken-
wood u. Lougheed
1983: 223, Tab. 14

15 % im Jahr 1937 fast verdreifacht, und der Anteil Asiens war von drei Prozent auf ebenfalls 15 % sogar um das Fünffache angestiegen (Rostow 1978: 67–70) (s. Abb. 1.7).

Mit fortschreitender Industrialisierung hat eine zunehmende Diversifizierung von Produktion und Handel stattgefunden, wie das Beispiel Deutschland zeigt. Noch vor Einsetzen der Industrialisierung waren hier die landwirtschaftliche Produktion und die Ausfuhr von Nahrungsmitteln und Agrargütern angestiegen. Ein eindeutiger Exportüberschuss lässt sich für diese Produkte aber nur für die 1830er und 1850er Jahre feststellen. Bemerkenswert ist, dass handwerkliche Erzeugnisse bereits vor 1850 in Deutschland den ersten Platz unter den exportierten Gütern eingenommen hatten. In der Frühphase der Industrialisierung spielten Spinnereien und Webereien eine wichtige Rolle. Da nur ein Teil der Ausgangsprodukte für die Herstellung von Baumwolle, Leinen, Wolle und Seide selbst hergestellt werden konnte, war Deutschland auf die Einfuhr dieser Rohstoffe angewiesen. Zudem wurde ein Teil der fertigen

Stoffe exportiert. Obwohl exakte Zahlen kaum vorliegen, wird davon ausgegangen, dass in der Mitte des 19. Jahrhunderts die Rohstoffe für die Textilindustrie zu rund 40 % eingeführt, und die fertigen Gewebe zu rund 30 % exportiert worden sind. Je wertvoller die Textilien waren, umso größer war ihr Exportanteil, d. h. Seide wurde in weit stärkerem Maße ausgeführt als Leinen und Baumwolle. Ab den 1830er Jahren bildete sich mit dem Bergbau und Hüttenwesen ein zweites Standbein des deutschen Gewerbes aus. In der Folge entwickelten sich die Eisen schaffende und Eisen verarbeitende Industrie, die Zinkerzeugung und die Steinkohlenförderung positiv (von Borries 1970: 202–206).

Zu Produktion und Handel Deutschlands liegen Angaben für den Zeitraum 1836/38 bis 1854/56 vor. In dieser Zeit hatte die Nahrungsmittelproduktion eine Steigerung von 50 %, das Textilgewerbe von 100 % und die Kohle-, Eisen- und Stahlindustrie von 300 % erlebt. Letzterem kam die wichtige Funktion einer Schlüsselindustrie zu, wobei die Auswirkungen auf den Außenhandel allerdings geringer waren als angenommen. Die Erzeugung von Roheisen hatte um rund 160 % zugenommen. Da der Konsum aber noch schneller gewachsen war, musste zusätzliches Eisenerz eingeführt werden. Auch in Deutschland produzierte Eisenwaren und Maschinen wurden größtenteils im Land selbst verkauft. Dagegen konnte bei Kohle ein Exportüberschuss verzeichnet werden, der aber nur langsam angestiegen war, denn auch die Binnennachfrage zog schnell an. Bei Zink ergibt sich für den Untersuchungszeitraum ein sehr uneinheitliches Bild, während die Ein- und Ausfuhr von Bau- und Nutzholz gleichermaßen zugenommen hatte (von Borries 1970: 195–208).

Die Länder Mittel- und Südamerikas sowie Afrikas und Asiens blieben im 19. Jahrhundert aufgrund der fehlenden Industrialisierung weitgehend auf die Lieferung von Rohstoffen beschränkt (Haussherr 1970: 463). Kaffee und Zucker, Gummi, Tee, Reis und Baumwolle waren die wichtigsten Handelsgüter dieser Länder. Bei den Bodenschätzen war vor allem Kupfer von Bedeutung. Zucker wurde auf allen genannten Kontinenten angebaut und exportiert, während die Ausfuhr von Kaffee auf Zentral- und Südamerika sowie Asien begrenzt war. Gerade beim Kaffee gab es große Schwankungen bei der Nachfrage innerhalb kurzer Zeiträume. Wichtige Lieferanten von Gummi waren Brasilien, Teile Asiens und das tropische Afrika, während Tee nach wie vor aus Indien, Ceylon und China kam. Exporteure von Reis waren Indien, Indochina, Siam und Malaysia, während Baumwolle in Brasilien, Indien, China und Ägypten für den Weltmarkt produziert wurde. Peru verfügte weltweit über die besten Lagerstätten von Guano. Nach mehreren gescheiterten Versuchen, den Naturdünger im Ausland zu vermarkten, stieg ab ca. 1840 endlich die Nachfrage nach Guano in Großbritannien. Zu den führenden Exporteuren von Kupfer konnten sich Chile und Kuba entwickeln. Auch für diese Bodenschätze war Großbritannien ein wichtiger Abnehmer. Während 1840 noch fast die Hälfte aller Exporte Asiens, Afrikas und Südamerikas nach Großbritannien gegangen waren, verringerte sich dieser Wert bis 1900 auf nur noch ein Viertel. Gleichzeitig nahm der Handel mit Europa und Nordamerika zu. Außerdem stieg der innerasiatische Handel an, wo sich vor allem Japans Bedeutung als Absatzmarkt für die Länder der Region vergrößerte. Aber auch zwischen anderen süd- und ostasiatischen Ländern nahm der Handel im Verlauf des 19. Jahrhunderts zu (Hanson 1980: 46–71).

Rückkehr zum Protektionismus

In Europa wurde die Liberalisierung des internationalen Handels nach nur wenigen Jahrzehnten wieder in Frage gestellt. Die Vorteile lagen für Länder, in denen die Industrialisierung rasch voranschritt, auf der Hand. Sie produzierten mehr Güter als sie konsumierten und konnten diese auf dem Weltmarkt zu besten Bedingungen absetzen. Anders sah es für Länder aus, die vom Import bestimmter Güter abhängig waren. In Deutschland waren zunehmende Einfuhren preiswerten Weizens aus den USA und Russland sowie die tiefe Rezession der Jahre 1873 bis 1879 Auslöser eines erneuten Protektionismus. Landwirte und Industrielle forderten gleichermaßen den Schutz der eigenen Produktion. Ab 1879 führte Deutschland zunächst nur schwache protektionistische Maßnahmen durch, die im Laufe der nächsten Jahre aber verstärkt wurden. Auch andere europäische Nationen wie Frankreich, Italien und die Schweiz schützten sich zunehmend mit Zöllen. Russland hatte bereits 1868 hohe Einfuhrzölle für Industriegüter eingeführt, die bald auch auf andere Erzeugnisse übertragen wurden. Zu Beginn des 20. Jahrhunderts schirmte sich Russland wahrscheinlich

mehr als jedes andere Land gegen übermäßige Einfuhren ab. In der Zeit von 1880 bis 1913 hielten nur Großbritannien, die Niederlande und Dänemark ohne Einschränkungen am Freihandel fest (Kenwood u. Lougheed 1983: 83–85). Großbritannien versuchte allerdings, auf indirektem Wege die Importe aus Deutschland einzuschränken, das die Hochphase der Industrialisierung erreicht hatte und zunehmend in der Lage war, preiswerte Erzeugnisse für den Export herzustellen. 1887 verabschiedete Großbritannien den Merchandise Marks Act, der festlegte, dass in allen Importgütern der Name des Herstellungslandes vermerkt sein musste. Anders als beabsichtigt, profitierte die deutsche Industrie von »Made in Germany«, da die britischen Konsumenten die gute Qualität der deutschen Produkte schätzen lernten und diese bald den heimischen Erzeugnissen gegenüber bevorzugten (Neßhöver 2007: 95).

In den USA wechselten im 19. Jahrhundert Phasen einer liberalen Handelspolitik binnen kurzer Zeiträume mit Phasen einer protektionistischen Politik ab. Um die heimische Industrie vor der Konkurrenz britischer Produkte zu schützen, erlaubte der Tariff Act von 1816 protektionistische Maßnahmen, die erst ab 1846 schrittweise wieder aufgehoben wurden. In der zweiten Hälfte des Jahrhunderts wurden mehrfach die alten protektionistischen Bestimmungen für einige Jahre wieder eingeführt, um sich u. a. vor der Einfuhr kanadischer Rohstoffe zu schützen. Allerdings hatte keines der Gesetze, die überwiegend von republikanischen Regierungen verabschiedet worden waren, lange Bestand. Wenn das Land durch Demokraten regiert wurde, waren die Vorgaben für den Außenhandel weit liberaler. Zuletzt hatten die Demokraten 1913 die Zölle im Rahmen des Underwood-Simmons Tariff Acts stark gesenkt und den freien Handel mit vielen Produkten ermöglicht. Die Auswirkungen dieser liberalen Bestimmungen konnten kaum getestet werden, da der Erste Weltkrieg nur ein Jahr später ausbrach (Kenwood u. Lougheed 1983: 81–83).

Die Jahre zwischen den beiden Weltkriegen

Seit Beginn der Industrialisierung bis zum Ausbruch des Ersten Weltkrieges hatte der Außenhandel einen wichtigen Beitrag zum Aufschwung der Weltwirtschaft geleistet. Während des Krieges erlebte der internationale Handel einen starken Rückgang. 1918 war die Kaufkraft in Europa gering, und das Transportwesen während des Krieges sehr in Mitleidenschaft gezogen worden. Insbesondere Deutschland erholte sich nur langsam von den Kriegsfolgen, da das Land hohe Reparationszahlungen an die Siegermächte zu leisten hatte. Im Gegensatz hierzu konnten die USA nach Kriegsende die Produktion aufgrund des großen Binnenmarktes stark ausweiten. Die Weltwirtschaft erholte sich schneller als der Welthandel von den Folgen des Ersten Weltkrieges, aber auch der Welthandel entwickelte sich in der Zwischenkriegszeit positiv, obgleich die Zuwachsraten geringer waren als in den vorausgegangenen Jahrzehnten. Während von 1881 bis 1913 in jeder Dekade ein Wachstum von knapp 40 % erreicht worden war, lag dieser Wert zwischen 1913 und 1937 nur noch bei 14 % (Kenwood u. Lougheed 1983: 222f.). Im Verlauf der 1920er Jahre dominierten die USA die Weltwirtschaft zunehmend. Die Vereinigten Staaten produzierten in diesem Jahrzehnt ca. 40 % aller weltweit erzeugten Industrieprodukte und verarbeiteten ebenfalls 40 % der in den Industrieländern verbrauchten Rohstoffe. Der Boom an der New Yorker

Börse endete schließlich mit dem Zusammenbruch der Aktienkurse am 29. Oktober 1929, dem eine weltweite Rezession folgte. Die USA importierten weniger und in den Schuldnerländern verringerten sich die Einnahmen aus den Exporten (North 1994: 186). Erstmals zeigte sich, dass sich eine Rezession in einem Teilmarkt einer Welt, die durch Handels- und Kapitalströme miteinander vernetzt ist, binnen kürzester Zeit negativ auf weit entfernt liegende Regionen auswirken kann. Betroffen waren nicht nur die Industrieländer, sondern auch die Lieferanten von Rohstoffen für den Weltmarkt (Kenwood u. Lougheed 1983: 222f.). Binnen kurzer Zeit wandten sich alle Handelsländer vom Freihandel ab und führten protektionistische Maßnahmen durch. Da die Zahlungsunfähigkeit drohte, lösten sich viele Länder Südamerikas sowie Australien und Neuseeland vom Goldstandard und werteten ihre Währungen Ende 1929 und 1930 ab. Auf dem Weltmarkt wurden Nahrungsmittel und Rohstoffe dieser Länder preiswerter und somit attraktiver. Um sich vor billigen Importen zu schützen, erhöhten die USA auf Druck der Farmer die Einfuhrzölle für alle Agrarprodukte einschließlich Baumwolle. Besonders nachteilig wirkte sich der Smoot-Hawley Tariff Act aus, der 1930 unter dem Druck von Lobbyisten verabschiedet worden war und einen Anstieg der Importzölle zur Folge hatte. In weiterer Konsequenz entwickelte sich der US-amerikanische Außenhandel stark rückläufig (Krugman u. Obstfeld 2006: 297, North 1994: 186).

Großbritannien hielt zunächst noch am Freihandel fest. Als das britische Pfund im Spätsommer 1931 im Vergleich zum Dollar ca. ein Drittel an Wert verlor, setzte die Bank of England den Goldstandard aus und wertete das Pfund ab, was zu einer Belebung der Exporte und somit der Wirtschaft der zum Sterling-Block gehörenden Länder führte. Der Sterling-Block umfasste die meisten Commonwealth-Länder, aber auch andere Länder wie Portugal und Schweden. Gleichzeitig gerieten diejenigen Länder, die noch am Goldstandard festhielten, unter Druck, da sich die Wettbewerbsfähigkeit ihrer Exporte auf dem Weltmarkt verschlechterte (North 1994: 188). Nur wenige Wochen nachdem sich Großbritannien vom Goldstandard gelöst hatte, führte das Land Zölle auf den Import von Fertigwaren ein, und ab 1932 wurde Zölle auf alle Importe erhoben. Nach rund einem Jahrhundert hatte sich Großbritannien somit vom Freihandel verabschiedet. 1933 werteten die USA

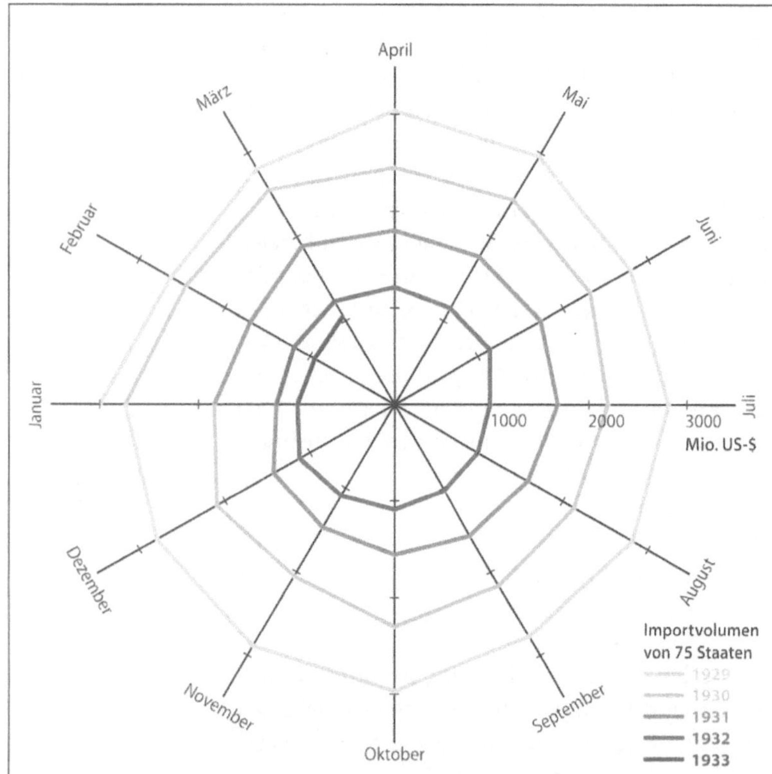

Abb. 1.8
Die Kindleberger Spirale.
Quelle: Kindleberger 1973: 170

den Dollar ab und lösten sich ebenfalls vom Goldstandard. Einige Länder hielten zwar zunächst noch am Goldstandard fest, bis auch sie 1936 keine andere Möglichkeit mehr sahen. In denjenigen Ländern, die den Goldstandard früh aussetzten, erholte sich die Wirtschaft schneller als in den Ländern, die erst später folgten (Fearon 2006: 335). Deutschland hingegen musste am Goldstandard festhalten, obwohl das Land besonders heftig von den Turbulenzen auf dem US-amerikanischen Geldmarkt getroffen wurde und unter einem Zusammenbruch von Banken und Industrie litt. Als Folge des Ersten Weltkrieges hatte Deutschland hohe Reparationszahlungen zu leisten und sich im Rahmen eines internationalen Reparationsabkommens zur Einführung des Goldstandards und zur Stabilität der Währung verpflichtet (North 1994: 188–192).

Die Weltwirtschaft befand sich bis Anfang 1933 in einer Abwärtsspirale. Weltweit waren Handel, Produktion und Beschäftigung rückläufig. Von 1929 bis 1933, d. h. innerhalb von nur vier Jahren, sanken die kumulierten Importe von 75 Ländern auf nur ein Drittel des Volumens vom Ausgangsjahr. Diese Entwicklung wurde von Kindleberger (1973: 170) in Form einer Spirale, die von außen nach innen zu lesen ist, veranschaulicht (s. Abb. 1.8). Ab 1933 entwickelte sich die Weltwirtschaft wieder positiv, wozu die Politik des New Deal des US-Präsidenten Franklin D. Roosevelt (1933–1945) maßgeblich beigetragen hat. Wie auch nach dem Ersten Weltkrieg erholte sich die Weltwirtschaft nach der weltweiten Rezession schneller als der Welthandel. 1937 erreichte die weltweite Industrieproduktion 104 % des Wertes von 1929, der Welthandel aber nur 97 %. Viele Wirtschaftswissenschaftler waren erstaunt, dass der Welthandel in den Zwischenkriegsjahren weniger stark angestiegen war als die Industrieproduktion. Die Tatsache, dass mit fortschreitender Industrialisierung immer mehr Rohstoffe, die bis dato einen hohen Anteil am Welthandel hatten, durch Industrieerzeugnisse ersetzt werden, wurde als ein wichtiger Erklärungsansatz für diese Entwicklung gesehen. Außerdem war vermutet worden, dass Rohstoffe mit technischem Fortschritt sparsamer verwendet werden (Kenwood u. Lougheed 1983: 222–233).

Die weltweiten Handelsbeziehungen wurden in den Zwischenkriegsjahren komplexer, da sich immer mehr Länder am Welthandel beteiligten. Die Zeiten des Dreieckshandels, in denen die Richtung der wichtigsten Handelsströme über lange Zeiträume konstant war, waren lange vorbei. Da nach Kriegsende vor allem die USA Produktion und Handel ausbauen konnten, war der Anteil Europas am Welthandel gesunken. Während Europa 1913 noch mit 62 % an den globalen Handelsströmen beteiligt war, hatte sich dieser Wert bis 1937 auf nur 52 % verringert. Gleichzeitig verzeichneten die Importe und Exporte Nordamerikas, Asiens und sogar Afrikas einen relativen Anstieg (s. Abb. 1.7). Besonders positiv entwickelte sich der Handel Japans und anderer Regionen Zentral- und Südamerikas sowie Asiens, die in die Frühphase der Industrialisierung eintraten. Insgesamt spielte Europa dennoch auch 1938 noch eine bedeutende Rolle im Welthandel, denn in den Zwischenkriegsjahren hatte sich der innereuropäische Handel verringert, während der Handel mit Drittländern angestiegen war (Kenwood u. Lougheed 1983: 225–232).

Der Anteil der Industrieprodukte am Welthandel lag 1913 und 1937 fast unverändert bei gut 36 %, d. h. knapp 64 % aller Handelsgüter bestanden nach wie vor aus unverarbeiteten Rohstoffen. Dennoch fand eine Diversifizierung der Handelsgüter statt. Bei den Rohstoffen verringerte sich der Anteil der Agrarprodukte zugunsten mineralischer Rohstoffe. Eine Zunahme verzeichnete der Handel mit bestimmten tropischen Erzeugnissen wie Kakao, Kaffee, Bananen und Zitrusfrüchten, während weniger nicht tropische Nahrungsmittel und hier insbesondere Getreide gehandelt wurden. Ein wichtiger Grund für diesen Rückgang war die wachsende Selbstversorgung Europas mit Getreide. Eine verbesserte Kühltechnik trug dazu bei, dass auch frische Lebensmittel über große Distanzen transportiert werden konnten. Neuseeland profitierte von dem wachsenden Welthandel mit Butter, 1937 stellte es ein Viertel aller Butterexporte. Auch Fleisch entwickelte sich zu einem Welthandelsgut. Wichtigster Importeur war Großbritannien, das bis zu drei Viertel des gesamten auf dem Weltmarkt befindlichen Fleisches importierte. Wichtige Exporteure für Fleisch waren zunächst Argentinien und Uruguay, die aber bald Konkurrenz durch Australien und Neuseeland erhielten. Afrika konnte sich auf Kosten Südamerikas zu einem wichtigen Exporteur von Kakao und Ölfrüchten entwickeln (Kenwood u. Lougheed 1983: 228f.).

Rückläufig war der Handel mit Baumwolle, Seide, Fellen und Häuten, denn diese Produkte wurden teilweise durch neue Erzeugnisse verdrängt. Gummi und Kunstseide wurden zu Konkurrenten von Leder und Seide, aus Bestandteilen des Rohöls wurden synthetisches Gummi und später Nylon, und aus Chemikalien wurden Farben und Arzneimittel, die zuvor aus pflanzlichen Stoffen gewonnen worden waren, hergestellt. Mit der zunehmenden Produktion synthetischer Fasern ging die Nachfrage nach Baumwolle in Europa zurück. Zudem verlagerte sich die Textilindustrie teilweise von Europa in Länder wie Brasilien und Indien, wo heimische Baumwolle verarbeitet wurde. Indien und Ägypten bauten den Export von Baumwolle aus, und Brasilien kam als neuer wichtiger Anbieter auf dem Weltmarkt hinzu, während die USA als Lieferant an Bedeutung verloren. Kunstseide bewirkte einen starken Rückgang des Exports von Seide in Japan und China. Anders als bei Seide und Baumwolle nahm der Welthandel mit Wolle in den 1920er Jahren zu und verharrte in den 1930er Jahren auf einem hohen Niveau, da Wolle weniger Konkurrenz durch synthetische Produkte erfahren hatte. Auch die weltweite Nachfrage nach Gummi verstärkte sich. Dieses kam aber immer seltener aus dem Amazonasbecken, Zentralamerika und Zentralafrika, sondern zunehmend aus Südostasien (Kenwood u. Lougheed 1983: 229).

Die Zunahme des Handels mit Bodenschätzen wurde insbesondere durch eine steigende Nachfrage nach Rohöl ausgelöst. Der Weltmarkt für Rohöl expandierte schnell, obwohl er erst nach Ende des Ersten Weltkrieges entstanden war. Wichtigster Importeur war Europa, während die USA und Venezuela zu wichtigen Ausfuhrländern wurden. In den Zwischenkriegsjahren entwickelten sich die USA von einem Exporteur zu einem Importeur von Kupfer, Blei und Zink, und auch in Europa wirkte sich der Mangel an Bodenschätzen auf die Einfuhren aus. Afrika und Lateinamerika wurden zu wichtigen Lieferanten von Kupfer, Blei, Zink und Erzen. Auch für die Nichteisenmetalle Bauxit und Aluminium entstand ein Weltmarkt, der von verschiedenen Standorten des amerikanischen Kontinents und den europäischen Ländern Italien, Ungarn, Jugoslawien und Frankreich sowie seit den 1930er Jahren durch das westafrikanische Guinea beliefert wurde. Kohle blieb ein wichtiges Welthandelsgut. Nur Großbritannien hatte einen starken Einbruch beim Export von Kohle zu verzeichnen. Beim verarbeitenden Gewerbe verlor der Handel mit Textilien an Bedeutung, während der Austausch von anderen Industrieprodukten und Chemikalien zunahm. Nach 1929 wurden weniger Konsumgüter gehandelt, gleichzeitig zog aber der Export von Kapitalgütern an. Der Handel mit verarbeiteten Produkten zwischen Industrieländern war in der Zwischenkriegszeit rückläufig, wurde aber durch eine steigende Lieferung in noch nicht industrialisierte Länder kompensiert. Deutschland war 1937 mit einem Anteil von 23,4 % knapp vor Großbritannien wichtigster Exporteur von Industrieprodukten (Kenwood u. Lougheed 1983: 229–232).

Globalisierung des Handels

2007 wurden weltweit Waren mit einem Wert von 13 950 Mrd. US-$ exportiert. Der Wert der globalen Importe ist stets etwas höher als der der Exporte und betrug 2007 14 244 Mrd. US-$, obwohl jedes Gut, das in einem Land ausgeführt wird, zwangsläufig in einem anderen Land eingeführt werden muss. Eine unterschiedliche Erfassungsmethode ist der Grund für die Differenz. Exporte werden nach f. o. b. (free on board) an der Zollgrenze des ausführenden Landes erfasst, während Importe nach c. i. f. (costs, insurance, freight) berechnet werden und somit Transport- und Versicherungskosten umfassen.

Die Exporte sind seit 1950, als der Wert erst bei 62 Mrd. US-$ lag, um mehr als das 225-Fache angewachsen (WTO 2008b: 179) (s. Abb. 2.1). Besonders hoch war die Zunahme nach dem Zweiten Weltkrieg, in dessen Verlauf der ohnedies durch die vorangegangene Weltwirtschaftskrise geschwächte Welthandel fast völlig zusammengebrochen war. Das niedrige Ausgangsniveau ermöglichte von den 1950er bis zu den 1970er Jahren hohe Zuwachsraten. Als Folge einer weltweiten Rezession entwickelte sich der Handel erstmals zu Beginn der 1980er Jahre rückläufig. Ein zweiter leichter Einbruch 1998 kann auf die Asienkrise zurückgeführt werden. Außerdem schrumpfte der Welthandel 2001, als im Frühjahr die Spekulationsblase des Aktienmarktes platzte und

im Herbst die terroristischen Anschläge in New York und Washington verübt wurden. Allerdings berücksichtigt diese insgesamt sehr positive Entwicklung des globalen Handels keine Preissteigerungen. Berechnungen der WTO zufolge hatten die Exporte in konstanten Preisen von 1990 im Jahr 1950 einen Wert von 296 Mrd. US-$ und im Jahr 2005 einen Wert von 8043 Mrd. US-$, d. h. sie sind in diesem Zeitraum inflationsbereinigt »nur« um das 27,2-Fache angestiegen und nicht um das 225-Fache (s. o.). Inflationsbereinigt hat der Wert der weltweiten Exporte von 1950 bis 2005 jährlich um durchschnittlich 6,2 % zugenommen, während das BNE nur eine jährliche Zuwachsrate von 3,8 % verzeichnen konnte (WTO 2007c: 243f.). In den Jahren 2006 und 2007 sind die globalen Exporte zu aktuellen Preisen sogar um jeweils mehr als 15 % angestiegen (WTO 2008b: 174). Diese starke Zunahme ist im Wesentlichen darauf zurückzuführen, dass die Statistiken zum Welthandel in US-Dollar geführt werden, der in dieser Zeit sehr an Wert verloren hat. In konstanten Preisen ist der Welthandel 2006 um 8,5 % angestiegen; 2007 verlangsamte sich dieser Wert auf nur noch 5,5 %, da die Nachfrage in den entwickelten Ländern und hier vor allem in den USA und in Japan bereits in diesem Jahr schwächer war als im Vorjahr (WTO 2008c: 1–4). Die WTO hat

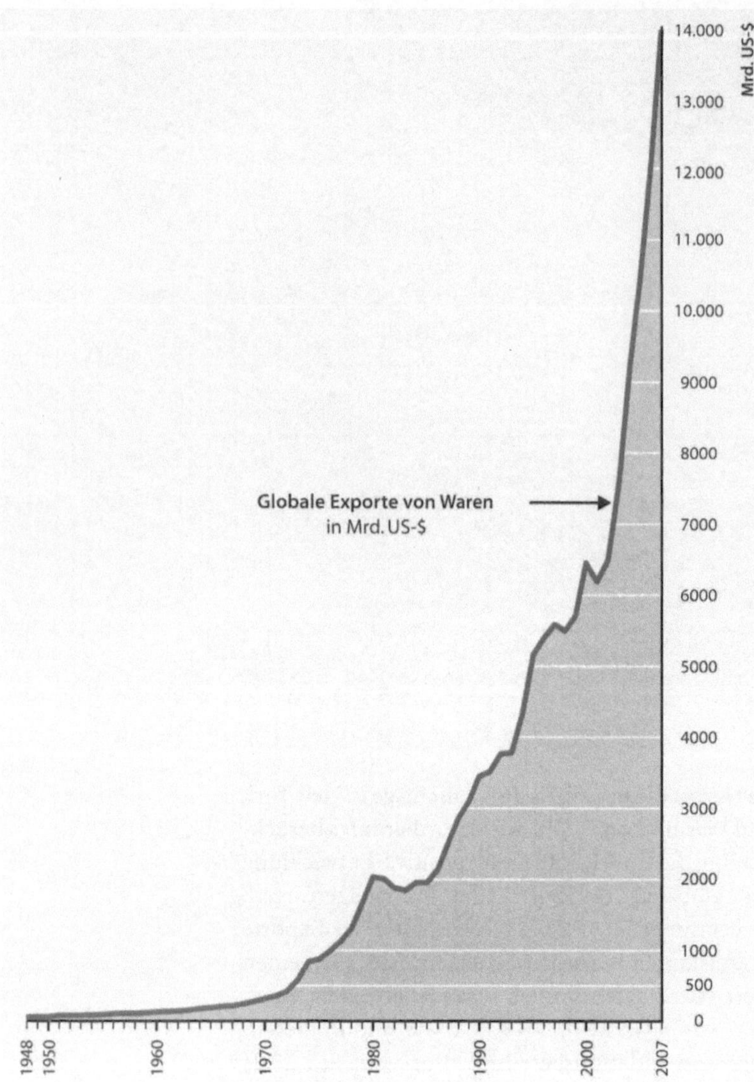

Abb. 2.1
Warenhandel
1948–2007.
Quelle:
www.wto.org, WTO
2008b: 12 u. 174

noch keine offiziellen Daten für das Jahr 2008 veröffentlicht, aber laut Presseberichten ist der globale Handel in diesem Jahr um 4 % geschrumpft (Die Zeit: 05.02.09).

Die Globalisierung bietet den wichtigsten Erklärungsansatz für die Zunahme des Welthandels und die wachsende Verflechtung der Weltwirtschaft. Sie beschreibt einen Prozess der Transformation und bezieht sich nicht nur auf die Entwicklung von Wirtschaft und Handelsbeziehungen, sondern umfasst auch die Zunahme der internationalen Verflechtungen von Gesellschaft, Kultur und Politik. Der internationale Handel, ausländische Direktinvestitionen, Kapitalströme, grenzüberschreitende Wanderungsbewegungen und die Verbreitung neuer Technolo-

gien fördern die wirtschaftliche Globalisierung. Der Warenhandel steht im Mittelpunkt der folgenden Ausführungen. Er stellt die wohl älteste und bedeutendste Form des wirtschaftlichen Austauschs zwischen Regionen und Nationen dar. Da in neuerer Zeit der internationale Handel mit Dienstleistungen sehr zugenommen hat, wird dieser ebenfalls berücksichtigt (Bathelt u. Glückler 2002: 263–266, Bhagwati 2008: 25, Kulke 2008: 221).

Wie bereits gezeigt, ist der internationale Handel kein neues Phänomen. Erinnert sei an die Seidenstraße als früher Handelsweg zwischen Ostasien und Europa, an den Austausch von Waren zwischen Anrainern im Ostsee- oder Mittelmeerraum und an die späteren Handelsbeziehungen Europas mit Asien und Amerika (s. Teil I). Mit fortschreitender Industrialisierung hat sich der Handel zwischen den europäischen Kernländern und Nordamerika intensiviert. Heute sind die Beziehungen zwischen einzelnen Staaten oder Kontinenten sehr viel komplexer als im 19. Jahrhundert oder vor dem Zweiten Weltkrieg, denn über den Handel hinaus findet auch ein Austausch von Produktion und Dienstleistungen statt (Nuhn 1997). In den vergangenen Jahrzehnten hat sich eine internationale Arbeitsteilung entwickelt, die es in dieser Form in der Geschichte noch nicht gegeben hat. Unternehmen können heute arbeits- und kapitalintensive Produktionsprozesse entkoppeln. Arbeitsintensive Teile der Produktion werden in Länder mit einem großen Angebot an Arbeitskräften und niedrigen Lohnkosten verlagert, während die teurere Forschung und Entwicklung noch in den Hochlohnländern erfolgt (Alvstam u. Schamp 2005: xiii). International gültige Industriestandards, die eine Kompatibilitäts- und Qualitätssicherung gewährleisten, haben eine wichtige Grundlage für die Fragmentierung der Produktion geschaffen (Braun 2005). Der Verlust von Arbeitsplätzen für gering qualifizierte Beschäftigte in den entwickelten Ländern ist ein wichtiger Grund für die weit verbreitete Kritik an der Globalisierung. Erinnert sei an die Proteste, als der finnische Hersteller von Mobiltelefonen Nokia im Januar 2008 bekannt gab, die Produktion von Bochum nach Rumänien zu verlagern. Allerdings ist der Prozess der Globalisierung sehr viel komplexer und lässt sich nicht auf die Verlagerung von Arbeitsplätzen reduzieren. Die Folgen der Globalisierung unterscheiden sich an den einzelnen Standorten und können in Abhängigkeit vom Blickwinkel des Betrachters sehr verschieden bewertet werden. Globalisierung ist kein homogener, sondern ein fragmentierter und heterogener Prozess. Technische, politische und institutionelle Veränderungen in den vergangenen Jahrzehnten haben die notwendigen Voraussetzungen für die Vernetzung der Welt in vielen Bereichen geschaffen.

Neue Technologien

Der technische Fortschritt seit Beginn der 1980er Jahre ist beeindruckend. IBM brachte erst 1981 den ersten Personal Computer (PC) auf den Markt; 1990 folgte Microsoft mit Windows 3.0, das das erste wirklich nutzerfreundliche Programm darstellte. Das Internet in seiner heutigen Form wurde von dem britischen Computerspezialisten Tim Berners-Lee entwickelt, der 1991 die erste Website veröffentlichte. Das Internet sollte Wissenschaftlern die Gelegenheit bieten, ihre Forschungsergebnisse leichter auszutauschen. Die Einführung von Netscape und Windows 95, das den direkten Zugang zum Internet ermöglichte, schufen die Voraussetzung für die weltweite Übertragung von Daten aller Art fast ohne Zeitverlust. Gleichzeitig ermöglichten immer leistungsstärkere Leitungen die problemlose Übermittlung von Daten. Das Internet entwickelte sich binnen kurzer Zeit zu einem globalen Massenkommunikationsmittel. Bereits Ende der 1990er Jahre war es völlig normal, dass jeder (fast) in Echtzeit weltweit mit jedem kommunizieren konnte. Die Panik um die angebliche Y2K-Computerkrise (»Year 2 Kilo« = Jahr 2000) trug zu einer weiteren Verbesserung der weltweiten Vernetzung bei und löste den ersten großen Schub der Verlagerung von Dienstleistungen in Billiglohnländer aus. Obwohl Computer erst relativ kurze Zeit auf dem Markt waren, waren die etwas älteren Exemplare mit Uhren ausgestattet, die nicht von 1999 auf das neue Jahrtausend umspringen konnten. Da viele Prozesse wie die Überwachung des Flugverkehrs oder Buchungen bei Banken inzwischen digitalisiert worden waren, war eine umfangreiche Vorbereitung auf den Übergang in das Jahr 2000 nötig. Es profitierte vor allem Indien, wohin die arbeitsintensive Umstellung teilweise verlagert wurde, da gut ausgebildete Computerspezialisten zur Verfügung standen und die Lohnkosten gering waren (Friedmann 2005: 23–66 u. 108–110).

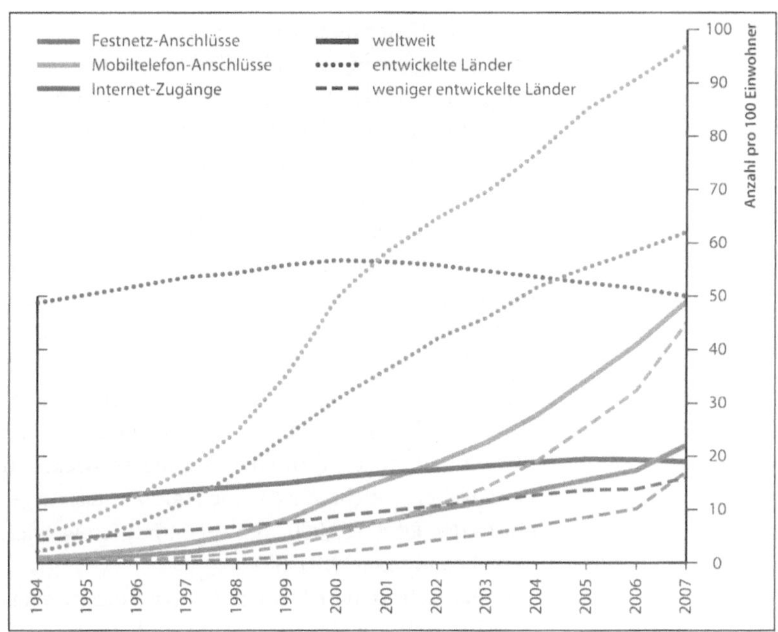

Abb. 2.2
Globale Telekommunikationsausstattung 1994–2007.
Quelle: ITU 2007

Seit der Jahrtausendwende schreitet der Ausbau der Telekommunikation unvermindert weiter voran. Der Gebrauch von Mobiltelefonen nimmt weltweit schnell zu. Besonders in Ländern, die nie über ein umfassendes Netz von Festleitungen verfügt haben, profitieren Bevölkerung und Unternehmen von der neuen Technologie. Obwohl in den vergangenen Jahren eine Annäherung stattgefunden hat, sind die Unterschiede zwischen entwickelten und wenig entwickelten Ländern aber immer noch groß (s. Abb. 2.2). Diese Kluft wird als »digital divide« bezeichnet. Besonders benachteiligt ist der afrikanische Kontinent. Nur 5,5 % der Bevölkerung nutzen hier das Internet im Vergleich zu rund 72 % in den USA oder Deutschland. Aber selbst innerhalb Afrikas gibt es noch große regionale Unterschiede zwischen den nordafrikanischen Ländern mit einer vergleichsweise guten Ausstattung im Bereich der Telekommunikation einerseits und den schlecht ausgestatteten Ländern der Subsahara (außer Südafrika) andererseits (ITU 2007). Die Nutzung von Mobiltelefonen kann sich auf die Preisgestaltung und somit auf die Wettbewerbsfähigkeit selbst bei vergleichsweise ungebildeten Menschen positiv auswirken. Im südindischen Bundesstaat Kerala benutzen die Fischer zunehmend Mobiltelefone. Mit diesen erfahren sie noch von See aus, auf welchem Markt sie die besten Preise für ihre Fänge erzielen können (Jensen 2007).

Eine Unterausstattung an Computern und Internetzugängen schränkt die Möglichkeiten der Integration in der Weltwirtschaft ein. 2005 wurde auf dem Weltwirtschaftsforum in Davos angeregt, einen Laptop, der nur 100 US-$ kosten sollte, zu entwickeln und an Kinder in wenig entwickelten Ländern zu verteilen. Die Realisierung dieses Plans stieß bei dem Chip-Hersteller Intel, der einen eigenen Billig-PC für 285 US-$ entwickelt hatte, auf wenig Gegenliebe. Erst eine Idee des MIT-Professors Nicholas Negroponte brachte die Wende. In den USA können seit November 2007 zwei Einfach-PC für 399 US-$ erworben werden. Einer der beiden PC wird an ein Kind in einem wenig entwickelten Land weitergereicht. Bis Anfang 2008 war das Angebot in den USA 162 000-mal angenommen worden (The Economist: 08.01.08).

Die technische Entwicklung der Kommunikation hat sich auf die Reichweite und die Intensität internationaler Beziehungen ausgewirkt. Während die Reichweite zunimmt, verliert die Distanz an Bedeutung. Neben dem physischen Raum, durch den die Güterströme fließen, hat sich ein virtueller Raum gebildet, durch den die Informationsströme fließen (Rauh 2005: 40). Der raumzeitliche Schrumpfungsprozess ermöglicht eine Intensivierung der Interaktionen in vielen Bereichen, wovon der Handel mit Gütern und Dienstleistungen profitiert. Sinkende Preise in den vergangenen Jahrzehnten erlauben die häufige Nutzung der neuen Medien. Die Kosten für ein Telefongespräch von New York nach London haben sich von 1930 bis 2005 um 99,88 % reduziert. 1930 waren für das Gespräch in Preisen von 1990 mehr als 224 US-$, 1970 über 31 US-$ und 2005 nur noch 0,30 US-$ zu zahlen. Die Möglichkeit, weltweit preiswerter kommunizieren zu können, begünstigte die weltweite Vernetzung und den globalen Handel. Hierzu trugen auch geringere Kosten in anderen Bereichen bei. Die durchschnittlichen Seetransportkosten und Hafengebühren für Import- und Exportfracht lagen 2000 nur noch bei 35 % der Kosten von 1930 (bpb 2006a: 1f.). Ein wichtiger Grund für die geringeren Kosten ist die Einführung des Standard-Containers Ende der 1950er Jahre, der Tempo, Flexibilität und Sicherheit von Transporten erhöht hat (s. Teil IV).

Politische Veränderungen

Zur gleichen Zeit, als neue Techniken für die uneingeschränkte globale Kommunikation entwickelt wurden, öffneten sich viele Staaten. Mit dem Fall der Berliner Mauer im November 1989 wurde der Weg frei für eine neue politische und ökonomische Weltordnung. Nur wenig später setzte der Reformprozess in den ehemals sozialistischen Ostblockstaaten ein. Obwohl China ein kommunistisch regiertes Land geblieben ist, wurde 1978 die Anpassung an die Marktwirtschaft eingeleitet. In Südamerika sind in einer wachsenden Zahl von Staaten Militärherrschaften durch demokratische Regierungen abgelöst worden. Ohne die politischen Reformprozesse wäre eine weltweite Nutzung des Internets nicht in dem gleichen Maße möglich gewesen, und in einer polarisierten Welt, aufgeteilt in einen Ost- und einen Westblock, war der globale Austausch von Waren und Dienstleistungen eingeschränkt (Friedman 2005: 181). Eine weitere wichtige Voraussetzung für den Anstieg des Welthandels in den vergangenen Jahrzehnten war dessen Liberalisierung im Rahmen der verschiedenen GATT-Runden und die Gründung der WTO im Jahr 1995, die u. a. die Senkung von Zöllen und das Verbot nicht tarifärer Handelshemmnisse umfasste. Zu berücksichtigen ist auch die Deregulierung der Finanzmärkte.

Nach wie vor gibt es große Unterschiede zwischen einzelnen Staaten, die durch die volkswirtschaftliche Gesamtleistung pro Kopf der Bevölkerung oder durch den Human Development Index (HDI), in den die drei sozialen Entwicklungsindikatoren durchschnittliche Lebenserwartung bei der Geburt, Alphabetisierungsquote und reale Kaufkraft pro Kopf eingehen, abgebildet werden können. Der HDI hat sich seit Beginn der 1990er Jahre nicht in allen Teilen der Welt positiv entwickelt. In einigen ehemals sozialistischen Transformationsländern und in Teilen des subsaharischen Afrikas haben sich die Lebensbedingungen sogar verschlechtert (Gebhardt u. a. 2007: 853). 2008 belegten die Staaten Island, Norwegen und Kanada die besten Plätze in dem Index, während mit der Demokratischen Republik Kongo, der Zentralafrikanischen Republik und Sierra Leone drei in Afrika gelegene Länder die letzten Listenplätze einnahmen (UNDP 2008). In internationalen Statistiken zum Außenhandel wird der unterschiedliche Entwicklungsstand der einzelnen Länder berücksichtigt und zwischen »developed countries« und »developing countries« unterschieden. Zu Ersteren gehören in Europa alle Mitgliedstaaten der Europäischen Union sowie Gibraltar, Island, Norwegen und die Schweiz, die beiden nordamerikanischen Staaten USA und Kanada und außerdem Australien, Bermuda, Israel, Japan und Neuseeland. Alle anderen Staaten werden der zweiten Gruppe zugeordnet. Im Folgenden wird diese Einteilung übernommen. »Developed countries« wird wörtlich mit »entwickelte Länder« übersetzt, während das etwas sperrige »sich entwickelnde Länder« der »developing countries« durch »wenig entwickelte Länder« ersetzt wird.

Wertschöpfungsketten

Die zunehmende internationale Arbeitsteilung erlaubt einen weltweiten Einkauf von Rohstoffen und Halbfertigwaren, der als »Global Sourcing« bezeichnet wird. Noch vor wenigen Jahrzehnten beschränkte sich die Herstellung eines Produkts überwiegend auf einen einzigen Standort, der allerdings nicht immer im Heimatland des Unternehmens lag. Selbst die Barbie-Puppe, die weltweit als all-American Girl vermarktet und vom US-amerikanischen Spielzeughersteller Mattel produziert wird, kam nie aus den USA. Bereits zum Zeitpunkt des Markteintritts 1959 produzierte Mattel die Puppe in Japan und wenige Jahre später auch in der Republik China (Taiwan), wo außerdem die Kleidung von zahlreichen Frauen in Heimarbeit genäht wurde. Im Verlauf der 1990er Jahre war Barbies Heimat immer weniger auszumachen. Der Körper wurde in China mithilfe von Gussformen aus den USA und anderen Maschinen aus Japan und Europa hergestellt, das Nylonhaar kam aus Japan, das Plastik für den Corpus aus Taiwan, die Pigmente aus den USA und die Kleidung aus China (Levinson 2006: 64). Das Global Sourcing ist noch weit umfangreicher, wenn komplexe technische Geräte produziert werden. Friedman (2005: 414–419) hat seinen eigenen Dell-Computer auseinander nehmen und den Produktionsort jedes Einzelteils vom Hersteller bestimmen lassen. Zum Zeitpunkt der Untersuchung produzierte Dell an den sechs Standorten Limerick (Irland), Xiamen (China), Eldorado do Sul (Brasilien), Nashville und Austin (beide USA) sowie Penang (Malaysia). Es stellte sich heraus, dass nicht nur diese sechs Fabriken einen Beitrag zur Produktion von Friedmans PC geleistet hatten, sondern dass insgesamt rund 400 Fabrikationsstandorte in Nordamerika und Europa, aber überwiegend in Asien an der Wertschöpfungskette beteiligt waren, von denen ungefähr 30 einen größeren Beitrag geliefert hatten. Die Endmontage war in Penang erfolgt, von wo die Computer täglich mit einer gecharterten China Airlines 747 nach Nashville, Tennessee gebracht werden. Das Großraumflugzeug kann 25.000 Dell-Notebooks transportieren. Wie häufig die Einzelteile bereits Grenzen passiert hatten, ist nicht bekannt. Unbestritten ist aber, dass die internationale Arbeitsteilung einen großen Beitrag zum Anstieg des Welthandelsvolumens leistet.

Basierend auf theoretischen Überlegungen aus den 1980er Jahren, haben die Soziologen Gereffi und Korzeniewicz (1994) einen Sammelband veröffentlicht, der sich mit globalen Waren- oder Wertschöpfungsketten in unterschiedlichen Industriezweigen wie dem Schiffbau, der Textil- oder der Agroindustrie beschäftigt. Ein wichtiges Ziel war, die sich verändernden Orte des Konsums und der Produktion sowie die Vernetzung der einzelnen Produktionsstandorte und deren Steuerung besser verstehen zu lernen. Während noch in den 1980er Jahren die einzelnen Arbeitsschritte innerhalb einer Wertschöpfungskette von einem einzigen Unternehmen durchgeführt worden waren, fand in den 1990er Jahren eine zunehmende Fragmentierung der Produktionsprozesse statt, d. h. die einzelnen Stufen der Wertschöpfungskette wurden jetzt von juristisch selbstständigen Unternehmen an oftmals sehr unterschiedlichen Standorten erbracht. Die IT-Technologie leistet einen wichtigen Beitrag zur Abstimmung und Kontrolle der Arbeitsschritte (Bertram 2005: 22).

Grundsätzlich sind käufer- und produzentendominierte Wertschöpfungsketten zu unterscheiden. Bei den käuferdominierten Ketten sind die Produzenten relativ schwach, d. h. sie verfügen über wenig Verhandlungsmacht und sind weitgehend abhängig von den Käufern. Zu den schwachen Produzenten gehören Kleinbauern, die ihre Produkte an die großen Lebensmittelproduzenten verkaufen. Hinzu kommt, dass viele weltweit bekannte Unternehmen wie die Sportartikelhersteller Nike oder Adidas nicht (mehr) selbst produzieren, sondern sich fragmentierter Produktionsprozesse überwiegend in den wenig entwickelten Ländern bedienen. Auch in diesem Fall werden die Wertschöpfungsketten von den Käufern bzw. Markenunternehmen kontrolliert und organisiert (Schamp 2008). Im Gegensatz hierzu dominieren in kapital- und technologieintensiven Branchen wie der Automobilindustrie produzentendominierte Wertschöpfungsketten. Zwar haben auch diese Unternehmen die Fertigungstiefe verringert und Teile der Produktion ausgelagert; sie organisieren und kontrollieren aber nach wie vor die einzelnen Stufen der Herstellung (Bertram 2005: 24).

Direktinvestitionen

Ausländische Direktinvestitionen (ADI) leisten einen wichtigen Beitrag zur Vernetzung der Weltwirtschaft. Als ADI werden internationale Kapitalbewegungen bezeichnet, bei denen ein Unternehmen in einem Land, in dem es nicht ansässig ist, eine Niederlassung gründet oder erweitert. Es entstehen multinationale Unternehmen und es findet ein Ressourcentransfer statt, der mit einer Kontrolle der ausländischen Niederlassung einhergeht. Letztere ist Bestandteil der Organisationsstruktur des Mutterunternehmens und hat diesem gegenüber finanzielle Verpflichtungen (Krugman u. Obstfeld 2006: 218). Die Liberalisierung des Kapitalverkehrs hat die Bildung der großen multinationalen Unternehmen unterstützt. Investitionen im Ausland können für ein Unternehmen aus sehr unterschiedlichen Gründen von Vorteil sein, auch wenn die Tagespresse suggeriert, dass der wichtigste Grund die Verlagerung von Arbeitsplätzen in Niedriglohnländer sei. Die Standortwahl für die Errichtung eines Zweigwerks unterliegt häufig Sachzwängen. Räumliche Nähe spielt immer noch eine große Rolle. Es erscheint sinnvoller, in einem Nachbarland zu investieren, als auf einem anderen Kontinent (UNCTAD 2007a: xvii). Der Abbau von Bodenschätzen hingegen ist an bestimmte Standorte gebunden. Hier kann allenfalls zwischen verschiedenen Standorten gewählt werden. Ein Betrieb kann auch in einem bestimmten Land gegründet werden, um Handelsbarrieren zu umgehen. ADI leisten somit einen Beitrag zur Markterschließung. Gerade die Automobilindustrie war immer wieder von protektionistischen Maßnahmen betroffen. In den 1920er Jahren durften sich Ford und General Motors nicht in Italien und Frankreich ansiedeln, und in den 1980er und 1990er Jahren war die Einfuhr japanischer Automobile in Europa und den USA limitiert. Die Japaner errichteten eigene Produktionsstätten in den betroffenen Ländern und konnten so den Absatz ausweiten (Gaebe 1993: 496). Für die USA wurde festgestellt, dass 90 % der Produktion, die in ausländischen Werken erfolgt, auch auf dem internationalen Markt verkauft werden. Da üblicherweise ein Teil der Arbeiten wie Forschung, Vermarktung oder Verwaltung im Heimatland verbleibt, schaffen ADI auch dort Arbeitsplätze (Friedman 2005: 123). Gleichzeitig können Transportkosten minimiert werden. Lizenzen an ausländische Unternehmen für die Herstellung bestimmter Produkte haben den Nachteil, dass so Wissen in die Hände von Konkurrenten gelangt, was bei der Errichtung von Zweigwerken in einem geringeren Maße der Fall ist. Ein weiterer Grund für ADI kann die Herstellung von Vorprodukten für ein anderes (ausländisches) Zweigwerk sein. So können poten-

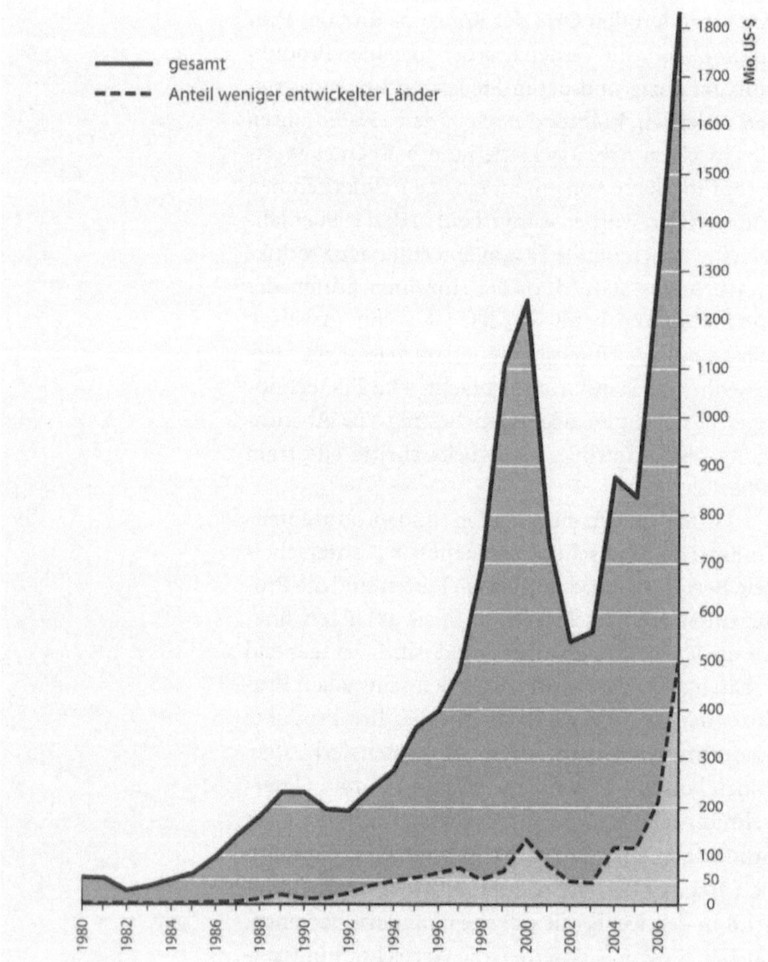

zielle Konflikte mit fremden Zulieferern ausgeschlossen werden (Krugman u. Obstfeld 2006: 218–221).

Ausgehend vom Heimatland sind im Laufe der Zeit schrittweise nationale in multinationale Unternehmen umgewandelt worden, und es haben sich umfassende Standortsysteme, wie sie aus der Automobil- oder Chemieindustrie bekannt sind, entwickelt. Inzwischen gibt es sogar Unternehmen, die keinen nationalen Heimatmarkt mehr haben, von dem aus sie primär agieren. Diese Unternehmen werden als »transnationale Unternehmen« bezeichnet (Bathelt u. Glückler 2002: 175–177). Multinationale Unternehmen können zudem durch Fusionen und Aufkäufe entstehen. Diese haben seit zwei Jahrzehnten stark zugenommen und im Jahr 2007 mit 300 Fusionen und einem Wert von jeweils mindestens 1 Mrd. US-$ einen vorläufigen Höhepunkt erreicht (UNCTAD 2008d: 6). Längst nicht alle Fusionen verlaufen jedoch erfolgreich. Experten schätzen, dass ca. zwei Drittel der Zusammenschlüsse die angestrebten Ziele nicht erreicht. Ein gutes Beispiel für eine misslungene Fusion ist die Trennung von DaimlerChrysler im Jahr 2007 zehn Jahre nach dem Zusammenschluss von Daimler Benz und Chrysler (SZ: 23.04.07).

Insgesamt sind die ausländischen Direktinvestitionen seit Anfang der 1980er Jahre fast kontinuierlich angestiegen. Die Rezessionen zu Beginn der 1980er und 1990er Jahre hatten einen leichten Rückgang der Investitionstätigkeit zur Folge. Weit deutlicher wirkte sich die Krise zu Beginn des neuen Jahrtausends aus. 2007 wurden ausgehende ADI in Höhe von knapp 2 Mrd. US-$ und eingehende ADI in Höhe von 1,8 Mrd. US-$ verzeichnet und somit die Werte des Jahres 2000 erstmals übertroffen (UNCTAD 2008d: 10) (s. Abb. 2.3). Aufgrund von Transaktionskosten sind die beiden Werte nicht identisch. Es ist davon auszugehen, dass es im Jahr 2008 wieder zu einem Einbruch bei den ADI gekommen ist. Vorläufige Werte zeigen, dass die Investitionstätigkeit in der ersten Hälfte des Jahres 2008 weit unter der des zweiten Halbjahres 2007 gelegen hat (UNCTAD 2008d: 72). Absolut betrachtet, hat sich die Höhe der eingehenden ADI in den wenig entwickelten Ländern in den vergangenen Jahren deutlich erhöht; da aber die Zunahme in den entwickelten Ländern noch größer war, ist der prozentuale Anteil der wenig entwickelten Länder von 2006 bis 2007 von 29 % auf 27 % gesunken. Bei den ausgehenden

Foto 2.1
Produktionsstätte von BMW in Chennai (Madras). Der deutsche Automobilhersteller BMW eröffnete 2007 das erste Montagewerk in Indien. 120 Inder, die zuvor in Thailand geschult worden sind, setzen hier importierte Fahrzeugteile zusammen.

ADI ging der Anteil der wenig entwickelten Länder von 16 % auf 13 % zurück (UNCTAD 2008d: 7).

2007 haben fünf Länder ausgehende ADI in Höhe von mehr als 100 Mrd. US-$ getätigt. Die bedeutendsten Quellländer waren die USA, gefolgt von Großbritannien, Frankreich, Deutschland, Spanien, Italien und Japan, die gemeinsam für 74 % aller ausgehenden ADI verantwortlich sind. Die USA, 2007 aufgrund des niedrigen Dollarkurses sehr attraktiv für ausländische Investoren, waren 2007 mit 233 Mrd. US-$ ebenfalls das wichtigste Empfängerland von ADI, gefolgt von Großbritannien, Frankreich, Kanada, den Niederlanden, Spanien und Deutschland. Deutsche Unternehmer investierten im Ausland 167 Mrd. US-$, während Deutschland Empfängerland von ADI in Höhe von nur 51 Mrd. US-$ war. Bei den wenig entwickelten Ländern ging ungefähr die Hälfte der eingehenden ADI in die asiatischen und ozeanischen Länder; die höchsten Zuwachsraten verzeichneten 2007 aber die lateinamerikanischen und die karibischen Staaten. In den vergangenen Jahren sind auch die in Afrika getätigten ADI gestiegen, die 2007 einen Wert von 53 Mrd.

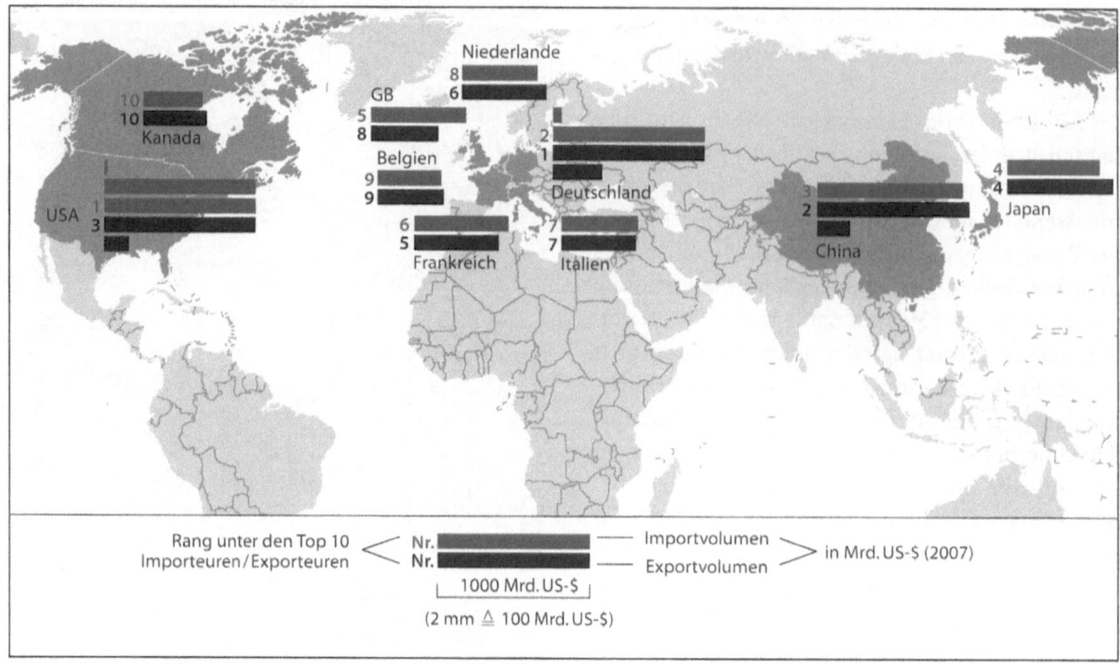

US-$ erreichten. Hier wird vor allem in den Abbau von Bodenschätzen investiert. Von dieser Entwicklung haben besonders Nigeria, Südafrika und Marokko profitiert (UNCTAD 2008d: 7f. u. 73–76).

Es gibt einen Zusammenhang zwischen ausländischen Direktinvestitionen und Außenhandel: ADI lassen die Exporte in den Zielländern ansteigen, da mehr für den Weltmarkt produziert werden kann. Es ist umstritten, in welchem Ausmaß die Empfängerländer von ADI tatsächlich profitieren, denn häufig wird völlig isoliert von der heimischen Industrie produziert. In diesem Fall treten nur positive Beschäftigungseffekte ein. Bis zur Gründung der WTO im Jahr 1995 war es möglich, die Bildung von Enklaven durch Verträge, die eine Zulieferung durch heimische Anbieter garantieren sollte, zu verhindern. In den WTO-Mitgliedsländern sind solche Verträge nicht mehr möglich (Goldin u. Reinert 2007: 59f.).

Export- und Importländer

Der Großteil des Welthandels wird von nur wenigen Ländern abgewickelt. 2007 kamen aus den zehn wichtigsten Exportländern (Deutschland, China, USA, Japan, Frankreich, Niederlande, Italien, Großbritannien, Belgien, Kanada) 52,3 % der globalen Ausfuhren. Die gleichen Länder waren mit einem Anteil von 54 % ebenfalls die bedeutendsten Importeure, wenn auch in anderer Reihenfolge (USA, Deutschland, China, Japan, Großbritannien, Frankreich, Italien, Niederlande, Belgien, Kanada) (s. Abb. 2.4). Die Handelsbilanz der einzelnen Länder ist

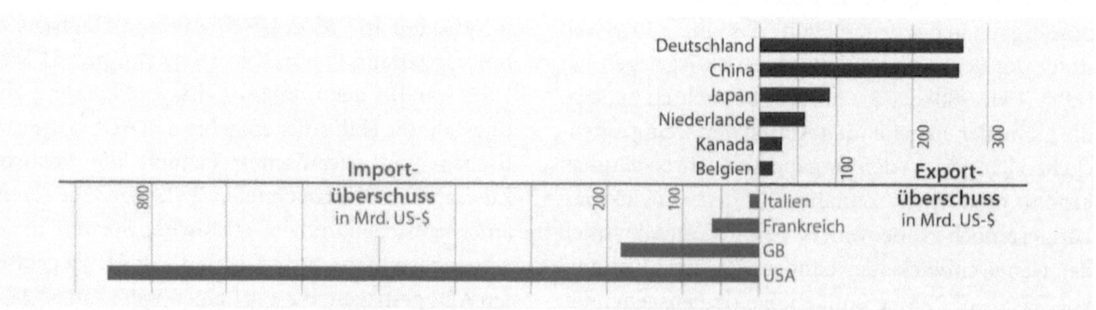

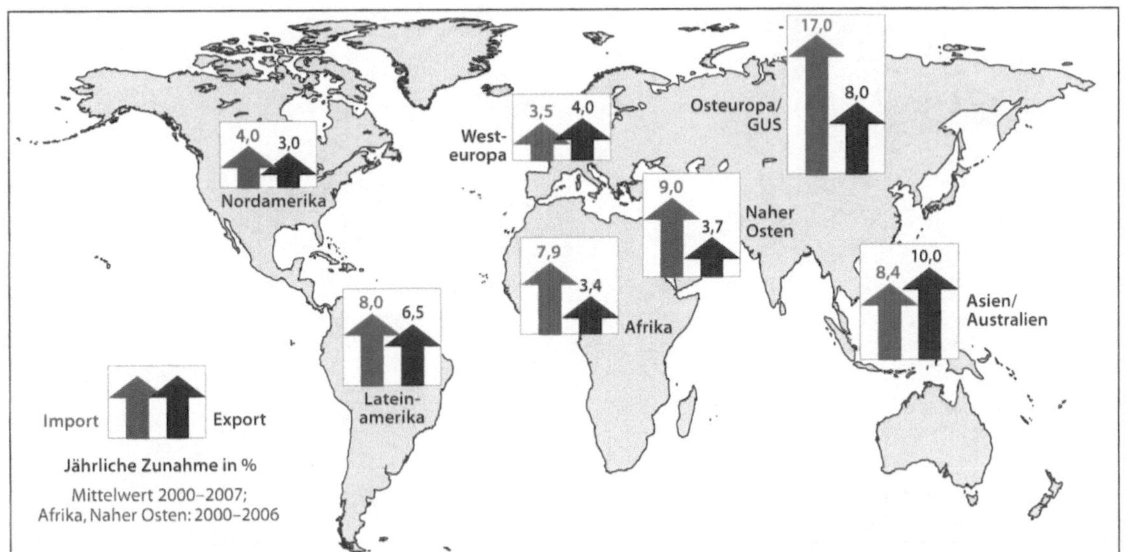

Abb. 2.6
Regionale Zunahme des Handels 2000–2007.
Quelle: WTO 2008b: 7

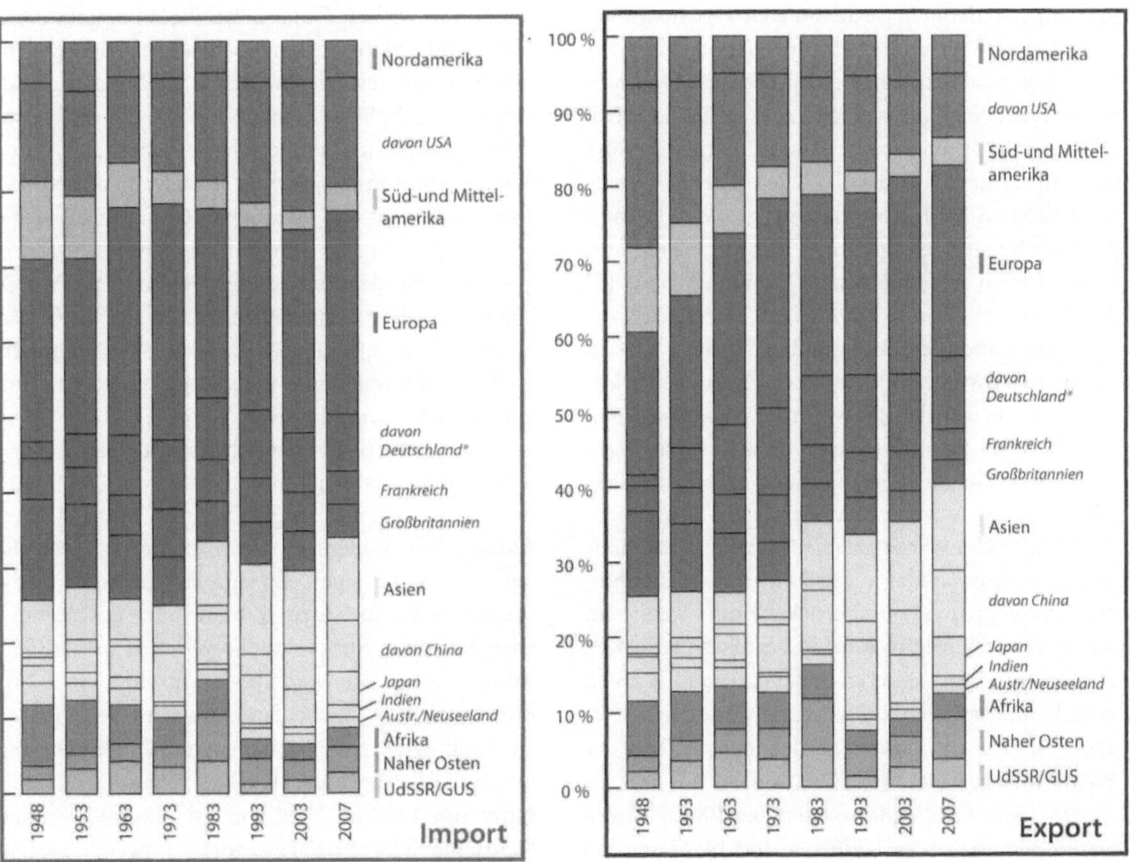

die Zahlen beziehen sich durchgehend auf die Bundesrepublik Deutschland

Abb. 2.7
Regionale Anteile am globalen Import und Export 1948–2007 (in %).
Quelle: WTO 2008b: 7

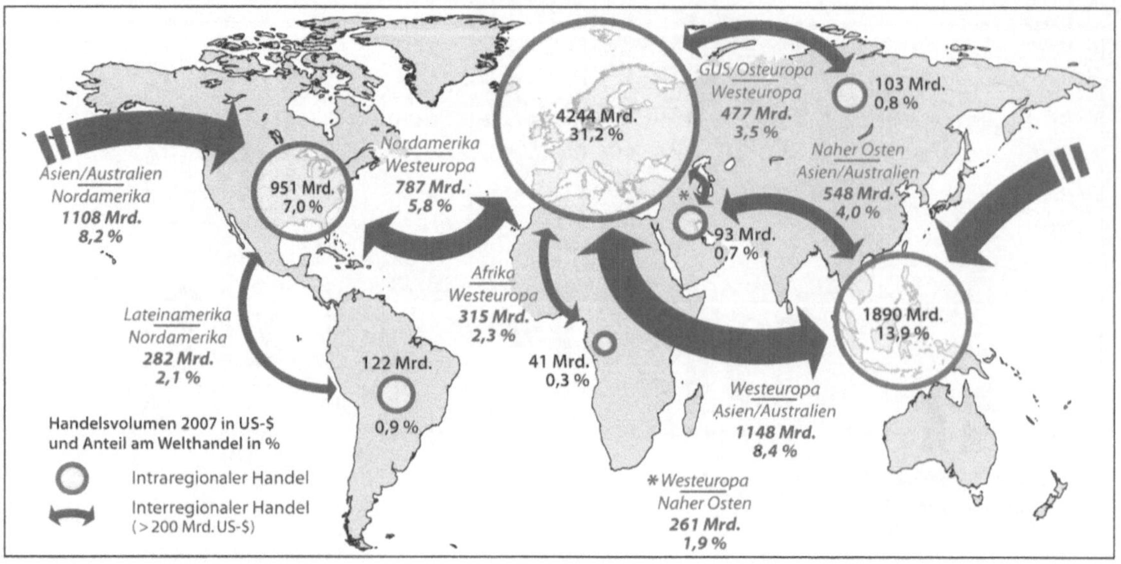

sehr unterschiedlich. Sechs Staaten erzielten 2007 einen Exportüberschuss, während vier Staaten mehr importierten als exportierten (s. Abb. 2.5). Deutschlands Handelsbilanz verzeichnete mit 268 Mrd. US-$ den größten Überschuss, sehr dicht gefolgt von China mit 262 Mrd. US-$. Die USA erwirtschafteten mit 858 Mrd. US-$ das mit großem Abstand größte Defizit, gefolgt von Großbritannien mit einem Defizit in Höhe von 182 Mrd. US-$ (WTO 2008b: 12).

Kein Land der Südhalbkugel gehört zu den bedeutenden Welthandelsländern. Für das Jahr 2006 ist berechnet worden, dass nur 20 % aller Staaten für 90 % des Handels verantwortlich waren, während die restlichen 80 % nur einen Anteil von 10 % hatten. Diese Aussage relativiert sich, wenn nicht einzelne Länder wie das kleine Nauru und das riesige China miteinander verglichen werden, sondern die Bevölkerungszahl berücksichtigt wird. Im Durchschnitt wird pro Kopf in bevölkerungsarmen Staaten mehr mit anderen Staaten gehandelt als in bevölkerungsreichen. 2006 konzentrierten sich 39 % aller Exporte auf Länder, in denen nur 20 % der Weltbevölkerung lebt (WTO 2008d).

Mit dem Aufstieg Japans seit den 1960er Jahren waren gemeinsam mit Europa und Nordamerika drei Kernräume entstanden, die als »Triade« bezeichnet wurden. 1973 entfielen auf die Triade mehr als 70 % des Welthandels. In neuerer Zeit hat Japan im Vergleich zu anderen Ländern an Bedeutung verloren, während der Außenhandel Chinas zugenommen hat. Es ist daher heute angebracht, China und evtl. zusätzlich die ebenfalls bedeutenden Volkswirtschaften Taiwan, Südkorea, Hongkong und Singapur in die Triade einzubeziehen und nicht von einem japanischen, sondern einem asiatisch-pazifischen Kernraum zu sprechen. Auch wenn nur Nordamerika, Europa und Japan sowie China berücksichtigt werden, entfallen immer noch mehr als 70 % des globalen Handels auf diesen Kernraum (WTO 2008b). In den vergangenen Jahren hat auch der Außenhandel Osteuropas und der GUS-Länder stark zugenommen, allerdings ausgehend von einem niedrigen Ausgangsniveau (s. Abb. 2.6).

Von 1948 bis 2007 hat sich der Anteil der Exporte Nordamerikas am globalen Handel von 28,1 % auf 13,6 % verringert. Im gleichen Zeitraum ist der Anteil Asiens an den globalen Exporten von 14,0 % auf 27,9 % gestiegen. Europa konnte seine Führungsposition ausbauen, während Süd- und Lateinamerika sowie Afrika Anteile verloren haben. Besonders erfreulich war aus heimischer Sicht die Entwicklung in Deutschland, das seine Beteiligung am Welthandel in den vergangenen Jahrzehnten fast kontinuierlich gesteigert hat. Der Wert stieg im Zeitraum von 1948 bis 2007 von 1,4 % auf 9,7 % an. Deutschland ist seit 2003 Exportweltmeister, derzeit gefolgt von China, das wohl bald den ersten Platz einnehmen wird. Bei den Importen haben sich in den vergangenen Jahrzehnten die Anteile der einzelnen Großräume weniger stark verändert. Relativ betrachtet haben die Einfuhren Nordamerikas leicht zugenommen und die Europas leicht abgenommen. Deutlich zugenommen hat von 1948 bis 2007 nur Asien mit einem Anstieg von 13,9 auf 25,3 %, während Afrika sowie Süd- und Mittelamerika deutliche Einbußen erlebt haben (s. Abb. 2.7) (WTO 2008b: 10f.).

Obwohl in den vergangenen Jahrzehnten die globale Kommunikation besser und preiswerter geworden ist, die Frachtkosten gesunken sind und der Welthandel liberalisiert wurde, findet der größte Teil des Warenaustausches nach wie vor innerhalb von Regionen statt. Dieser Handel wird als »intraregional« und derjenige zwischen Regionen als »interregional« bezeichnet. 2007 waren 54,8 % des Welthandels dem intraregionalen Handel zuzurechnen; der Handel innerhalb Südamerikas, Afrikas, der GUS/Osteuropas und des Nahen Ostens hatte aber kaum Bedeutung. Allein innerhalb Europas, Asiens und Nordamerikas wurden 52,1 % des gesamten Welthandels getätigt. Besonders sticht der europäische Raum hervor, in dessen Grenzen 31,2 % aller Waren gehandelt wurden (WTO 2008b: 10f.). Auf interregionaler Ebene dominierten der Handel zwischen Asien und Nordamerika mit einem Anteil von 8,2 % und zwischen Europa und

Asien mit einem Anteil von 8,4 % am Welthandel. Der Handel zwischen Europa und Nordamerika trug nur mit 5,8 % zum globalen Handel bei (s. Abb. 2.8).

Handel mit Dienstleistungen

Ähnlich wie der Warenhandel ist auch der Handel mit Dienstleistungen in den vergangenen zwei Jahrzehnten stark angestiegen. 2007 wurden Dienstleistungen mit einem Wert von 3290 Mrd. US-$ exportiert (WTO 2008b: 14), was aber nur einem Viertel des Wertes der globalen Warenexporte entspricht. Die exportfähigen Dienstleistungen werden in die drei Gruppen Tourismus, Transport und Verkehr sowie sonstige Dienstleistungen gegliedert (s. Abb. 2.9). Zu Letzteren gehören u. a. die Bereiche Kommunikation, Bauwesen, Versicherungen, Finanzen, Computer und Information, Lizenzgebühren und Kultur (WTO 2008b: 117f.). Europa und die USA sind die führenden Exporteure in den Bereichen Tourismus sowie Transport und Verkehr. In den vergangenen Jahren haben China im Bereich Transport und Verkehr und die Russische Föderation

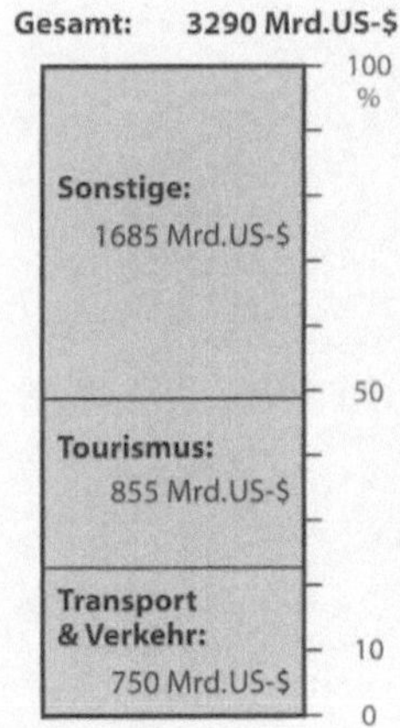

Abb. 2.9
Globaler Export von Dienstleistungen 2007. Quelle: WTO 2008b: 117f.

Foto 2.2
Deutsche Bank in Shanghai.
Die Deutsche Bank nahm ihre Geschäftstätigkeit in China bereits 1872 auf und hat heute Filialen in Guangzhou, Shanghai, Peking und Hongkong mit insgesamt mehr als 1000 Mitarbeitern.

und Australien beim Tourismus durch überdurchschnittlich hohe Wachstumsraten überzeugt. Europa ist mit einem Anteil von gut 50 % führend beim Export von Dienstleistungen jeglicher Art. Außerdem ist Europa, gefolgt von Asien und Nordamerika, in allen Bereichen der führende Importeur von Dienstleistungen (WTO 2007d: 117, WTO 2008b: 117f.).

Ein wesentlicher Grund für den Zuwachs ist das Outsourcing unternehmensbezogener Dienstleistungen, bei dem Arbeiten, die zuvor von einem Unternehmen selbst durchgeführt worden sind wie die Produktion bestimmter Teile, die Forschung, die Kundenberatung oder die Erstellung von Rechnungen, ausgelagert werden. Diese Aufgaben werden von Vertragspartnern an einem anderen Standort zu meist günstigeren Preisen ausgeführt, bleiben aber integrative Bestandteile der Betriebsabläufe des Mutterunternehmens (Friedman 2005: 114), das sich auf seine Kernkompetenzen konzentrieren kann. Das Outsourcing wurde durch das Internet begünstigt und hat zu neuen Beziehungen zwischen den Unternehmen geführt. Diese sind global stärker vernetzt als früher und arbeiten gemeinsam Seite an Seite (Alvstam u. Schamp 2005: xiv–xv). Das Outsourcing in Länder mit geringen Lohnkosten ermöglicht eine Kosteneinsparung, von der Unternehmen und Konsumenten gleichermaßen profitieren. Arbeitsvorgänge, die digitalisiert werden können, sind für das Outsourcing besonders geeignet. Hierzu gehört z. B. die Auslagerung des Kundendienstes nach Indien. Während die Arbeit in Callcentern in den entwickelten Ländern nur vergleichsweise schlecht bezahlt wird und nicht sehr angesehen ist, ist sie bei jungen Indern beliebt. Sie verdienen zwar weniger als ihre europäischen oder US-amerikanischen Kollegen, aber mehr als die meisten ihrer Landsleute. Outsourcing spart nicht nur Geld, sondern auch Zeit. Neue Flugzeugtypen werden längst nicht mehr am Zeichenbrett, sondern am Computer (computer-aided design) entwickelt. Bei dem US-amerikanischen Flugzeughersteller Boeing erfolgt die Entwicklung rund um die Uhr in drei Schichten, davon zwei in Moskau und eine in den USA. Videokonferenzen erleichtern die Zusammenarbeit der Ingenieure, und gleichzeitig kann der Fachkräftemangel in den USA ausgeglichen werden. Verblüffend ist, dass die Russen Teile der Arbeiten, die sie für den US-amerikanischen Flugzeughersteller übernommen haben, weiter nach Bangalore in Indien

auslagern, wo noch preiswerter gearbeitet werden kann (Friedman 2005: 123, 238 u. 195f.).

Seit den 1990er Jahren machen auch deutsche Unternehmen zunehmend von der Möglichkeit Gebrauch, Dienstleistungen in das Ausland zu verlagern. Die unvermeidbaren Folgen des Arbeitsplatzabbaus in einigen Branchen wurden in der Presse ausgiebig kommentiert, und der Begriff »Outsourcing« hat 1996 nur knapp bei der Suche nach dem Unwort des Jahres verloren (gewonnen hat »Rentnerschwemme«). Für Deutschland ist nachteilig, dass schlechte Englischkenntnisse oft das Outsourcing verteuern. Der Bedarf ist aber auch bei uns groß, und das nicht nur aus Kostengründen. Besonders im Bereich der Softwareentwicklung könnte der Facharbeitermangel in Deutschland durch indische Fachleute noch mehr als bisher ausgeglichen werden (Handelsblatt: 21.12.04). Outsourcing ist aus Sicht von Unternehmern nicht unumstritten. 2007 wurden weltweit 300 Führungskräfte im Rahmen einer detaillierten Erhebung nach ihren Erfahrungen befragt. Obwohl 83 % angaben, dass die erwarteten Einsparungen um wenigstens 25 % übertroffen worden seien, hatten 39 % der Befragten auch schon bestehende Verträge aufgelöst. Probleme hatte es bei Effizienz, Produktivität, Zuverlässigkeit und Kommunikation mit den Vertragspartnern gegeben, oder die Kosten waren zu hoch (Deloitte Consulting 2007).

Immer wieder wird diskutiert, ob das Auslagern von Produktion oder Dienstleistungen den ärmeren Ländern hilft oder schadet. Ein wichtiges Argument für die Verlagerung ist, dass Arbeitsplätze für Menschen geschaffen werden, die sonst arbeitslos wären. Ein schlecht bezahlter Arbeitsplatz sei immer noch besser als Arbeitslosigkeit, auch wenn die Beschäftigten täglich zwölf Stunden und mehr unter schlechten Bedingungen arbeiten, lautet das gängige Argument. In den vergangenen Jahren nimmt aber gerade das Outsourcing von Dienstleistungen immer fragwürdigere Formen an, die als Ausbeutung, moralisch verwerflich oder sogar kriminell bezeichnet werden müssen. Sogar virtuelle wie reale Kampfhandlungen werden inzwischen ausgelagert. Schlagzeilen machten Berichte über das Computerspiel World of Warcraft, das 2004 im kalifornischen Irvine von der Firma Blizzard Entertainment erfunden worden war. Weltweit hatten zum damaligen Zeitpunkt ca. acht Millionen eingeschriebene Anhänger an dem Internetspiel teilgenommen. Um das unrechtmäßige Kopieren zu vermeiden, wurde die Software kostenlos zur Verfügung gestellt. Stattdessen musste jeder Teilnehmer monatlich rund 14 US-$ zahlen. Nach komplexen Regeln verbindet sich der einzelne Spieler mit Mitspielern und trägt Schlachten gegen andere virtuelle Kämpfer aus. Bei Sieg oder Niederlage erfolgt die Bezahlung mit virtuellem Geld. Viele Gegner sind aber nicht aus privatem Interesse, sondern professionell beteiligt. Die Berufsspieler verfügen über die größte Erfahrung und erzielen die höchsten Gewinne. In China »spielen« geschätzte 100 000 Professionelle täglich zwölf Stunden an sieben Tagen die Woche für einen geringen Lohn unter schlechtesten Bedingungen dieses und andere globale Internetspiele. Die Spielhöllen werden als »gaming workshops« oder »gold farms« bezeichnet. Blizzard Entertainment erzielt mit den Internetspielen einen Gewinn von 1 Mrd. US-$ jährlich (The New York Times: 17.06.07 u. 05.09.06). Im realen Leben geht es noch schlimmer zu. Private Sicherheitsfirmen wie Blackwater, Aegis oder Britam Defences heuern Söldner in Ländern der Dritten Welt an, die zu Monatslöhnen ab 500 US-$ gefährliche Aufgaben im Irak, in Afghanistan oder anderen Krisengebieten übernehmen. Von den schätzungsweise 24 000 Söldnern im Irak sind ca. 1000 Lateinamerikaner; außerdem tun dort Nepalesen, Männer von den Fidschi-Inseln, Filipinos oder Ugander Dienst. Sie übernehmen die gefährlichsten Arbeiten und sind sozial nicht abgesichert. Wenn sie verwundet in ihre Heimatländer zurückkehren, kümmert sich niemand um sie, und im Todesfall erhalten die Familien keine Unterstützung. Letztlich findet der Handel mit Söldnern im rechtfreien Raum statt und auch Kriege sind zu nicht unerheblichen Teilen privatisiert worden (FAS: 09.03.08, Uesseler 2006). Die beiden Beispiele aus der virtuellen und realen Kriegswelt zeigen, dass es für den globalen Handel mit Dienstleistungen keine Grenzen mehr zu geben scheint.

Neuere Außenhandelstheorien

Bereits vor mehreren Jahrhunderten wurden detaillierte Theorien zum Außenhandel entwickelt. Erinnert sei insbesondere an David Ricardo (1772–1823), der die Theorie der komparativen Vorteile anhand des Handelsbeispiels mit englischem Tuch und portugiesischem Wein entwickelte. Ricardo

konnte so nachweisen, dass Außenhandel für alle beteiligten Länder von Vorteil ist (s. Teil I). In den folgenden 200 Jahren ist der Welthandel sehr viel komplexer geworden, und gleichzeitig hat sich eine wachsende Zahl von Wissenschaftlern mit Außenhandelstheorien beschäftigt. Außerdem sind neue theoretische Ansätze und Modelle entwickelt worden, die überwiegend versuchen, zwei Fragen zu beantworten: Welche Güter werden von einzelnen Ländern gehandelt und warum? Darüber hinaus ist versucht worden, Muster im Handel mit anderen Ländern herauszuarbeiten (WTO 2008c: 30).

Ein wichtiger Grund für den internationalen Handel ist die Nichtverfügbarkeit von Gütern in einzelnen Ländern. Deutschland hat nur sehr wenig eigenes Erdöl und ist daher auf Importe angewiesen. Gleichzeitig importieren Länder ohne eigene Automobilindustrie deutsche Fahrzeuge. Zu unterscheiden ist eine dauerhafte von einer temporären Nichtverfügbarkeit (Haas u. Neumair 2006: 190). Mit großer Wahrscheinlichkeit wird Deutschland auf Dauer nicht über eigenes Erdöl verfügen; es besteht also eine dauerhafte Nichtverfügbarkeit. Das technische Wissen wird aber in einer Reihe von Ländern wachsen, und diese werden in der Zukunft möglicherweise selbst Fahrzeuge bauen; dort besteht also möglicherweise nur eine temporäre Nichtverfügbarkeit. Die Nichtverfügbarkeit von Gütern in bestimmten Ländern bietet einen leicht zu verstehenden Erklärungsansatz für einen Teil des globalen Warenhandels. Dagegen lässt sich der Handel mit Gütern, die in vielen Ländern zur Verfügung stehen, weit schwerer erklären.

Obwohl Ricardos Theorie in den vergangenen 200 Jahren wiederholt überprüft worden ist, gilt sie immer noch im Großen und Ganzen als richtig und kann wohl nach wie vor als wichtigste Außenhandelstheorie bezeichnet werden. Länder mit einer unterschiedlichen relativen Arbeitsproduktivität spezialisieren sich auf die Produktion unterschiedlicher Güter, und es besteht kein Zweifel daran, dass Außenhandel beiden beteiligten Ländern Nutzen bringt. Dieses gilt auch dann, wenn die Produktivität eines Landes in allen Sektoren geringer ist als die seiner Handelspartner, wenn im Ausland produzierte Ware nur aufgrund geringerer Löhne konkurrenzfähig ist und sogar dann, wenn die Exporte eines Landes arbeitsintensiver sind als seine Importe. Nachteilig ist, dass das Ricardo-Modell der komparativen Kostenvorteile nur den Handel mit zwei

Gütern berücksichtigt, was realitätsfern ist und daher kaum Prognosen über die tatsächlichen Außenhandelsströme zulässt (Krugman u. Obstfeld 2006: 65 u. 80–83, WTO 2008c: 28). Außerdem hat Ricardo nicht berücksichtigt, dass einzelne Staaten über eine unterschiedliche Ausstattung mit Ressourcen verfügen. Trotz aller Mängel kommen Krugman und Obstfeld zu dem Ergebnis, dass Ricardos Theorie der komparativen Vorteile richtig ist: »Die Grundaussage, dass Außenhandel Nutzen bringt, gilt uneingeschränkt« (2006: 83).

Zu Beginn des 20. Jahrhunderts entwickelten die beiden skandinavischen Nationalökonomen Eli Heckscher (1879–1952) und Bertil Ohlin (1899–1979) ein Modell, das seitdem viel diskutiert worden ist. Heckscher veröffentlichte 1919 einen viel beachteten Aufsatz zum internationalen Handel, und Ohlin publizierte 1924 seine Dissertation zum gleichen Thema. Beide Wissenschaftler sahen die unterschiedliche Ausstattung einzelner Länder mit Produktionsfaktoren als wichtigste Ursache für den Außenhandel an. Holz aus Skandinavien, Weizen aus Ostpreußen und Textilien aus Westeuropa waren klassische Handelsgüter dieser Zeit. Heckscher und Ohlin stellten fest, dass jede der genannten Regionen am Besten zur Erzeugung des entsprechenden Gutes ausgestattet sei und somit einen relativen Vorteil anderen Ländern gegenüber habe. Ein Land kann bestimmte Güter verhältnismäßig preiswert herstellen, wenn es über ein relativ großes Angebot an diesem Gut verfügt. Es ist daher von Vorteil, im internationalen Handel ein Gut, für dessen Herstellung verhältnismäßig viel des knappen Faktors benötigt wird, gegen ein Gut einzutauschen, das mit relativ großen Mengen des reichlich vorhandenen Faktors hergestellt werden kann. Dieses Gut kann relativ preiswert erworben werden. Unterschiede in der relativen Knappheit der Produktionsfaktoren werden daher als eine wichtige Voraussetzung für den internationalen Handel angesehen. Wenn alle Güter in zwei Ländern zum gleichen Preis hergestellt werden könnten, würde es keinen Grund für einen Außenhandel geben. Das Heckscher-Ohlin-Theorem, das auch als »Faktorproportionentheorem« bezeichnet wird, erklärt, warum sich einzelne Länder auf die Produktion bestimmter Güter spezialisieren. Wenn zwei Volkswirtschaften unterschiedlich mit Arbeit und Kapital ausgestattet sind, ist davon auszugehen, dass sich diejenige Volkswirtschaft, die über viel Kapital verfügt, auf die Produktion kapitalintensiver Güter spezialisiert. Eine Volkswirtschaft mit vielen Arbeitskräften wird sich dagegen auf die Produktion arbeitsintensiver Güter spezialisieren (Krugman u. Obstfeld 2006: 88–113, O'Rourke 2006).

Dem Theorem von Heckscher und Ohlin zufolge müssten die USA bevorzugt kapitalintensive Güter produzieren und auf dem Weltmarkt anbieten. Wassily Leontief hat 1953 das Theorem für die Zeit seit dem Zweiten Weltkrieg empirisch überprüft und festgestellt, dass dieses nicht der Fall war. Die USA exportierten zur damaligen Zeit entgegen der Vorhersage überwiegend arbeitsintensive Güter und importierten kapitalintensive Güter. Diese Feststellung wird als »Leontief-Paradoxon« bezeichnet. Das Paradoxon kann dadurch erklärt werden, dass die USA Güter exportieren, für die man gut qualifizierte Arbeitskräfte benötigt, während die Importgüter zwar viel Kapital, aber kein großes technisches Wissen erfordern. Allerdings räumen auch Krugman und Obstfeld (2006: 115) ein, dass man nicht genau wisse, warum es zum Leontief-Paradoxon komme. Auch spätere Überprüfungen des Theorems von Heckscher und Ohlin haben gezeigt, dass der Außenhandel häufig nicht den von den beiden Wirtschaftswissenschaftlern prognostizierten Verlauf nimmt. Dem von Heckscher und Ohlin entwickelten Theorem zufolge müsste der Handel besonders intensiv zwischen Ländern mit einer sehr unterschiedlichen Faktorausstattung sein. Dieses ist aber nicht der Fall. Überwiegend handeln Länder mit einer vergleichbaren Ausstattung miteinander. Frankreich ist Deutschlands wichtigster Außenhandelspartner, obwohl das Nachbarland über vergleichbare Ressourcen verfügt. Außerdem liefert das Theorem keine Erklärung für den intraindustriellen Handel, d. h. warum importiert Deutschland Erzeugnisse der Fahrzeugindustrie aus Frankreich und Frankreich ähnliche Produkte aus Deutschland? Bei aller Kritik an dem Faktorpropotionentheorem darf nicht vergessen werden, dass es versucht hat, den Handel zu Ende des 19. Jahrhunderts zu erklären, der in der Tat zu nicht unerheblichen Teilen durch die unterschiedliche Ausstattung der Länder bestimmt war, aber aufgrund des technologischen Fortschritts, der seitdem stattgefunden hat, inzwischen überholt ist. Dennoch ist das Theorem auch heute noch geeignet, um die internationale Arbeitsteilung und Spezialisierung zu erklären (O'Rourke 2006: 358).

Die Defizite des Heckscher-Ohlin-Theorems führten in den 1970er und 1980er Jahren dazu, dass erneut über die Motive für den Außenhandel nachgedacht wurde. Diese Ansätze werden als »neue« Theorien bezeichnet. Der US-amerikanische Wissenschaftler Paul Krugman, dem 2008 der Nobelpreis für Wirtschaftswissenschaften verliehen wurde, gilt als einer der bedeutendsten Vertreter der »neuen« Theorien. Während die älteren Außenhandelstheorien die internationalen Güterströme durch die unterschiedliche Ausstattung mit Produktionsfaktoren der einzelnen Länder erklären, versuchen die »neuen« Außenhandelstheorien, den intraindustriellen Handel und den Handel zwischen Ländern mit gleicher Faktorausstattung zu begründen. Bei rund einem Viertel der globalen Handelsgüter handelt es sich heute um intraindustriellen Handel, und immer noch sind die wenig entwickelten Ländern kaum am Welthandel beteiligt, da überwiegend entwickelte Länder mit anderen entwickelten Ländern handeln. Ein wichtiger Erklärungsansatz bietet die Erkenntnis, dass durch steigende Skalenerträge bei der Produktion überproportionale Erträge erwirtschaftet werden. Bei der Herstellung von Autos und Stahl z. B. fallen sehr hohe Fixkosten an. Mit zunehmender Produktionsmenge nehmen die Kosten pro Einheit ab, da die Verdoppelung des Faktoreinsatzes die Produktionsmenge mehr als verdoppelt (Krugman u. Obstfeld 2006: 161 u. 182). Wenn Frankreich und Deutschland beide nur für den Binnenmarkt produzieren, sind die Stückkosten hoch, da die nationalen Märkte zu klein sind, um hohe Stückzahlen herzustellen und Massenproduktionsvorteile (economies of scale) zu nutzen. Der Außenhandel ermöglicht die Produktion großer Stückzahlen und senkt damit die Stückkosten (Kruber, Mees u. Meyer 2008: 27). Gleichzeitig vergrößert er die Märkte, und die Konsumenten profitieren von niedrigen Preisen und gleichzeitig von einer größeren Produktvielfalt. Heute wird die Nachfrage der Konsumenten nicht unwesentlich durch Werbung gelenkt, die subjektive Vorlieben entstehen lässt. Der Käufer erwartet eine große Produktvielfalt, unter der er wählen möchte. Überwiegend werden Güter aus Ländern mit einer vergleichbaren Ausstattung und Produktionsstruktur wie im eigenen Land nachge-

fragt (Krugman u. Obstfeld 2006: 173 u. 182). So kann auch erklärt werden, warum Frankreich der wichtigste Handelspartner von Deutschland ist.

Obwohl eine größere Zahl von Theorien und Modellen die Vorteile eines freien Handels aufzeigt, gibt es immer noch Gegner eines liberalen Handels. Krugman und Obstfeld (2006: 69–73) entkräften drei Argumente, die immer wieder von Politikern gegen den Freihandel genannt werden. Dem Wettbewerbsfähigkeit-Argument zufolge ist der Freihandel nur von Nutzen, wenn das eigene Land dem ausländischen Wettbewerb standhalten kann. Dieses Argument sei allerdings falsch, da sich Außenhandelsgewinne nicht aufgrund absoluter Vorteile, sondern aufgrund komparativer Vorteile einstellten. Die Wettbewerbsfähigkeit einer Branche hänge vom Lohnsatz im eigenen Land im Verhältnis zum Lohnsatz im Ausland ab, wobei der Lohnsatz in einem Land wiederum mit der relativen Produktivität in anderen Branchen korreliere. Diese Feststellung führt direkt zu dem Lohndumping-Argument, das ebenfalls oft gegen den Freihandel eingesetzt wird. Insbesondere Gewerkschaften argumentieren häufig, dass ein internationaler Wettbewerb, der über niedrige Löhne ausgetragen werde, unfair sei. Die Befürworter des Freihandels halten diesem Argument entgegen, dass es keine Rolle spiele, ob ein im Ausland produziertes Gut aufgrund einer höheren Produktivität oder niedriger Löhne zu geringeren Kosten als im Inland hergestellt werden könne. Entscheidend sei allein, dass im eigenen Land bestimmte Güter relativ billiger als andere hergestellt werden und diese gegen im Ausland zu geringen Kosten hergestellte Güter eingetauscht werden könnten. Dieser Feststellung setzen die Gegner des Freihandels das Ausbeutungsargument entgegen. Es sei nicht fair, dass der Stundenlohn von Näherinnen in China nur einen Bruchteil von dem beträgt, was für vergleichbare Arbeiten in Deutschland oder den USA bezahlt werde. Die Befürworter des Freihandels sind der Meinung, dass die Frage so nicht gestellt werde könne. Wichtig sei vielmehr, ob es den Arbeiterinnen in China aufgrund des Exports von Bekleidung besser oder schlechter gehe als zuvor. Zu hinterfragen sei außerdem, wie die Alternative für die Arbeiterinnen aussehe (Bhagwati 2008: 132–155).

Internationale Handelsabkommen

Vor dem Zweiten Weltkrieg hatte es keine regelmäßigen Treffen von Außen- oder Wirtschaftsministern gegeben, bei denen der internationale Handel oder die Weltwirtschaft im Mittelpunkt standen. Die Weltwirtschaftskonferenz, die 1927 vom Völkerbund organisiert worden war, stellte eine der wenigen Ausnahmen dar (Buckman 2005: 38). Dieses hat sich in den vergangenen 60 Jahren grundlegend geändert. Seit dem Zweiten Weltkrieg hat sich eine international koordinierte Handelspolitik entwickelt, deren Anfänge im Wesentlichen auf das Engagement der USA zurückgehen. Nach der Verabschiedung des Smoot-Hawley-Acts 1930 war der US-amerikanische Außenhandel regelrecht eingebrochen (s. Teil I). Als den US-amerikanischen Politikern bewusst wurde, dass die hohen Zölle ein Fehler waren, ließ sich ihre Abschaffung jedoch nicht durchsetzen. Verteidigt wurden sie vor allem durch Abgeordnete des Kongresses, in deren Wahlkreisen die geschützten Güter produziert wurden. Die Vorteile eines Abbaus der Importzölle waren nur dann zu vermitteln, wenn sich den US-amerikanischen Exporteuren im Gegenzug konkrete Vorteile boten. Die USA führten daher mit einer Reihe von Ländern bilaterale Verhandlungen, in deren Rahmen auf beiden Seiten die Einfuhrzölle für bestimmte Produkte gesenkt wurden. Tatsächlich ist es gelungen, den durchschnittlichen Zoll für US-Importe von 59 % im Jahr 1932 auf 25 % nach Ende des Zweiten Weltkrieges zu senken (Chase 2005: 106f., Krugman u. Obstfeld 2006: 297).

In den USA und in Großbritannien hatte sich zunehmend die Meinung durchgesetzt, dass die protektionistische Handelspolitik und die Probleme der Weltwirtschaft in den Zwischenkriegsjahren wesentlich zum Ausbruch des Zweiten Weltkrieges beigetragen hatten. 1941 vereinbarten daher die beiden Alliierten ein Abkommen, das eine wirtschaftliche Zusammenarbeit nach Kriegsende vorsah. In den folgenden Jahren reifte die Erkenntnis, dass der internationale Handel einen wichtigen Beitrag zur Erhöhung der Beschäftigung in vielen Ländern leis-

ten und somit zu einer Steigerung des weltweiten Wohlfahrtniveaus beitragen könne. Der globale Freihandel sollte die Stabilisierung der Weltwirtschaft fördern. Es galt, eine multilaterale Handelsorganisation zu entwickeln, von deren Regelwerk alle Länder gleichermaßen profitieren sollten (Buckman 2005: 38, Mildner 2005:1).

Die Diskussion über die Liberalisierung des Welthandels wurde in den 1980er Jahren intensiviert, als sich die britische Premierministerin Margaret Thatcher und der US-amerikanische Präsident Ronald Reagan vehement für den Freihandel, die Deregulierung der Finanzmärkte und die Privatisierung von Staatsbetrieben einsetzten. Der so genannte Washington Consensus bündelte die Reform- und Politikempfehlungen der US-amerikanischen Regierung und der in Washington ansässigen Organisationen IWF und Weltbank (s. u.) sowie weiterer Entwicklungsbanken und Think Tanks. Die Empfehlungen richteten sich insbesondere an die lateinamerikanischen Länder, die in den 1980er Jahren durch hohe Inflation, Verschuldungskrise sowie wirtschaftliche und politische Instabilität gekennzeichnet waren. Sie beinhalteten u. a. die Liberalisierung von Handel und Auslandsinvestitionen. Die Umsetzung der Empfehlungen führte nur begrenzt zum Erfolg, was zu einer vertieften Diskussion über die Vor- und Nachteile des Freihandels führte. Ende der 1990er Jahre wurden die Reformen modifiziert und in der Folge der Aufbau der Institutionen und die Entwicklung des Humankapitals in den betroffenen Ländern stärker als zuvor berücksichtigt (Rühling 2004).

Bretton Woods

Noch vor Ende des Zweiten Weltkrieges wurden die Grundlagen für die Wirtschaftsordnung der Nachkriegszeit in Bretton Woods im US-Bundesstaat New Hampshire gelegt. Im Juli 1944 trafen sich 730 Delegierte aus 44 Staaten. Die Verhandlungen wurden

von den Vereinigten Staaten geleitet und auch weitgehend dominiert. Nur Großbritannien wurde als ernsthafter Gesprächspartner anerkannt. Die Briten und die US-Amerikaner stimmten überein, dass der Handel von Gütern und Kapital nach Kriegsende zu liberalisieren sei (Buckman 2005: 38). Bedeutung erlangte die Konferenz vor allem, da ein System fester Wechselkurse vereinbart und ein Abkommen über die Gründung des Internationalen Währungsfonds (IWF) abgeschlossen wurde. Man glaubte, dass flexible Wechselkurse Spekulationen ermöglichen und somit dem Welthandel schaden könnten. Das Bretton-Woods-Abkommen sah feste Wechselkurse gegenüber dem US-Dollar vor, der zur Leitwährung wurde. Der US-Dollar selbst wurde in Gold definiert: 35 US-$ entsprachen einer Feinunze. Für alle Währungen wurde eine Parität in US-Dollar oder in Gold festgelegt, die nur in Ausnahmefällen verändert werden durfte. Abgesehen von den Ostblockländern akzeptierten fast alle Länder die neue Weltwährungsordnung (Krugman u. Obstfeld 2006: 641f.). Das System fester Wechselkurse bewährte sich bis in die 1960er Jahre, als zunehmend Probleme auftraten. Die EWG-Länder und Japan erlebten einen wirtschaftlichen Aufschwung, während die Wirtschaft der USA stagnierte. Einige europäische Länder wie Deutschland und die Niederlande erzielten hohe Außenhandelsüberschüsse, und ihre Währungen waren unterbewertet, während der US-Dollar überbewertet war. Da Möglichkeiten einer Korrektur in einem System fester Wechselkurse nur mit Einschränkungen gegeben waren, kam es wiederholt zu Turbulenzen auf den internationalen Finanzmärkten. Ende 1967 bis Anfang 1968 kauften private Spekulanten in London Gold in großem Umfang auf, da sie auf einen höheren Dollarpreis hofften, und in den 1970er Jahren mussten die europäischen Zentralbanken den Dollar wiederholt durch Stützungskäufe stabilisieren. Da alle Maßnahmen nicht den gewünschten Erfolg zeigten, gab man die Wechselkurse Japans und der meisten europäischen Länder im März 1973 gegenüber dem Dollar frei. Diese als Übergangsmaßnahme gedachte Lösung wurde schließlich zu einem Dauerzustand (Krugman u. Obstfeld 2006: 651–654, North 1994: 197f.).

IWF und Weltbank

Der Internationale Währungsfonds mit Sitz in Washington, DC hat 1946 seine Arbeit aufgenommen. In der Nachkriegszeit waren die wichtigsten Aufgaben die Förderung des multilateralen Handels, die Überwachung der währungspolitischen Vereinbarungen von Bretton Woods und die Vergabe von Krediten an die Mitgliedstaaten. In der ersten Dekade nach der Gründung wandten sich allerdings nur wenige Länder an den IWF, da bevorzugt Kredite über den Marshall Plan oder die Weltbank vergeben wurden. Eine weitere wichtige Aufgabe des IWF besteht in der Hilfestellung beim Schuldenabbau der wenig entwickelten Länder und bei der Durchführung der anschließenden Stabilisierungsprogramme (Haas u. Neumair 2006: 140, Boughton 2006). Ebenfalls 1944 war in Washington die Internationale Bank für Wiederaufbau und Entwicklung (International Bank for Reconstruction and Development, IBRD) gegründet worden, die die Presse bald als »Weltbank« bezeichnete. Tatsächlich umfasst die Weltbankgruppe heute fünf Unterorganisationen, zu denen auch die IBRD gehört (The World Bank 2007: 11). Die Weltbank ist eine multilaterale Einrichtung in der Trägerschaft nationaler Regierungen und konzentriert sich auf die Vergabe von Krediten an arme Länder, deren Zinsen unter den marktüblichen Raten liegen. In den ersten Jahren unterstützte sie die vom Krieg zerstörten Länder Europas. Als deren Wiederaufbau abgeschlossen war, wandte sich die Weltbank insbesondere den ärmsten Ländern der Erde zu (Marcus 2006). Sie finanziert oder teilfinanziert bevorzugt Projekte zur langfristigen Förderung der Länder. Hierzu gehören infrastrukturelle Projekte wie der Bau von Straßen oder Staudämmen, die keine direkte Rendite abwerfen und daher kaum durch private Investoren unterstützt werden (Haas u. Neumair 2006: 140). Jedes Land, das dem IWF beigetreten ist, kann einen Antrag auf Mitgliedschaft in der Weltbank stellen. Die Bundesrepublik Deutschland wurde 1952 aufgenommen.

Heute gehören mehr als 180 Staaten der Weltbank an, die ca. 10 000 Mitarbeiter aus fast allen Mitgliedsländern in Washington und in den mehr als 100 weiteren Büros weltweit hat. Obwohl die Nationalität des Präsidenten der Weltbank nicht offiziell festgelegt ist, gibt es eine stille Übereinkunft, nach der nur US-Amerikaner an die Spitze der Bank gewählt werden (The World Bank 2007: 9 u. 205). Seit 2007 ist Robert Zoellik Weltbank-Präsident. Weltbank und IWF sind in benachbarten Gebäuden nur wenige Blöcke vom Weißen Haus entfernt untergebracht. Standort und Nationalität des Leiters der Weltbank tragen dazu bei, dass Kritiker die politische Unabhängigkeit der beiden Institutionen von den Vereinigten Staaten bezweifeln.

ITO

Der britische Ökonom John Meynard Keynes hatte sich in Bretton Woods für die Schaffung einer Internationalen Handelsorganisation (International Trade Organization, ITO) eingesetzt, deren Aufgabe die Regulierung des Handels und der Abbau von Handelsschranken sein sollten (George 2007: 125). 1947 und 1948 wurden in Havanna Gespräche zur Gründung der ITO geführt. Eine Einigung konnte nicht erzielt werden, da die Beteiligten unterschiedliche Vorstellungen von den Aufgaben der zukünftigen Organisation hatten. Die USA bevorzugten einen globalen Freihandel, der sich auf Abkommen, von denen alle Beteiligten gleichermaßen profitieren können, stützen sollte. Viele Länder stimmten diesen Vorstellungen nicht zu. Die Südamerikaner wollten Zugeständnisse beim Handel, um ihre Wirtschaft zu unterstützen, und die Europäer sprachen sich für Präferenzzollabkommen aus. Die Havanna-Charter, die zum Ende der Gespräche verabschiedet wurde, stellte einen für alle Beteiligten unbefriedigenden Kompromiss dar. Obwohl das Dokument 1948 von 53 Staaten unterzeichnet worden war, trat die Charter nie in Kraft. Nur zwei der Unterzeichner haben das Dokument auch ratifiziert. Ausschlaggebend war, dass sich die USA von der Havanna-Charter distanzierten (Wilkinson 2005: 16), da sie um ihre nationale Autonomie fürchteten. 1950 beschloss US-Präsident Harry S. Truman (1945–1953) nach langem Zögern, nicht mehr an der Gründung der ITO festzuhalten, da der Kongress der Vereinigten Staaten die Legalisierung der Handelsorganisation mit

Sicherheit abgelehnt hätte (Buckman 2005: 40, Mildner 2005: 2). Noch heute bedauern Kritiker der WTO, dass die geplante Internationale Handelsorganisation nicht gegründet worden ist, da sie aus ihrer Sicht viele Vorteile im Vergleich zu den späteren Vereinbarungen zur Liberalisierung des internationalen Handels und zur WTO gehabt hätte (George 2007).

GATT

Auf den Treffen zur Vorbereitung der ITO war als unterstützende Maßnahme das Allgemeine Zoll- und Handelsabkommen (General Agreement on Tariffs and Trade, GATT) entwickelt worden, das nach der gescheiterten Gründung der Handelsorganisation bis zur Gründung der WTO im Jahr 1995 den Welthandel provisorisch regelte. Wenn auch die in der Havanna-Charter formulierten Ziele weit umfangreicher waren, so ging das GATT ebenfalls davon aus, dass der protektionistische Handel der 1930er Jahre einen wesentlichen Beitrag zu der weltweiten Rezession geleistet hatte und dass der zukünftige Welthandel so weit wie möglich zu liberalisieren sei. Die USA unterstützten das GATT, da sich mit diesem Abkommen ebenfalls der von ihnen favorisierte Freihandel realisieren ließ (Buckman 2005: 41). Da GATT keine Organisation, sondern ein Abkommen ist, gibt es keine Mitgliedstaaten, sondern nur Vertragspartner. In der Präambel sind als Ziele der Abbau von Zöllen und sonstigen Handelshemmnissen sowie die Beseitigung von Diskriminierungen festgelegt. Eine Anhebung des Lebensstandards und der Realeinkommen, Vollbeschäftigung, eine optimale Erschließung der Weltressourcen und die Steigerung der Produktion und des internationalen Warenaustausches sollen das weltweite Wohlstandsniveau erhöhen (Haas u. Neumair 2006: 74, Mildner 2005: 3). Am 30. Oktober 1947 ratifizierten 23 Länder das Abkommen, das am 1. Januar 1948 in Kraft trat. Zu diesem Zeitpunkt betrug die durchschnittliche Zollbelastung der Vertragspartner 40 %. Da das GATT eigentlich Teil der ITO sein sollte, war ursprünglich kein eigener Verwaltungsapparat vorgesehen gewesen. Nach Scheitern der Gründung der ITO wurde die Lücke durch ein ständiges Sekretariat in Genf geschlossen. Bis zur Gründung der WTO 1995 entwickelte sich das Handelsabkommen immer mehr zu einer De-facto-Handelsorganisation (Buckman 2005: 41, Mildner 2005: 2,6).

Die Förderung des Welthandels sollte durch eine Senkung der Zölle und den Abbau nicht tarifärer Beschränkungen auf der Grundlage der Meistbegünstigung, der Reziprozität und der Nichtdiskriminierung erfolgen. Die Meistbegünstigung garantiert, dass Zollvergünstigungen allen Handelspartnern gleichermaßen zugestanden werden. Die Reziprozität gewährleistet, dass sich die Vertragspartner untereinander gleichwertige Zugeständnisse einräumen. Die Nichtdiskriminierung schreibt die Gleichstellung von ausländischen Produkten gegenüber inländischen Produkten vor. Für beide gelten die gleichen Rechtsvorschriften (Mildner 2005: 4). Ein festgeschriebener Zoll darf, von wenigen Ausnahmen abgesehen, von dem erhebenden Land in der Zukunft nicht mehr erhöht werden. In der Tat sind seit Gründung des GATT nur selten Zölle in den Vertragsländern angehoben worden. Das GATT strebt an, bestehende Importquoten von Waren abzubauen. Neue Importquoten dürfen nur ausnahmsweise und vorübergehend eingeführt werden, um z. B. einen plötzlich gefährdeten heimischen Sektor zu schützen (Krugman u. Obstfeld 2006: 298). Ausnahmen sind für die wenig entwickelten Länder vorgesehen. Verärgert darüber, dass auf ihre Forderungen in Bretton Woods und in Havanna nicht eingegangen worden war, beteiligten sich in den 1950er und 1960er Jahren die südamerikanischen Länder kaum am internationalen Handel und förderten, verschanzt hinter hohen Zollmauern, den Aufbau der heimischen Industrie (Buckman 2005: 42f.).

Unter bestimmten Bedingungen sind Antidumping- bzw. Ausgleichszölle möglich, wenn ein unfairer Wettbewerb durch Preisdumping oder ungerechtfertigte Subventionen ausgeglichen werden soll (Haas u. Neumair 2006: 75). Dumping liegt dann vor, wenn ein ausländisches Produkt auf dem Markt des Importlandes zu einem Preis angeboten wird, der unter dem Preis im Herkunftsland oder unter dem Preis liegt, der in anderen Ländern verlangt wird, oder wenn der ausländische Anbieter unter dem Herstellungspreis verkauft. Antidumping ist keine neue Erfindung. Kanada hat bereits 1904 ein Antidumping-Gesetz verabschiedet; es folgten Gesetze in Australien ab 1916 und in den USA ab 1921. In den ersten Jahren des GATT-Abkommens wurden nur vergleichsweise selten Ausgleichszölle eingeführt. Dieses hat sich seit den 1980er Jahren grundlegend verändert. Die Zahl der Antidumping-Maßnahmen wächst jährlich um acht Prozent.

Besonders aktiv sind inzwischen die wenig entwickelten Länder und die Maßnahmen richten sich zunehmend gegen andere Länder dieser Gruppe (WTO 2007c: 240f.).

Der Abbau nicht tarifärer Handelsbeschränkungen sieht Ausnahmen in ausgewählten Bereichen vor. Von den erlaubten Subventionen für Agrarexporte wird häufig Gebrauch gemacht, da eine Reihe von Staaten aus sozialen oder politischen Gründen die heimische Landwirtschaft schützt (Krugman u. Obstfeld 2006: 298, WTO 2007a). Außerdem war der Handel mit Textilien und Bekleidung zunächst von den Verhandlungen ausgenommen (s. Teil III). Dienstleistungen wurden nicht berücksichtigt, da bei Gründung des Abkommens nur an den Handel mit Waren gedacht worden war (Mildner 2005: 5).

Die ersten Verhandlungsrunden

1947 wurde die erste Gesprächsrunde mit 23 Teilnehmerländern in Genf eingeleitet. Diese, wie die meisten der späteren Gesprächsrunden, wurde nach dem Ort des ersten Zusammentreffens bezeichnet. Ausnahmen bilden die Dillon- und die Kennedy-Runde, die die Namen ihrer Initiatoren tragen. Obwohl zwölf der 23 Länder zu den wenig entwickelten Ländern gehörten, betrachteten diese das GATT stets mit einem gewissen Unbehagen, denn die Gesprächsrunden wurden eindeutig von den USA und später zudem von den Ländern der Europäischen Gemeinschaft dominiert. Die Bundesrepublik Deutschland nahm erstmals im Rahmen der Torquay-Runde in den Jahren 1950–52 an den Verhandlungen teil. Die ersten fünf Runden waren mit nur ein oder zwei Jahren Dauer noch vergleichsweise kurz, da sie sich mit wenig kontroversen Themen beschäftigten. Es wurde ausschließlich über den Abbau von Zöllen verhandelt. Im Laufe der Zeit wurden die Gespräche komplexer, und es beteiligten sich immer mehr Länder, da die Zahl der Staaten in den 1960er und 1970er Jahren allgemein zunahm und das Interesse der wenig entwickelten Länder am Welthandel und an den Verhandlungen stieg (Buckman 2005: 42, Mildner 2005: 6f.).

Die Kennedy-Runde, die von 1962 bis 1967 und somit fünf Jahre dauerte, war die sechste und erste wirklich schwierige Gesprächsrunde. Trotz langer Verhandlungen gelang keine Einigung zur Reduzierung der Zölle für landwirtschaftliche Produkte (Buckman 2005: 42). Die wenig entwickelten Länder konnten aber durchsetzen, dass sie einen Sonderstatus erhielten. Ihnen wurde eingeräumt, dass sie gemäß Entwicklungsstand den Vertragspartnern nicht unbedingt gleichwertige Zugeständnisse machen müssen. Die ansonsten vorgeschriebene Reziprozität wurde somit für wenig entwickelte Länder aufgehoben (Mildner 2005: 4 u. 9).

Die Tokio-Runde wurde 1973 unter dem Einfluss des Ölpreisschocks, und nachdem das System fester Wechselkurse aufgehoben worden war, unter schwierigen Bedingungen eröffnet. Dennoch waren die Verhandlungen zur weiteren Reduzierung der Zölle und zum Abbau nicht tarifärer Handelshemmnisse erfolgreich. Keine Einigkeit konnte über den Abbau bestehender Handelsschranken im Agrarsektor erzielt werden. Während die USA die Liberalisierung in diesem Bereich unterstützten, sprachen sich die Europäische Gemeinschaft und Japan dagegen aus. An dieser Runde hatten 99 Staaten, darunter viele der wenig entwickelten Länder, teilgenommen. Da viele dieser Länder nicht von dem Ergebnis der Gesprächsrunde überzeugt waren, weigerten sie sich, das gemeinsame Schlussdokument zu unterzeichnen (Buckman 2005: 43). Die Probleme, die im Rahmen der Kennedy- und der Tokio-Runde aufgetreten waren, sollten Vorboten sein für die Schwierigkeiten, die sich in den folgenden Verhandlungsrunden einstellten.

Die Uruguay-Runde

1986 wurde die achte Runde in Punta del Este in Uruguay eingeleitet. Zwischenzeitlich hatten der zweite Ölpreisschock zu Beginn der 1980er Jahre und die offensichtliche protektionistische Handelspolitik Japans bei den Befürwortern des Freihandels

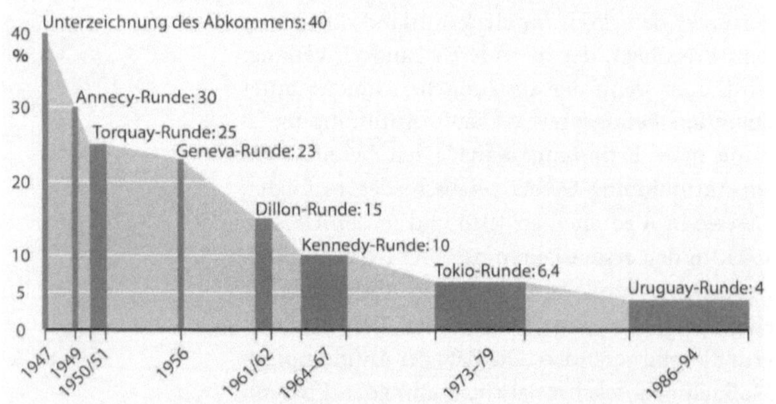

Abb. 2.10
Durchschnittliche Zollbelastung der GATT-Vertragspartner (in %).
Quelle: Mildner 2005: 6–10

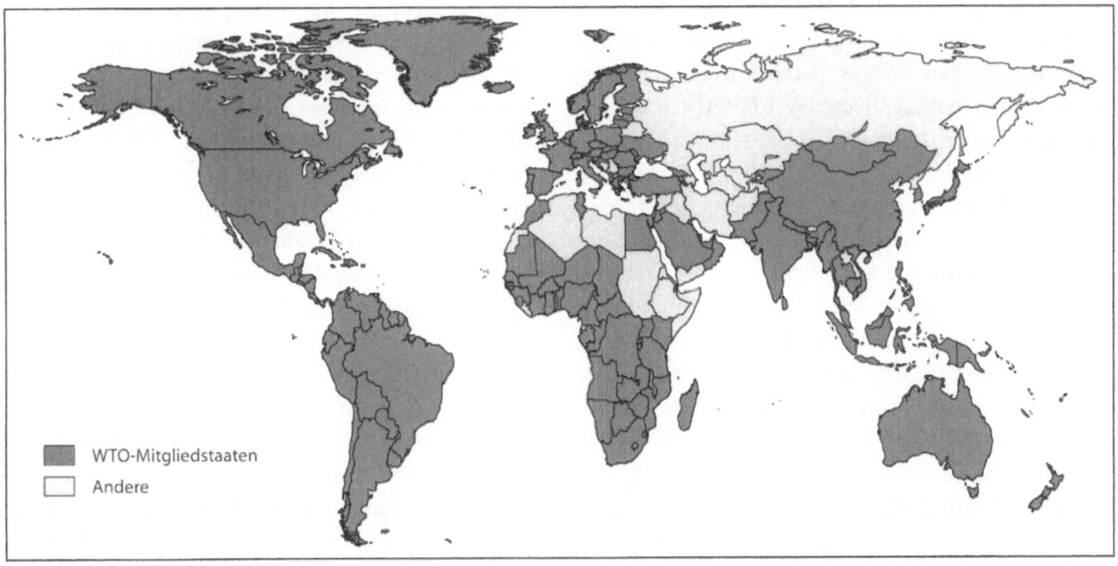

WTO-Mitgliedstaaten

Andere

Abb. 2.11
Mitgliedstaaten der WTO 2008. Quelle: www.wto.org

zu einer Desillusionierung beigetragen. Da die USA weiterhin an den Freihandel glaubten, hatte sich Präsident Ronald Reagan für die Aufnahme der Gespräche eingesetzt. Von den 125 teilnehmenden Ländern gehörten 91 zu den wenig entwickelten Ländern, deren Interesse am Welthandel deutlich gestiegen war. Die Wirtschaft vieler dieser Staaten entwickelte sich ungünstig, sie konnten ihre Auslandsschulden nicht mehr begleichen und die Rohstoffpreise fielen auf dem Weltmarkt. Die Länder gerieten unter verstärkten Druck durch den IWF und die Weltbank. Gleichzeitig erlebten sie, wie ein zunehmender Handel seit Beginn der 1980er Jahre den wirtschaftlichen Aufstieg einiger ostasiatischer Länder begünstigte. Da die wenig entwickelten Länder in der Uruguay-Runde deutlich in der Überzahl waren, konnten sie durchsetzen, dass ihre Interessen stärker denn je in den Verhandlungen berücksichtigt wurden. Somit stieg auch das Konfliktpotenzial. Die Einigung darüber, welche Probleme in die Verhandlungen einzubeziehen waren, kostete viel Zeit und Energie. Die wenig entwickelten Länder forderten vor allem eine Diskussion über den Handel mit Textilien und Bekleidung sowie landwirtschaftlichen Produkten. Den entwickelten Ländern waren der Export von Dienstleistungen, der globale Schutz geistiger Eigentumsrechte und handelsbezogene Investitionsmaßnahmen wichtiger. Seit Beginn der 1980er Jahre war der Handel mit Dienstleistungen sehr schnell angewachsen. Da vor allem die entwickelten Länder Dienstleistungen exportierten,

hatten sie großes Interesse an deren Liberalisierung. Außerdem setzten sich US-amerikanische Pharmaunternehmen bei Präsident Ronald Reagan dafür ein, geistige Eigentumsrechte in die Verhandlungen einzubeziehen, da sie ohne die Sicherung ihrer Patente eine Verminderung ihrer Gewinne befürchteten. Die wenig entwickelten Länder forderten getrennte Diskussionen zu globalem Warenhandel und geistigen Eigentumsrechten (Buckman 2005: 45).

Die Verhandlungen über den Handel mit Agrargütern zogen die Uruguay-Runde in die Länge und ließen sie beinahe scheitern. Die USA und ein Teil der wenig entwickelten Länder wollten die protektionistischen und unterstützenden Maßnahmen in diesem Sektor einschränken, aber die Europäische Union und Japan verzögerten die Verhandlungen und insbesondere Frankreich versuchte immer wieder, bereits ausgehandelte Kompromisse zu verwässern. In diesem Bereich konnten keine bedeutenden Ergebnisse erzielt werden. Anders sah es bei dem Handel mit Industrieprodukten aus, für die die Zölle deutlich gesenkt werden konnten. Außerdem sollte der internationale Handel mit Bekleidung und Textilien 2005 liberalisiert werden (s. Teil III). Besonders hervorzuheben ist die Vereinbarung, 1995 eine Welthandelsorganisation (World Trade Organization, WTO) einzurichten (Buckman 2005: 45).

Die Ergebnisse der Uruguay-Runde können nur teilweise als Erfolg gewertet werden, denn viele Probleme konnten nicht zur vollen Zufriedenheit aller

Teilnehmer gelöst werden. Während zum Zeitpunkt des Inkrafttretens des GATT die durchschnittliche Zollbelastung der Vertragspartner noch bei 40 % gelegen hatte, betrug dieser Wert bei Abschluss der Uruguay-Runde nur noch vier Prozent, was zweifellos einen Fortschritt darstellte (s. Abb. 2.10). Es muss auch anerkannt werden, dass die Zahl der an den Gesprächsrunden beteiligten Länder im Laufe der Jahre von 23 auf 123 angestiegen ist, die mehr als 90 % des weltweiten Warenhandels abwickelten (Haas u. Neumair 2006: 79). Dennoch wurde viel Kritik an den Ergebnissen der Uruguay-Runde geübt. Es ist zu einfach zu behaupten, dass Angehörige der entwickelten Länder die Uruguay-Runde lobten, während Vertreter der wenig entwickelten Länder auf die Defizite hinwiesen. Der indische Ökonom Das (2007: 33) beurteilt die Verhandlungen positiv: »That the Uruguay Round (1986–94) was a landmark in the systematic process of evolution of the multilateral trade regime is universally acknowledged«, während Joseph Stiglitz, der frühere Wirtschaftsberater von US-Präsident Bill Clinton und Chefökonom der Weltbank, die Gesprächsrunde als einen großen Misserfolg bewertet und die Verfolgung einseitiger Interessen durch die USA auf der Grundlage des Washington Consensus beanstandet. Stiglitz (2003: 228–231) zufolge war das wichtigste Anliegen der USA die Schaffung von Arbeitsplätzen im eigenen Land. Die Uruguay-Runde sei ein großer Misserfolg gewesen, da die USA die wenig entwickelten Länder gedrängt hätten, ihre Märkte zu öffnen, ohne gleichwertige Gegenleistungen anzubieten. Dieses war besonders ersichtlich beim Handel mit Agrargütern. Obwohl die entwickelten Länder einen ungehinderten Zugang für ihre Exporte in den wenig entwickelten Ländern forderten, subventionierten sie nach wie vor landwirtschaftliche Erzeugnisse und drückten so die Preise auf dem Weltmarkt. Für eine Reihe von Industrieprodukten wollten die entwickelten Länder zudem an höheren Zöllen festhalten. Dieses galt insbesondere für Produkte, deren Herstellung arbeitsintensiv war und daher überwiegend in wenig entwickelten Ländern erfolgte (Ismail 2005: 15). Der indische Ökonom Das räumt zwar auch ein, dass der internationale Handel mit Agrargütern noch nicht zur vollen Zufriedenheit aller Beteiligten geregelt sei, ist aber dennoch der Meinung, dass für eine solche Übereinkunft in der Uruguay-Runde die Grundlagen gelegt worden seien. Als einen großen Erfolg wertet er, dass die Forderungen der wenig entwickelten Länder erstmals in einer Verhandlungsrunde so viel Gehör fanden. Letztlich seien ihre Forderungen zwar kaum erfüllt worden, dieses hatten sie Das zufolge aber teilweise selbst zu verantworten. Die wenig entwickelten Länder seien nicht als geschlossener Block mit einheitlichen Wünschen aufgetreten und hätten nur über wenig Erfahrung mit Gesprächen auf multilateraler Ebene verfügt. Insgesamt ist Das aber voll des Lobes für die Uruguay-Runde (Das 2007: 36–39).

Die wirtschaftlichen Nutzen der Uruguay-Runde lassen sich nur schwer schätzen, zumal sich die beschlossenen Maßnahmen erst langfristig auswirken. Die Organisation für wirtschaftliche Zusammenarbeit und Entwicklung (Organization for Economic Cooperation and Development, OECD) hat errechnet, dass die Weltwirtschaft als Folge der Gesprächsrunde jährlich Gewinne in Höhe von US $ 200 Mrd. verzeichnen wird, sobald alle neuen Regeln umgesetzt sein werden. Andere Ökonomen und Kritiker sehen diese Zahlen allerdings als zu hoch oder zu niedrig an (Krugman u. Obstfeld 2006: 302f.).

WTO

Die Welthandelsorganisation (World Trade Organization) nahm am 1. Januar 1995 in Genf die Arbeit auf und trat somit die institutionelle Nachfolge des provisorischen GATT an, das nach wie vor den Warenhandel regelt. Zusätzlich ordnet die WTO den Handel mit Dienstleistungen sowie die Belange des geistigen Eigentums. Außerdem wurde ein Organ zur Schlichtung von Streitigkeiten eingerichtet. Weitere Bestimmungen der WTO beziehen sich u. a. auf handelsbezogene Investitionsmaßnahmen (Trade Related Investment Measures, TRIMS) und Antidumping-Maßnahmen. Die WTO beschäftigt sich somit nicht nur mit Handelsfragen, sondern hat viele Aufgaben übernommen, die zur Harmonisierung von internationalen Austauschbeziehungen auf allen Ebenen beitragen.

Obwohl die WTO im Gegensatz zum provisorischen GATT eine vollwertige internationale Organisation ist, ist sie mit gut 600 Mitarbeitern und einem Haushalt von rund 175 Mio. sfr (ca. 153 Mio. US-$ am 01. 04. 09) kleiner als allgemein angenommen. Seit 2005 leitet der Franzose Pascal Lamy die

Organisation (WTO 2007a: 1 u. 15). Ende 2008 hatte die WTO 153 Mitglieder, und seit der Aufnahme Chinas 2001 sind alle großen Länder mit Ausnahme der Russischen Föderation in der Handelsorganisation vertreten. Des Weiteren sind z. B. der Iran, der Irak, Montenegro und die Bahamas kein Mitglied (s. Abb. 2.11) (www.wto.org). Die WTO fasst Beschlüsse auf der Basis eines Consensus. Dieses ist der Fall, wenn keine gewichtigen Einwände vorliegen. Je nach Gegenstand der Abstimmung ist eine Dreiviertel- oder Zweidrittel-Mehrheit ausreichend für eine Beschlussfassung (Wilkinson 2005: 24). Auf den ersten Blick ist die WTO eine sehr demokratische Organisation, da jedes Land unabhängig von seiner Größe über eine Stimme verfügt. Allerdings wird faktisch auf Abstimmungen verzichtet und Kritiker werfen der WTO vor, dass eine kleine Zahl reicher Staaten die Entscheidungen treffe. Während die wohlhabenden Länder mit großen Delegationen auf den Treffen und am Sitz der WTO in Genf vertreten sind, können die wenig

entwickelten Länder nur eine kleine Zahl von Vertretern schicken, die zudem angeblich häufig nicht zu wichtigen Sitzungen eingeladen werden. Mehr als 20 Länder haben gar keine Abgesandten in Genf stationiert. Gleichzeitig waren Dutzende US-Amerikaner an der Ausarbeitung des Abkommens zum Schutz geistigen Eigentums beteiligt (Chang 2007: 36f.).

Das Streitschlichtungsorgan (Dispute Settlement Body) kann angerufen werden, wenn ein Mitglied der WTO Verträge bricht. Ein Verfahren darf maximal 15 Monate dauern. Wenn das angeklagte Land tatsächlich gegen eine Regel verstoßen hat und auch in Zukunft seine Praxis nicht ändern will, erlaubt die WTO, dass das geschädigte Land Vergeltungsmaßnahmen durchführt (Krugman u. Obstfeld 2006: 302). Die Homepage der WTO listet Hunderte von Verfahren auf, die bereits abgeschlossen sind oder noch verhandelt werden. Die Behauptung, dass bevorzugt die reicheren Länder das Forum anrufen, da jeder Prozess teuer sei (Buckman

Foto 2.4

Verkauf kopierter Designertaschen in New York.
Die Kopien werden in direkter Nachbarschaft zu den Flagship Stores der Internationalen Designer auf der Fifth Avenue angeboten und sind offensichtlich bei den Kundinnen sehr begehrt.

2005: 71), stimmt nur bedingt. Bis Ende 2008 sind die USA 90-mal und die EU 79-mal und somit weit häufiger als jedes andere Land als Kläger aufgetreten. Gleichzeitig sind die USA 105-mal und die EU 63-mal eines Regelverstoßes bezichtigt worden. Überwiegend haben sich die beiden Wirtschaftsblöcke gegenseitig verklagt und nur wenige Verfahren richteten sich gegen eines der ärmsten Länder der Welt. Immer häufiger verklagen aber wenig entwickelte Länder die USA oder die EU. Indien, Kolumbien, Ecuador, Honduras und Peru haben teilweise bereits mehrfach die EU und die USA angeklagt, die WTO-Regeln nicht einzuhalten. Verstöße gegen den ordnungsgemäßen Handel mit Agrargütern und Stahl, die Verletzung des geistigen Eigentums oder die fehlerhafte Auszeichnung von Produkten sind bislang besonders häufig beanstandet worden (www.wto.org).

TRIPS (Agreement on Trade-Related Aspects of Intellectual Property) regelt das geistige Eigentum wie Patente, Urheberrechte und Markennamen. Jeder Erfinder hat das alleinige Recht der Verwertung seiner Erfindung für einen bestimmten Zeitraum. Es wird unterschieden zwischen Copyright, dem Copyright verwandten Rechten und dem Schutz von Industrieprodukten. Das Copyright schützt das geistige und künstlerische Werk eines Urhebers für einen Zeitraum von mindestens 50 Jahren nach dessen Tod. Hierzu gehören Bücher und andere Schriftstücke, Gemälde, Skulpturen, Musik, Filme und Computerprogramme. Im Rahmen der mit dem Copyright verwandten Rechte werden die Leistungen von Künstlern wie Schauspielern, Sängern, Musikern, Produzenten von Tonträgern und Radio-, Fernseh- und Filmgesellschaften gesichert. Der Copyright-Schutz soll dazu beitragen, die Kreativität zu fördern und zu belohnen (www.wto.org). Musikalische Werke oder Teile musikalischer Werke werden häufig unerlaubterweise kopiert und besonders in neuerer Zeit vermehrt illegal aus dem Internet heruntergeladen.

TRIPS schützt Industrieprodukte vor Fälschung oder Nachahmung. Hierzu gehört der Schutz von Markennamen, die ein Erzeugnis eindeutig einem bestimmten Hersteller zuweisen. Unfairer Wettbewerb soll verhindert und der Verbraucher bei der Produktwahl unterstützt werden. Auch regionale Bezeichnungen werden geschützt. Regelmäßig gibt es Streit um die Bezeichnung von Lebensmitteln, wenn im Namen der Produkte auf eine Region hingewiesen wird. 2002 hatte Indien gegen die Bezeichnung von Darjeeling Tea für japanischen Tee geklagt. Die Region Darjeeling liegt in dem indischen Bundesstaat Westbengalen und der dort angebaute Tee zeichnet sich durch eine bestimmte Qualität und einen charakteristischen Geschmack aus. Die Vermarktung von japanischem Tee unter der Bezeichnung Darjeeling war daher nicht rechtmäßig (www.wto.org: case studies). Der Schutz regionaler Bezeichnungen erlischt nicht nach Ablauf einer bestimmten Frist. Eine weitere Aufgabe von TRIPS ist die Stärkung der Forschungs- und Innovationskraft der Industrie. Erfindungen, Design und Industriegeheimnisse sollen geschützt werden. Patente sind von allen Mitgliedern der WTO zu beachten und ein Design darf nicht kopiert werden. Gerade in diesem Bereich gibt es sehr viele Verletzungen der Eigentumsrechte. Modische Artikel wie Handtaschen, aber auch hochwertige Industrieprodukte werden in vielen Ländern fast hemmungslos gefälscht. Insbesondere China wird immer wieder der Produkt- und Markenpiraterie beschuldigt. Importierte kopierte Produkte können preiswerter als die Originalprodukte verkauft werden und so die Einnahmen heimischer Hersteller schmälern. Die Nutzung gefälschter Produkte kann für den Verbraucher sogar gefährlich sein, wenn es sich um technische Artikel oder Arzneimittel handelt. Angesichts der vielen HIV-Infizierten in Afrika stellt sich die Frage, ob es ethisch vertretbar ist, für alle Medikamente einen Schutz durch Patente zu garantieren. Unter bestimmten, sehr komplizierten Bedingungen dürfen inzwischen Medikamente kopiert werden. Kritiker sehen dieses Problem aber noch nicht als gelöst an (May 2005: 168–193). TRIPS ermächtigt Zollbehörden, gefälschte Produkte zu konfiszieren. Auch dürfen die Mitglieder der WTO Sanktionen gegen ein Land durchführen, das die im TRIPS verankerten Rechte missachtet.

Seit Gründung der WTO regelt GATS (General Agreement on Trade in Services) den Handel mit Dienstleistungen. Der globale Warenhandel ist auf eine gute Infrastruktur in den Bereichen Telekommunikation, Banken- und Versicherungswesen, Transport und Logistik angewiesen. Andere Dienstleistungen wie die Produktion von Software, Callcenter oder sogar medizinische Dienstleistungen werden immer häufiger in das Ausland verlagert. Firmen, die Dienstleistungen aussourcen oder diese im Ausland beanspruchen, müssen sich auf die

Foto 2.5
Ölpalmproduktion in Südbenin. Das Zupfen der Früchte ist Frauenarbeit. Erleichterungen beim Export in die entwickelten Länder würden die Einnahmen vieler Kleinbauern erhöhen.

Einhaltung bestimmter, international anerkannter Regeln verlassen können. Dieses gilt auch für die Einhaltung sozialer Mindeststandards. Die Regierungen der WTO-Mitgliedsländer handeln ein multilaterales Regelwerk aus, auf dessen Grundlage Firmen und Individuen im Ausland Dienstleistungen anbieten oder nachfragen können (www.wto.org, Wiener 2005). GATS umfasst private und öffentliche, einfache und unternehmensbezogene Dienstleistungen gleichermaßen. Hierzu gehören u. a. Tourismus, Finanzdienstleistungen, Bauwesen, Bildung, Gesundheit, Wasser oder Verkehr. Jedem Land steht frei, welche Dienstleistungen für Ausländer geöffnet werden. Es ist möglich, auf bilateraler Ebene Zugeständnisse in unterschiedlichen Sektoren auszuhandeln, d. h. ein Land kann den Wassermarkt öffnen und im Gegenzug liberalisiert ein anderes Land den Verkehrssektor; dieser Prozess wird als »Kuhhandel« bezeichnet (Deckwirth 2004: 29–31). Das Abkommen strebt nicht die weltweite Liberalisierung der Dienstleistungen an. Auch wenn ein bestimmter Bereich für ausländische Investoren geöffnet wird, kann es noch Beschränkungen geben. Im Bankensektor kann z. B. die Zahl der ausländischen Banken oder die Zahl der Zweigstellen, die eingerichtet werden dürfen, begrenzt werden (www.wto.org, Wiener 2005).

Die Doha-Runde

Die 1995 gegründete WTO führt die Gesprächsrunden zur Liberalisierung des Welthandels, die zuvor vom ständigen Sekretariat des GATT in Genf organisiert worden waren, fort. 1996 vereinbarten die Wirtschaftsminister der WTO-Mitgliedstaaten in Singapur, eine neue Gesprächsrunde einzuleiten, die als »Millenium-Runde« bezeichnet werden sollte. Das erste Treffen 1999 in Seattle war allerdings ein Misserfolg, denn es gab unterschiedliche Auffassungen über die wichtigsten Gesprächsthemen. Da die wenig entwickelten Länder besser als früher organisiert waren, konnten sie sich erfolgreich gegen die Vorstellungen der entwickelten Länder wehren, die zudem nicht alle einer Meinung waren. Das Treffen war schlecht organisiert und den USA ist es nicht gelungen, die Vermittlerrolle zu übernehmen. Rund 50.000 Globalisierungsgegner demonstrierten vor Ort gegen die Gespräche. Die Demonstranten warfen der WTO vor, die Rechte der Arbeitnehmer nicht zu schützen, die Umwelt zu zerstören, nicht transparent und undemokratisch zu sein. Die Proteste

eskalierten und wurden zu einem weltweiten Medienereignis (Buckman 2005: 46f., Wilkinson 2005: 14).

Nach dem Scheitern des Treffens setzte sich der Neuseeländer Michael Moore, von 1999 bis 2001 Leiter der WTO, vehement für die Initiierung einer neuen Gesprächsrunde ein, die schließlich im November 2001 in Doha, der Hauptstadt Katars, eröffnet wurde. Der Misserfolg in Seattle, die terroristischen Anschläge in den USA nur zwei Monate zuvor und die Angst, dass die Weltwirtschaft in eine Rezession geraten würde, übten einen großen Erfolgsdruck aus. Wahrscheinlich um die Globalisierungsgegner zu besänftigen, wurde die Runde als Doha Development Round vermarktet. Die wenig entwickelten Länder stimmten der neuen Runde nur unter der Bedingung zu, dass diese auch Verhandlungen über die weitere Liberalisierung des Agrarhandels umfassen würde (Buckman 2005: 47, Wilkinson 2005: 14). Zwei Jahre später scheiterte in Cancún (Mexiko) erneut ein Treffen der Wirtschafts- und Außenminister der WTO-Mitgliedstaaten. Uneinigkeit bestand wiederum vor allem in Fragen der zukünftigen Liberalisierung des Agrarhandels. Erstmals schlossen sich die wenig entwickelten Länder in drei Gruppen, die als »G 20«, »G 33« und »G 90« bezeichnet wurden, zusammen. Zur G 20 gehörten insbesondere Nettoexporteure landwirtschaftlicher Produkte, die zumindest teilweise zu Zugeständnissen gegenüber Importen aus Industrieländern bereit waren. Im Gegensatz hierzu setzten sich die Mitgliedstaaten der G 33 für einen intensiveren Schutz ihrer Binnenmärkte ein. In der G 90 waren die ärmsten Länder vertreten. Einige Länder waren in zwei oder drei Gruppen zugleich Mitglied. Gemeinsam verlangten die drei »Gs« die Abschaffung von Exportsubventionen, verschleierter staatlicher Beihilfen und den drastischen Abbau von Zöllen. Obwohl die Ziele der drei Gruppen nicht identisch waren, waren sie mächtig genug, die Gespräche in Cancún, wo es wieder zu Straßenschlachten mit Globalisierungsgegnern kam, scheitern zu lassen. Ebenfalls ohne Ergebnis verlief die nächste Ministerkonferenz in Hongkong Ende 2005 (Emcke 2006).

Zwischenzeitlich hat es mehrere Versuche gegeben, die Doha-Runde doch noch erfolgreich abzuschließen. Leider scheiterten auch die Verhandlungen, die Ende Juli 2008 von mehr als 30 Ländern in Genf geführt wurden, nach einem zunächst hoff-

nungsvollen Auftakt. Über 18 der 20 Verhandlungs-
punkte war bereits Einigkeit erzielt worden, über
Punkt 19, der die Landwirtschaft betraf, konnte man
sich aber nicht einigen und Punkt 20 »Baumwolle«
wurde gar nicht mehr verhandelt (The Ecomomist:
02.08.08). Die führenden Handelsländer Japan, die
USA, die EU, Australien, Brasilien, Indien und China waren nicht zu ausreichenden Zugeständnissen
bereit. Hauptstreitpunkt war der Konflikt zwischen
den USA auf der einen sowie Indien und China auf
der anderen Seite. China und Indien wollten, unterstützt durch Indonesien, Paraguay und Uruguay, ihre
Kleinbauern vor hohen und billigen Agrarimporten
schützen. Schätzungen der Weltbank zufolge können
450 Mio. der insgesamt 1,5 Mrd. Kleinbauern in
Asien ihren Lebensunterhalt nicht sichern. Die
wenig entwickelten Länder fordern daher, zusätzliche Importbeschränkungen für Agrarerzeugnisse
verhängen zu dürfen. Außerdem sollen die entwickelten Länder die Subventionen in der Landwirtschaft abbauen sowie Exportkredite und Außenzölle beseitigen. Die USA erklärten sich zwar bereit,
ihre Agrarsubventionen auf jährlich 15 Mrd. US-$
herunterzufahren, lehnten aber die anderen Forderungen ab und verlangten zudem größere Konzes-
sionen beim Subventionsabbau von Baumwolle.
Entgegen der Bedenken Frankreichs und Italiens, die
negative Auswirkungen auf ihre Landwirtschaft
befürchteten, bot die EU an, ihre Agrarsubventionen
um 80 % auf 22 Mrd. € zu kürzen. Mit dem Abbruch

der Verhandlungen scheiterte auch der bereits auf
dem Treffen in Genf ausgehandelte verbesserte
Zugang zu den Märkten der entwickelten Länder
für Dienstleistungen und Industrieprodukte (SZ:
30.07.08, FAZ: 30.07.08, www.wto.org.). Beobachter haben kritisiert, dass die USA und die EU ihren
Bedeutungsverlust noch nicht realisiert sowie China
und Indien noch nicht als gleichberechtigte Ver-
handlungspartner anerkannt hätten. Es könne nicht
sein, dass die Interessen von einer Million US-amerikanischer Farmer den Bedürfnissen von 200 Mio.
indischen Kleinbauern gegenüber gestellt werden
(The Economist: 02.08.08).

Es ist unwahrscheinlich, dass die Gespräche vor
2010 wieder aufgenommen werden, da in den wichtigen Handelsnationen USA und Indien sowie in vielen europäischen Ländern zwischenzeitlich Wahlen
anstehen. Zweifel an einem positiven Ausgang hatte
es zeitweise auch bei den Verhandlungen im Rahmen
der Uruguay-Runde gegeben, die schließlich doch
noch mit handfesten Ergebnissen beendet werden
konnte. Allerdings sind in der Doha-Runde bislang
bestehende Konflikte nicht abgebaut, sondern eher
verschärft worden. Vereinfacht kann zusammen-
gefasst werden, dass die wenig entwickelten Länder
die Öffnung für ihre landwirtschaftlichen Produkte
in den entwickelten Ländern fordern, während Letztere einen besseren Zugang für ihre industriellen
Produkte und Dienstleistungen in den wenig entwickelten Ländern verlangen.

Regionale Integrationen und ausgewählte Handelsländer

Ungeachtet der großen Akzeptanz von GATT und WTO, die ein Regelwerk für alle Bereiche des internationalen Handels erarbeitet haben, sind seit 1948 rund 380 regionale Handelsabkommen zwischen zwei oder mehreren Staaten abgeschlossen worden, von denen allerdings nur noch gut 200 aktiv sind (www.wto.org). Ungefähr die Hälfte der aktiven Abkommen ist seit Gründung der WTO im Jahr 1995 unterzeichnet worden (WTO 2008a) (s. Abb. 2.12).

Die internationalen Handelsabkommen bilden wirtschaftliche Integrationsräume. Der Begriff der Integration ist nicht eindeutig definiert. Unstrittig ist aber, dass bei einer Integration eine neue Einheit entsteht, die den Teilen, aus denen sie besteht, in gewissem Maße übergeordnet ist (Dunker 2002: 37). Außerdem konzentrieren sich die wirtschaftlichen Integrationen bevorzugt auf die intraregionale Entwicklung und weniger auf den Fortschritt in Drittländern. Regionale Handelsabkommen können Wirtschaftsräume mit unterschiedlichen Integrationsstufen zur Folge haben. Zu unterscheiden sind Präferenzabkommen, Freihandelszonen, eine Zollunion, ein gemeinsamer Markt oder eine Wirtschaftsunion. Präferenzabkommen erlauben niedri-gere Zölle im Handel zwischen den Unterzeichnerstaaten als im Handel mit Drittländern. Im Rahmen einer Zollunion verzichten die Mitgliedstaaten auf alle Außenhandelsbeschränkungen und erheben gegenüber Einfuhren aus Drittländern einheitliche Zölle. In einer Freihandelszone behält jedes angeschlossene Land die außenhandelspolitische Souveränität und kann die Einfuhr aus Drittländern mit unterschiedlichen Zöllen belasten. Drittländer können theoretisch ihre Exporte in das Land mit den niedrigsten Einfuhrzöllen lenken, um ihre Produkte anschließend innerhalb der Freihandelszone weiterzuleiten. Um solche Zollumgehungen zu verhindern, gelten Ursprungsregeln. Von einem gemeinsamen Binnenmarkt wird gesprochen, wenn nicht nur Waren, sondern alle Produktionsfaktoren frei wandern können; eine Wirtschaftsunion strebt darüber hinaus eine Harmonisierung in den Bereichen Wirtschaft, Finanzen, Währung, Transport und Regionalentwicklung an. Im Extremfall können sogar eine gemeinsame Regierung und Außenpolitik das Ziel sein (Jovanovic 2006: 21f.). Über die genannten Formen der regionalen Integration hinaus gibt es viele Mischformen. Auch bestehen häufig Diskrepanzen zwischen vertraglich vereinbarten Zielen und deren Realisierung.

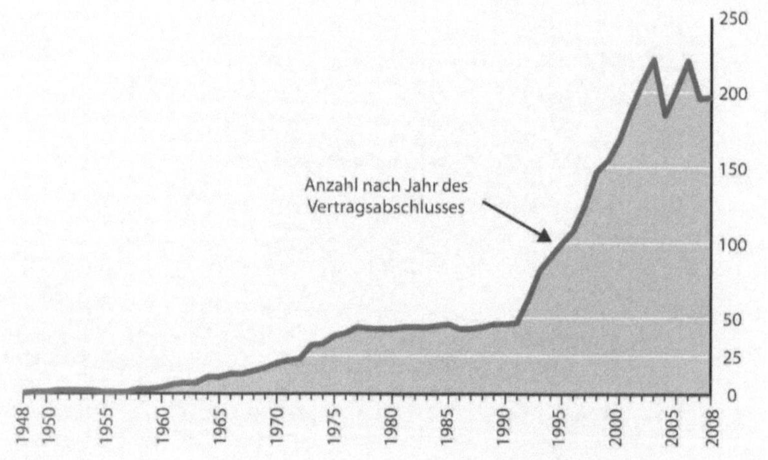

Abb. 2.12

Aktive regionale Handelsabkommen. Quelle: WTO 2008a

Europa

In Europa gibt es mit der Europäischen Union (EU) die weltweit bedeutendste regionale Integration. Die ebenfalls in Europa beheimatete EFTA (European Free Trade Association, Europäische Freihandelszone) ist vergleichsweise unbedeutend.

Europäische Union

Die Ursprünge der Europäischen Union gehen auf die Initiative des französischen Außenministers Robert Schuman zurück. Auf der Grundlage des Schuman-Plans beschlossen 1951 Frankreich, Italien, die Bundesrepublik Deutschland, Belgien, die

Niederlande und Luxemburg, ihre Kohle- und Stahlindustrie unter eine gemeinsame Verwaltung zu stellen. Für Kohle und Stahl sollte ein gemeinsamer Markt geschaffen werden und somit auch eine gemeinsame Kontrolle über diese Grundstoffe erfolgen (Weidenfeld u. Wessels 1995: 16). Der Vertrag der Europäischen Gemeinschaft für Kohle und Stahl (EGKS) trat 1952 in Kraft. Die Unterzeichnerstaaten verpflichteten sich zum Abbau der Zölle und zur Einrichtung eines gemeinsamen Außenzolls für Kohle, Stahl, Eisenerz und Schrott. Somit war der Vertrag richtungweisend für die Europäische Wirtschaftsgemeinschaft (EWG), deren Gründungsvertrag 1957 in Rom unterschrieben wurde. 1973 traten Großbritannien, Dänemark und Irland der EWG bei, 1981 folgte Griechenland und 1986 Spanien und Portugal. Umfassende Änderungen und Ergänzungen des EWG-Gründungsvertrages 1987 mit der Einheitlichen Europäischen Akte und 1993 mit dem Vertrag über die Europäische Union (EU-Vertrag) bildeten die Grundlage für die Vollendung der Europäischen Wirtschafts- und Währungsunion (EWWU) und die Gemeinsame Außen- und Sicherheitspolitik. Nach der Aufnahme Finnlands, Österreichs und Schwedens 1995, Estlands, Lettlands, Litauens, Maltas, Polens, der Slowakei, Sloweniens, der Tschechischen Republik, Ungarns und Zyperns 2004 sowie Rumäniens und Bulgariens 2007 gehören heute 27 Länder der EU an (s. Abb. 2.13). Als Beitrittskandidaten gelten die Türkei, Kroatien und Mazedonien.

Die EWG hatte den Zusammenschluss der Mitgliedstaaten unter binnenmarktwirtschaftlichen Bedingungen zu einem Wirtschaftsgebiet zum Ziel. In einem ersten Schritt wurde ein gemeinsamer Markt mit einer Freizügigkeit für Waren, Dienstleistungen und Personen angestrebt. Weiterhin war geplant, eine einheitliche Wirtschaftspolitik und eine gemeinsame Währung einzuführen, die eine politische Union aller Mitgliedstaaten vorbereiten sollten. Bereits zu Beginn des Jahres 1958 war eine zehnprozentige Senkung der Binnenzölle in Kraft getreten,

Foto 2.6

EU-Flaggen in der finnischen Hauptstadt Helsinki. Festliche Dekoration der Innenstadt von Helsinki anlässlich der finnischen Ratspräsidentschaft der Europäischen Union im Jahr 2006.

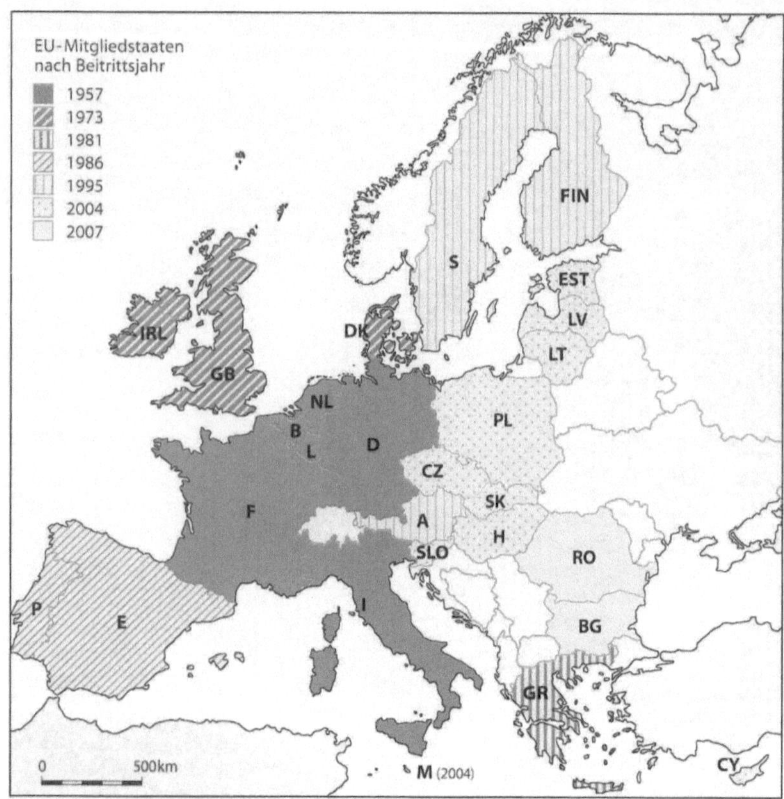

Abb. 2.13

Europäische Union.
Quelle: WTO 2007b

der ein weiterer Abbau von Zöllen und anderer Handelshemmnisse folgten. 1970 waren alle Binnenzölle beseitigt und für Waren aus Drittländern gab es einen gemeinsamen Außenzoll (EU 2008, Haas u. Neumair 2006: 306, Weidenfeld u. Wessel 1995: 19).

Eine besondere Herausforderung stellte die Landwirtschaft dar, die in den Mitgliedstaaten sehr unterschiedlich strukturiert war. In jedem Land gab es Subventionen und Zollschranken, die die Wettbewerbsfähigkeit der eigenen Landwirtschaft auf dem Weltmarkt steigern und gegen Importe abschotten sollte. 1962 einigte man sich auf eine gemeinsame Agrarpolitik, die den Landwirten einheitliche Preise für ihre Produkte garantierte. Bei Weizen, Gerste und Olivenöl bestand die Verpflichtung, diese in unbegrenzter Menge abzukaufen, während für andere Erzeugnisse jährlich neue Interventionspreise festgelegt wurden. Um auf dem Weltmarkt wettbewerbsfähig zu bleiben, erhielten die Landwirte Beihilfen für ihre Exporte, und es gab Mechanismen, die vor billigen Importen schützten. Nachteilig war, dass dieses System zu Überproduktionen führte. Obwohl zwischenzeitlich die Agrarpolitik der EU reformiert worden ist, führen Exportsubventionen, Preisstüt-

zungen und hohe Außenzölle immer noch zu Wettbewerbsverzerrungen, die auf internationaler Ebene kritisiert werden. Bedenklich ist auch, dass ein nicht unerheblicher Teil des EU-Haushalts in diesen Bereich fließt (Haas u. Neumair 2006: 314). Für den intraregionalen Handel in der Europäischen Union waren neben dem Abbau von Binnenzöllen die Einführung einer gemeinsamen Währung und der Abbau von Grenzkontrollen wichtig. Die Einführung der Gemeinschaftswährung war 1992 im Vertrag von Maastricht beschlossen worden. 1999 wurde der Euro in den meisten Mitgliedsländern als Buchwährung eingeführt; 2002 folgte die Einführung von Euro-Banknoten und -Münzen (EU 2008). Die Europäische Union ist heute weit mehr als ein gemeinsamer Binnenmarkt. Mit den fünf Grundfreiheiten des freien Warenverkehrs, der Arbeitnehmerfreizügigkeit, der Niederlassungsfreiheit, der Dienstleistungsfreiheit und des freien Kapital- und Zahlungsverkehrs ist in der EU der Integrationsprozess weiter fortgeschritten als in jedem anderen Zusammenschluss souveräner Staaten (Dunker 2002: 109f.).

Die 27 Länder der Europäischen Union haben 2007 Waren im Wert von 5319 Mrd. US-$ exportiert und im Wert von 5574 Mrd. US-$ importiert. Das entspricht einem Anteil von 40 % am Welthandel, obwohl nur rund 7 % der Weltbevölkerung in der EU leben. Bei ca. zwei Dritteln der Ein- und Ausfuhren handelt es sich allerdings um Handel mit anderen EU-Mitgliedsländern (WTO 2008b: 179, WTO 2008d). Der Anteil des intraregionalen Handels hat in den vergangenen Jahrzehnten sehr zugenommen. 1958 kamen noch zwei Drittel aller Importe aus Drittländern. Bereits 1990 war der intraregionale Handel der sechs Gründerstaaten auf mehr als 66 % gestiegen. Auch alle später aufgenommenen Staaten haben sehr schnell bevorzugt mit den anderen EU-Mitgliedstaaten gehandelt. Verlierer waren die weniger entwickelten Länder und hier insbesondere die früheren Kolonien Europas. Die Bilanz des EU-Warenhandels ist derzeit fast ausgeglichen, nachdem sie in der vergangenen Dekade in Abhängigkeit von der konjunkturellen Entwicklung abwechselnd Überschüsse und Defizite aufgewiesen hatte (Eurostat 2007: 195). Die USA stellen die wichtigste Destination der EU-Exporte dar, gefolgt von der Schweiz, der Russischen Föderation, China und der Türkei. Bei den Importen steht China vor den USA, der Russischen Föderation, der Schweiz und Japan

(s. Abb. 2.14) (WTO 2008d). Auch beim Handel mit Dienstleistungen und bei den Ausländischen Direktinvestitionen ist die EU weltweit führend. 47 % der Exporte von Dienstleistungen kommen aus EU-Ländern. Selbst wenn der intraregionale Handel herausgerechnet wird, dominiert die EU immer noch mit einem Anteil von 27,7 % vor den USA mit 18,9 % und Japan mit 5,3 %. An den globalen Importen ist die EU mit vergleichbaren Werten beteiligt (WTO 2008b: 14f.). 2007 hatten knapp 44 % aller globalen Direktinvestitionen die EU als Ziel, die gleichzeitig Quellregion für 57 % aller ausgehenden Direktinvestitionen war (UNCTAD 2008d: 73 u. 76).

Im Rahmen von Assoziierungs- oder Partnerschaftsabkommen ist eine große Zahl weiterer Staaten an die Europäische Union angebunden. Im Außenhandel mit diesen Ländern gibt es Erleichterungen oder werden diese angestrebt. Hervorzuheben ist die Zusammenarbeit mit Staaten in Afrika, der Karibik und im Pazifik, die als »AKP-Staaten« bezeichnet werden. Im Jahr 2000 wurde in Contonou in Benin das EG-AKP-Partnerschaftsabkommen vereinbart, das 2003 in Kraft getreten ist und inzwischen 78 AKP-Staaten umfasst. Darüber hinaus unterstützt die Everything But Arms-Initiative (EBA, alles außer Waffen) seit 2001 den Handel der EU mit den am wenigsten entwickelten Ländern. Diesen Ländern wird der zollfreie Zugang zu den Märkten der EU für alle Güter – außer Waffen – gewährt. Hervorzuheben sind zudem die 1995 mit zehn Anrainerstaaten des südlichen und östlichen Mittelmeerraums geschlossene Europa-Mittelmeer-Partnerschaft und ein Abkommen mit zwölf GUS-Staaten, auch wenn immer noch nicht die Ratifizierung mit allen dieser Staaten erfolgte. Darüber hinaus gibt es weitere Abkommen mit der Schweiz, Kanada, den USA und zahlreichen Staaten Lateinamerikas und Asiens.

Deutschland

Deutschland ist das wichtigste Handelsland in der Europäischen Union und seit 2003 wieder Exportweltmeister, nachdem es diesen Titel bereits von 1985 bis 1992 innehatte. Seit 1950 hat sich der Wert der Ausfuhren und Einfuhren fast kontinuierlich erhöht. Ausnahmen stellten bei den Exporten nur die Jahre 1975, 1986, 1991 und 1993 dar. Der größte Einbruch erfolgte im Rezessionsjahr 1993, als die Exporte um 6,4 % einbrachen. Die Importe waren in sieben Jahren rückläufig. In jedem einzelnen Jahr

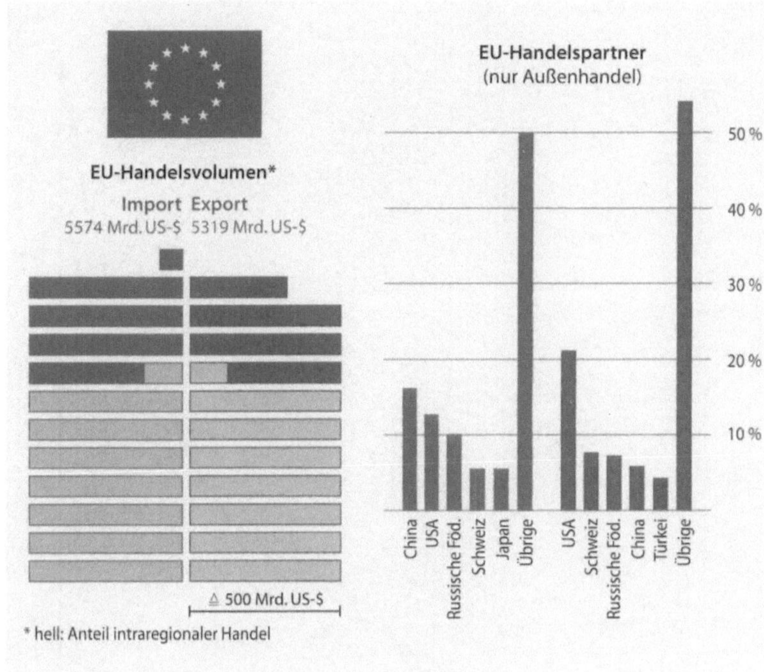

seit 1950 hat der Wert der Exporte den der Importe übertroffen, und im Jahr 2007 betrug der Überschuss der Handelsbilanz einen Rekordwert in Höhe von 195 Mrd. € (268 Mrd. US-$). In diesem Jahr wurden Waren mit einem Wert von 965 Mrd. € (1326 Mrd. US-$) exportiert und im Wert von 769 Mrd. € (1058,6 Mrd. US-$) importiert (s. Abb. 2.15) (www.destatis.de, WTO 2008b: 12). Deutschlands Ausfuhren haben einen Anteil von 9,5 % am globalen Export und die Einfuhren einen Anteil von 7,4 % an den globalen Importen. Nach den USA ist Deutschland weltweit das Land mit den zweithöchsten Importen (WTO 2008b: 12). Die deutsche Außenhandelsstatistik relativiert sich allerdings, wenn auch der Handel mit Dienstleistungen berücksichtigt wird, denn hier wurde 2007 ein Defizit in Höhe von 16,3 Mrd. € erzielt, das insbesondere auf die hohen Ausgaben der Deutschen im Bereich Tourismus zurückzuführen ist (www.destatis.de).

Während die positive Bilanz des Warenhandels häufig als Indikator für die Leistungsfähigkeit der deutschen Wirtschaft interpretiert wird, betrachten einige Wirtschaftswissenschaftler den großen Überschuss der Handelsbilanz sehr kritisch und sprechen sogar von einer »naiven Interpretation der Exportstatistik« (Sinn 2005: 13), da die Gefahr bestehe, dass

Abb. 2.14
EU-Außenhandel 2007.
Quelle: WTO 2008b: 179, WTO 2008d

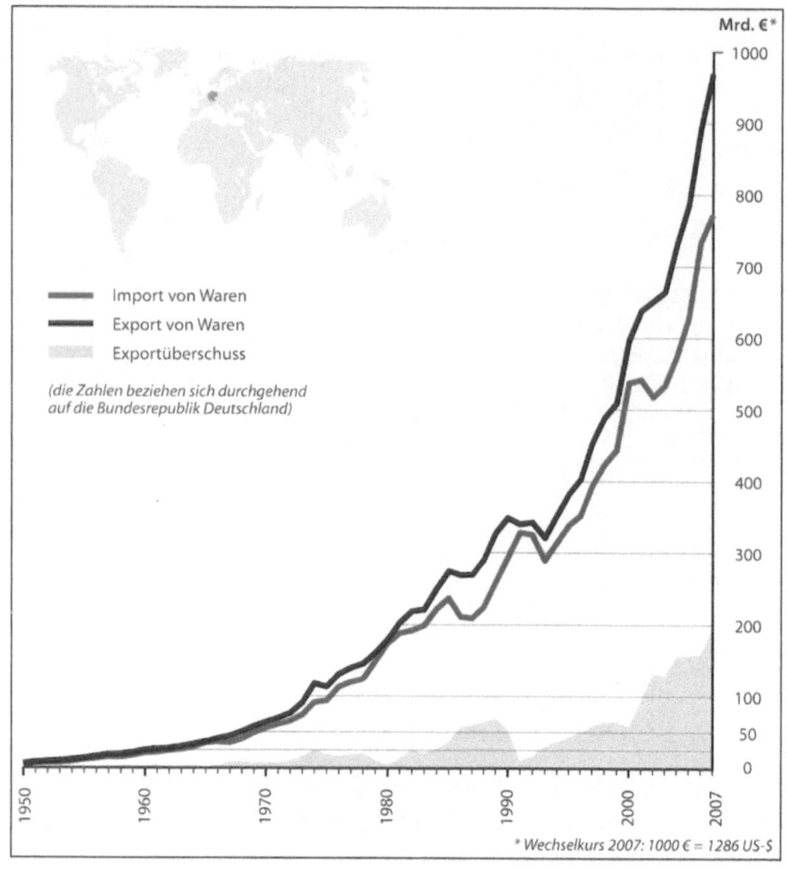

Abb. 2.15
Außenhandel
Deutschlands
1950–2007.
Quelle: www.desta-
tis.de

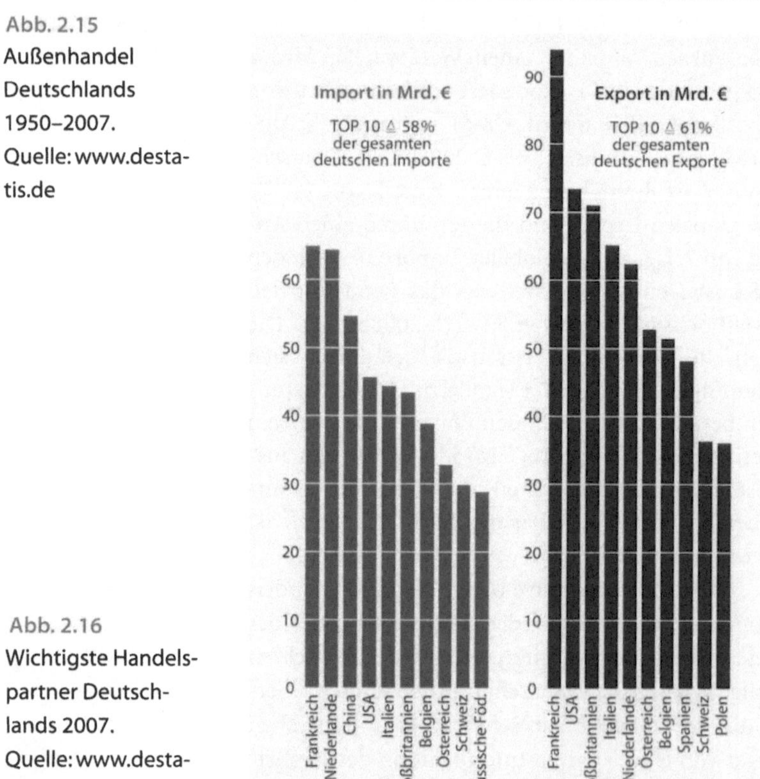

Abb. 2.16
Wichtigste Handels-
partner Deutsch-
lands 2007.
Quelle: www.desta-
tis.de

sich Deutschland zur Basar-Ökonomie entwickele (Sinn 2005: 110). Einfache, arbeitsintensive Tätigkeiten werden in das Ausland verlagert, während humankapitalintensive Tätigkeiten in Deutschland verbleiben. »Im Endeffekt schrauben die Firmen die in Niedriglohnländern vorfabrizierten Teile in Deutschland nur noch zusammen, kleben ein ›Made in Germany‹ Schild auf die fertige Ware und verkaufen sie dann über den Tresen weiter in die Welt.« (Sinn 2005: 91). In der Tat steigt der Anteil der Halbwaren und Vorerzeugnisse an den Importen seit Jahren und die Fertigungstiefe vieler der in Deutschland hergestellten Produkte ist nur noch gering. Die 2005 geäußerte Befürchtung, dass der deutsche Exporterfolg mit hoher Arbeitslosigkeit verbunden sei, hat sich allerdings nicht bestätigt, denn in den folgenden Jahren hat sich die Zahl der Beschäftigten kräftig erhöht. Während 1995 nur 15 % aller Erwerbstätigen in Deutschland vom Export abhängig waren, traf dieses 2008 für 23 % der Beschäftigten zu. Der Export hatte sich zur Triebfeder der deutschen Wirtschaft entwickelt, da die Ausfuhr von Waren und Dienstleistungen 47 % zum Bruttoinlandsprodukt beitrug (Leiste 2008). In den letzten Monaten des Jahres 2008 ist der deutsche Export allerdings wie der vieler anderer Länder eingebrochen. Im November 2008 lag der Export 11,8 % unter dem Vorjahresmonat (www.destatis.de).

Der Außenhandel Deutschlands ist eng mit den anderen europäischen Ländern verflochten, wohin im Jahr 2007 rund 75 % der Exporte gingen. Rund 65 % wurden in die Mitgliedstaaten der Europäischen Union geliefert. Es folgte Asien mit einem Anteil von rund 11 % als Zielregion für deutsche Exporte vor Amerika mit 10 %. Wichtigster Außenhandelspartner Deutschlands ist das Nachbarland Frankreich, wohin 9,7 % der deutschen Exporte gingen und von wo 8,4 % der deutschen Importe kamen. Hinter Frankreich folgen die USA, Großbritannien, Italien und die Niederlande auf der Liste der wichtigsten Exportländer Deutschlands. Wichtigste Importländer sind nach Frankreich die Niederlande, China, die USA und Italien. Die zehn bedeutendsten Empfängerländer deutscher Exporte sind Zielregion für 61 % aller Ausfuhren, und aus den zehn wichtigsten Importländern bezieht Deutschland rund 58 % aller Einfuhren (s. Abb. 2.16). Interessant ist, dass Deutschland im Handel mit China 2007 ein Defizit in Höhe von 24726 Mrd. US-$ und im Handel mit den USA einen Überschuss in ungefähr der gleichen

Größenordnung in Höhe von 27 730 Mrd. US-$
erzielt hat. Wichtigste Ausfuhrgüter waren 2007
Kraftfahrzeuge mit einem Anteil von rund 20 %. Es
folgten der Export von elektrischen und elektronischen Maschinen und Geräten (15,5 %), chemischen
Erzeugnissen (13,1 %) und Metallen und Metallerzeugnissen (9,7 %). Gleichzeitig waren elektrische
und elektronische Maschinen und Geräte mit einem
Anteil von 16,5 % die wichtigsten Importgüter,
gefolgt von chemischen Erzeugnissen (12,5 %),
Metallen und Metallerzeugnissen (11 %), Kraftfahr-
zeugen (10,5 %) und Erdöl und Erdgas (8,5 %)
(www.destatis.de).

EFTA

Die Gründung der Europäischen Freihandelszone
(EFTA) im Jahr 1960 ist auf Initiative Großbritanniens zurückzuführen und war als Antwort auf die
EWG zu verstehen, der die Britischen Inseln zunächst nicht angehörten. Weitere Mitgliedstaaten
waren Dänemark, Norwegen, Österreich, Portugal,
Schweden, die Schweiz; später traten Island, Finn-
land und Schweden hinzu. Ein wichtiges Ziel der
EFTA war die Bildung einer Freihandelszone. Der
geplante Abbau der Zölle sollte sich allerdings nur
auf den Handel mit Industrieprodukten beziehen.
Mit dem schrittweisen Beitritt der meisten EFTA-
Länder zur EWG bzw. EU hat die EFTA zunehmend
an Bedeutung verloren. Häufig wird sie als »Warte-
saal für die Europäische Union« bezeichnet. Heute
gehören der EFTA nur noch die Staaten Island,
Liechtenstein, Norwegen und die Schweiz an. Seit
1994 bilden die EFTA-Länder mit Ausnahme der
Schweiz gemeinsam mit den EU-Ländern den Europäischen Wirtschaftsraum (EWR), der einen freien
Personen-, Waren- und Kapitalverkehr erlaubt. Die
EFTA-Staaten sind nicht der EG-Zollunion beigetreten und bestimmen ihren Außenzoll selbst. Aufgrund der räumlichen Zerrissenheit der EFTA-Staaten konnte das Abkommen den Außenhandel dieser
Länder nur wenig fördern (Jovanovic 2006: 669–
671, Weidenfeld u. Wessels 1995: 101–106).

Asien

In Asien wurden allein seit Beginn des neuen Jahrtausends bis 2007 mehr als 70 regionale Handelsabkommen abschlossen. Diese selbst für Experten
kaum noch überschaubare Situation wird als »nood-

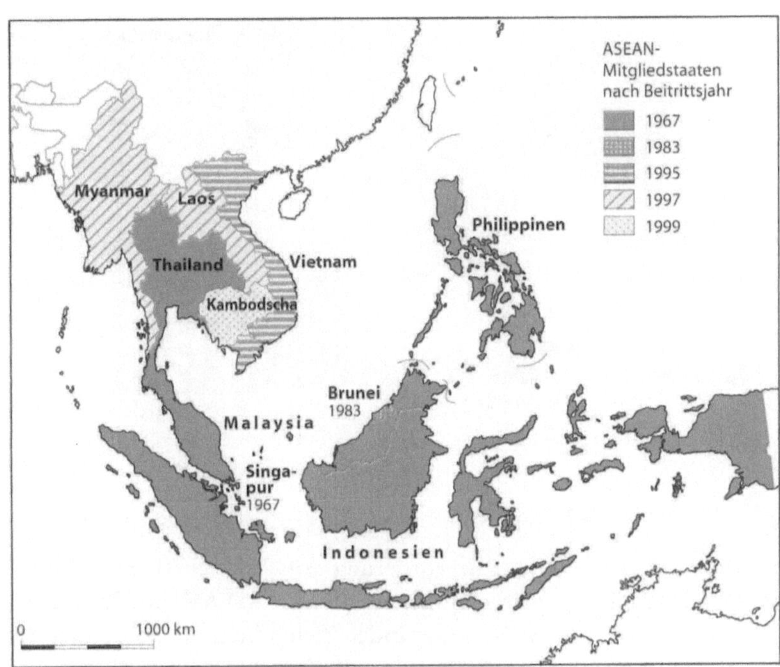

Abb. 2.17
ASEAN.
Quelle: www.asean-
sec.org

le bowl of free trade agreements« bezeichnet (The
Economist: 10.05.07). Der bereits 1967 durch die
Staaten Indonesien, Malaysia, Philippinen, Singapur
und Thailand gegründete ASEAN (Association of
Southeast Asian Nations, Verband Südostasiatischer
Staaten) ist die bedeutendste regionale Integration
des Kontinents. Angesichts des Vietnamkrieges und
einer möglichen Bedrohung durch die Sowjetunion
oder China sollte nach außen Geschlossenheit
demonstriert und der Einmischung in innere Angelegenheiten der Mitgliedstaaten entgegengewirkt
werden. Der Ausbau der wirtschaftlichen und kultu-
rellen Zusammenarbeit war eingangs nur von unter-
geordneter Bedeutung. 1983 wurde Brunei Darussalam in den ASEAN aufgenommen; 1995 folgte
Vietnam, 1997 Laos und Myanmar und 1999 Kambodscha (s. Abb. 2.17). Die ca. 550 Mio. Menschen,
die in den zehn Mitgliedstaaten leben, sind sehr
ungleich auf die einzelnen Länder verteilt. Während
Brunei Darussalam, Singapur und Laos weniger als
sechs Millionen Einwohner haben, leben in Indonesien mehr als 220 Mio. Menschen. Ähnlich groß ist
die Bandbreite beim BNE, das in Kambodscha weniger als 500 US-$ und in Singapur fast 29 000 US-$
beträgt. Heterogenität besteht auch bei Sprache,
Geschichte, Religion und Kultur der einzelnen Mitgliedstaaten (www.aseansec.org, Jovanovic 2006:
695, Koschatzky 1997, Ufen 2004).

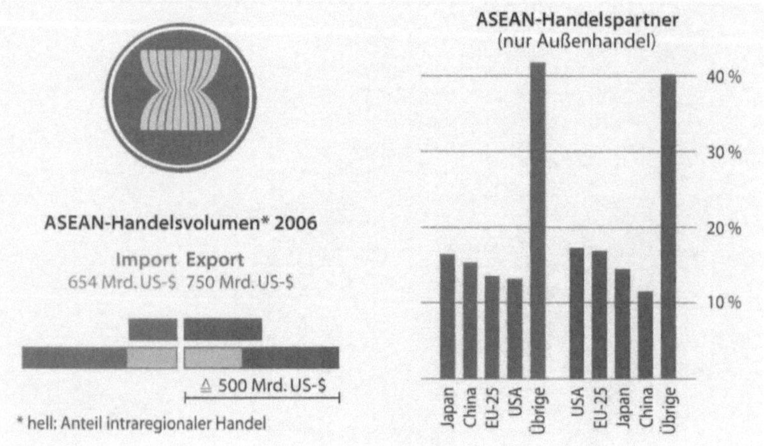

Abb. 2.18
ASEAN-Außenhandel 2006.
Quelle: www.aseansec.org

Zur Förderung von Wirtschaft und Handel wurde im Januar 1992 die ASEAN Free Trade Area (AFTA) gegründet. Ziele waren die Förderung der Wirtschaft in der Region und die Schaffung einer Freihandelszone. Bis 2008 sollten alle tarifären Handelsschranken beseitigt und Binnenzölle auf maximal fünf Prozent reduziert werden. Das Erreichen dieses Ziels wurde zwischenzeitlich auf das Jahr 2015 verschoben (ASEAN Secretariat 2002). 2007 beliefen sich die Importe der ASEAN-Länder auf 774 Mrd. US-$ und die Exporte auf 864 Mrd. US-$. Das entspricht einem Anteil von rund sechs Prozent am Welthandel (WTO 2008b: 28f.). Jeweils 25 % der Ausfuhren bzw. Einfuhren wurden innerhalb der Mitgliedstaaten der Feihandelszone getätigt. Der intraregionale Handel ist häufig mit Konflikten verbunden, da z. B. Malaysia den Import von Fahrzeugen behindert hat, um die eigene Marke Proton zu schützen, oder weil für Reis, der ein Hauptnahrungsmittel in der Region ist, bis 2020 weiterhin hohe Einfuhrzölle gelten. Hiervon sind besonders Thailand und Vietnam als bedeutende Reisexporteure betroffen. Zu den Außenhandelspartnern liegen bislang nur detaillierte Daten für das Jahr 2006 vor. In diesem Jahr gingen rund 45 % der Exporte in die USA, die EU-25, Japan und China. Aus den genannten vier Ländern kamen gleichzeitig 43,7 % aller Importe (s. Abb. 2.18). Rund 30 % aller Ein- und Ausfuhren der ASEAN-Länder werden über den Stadtstaat Singapur abgewickelt. Es folgt Malaysia mit einem Anteil von gut 20 % am Außenhandel aller ASEAN-Mitgliedsländer (www.aseansec.org). Beim Handel mit Dienstleistungen war ASEAN 2006 mit 12 % an allen globalen Exporten und 5 % an den welt-weiten Einfuhren beteiligt (WTO 2008b: 22). Als Empfängerland von Ausländischen Direktinvestitionen haben die ASEAN-Staaten nur eine vergleichsweise geringe Bedeutung. Nur 3,3 % der globalen ADI sind 2007 in die Region gegangen, die gleichzeitig Quelleregion für 1,6 % der weltweiten ADI war (UNCTAD 2008d: 48 u. 50).

Obwohl ASEAN derzeit das wichtigste Handelsbündnis in Asien darstellt, ist der langfristige Erfolg keineswegs garantiert. Viele Bestimmungen des Abkommens sind wenig bindend für die Mitgliedstaaten, und die internen Probleme Indonesiens, der Philippinen und Myanmars belasten das Bündnis. Von entscheidender Bedeutung wird aber sein, ob es gelingt, die wichtigen Handelsländer China, Japan und Südkorea einzubeziehen, die bislang nur wenig integriert sind (Berger 2005: 319). In den vergangenen Jahren wurde schrittweise eine vertiefte Kooperation mit den Staaten China, Japan und Südkorea vereinbart (ASEAN+3). 2004 haben China und ASEAN Erleichterungen im Warenhandel und 2007 im Handel mit Dienstleistungen eingeführt, und 2006 wurden Gespräche zur Vorbereitung von Handelsabkommen mit Indien, Südkorea und den USA aufgenommen. 2007 beschlossen zudem Repräsentanten von ASEAN und EU, Verhandlungen zur Liberalisierung des Handels zwischen beiden Blöcken einzuleiten (The Economist: 10.05.07, Ufen 2004: 96).

Die zunehmende Zahl der Handelsabkommen asiatischer Staaten sorgt nicht nur außerhalb der Region für Verwirrung, sondern stiftet auch in Asien selbst Unruhe. 2007 haben erste Gespräche zwischen der EU und Südkorea, das zudem ein Abkommen mit den USA abschlossen hat, stattgefunden. Die zunehmende Integration Südkoreas stößt in Japan auf Argwohn. Die größte Volkswirtschaft Ostasiens ist im Vergleich zu vielen anderen Staaten in nur wenigen regionalen Integrationen engagiert. Das Land hat nur mit Singapur, Mexiko, Malaysia und den Philippinen Handelsabkommen unterzeichnet. Außerdem hat Japan Ende 2007 ein Freihandelsabkommen mit ASEAN vereinbart. Japanische Wirtschaftsexperten fordern, die Zahl der Abkommen zu steigern, um einer drohenden Isolation entgegenzuwirken. Es werden Gespräche Japans mit der EU, den USA, Indien und sogar China und Südkorea vorgeschlagen. Historische Feindschaften zwischen Japan und den ostasiatischen Staaten dürften Verhandlungen erschweren. Auch zu den USA besteht aufgrund

der aggressiven Vermarktung japanischer Autos auf dem nordamerikanischen Kontinent bei gleichzeitiger Abschottung des eigenen Marktes ein spannungsgeladenes Verhältnis (Chase 2005: 222–226, The Economist: 10.05.07). Noch weit isolierter als Japan ist die Republik China (Taiwan), da die Volksrepublik China seit Jahrzehnten die Integration der Insel in die Weltwirtschaft zu verhindern sucht. Taiwan hat bislang nur mit den eher unbedeutenden Ländern Panama, Nicaragua und Guatemala Handelsabkommen abgeschlossen (The Economist: 02.02.08).

Amerika

1951 ist in Bogotá in Kolumbien die Organisation Amerikanischer Staaten (Organization of American States, OAS) gegründet worden, der 35 Staaten von Kanada im Norden bis Chile und Argentinien im Süden Amerikas angehören. Zu den Aufgaben der Organisation mit Sitz in Washington, D. C. gehören die Sicherung von Frieden und Demokratie, Unterstützung bei der Bewältigung politischer, juristischer, wirtschaftlicher und sozialer Probleme, die Bekämpfung der Armut und des Drogenhandels sowie die Förderung einer nachhaltigen Entwicklung. Die OAS hat sich zwar auch für die Liberalisierung des Handels ausgesprochen, die Realisierung handelspolitischer Ziele steht aber nicht im Mittelpunkt ihrer Aufgaben (www.oas.org).

1994 haben in Miami die Staatsoberhäupter von 34 amerikanischen Staaten vereinbart, bis 2005 eine Freihandelszone (Free Trade Area of the Americas, FTAA) aller demokratisch regierten Staaten Amerikas einzurichten. In den folgenden Jahren zeichnete sich immer mehr ab, dass diese Pläne nicht zu realisieren waren. Zum vorläufigen Scheitern kam das Projekt auf dem Gipfeltreffen in Mar del Plata in Argentinien Ende 2005, da die lateinamerikanischen

Foto 2.7

Sitz der Organisation Amerikanischer Staaten in Washington, D. C.
Die Organisation Amerikanischer Staaten wurde 1951 in Bogotá gegründet. Heute gehören ihr 35 Staaten von Kanada im Norden bis Chile und Argentinien im Süden Amerikas an.

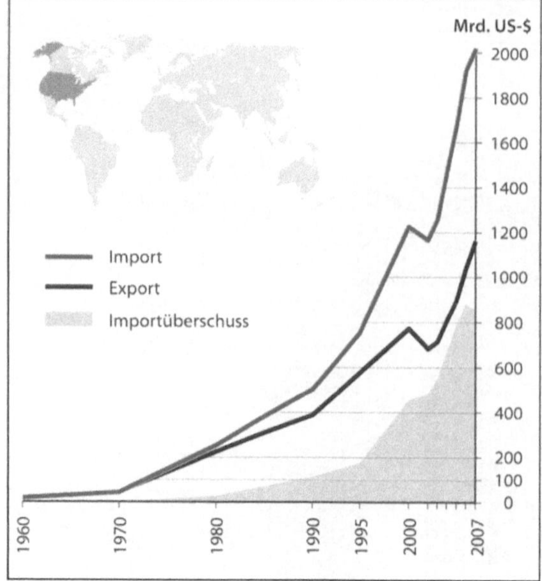

Abb. 2.19

Außenhandel der USA 1960–2007. Quelle: Wright 2007: 616, UNCTAD 2008b: 8f.

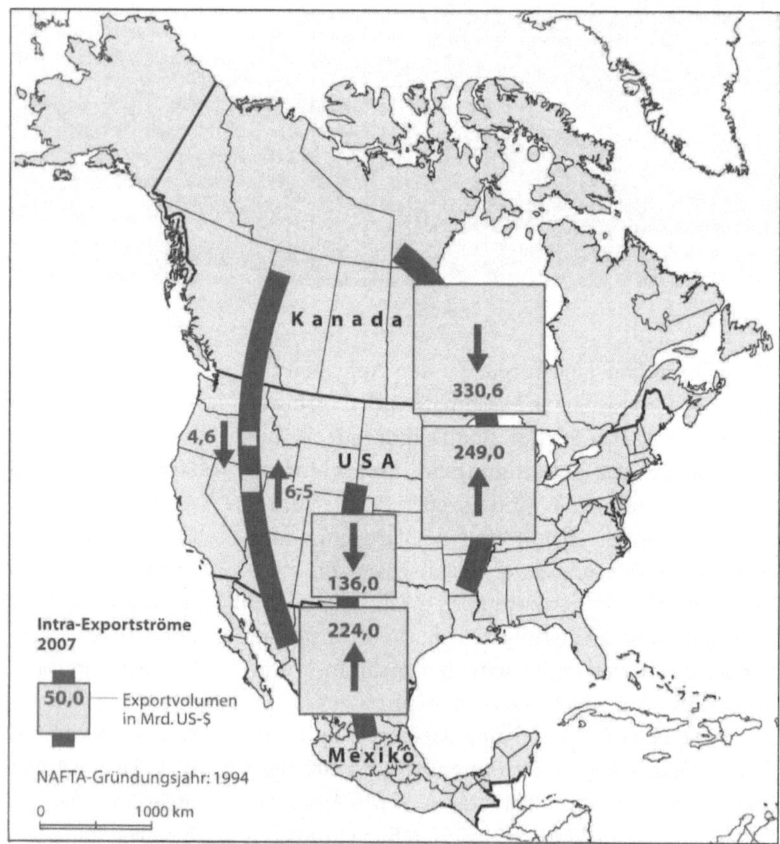

Abb. 2.20

NAFTA: Intraregionaler Handel 2007. Quelle: WTO 2008d

Staaten mit den USA immer unzufriedener waren. Hoffnung für die Realisierung der FTAA besteht wieder, seitdem Barack Obama, der auch in Lateinamerika sehr beliebt ist, Präsident der USA wurde. Auf einem Gipfeltreffen in Trinidad und Tobago im April 2009 sprach sich Obama dafür aus, möglicherweise sogar Kuba in die geplante Freihandelszone einzubeziehen (The Economist: 08.04.09).

Nordamerika

In den USA wuchs in den 1980er Jahren angesichts der großen Erfolge der Europäischen Gemeinschaft, des lange ungebrochenen Aufstiegs Japans und der Rezession, die das Land in diesem Jahrzehnt durchlief, die Erkenntnis, dass die globale Vorherrschaft nur im Rahmen einer engeren wirtschaftlichen Zusammenarbeit mit Kanada aufrecht zu erhalten sei (Chase 2005: 183). Ein erstes Abkommen zwischen den USA und dem nördlichen Nachbarn war 1965 mit dem Canada–US Automotive Products Agreement (Autopact) beschlossen worden, das die zollfreie Einfuhr von Fahrzeugen und Fahrzeugteilen in den beiden Ländern ermöglichte. Unweit der US-amerikanischen Automobilstadt Detroit hatte sich in Oshawa bei Toronto eine Zuliefererindustrie entwickelt. Eine Intensivierung der wirtschaftlichen Beziehungen zu den USA war in Kanada aufgrund der unterschiedlichen Wirtschaftskraft der beiden Staaten umstritten. Während Ende der 1980er Jahre der Handel mit Kanada einen Anteil von 20 % am gesamten US-amerikanischen Handel umfasste, waren die USA zu 70 % Ziel- oder Quellland kanadischer Im- oder Exporte (U.S. Department of Commerce 1991: Tab. 1404). Viele Kanadier befürchteten, von dem südlichen Nachbarn noch mehr als zuvor dominiert zu werden. Positiv war zu werten, dass ein Freihandelsabkommen dem zunehmenden Protektionismus der USA entgegen wirken und Industriestandorte gesichert werden konnten. 1989 trat das Canadian–United States Free Trade Agreement (CUSFTA) in Kraft (Dunker 2002: 74, Schirm 1997: 68).

Auch zwischen den USA und dem südlichen Nachbarn Mexiko hatte es schon eine intensive Zusammenarbeit im Rahmen einer stillen Integration gegeben, die sich auf den Warenverkehr, Direktinvestitionen, Produktion, Migration und Kulturaustausch bezog (Schirm 1997: 68f.). Von besonderer Bedeutung waren die Maquiladoras. Seit Ende der 1960er Jahre haben im Norden Mexikos Unternehmen in zollfreien Produktionszonen Vorprodukte, Maschinen oder Komponenten, die aus den USA eingeführt worden sind, veredelt und anschließend reexportiert. Die US-Amerikaner profitierten von den niedrigen Löhnen und in Mexiko wurden Arbeitsplätze geschaffen (Haas u. Neumair 2006: 286f.). Die vertragliche Verankerung der bestehenden Bindungen wurde durch Mexiko initiiert. Viele US-Amerikaner befürchteten, dass aufgrund der großen Entwicklungsunterschiede zwischen den beiden Ländern auf die USA erhebliche Kosten zukommen und Mexiko übermäßig von der Vereinbarung profitieren würde. Außerdem hatten sie Angst vor billigen Produkten aus Mexiko und der Verlagerung von Arbeitsplätzen. Während Mexiko Anfang der 1990er Jahre mehr als zwei Drittel seines Außenhandels mit den USA abwickelte, traf dieses für weit weniger als 10 % des US-amerikanischen Außenhandels zu (Diez 1997, Duima 2006: 39, Schirm 1997: 68f., U.S. Department of Commerce 1995: Tab. 1341).

Die NAFTA (North American Free Trade Agreement) ist am 1. Januar 1994 in Kraft getreten. Der Handel mit den meisten Produkten sollte umgehend oder schrittweise in den nächsten fünf bis zehn Jahren liberalisiert werden, Direktinvestitionen wurden vereinfacht und Dienstleistungsunternehmen erhielten die Niederlassungsfreiheit (Haas u. Neumair 2006: 280). Ein Zusatzabkommen regelt die Kooperation in Umweltfragen und Arbeitnehmerstandards. Anders als in der EU gibt es in der NAFTA keinen gemeinsamen Außenzoll. Ursprungsregeln verhindern den freien Warenverkehr von Importen innerhalb der Mitgliedsländer. Eine Zusammenarbeit auf politischer Ebene wird nicht angestrebt (Dunker 2002: 79). 2007 war die NAFTA für 13,2 % der globalen Warenexporte und für 19,2 % der Importe verantwortlich (WTO 2008b: 180). Die Diskrepanz zwischen Aus- und Einfuhren wird durch das große Handelsbilanzdefizit der USA verursacht (s. Abb. 2.19). Einem Import in Höhe von 2020 Mrd. US-$ stand nur ein Export im Wert von 1162 Mrd. US-$ gegenüber (WTO 2008d). Der Anteil der intraregionalen Exporte in der NAFTA liegt bei 51 % und der der Importe bei 33,7 %. Die intraregionalen Handelsströme sind heute ähnlich unausgeglichen wie Anfang der 1990er Jahre (s. Abb. 2.20). Heute gehen rund 85 % der mexikanischen Exporte in die USA, während nur 13 % der US-amerikanischen Exporte Mexiko als

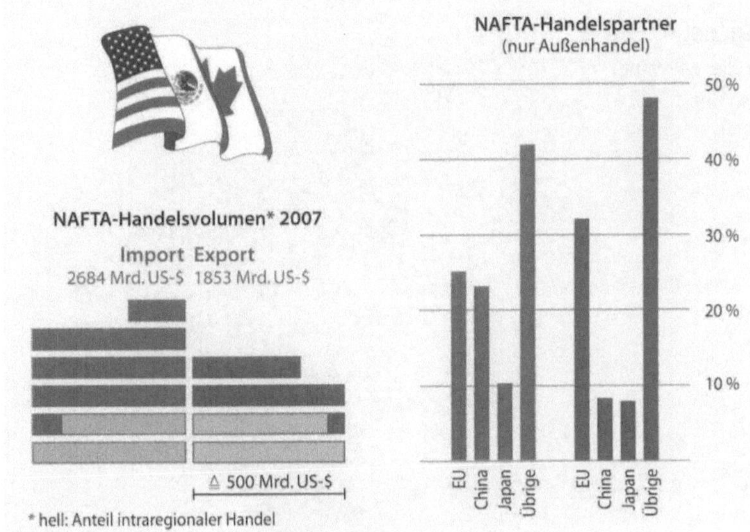

Ziel haben. Die EU und China sind mit großem Abstand vor Japan die wichtigsten Außenhandelspartner (WTO 2008b: 178, WTO 2008d) (s. Abb. 2.21). Die US-amerikanische Automobilbranche sieht sich als Gewinner: Der Wert des Handels mit Fahrzeugen hat sich von 1993 bis 2002 mehr als verdoppelt. Der Anstieg ist auf die besseren Absatzmöglichkeiten US-amerikanischer Fahrzeuge zurückzuführen (Kim 2003: 163, McClenahan 2004). Am weltweiten Handel mit Dienstleistungen ist die NAFTA bei den Exporten mit 16,3 % und bei den Importen mit 14,3 % beteiligt (WTO 2008b: 180). Gleichzeitig war sie Empfänger von 18,6 % der globalen Direktinvestitionen und hatte einen Anteil von knapp 19 % an allen ausgehenden ADI (UNCTAD 2008d: 60–72).

NAFTA ist die einzige bedeutende Freihandelszone, in der mit den USA ein hoch entwickeltes Land an ein nur wenig entwickeltes Land grenzt. Ob Mexiko bislang von der NAFTA profitiert hat, ist umstritten. Einer Studie der Weltbank zufolge hat das Abkommen in den ersten zehn Jahren seines Bestehens zu einem jährlichen zusätzlichen Anstieg des mexikanischen Pro-Kopf-Einkommens von 0,5 bis 0,7 % beigetragen. Obwohl dieser Wert anschließend wiederholt von der Weltbank korrigiert wurde, blieb er positiv. Ohne eine Mitgliedschaft in der NAFTA wäre das Pro-Kopf-Einkommen in Mexiko angeblich vier Prozent niedriger. In Mexiko haben insbesondere die nördlichen und zentralen Bundesstaaten profitiert, nicht aber der Süden des Landes. Die Dis-

Abb. 2.21
NAFTA-Außenhandel 2007.
Quelle: WTO 2008d

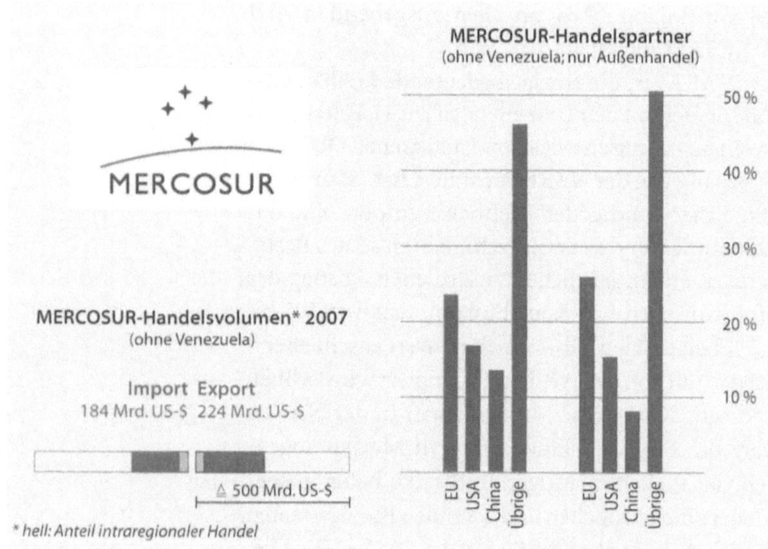

werden auf die schlechte Ausbildung der Mexikaner, die geringe wirtschaftliche Stabilität des Landes und das schlechte Investitionsklima zurückgeführt (The World Bank u. a. 2003).

Süd- und Mittelamerika

In den vergangenen 50 Jahren sind in den süd- und mittelamerikanischen Staaten zahlreiche regionale Handelsabkommen abgeschlossen worden, von denen allerdings die wenigsten große Bedeutung erlangt haben. Wichtigstes Ziel der Abkommen war die Schaffung von Freihandelszonen, während Entwicklung und Wachstum in den Unterzeichnerstaaten nur eine untergeordnete Rolle spielten. Da die Europäische Wirtschaftsgemeinschaft die Einfuhr von Agrarprodukten aus früheren Kolonien bevorzugte, gründeten 1960 Argentinien, Brasilien, Mexiko, Paraguay, Uruguay, Peru und Chile die Latin American Free Trade Association (LAFTA), der bald weitere Staaten beitraten. Die LAFTA scheiterte und wurde 1980 von der Latin American Integration Association (LAIA) abgelöst, die ebenfalls bedeutungslos blieb. Bereits 1969 hatten Bolivien, Kolumbien, Ecuador, Peru und Venezuela mit dem Andenpakt, der 1995 in Andengemeinschaft umbenannt wurde, ein weiteres regionales Handelsabkommen abgeschlossen, und 1973 hatten die Staaten der Karibik die Karibische Gemeinschaft CARICOM gegründet (Gomez-Diaz u. Amate-Fortes 2006).

Nach der Beendigung der Militärherrschaft in Argentinien und Brasilien 1983 bzw. 1985 fand eine Annäherung der beiden früheren Gegner statt. Es galt, ein Gegengewicht zu den Regionalisierungsbestrebungen in Nordamerika zu schaffen (Mecham 2003: 369–375). 1991 wurde mit dem Vertrag von Asunción durch die Staaten Brasilien, Argentinien, Paraguay und Uruguay der MERCOSUR (Mercado Común del Sur) gegründet (s. Abb. 2.22), der 70 % der Fläche Südamerikas umfasst und sich zum bedeutendsten Wirtschaftsraum des Kontinents entwickelte (Jovanovic 2006: 679–689). Wichtigstes Ziel war die Errichtung eines gemeinsamen Binnenmarktes bis Ende 1994. Außerdem wurden ein gemeinsamer Außenzoll, eine gemeinsame Handelspolitik sowie die Harmonisierung der Wirtschafts-, Finanz- und Geldpolitik angestrebt. Chile, Bolivien, Kolumbien, Ecuador und Peru sind assoziierte Mitglieder (Cejas u. Gans 1998: 618, Porrata-Doria 2005: 3 u. 123). 2006 ist Venezuela in den MERCOSUR aufgenommen worden; die Vollmitgliedschaft

paritäten innerhalb Mexikos haben sich somit verschärft. Auch haben große Unternehmen mehr von dem verbesserten Zugang zum US-amerikanischen Markt gewonnen als kleine Betriebe. Die Löhne der besser qualifizierten Arbeitnehmer sind gestiegen, aber nicht die der nur gering Ausgebildeten. Die eher moderaten Auswirkungen der NAFTA auf Mexiko wird aber erst 2013 erreicht sein (The Economist: 05.07.07).

Bereits in den 1990er Jahren ist es dem MERCOSUR gelungen, Außenhandel und intraregionalen Handel stark auszubauen, obwohl es viele Probleme gab. Ungünstig waren stets die großen Disparitäten innerhalb des MERCOSUR. Brasilien ist mit 190 Mio. Einwohnern mit Abstand das bevölkerungsreichste Land in dem Bündnis, gefolgt von Argentinien mit 39 Mio. Menschen, während die Bevölkerung Uruguays nur 3,3 Mio. und Paraguays nur 6,2 Mio. Menschen zählt. Das BNE pro Kopf liegt in Brasilien, Argentinien und Uruguay zwischen 4000 US-$ und 5000 US-$ und in Paraguay nur bei 1400 US-$ (Daten für 2006). Tatsächlich fühlen sich die kleineren Partner häufig bei Entscheidungen übergangen. Einen Rückschlag erlitt der MERCOSUR Ende der 1990er Jahre, als die Wirtschaft der Mitgliedstaaten in eine Rezession geriet. Erst ab 2002/2003 hat der Preisanstieg ausgewählter Agrarprodukte und Mineralien die Exporte wieder anziehen lassen und zu einer Erholung der Wirtschaft beigetragen. Der weltweite Einbruch der Rohstoffpreise 2008 hat Südamerika besonders hart getroffen, da der Kontinent nur wenige Industrieprodukte exportiert.

Die MERCOSUR-Länder (ohne Venezuela) haben 2007 Waren im Wert von 184 Mrd. US-$ importiert. Der Wert der Warenexporte betrug 224 Mrd. US-$ oder 1,6 % des Welthandels. Entsprechend der Größe des Landes ist Brasilien das mit Abstand bedeutendste Handelsland des MERCOSUR. 12 % der Ausfuhren und 17 % der Einfuhren werden intraregional gehandelt. Beim Außenhandel ist die EU für 23 % der Exporte das Ziel. Gleichzeitig kommen ca. 20 % der Importe aus der EU. Es folgen die USA und China als bedeutende Handelspartner (WTO 2008b: 179, WTO 2008d) (s. Abb. 2.23). Bei Import und Export von Dienstleistungen hatten die MERCOSUR-Länder 2007 einen Anteil von unter 1,5 % am Welthandel inne (WTO 2008b: 180). Brasilien war 2007 mit 35 Mrd. US-$ der größte Empfänger von ausländischen Direktinvestitionen. Gleichzeitig tätigte es im Ausland ADI in Höhe von 7 Mrd. US-$ (UNCTAD 2008d: 9 u. 59). Zu den ADI der anderen Mitgliedstaaten des MERCOSUR liegen keine genauen Angaben vor.

Nach wie vor gibt es viele interne Streitereien zwischen den einzelnen Mitgliedstaaten. Auch gelingt es nicht immer, nach außen gemeinsam aufzutreten. Es gibt noch keinen gemeinsamen Außenzoll und der intraregionale Handel ist vielen Beschränkungen unterworfen. 2004 hat Argentinien Handelsschranken gegen eine größere Zahl von Produkten aus Brasilien errichtet und Brasilien hat Reislieferungen aus Argentinien und Uruguay blockiert. Uruguay hat 2007 ein großes Zellulosewerk unweit der argentinischen Grenze ungeachtet der Proteste aus dem Nachbarland eröffnet; Argentinien fürchtet negative Auswirkungen auf die Getreideernte und den Tourismus in benachbarten Regionen. Brasilien erscheint den anderen Mitgliedstaaten nach wie vor als zu mächtig. Während sich Argentinien einen Ausbau des MERCOSUR wünscht, setzt Brasilien viele gemeinsame Entscheidungen nicht in nationales Recht um. Auch Paraguay ist unzufrieden mit Brasilien aufgrund von Handelsbeschränkungen. Mit Sorge betrachten die anderen MERCOSUR-Staaten die Vertiefung der Beziehungen Paraguays zu den USA. Die Liste der internen Streitereien ließe sich mühelos fortsetzen. Mit der Aufnahme Venezuelas drohen die Probleme weiter zu wachsen. Das aufgrund von Erdölvorkommen vergleichsweise wohlhabende Land hat ein gespanntes Verhältnis zu den USA und unterhält Beziehungen zu Kuba (The Economist: 09.12.04, 27.07.06).

Afrika

Afrika ist nur mit 3,1 % an den globalen Exporten und mit 2,6 % an den Importen beteiligt (WTO 2008b: 9 u. 11), aber ebenfalls bemüht, den Handel durch Abkommen und regionale Integrationen zu stärken. Bereits 1910 war die Südafrikanische Zollunion SACU (Southern African Customs Union) zwischen Südafrika und den Nachbarstaaten Botswana, Lesotho, Swasiland und Namibia gegründet worden, die seitdem mehrfach erneuert wurde. In der SACU steht weniger der Handel zwischen den Mitgliedstaaten im Vordergrund als die Unterstützung, die Südafrika den ärmeren Länder zuteil werden lässt (Jovanovic 2006). 1975 wurde die Westafrikanische Wirtschaftsgemeinschaft ECOWAS (Economic Community Of West African States) auf Initiative des Erdölexporteurs Nigerias gegründet, welcher den Einfluss Frankreichs in der Region mindern wollte. Die Ziele der Wirtschaftsgemeinschaft, der 15 Staaten mit einer Bevölkerung von mehr als 200 Mio. Menschen angehören, sind ehrgeizig. Die angestrebte Schaffung einer Freihandelszone, einer Zollunion und sogar einer Währungsunion lässt allerdings immer noch auf sich warten (Jovanovic 2006: 703f., Kempf 2005). Die Afrikanische Union (AU), die 2002 aus der früheren Organisation Afrikanischer Staaten hervorgegangen ist und der 53 Länder angehören, orientiert sich zwar an der Europäischen Union, im Vordergrund stehen aber eindeutig politische Ziele. Als vergleichsweise erfolgreich in Bezug auf einen Ausbau der Handelsbeziehungen hat sich in den vergangenen Jahren einzig die Zusammenarbeit zwischen den USA und den Ländern der Subsahara entwickelt. Im Rahmen des African Growth and Opportunity Acts (AGOA) haben die USA mehrere Freihandelsabkommen mit afrikanischen Staaten abgeschlossen. Der Wert der US-Exporte in das subsaharische Afrika hat sich von 2003 bis 2006 auf 12 Mrd. US-$ fast verdoppelt. Die Importe in die USA sind im gleichen Zeitraum sogar um 130 % auf 59 Mrd. US-$ gestiegen. 80 % der Einfuhren in die USA bestehen aus Erdöl; es folgen der Import von Platin und Diamanten (U.S. Department of Commerce 2007). Da Ausländer in den vergangenen Jahren zunehmend in den Abbau von Bodenschätzen investiert haben, hat sich der Wert der ausländischen Direktinvestitionen von 2004 bis 2007 auf 53 Mrd. US-$ verdreifacht, ist aber immer noch gering (UNCTAD 2008d: 4).

Pazifischer Raum

1989 haben 21 Staaten Asiens und des Pazifischen Raums eine Asiatisch-Pazifische Wirtschaftskooperation (Asia-Pacific Economic Cooperation, APEC) vereinbart, der u. a. China, Australien, Japan und die USA angehören. Nach Bevölkerung und Wirtschaftskraft stellt die APEC den größten Integrationsraum der Erde dar. In den Mitgliedstaaten leben mit 2,6 Mrd. Menschen mehr als ein Drittel der Weltbevölkerung, es werden mehr als 50 % des globalen BNE erwirtschaftet und mehr als 40 % des Welthandels getätigt. Außerdem brüstet sich die APEC damit, dass in den ersten zehn Jahren nach ihrer Gründung fast 70 % des globalen Wachstums der Wirtschaft auf die Region entfallen sind (www.apec.org). Im Vergleich zu anderen Integrationen ist die APEC aber nur ein lockerer Zusammenschluss von Staaten. Wichtigste Ziele sind die Förderung von wirtschaftlichem Wachstum und

Wohlstand in der Region und die Stärkung des asiatischen und pazifischen Raums. Der Handel soll zwar liberalisiert werden, aber die Einrichtung einer Freihandelszone ist nicht geplant. Im Vordergrund stehen bilaterale Vereinbarungen zwischen zwei Staaten (Poon 1997: 394). In den vergangenen Jahren hat die Bedeutung der APEC eher ab- als zugenommen, da sich ASEAN+3 zu einem wichtigen Konkurrenten im asiatischen Raum entwickeln konnte (Berger 2005).

BRIC-Länder

Wirtschaft und Außenhandel Chinas, Brasiliens, Indiens und der Russischen Föderation haben sich seit der Jahrtausendwende äußerst positiv entwickelt. In einer 2003 veröffentlichten Studie hat die US-Investmentbank Goldman Sachs die vier aufstrebenden Staaten erstmals als »BRIC-Länder« (Brasilien, Russische Föderation, Indien, China) bezeichnet (zitiert in: Handelsblatt: 13.03.06). Die BRIC-Länder verfügen über eine gute Ausstattung mit Rohstoffen und ein niedriges Lohnniveau. Außerdem stellen sie gut 40 % der Weltbevölkerung. 2006 wurde damit gerechnet, dass ein weiteres wirtschaftliches Wachstum dieser Länder die Struktur der Weltwirtschaft nachhaltig verändern und das gemeinsame BIP der BRIC-Länder möglicherweise 2041 größer sein werde als das summierte BIP der USA, Japans, Deutschlands, Großbritanniens, Frankreichs und Italiens. Es sei nicht ausgeschlossen, dass Chinas BIP bereits 2035 das der USA übertreffen werde. Allerdings sind Berechnungen dieser Art wenig zuverlässig, da sie von vielen Faktoren wie Entwicklung der Zinsen, der Kaufkraft und der politischen Entwicklung der Staaten abhängig sind (Handelsblatt: 13.03.06).

Alle BRIC-Länder gehören zu den flächengrößten Ländern der Erde, unterscheiden sich aber aufgrund der Einwohnerzahl deutlich voneinander. China und Indien sind mit 1,3 Mrd. bzw. 1,1 Mrd. Menschen die bevölkerungsreichsten Staaten der Erde. In Indien und auch in dem sehr viel größeren China ist die hohe Bevölkerungsdichte problematisch, denn weite Teile des ostasiatischen Landes sind nicht für eine Besiedlung geeignet. Die Russische Föderation ist das flächengrößte Land der Erde und Brasilien das fünftgrößte Land nach Kanada, den USA und China; beide Länder haben aber nur verhältnismäßig wenige Einwohner und die Bevölkerungsdichte ist mit nur acht bzw. 22 Menschen pro km² äußerst niedrig. Die geringe Dichte verursacht Probleme, da im Warenhandel weite Transportwege zurückgelegt werden müssen. Indien gehört immer noch zu den ärmsten Ländern der Erde mit einem BNE pro Kopf der Bevölkerung von nur 820 US-$. In China ist dieser Wert mit 2000 US-$ zwar deutlich höher, aber immer noch niedrig im Vergleich zu Brasilien und der Russischen Föderation, wo er 4700 US-$ bzw. 5770 US-$ beträgt (The Economist: Country Briefings).

China

China konnte lange nicht an die frühe Blüte von Handel und Wirtschaft anschließen. Über weite Teile des 20. Jahrhunderts hinweg orientierte sich das Land eher nach innen als nach außen; 1971 war China nur mit einem Anteil von 0,8 % am Welthandel beteiligt (Rostow 1978: 77). Erst nach dem Tod Mao Zedongs 1976 hat China radikale Reformen durchgeführt, die schnell erste Erfolge zeigten.

Die Öffnung des Landes kann rückblickend in vier Phasen untergliedert werden. In der ersten Phase wurden 1978 zunächst vier Sonderwirtschaftszonen an Küstenstandorten (Shenzhen, Xiamen, Zhuhai und Shantou) eingerichtet, die als »Fenster zur Welt« fungierten (Breslin 2005: 347). Sonderwirtschaftszonen stellen in weniger entwickelten Ländern ein beliebtes Instrument dar, um die Wirtschaft anzukurbeln. Ausländischen Investoren werden gute Bedingungen eingeräumt, wenn sie im Gegenzug die Produktion reexportieren (Goldin u. Reinert 2007: 60). Ein Jahr später wurden gesetzliche Grundlagen für Joint Ventures und ausländische Direktunternehmen geschaffen (Breslin 2005: 347), und die USA unterzeichneten ein erstes Abkommen zur technischen Zusammenarbeit der beiden Länder (Daojiong 2006: 44). Aufgrund des großen Erfolgs der Sonderwirtschaftszonen wurde ihre Zahl 1984 auf 14 erhöht. Die zweite Phase setzte 1986 ein. Exporteure erhielten Steuererleichterungen, Joint Ventures durften für die Dauer von 50 Jahren abgeschlossen werden, ausländische Unternehmen konnten sich sogar ohne eine chinesische Beteiligung ansiedeln und direkt mit lokalen Entscheidungsträgern verhandeln. Der chinesische Renminbi konnte fortan in Fremdwährungen umgetauscht werden. Diese Bestimmungen haben die Attraktivität Chinas für ausländische Investoren vergrößert. Betriebe, die früh nach China gingen, erlitten allerdings oft Schiffbruch, da die Gesetze und Regeln des Landes kaum zu durchschauen waren und der Handel bis zur Aufnahme des Landes in die WTO 2001 nicht nach internationalen Standards erfolgte (Friedman 2005: 115).

Anfang der 1990er Jahre wurde die Börse in Shanghai mit nur zehn gelisteten Unternehmen eröffnet. Spürbar aufwärts ging es, nachdem auf dem Parteitag 1992 die dritte Phase der Liberalisierung der Wirtschaft mit der offiziellen Einführung der »sozialen Marktwirtschaft« eingeleitet worden war. Es folgten weitere Verbesserungen für ausländische Investoren und den Außenhandel. Nach dem Vorbild Japans, Südkoreas und Taiwans sollte ein exportorientierter Aufschwung der Wirtschaft erfolgen. 1993 errichtete Motorola den ersten von Ausländern geführten Betrieb in China; bald folgten weitere weltweit bekannte Unternehmen wie Microsoft, Intel, Honda, Siemens und Volkswagen (Laudicina u. White 2005: 25). Die ausländischen Firmen brachten Kapital und neue Technologien nach China und unterstützten den Aufbau der exportorientierten Wirtschaft (Guthrie 2006: 116). Ausländische Investoren wurden oft sogar gezwungen, einen bestimmten Teil der Produktion zu exportieren. Sony musste z. B. zugestehen, mindestens 70 % der in China hergestellten Erzeugnisse auszuführen (Breslin 2005: 347–351). In den 1990er Jahren durften die Staatsbetriebe immer mehr Entscheidungen in eigener Verantwortung treffen. Sogar die Entstehung eines privaten Sektors wurde zunächst stillschweigend und 1997 offiziell gestattet (Guthrie 2004: 123–125).

Mit der Aufnahme in die WTO setzte 2001 die vierte Phase der Marktöffnung ein. Die Mitgliedschaft war im eigenen Land und in der internationalen Gemeinschaft umstritten. Die chinesischen Befürworter erhofften einen besseren Zugang zu den globalen Märkten und ein größeres Interesse ausländischer Investoren (Whalley 2006: 219), während Oppositionelle fürchteten, dass sich China im Falle des WTO-Beitritts zu sehr den Spielregeln des Westens unterwerfen müsse. Das Ausland kritisierte die Verletzung der Menschenrechte in China, die Ein-Kind-Politik, den Verkauf nuklearer Technologien an Pakistan und hohe Einfuhrzölle zum Schutz der heimischen Industrie auf ausgewählte Produkte. Da aber der Anteil Chinas am Welthandel unaufhaltsam wuchs, wurden feste und für alle verbindliche Regeln

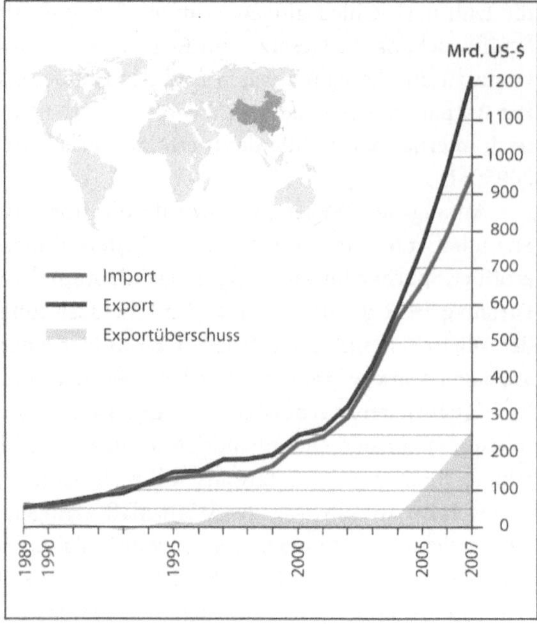

gebraucht. Als Vorteil wurde auch gewertet, dass eine Mitgliedschaft allen Ländern die Möglichkeit eröffnen würde, bei Konflikten mit China das Streitschlichtungsorgan der WTO anrufen zu können (Breslin 2005: 359f.). Um in die WTO aufgenommen zu werden, musste sich China verpflichten, bis 2007 die Einfuhrzölle zu senken, die heimische Industrie und die Landwirtschaft nicht mehr zu subventionieren, das Banken-, Versicherungs- und Kommunikationswesen internationalen Standards anzupassen und die Handelspolitik transparenter zu gestalten (Martin, Bhattasali u. Li 2004, Whalley 2006: 218). Eine Umsetzung der umfangreichen Zugeständnisse in nur fünf Jahren war jedoch unrealistisch. Bis heute sind viele Probleme noch nicht ausgeräumt. Überraschend ist, dass das Streitschlichtungsorgan der WTO bislang nur selten bemüht worden ist. Bis Ende 2008 wurden nur elf Beschwerden und davon sechs von den USA gegen China eingereicht. Die Verletzung des geistigen Eigentums war erstaunlicherweise nur ein einziges Mal Grund für eine Anschuldigung (Stand 12/2008). Im Gegenzug zeigte China die USA dreimal an (www.wto.org). Die Marktöffnung und die Aufnahme in die WTO hätten kaum zu einem besseren Zeitpunkt erfolgen können. Wie kein anderes Land hat China von dem globalen Wachstum des Welthandels seit den 1980er Jahren profitiert und sich binnen kürzester Zeit zu einem Global Player mit einer diversifizierten Wirtschaftsstruktur entwickelt. Seit Einführung der ersten Reformen ist die Wirtschaft jedes Jahr zwischen 8,3 und 11,9 %, die 2007 erzielt wurden, gewachsen (bfai 2008, Brandt 2006: 126).

Aufgrund von Wertschöpfungsketten sind häufig mehrere Länder an der Herstellung eines Produkts, das letztlich in China zusammengesetzt wird, beteiligt (Guthrie 2006: 121). Das exportorientierte Wachstum der Wirtschaft war daher mit steigenden Importen verbunden. Seit Beginn der 1990er Jahre und insbesondere seit der Jahrtausendwende ist das Volumen des Außenhandels geradezu explodiert. Zudem öffnet sich die Schere zwischen Exporten und Importen immer weiter. Die Exporte wuchsen von 1990 bis 2007 von 62,1 Mrd. US-$ auf 1218 Mrd. US-$ oder um beeindruckende 1860 %. Gleichzeitig stiegen die Importe von 53,4 Mrd. US-$ auf 955 Mrd. US-$ oder um 1700 % (bfai 2008) (s. Abb. 2.24). Wichtigste Destinationen der chinesischen Exporte waren 2007 mit fast identischen Werten die EU und die USA, gefolgt von Hongkong, Japan und der Republik Korea (WTO 2008d) (s. Abb. 2.25). Seit 2003 beziehen die USA mehr Waren aus China als aus dem Nachbarland Mexiko (Friedman 2005: 310). Wichtigste Herkunftsländer der Importe waren Japan, die EU, die Republik Korea und Taiwan (WTO 2008d).

2007 hatten Chinas Exporte einen Anteil von 8,73 % und die Importe von 6,71 % am globalen Warenhandel (WTO 2008d). Nach Jahren des starken Anstiegs fielen die Exporte bis November 2008 allerdings im Vergleich zum gleichen Vorjahresmonat um 2,2 % und die Importe brachen sogar um 17,9 % ein, und für das Jahr 2009 wurden weitere Rückgänge prognostiziert (The Economist: 2008 Country Briefing). Die Zeiten, in denen nur Rohstoffe, T-Shirts und andere Billigartikel exportiert wurden, sind lange vorbei. 2007 bestanden 36,1 % der Ausfuhrgüter aus Elektronik- und Elektrotechnikwaren und weitere 6,8 % aus Maschinen. Textilien und Bekleidung waren mit 14 % an den Exporten beteiligt (bfai 2008). In Europa stellen sinkende Preise für Importe aus China ein immer größeres Problem dar. Der Wert der chinesischen Währung Renminbi ist locker an den US-Dollar gebunden, der in den vergangenen Jahren sehr an Wert gegenüber dem Euro verloren hat (The Economist: 31.03.07).

China bietet aufgrund der großen Bevölkerung und wachsender Einkommen für Importeure gute

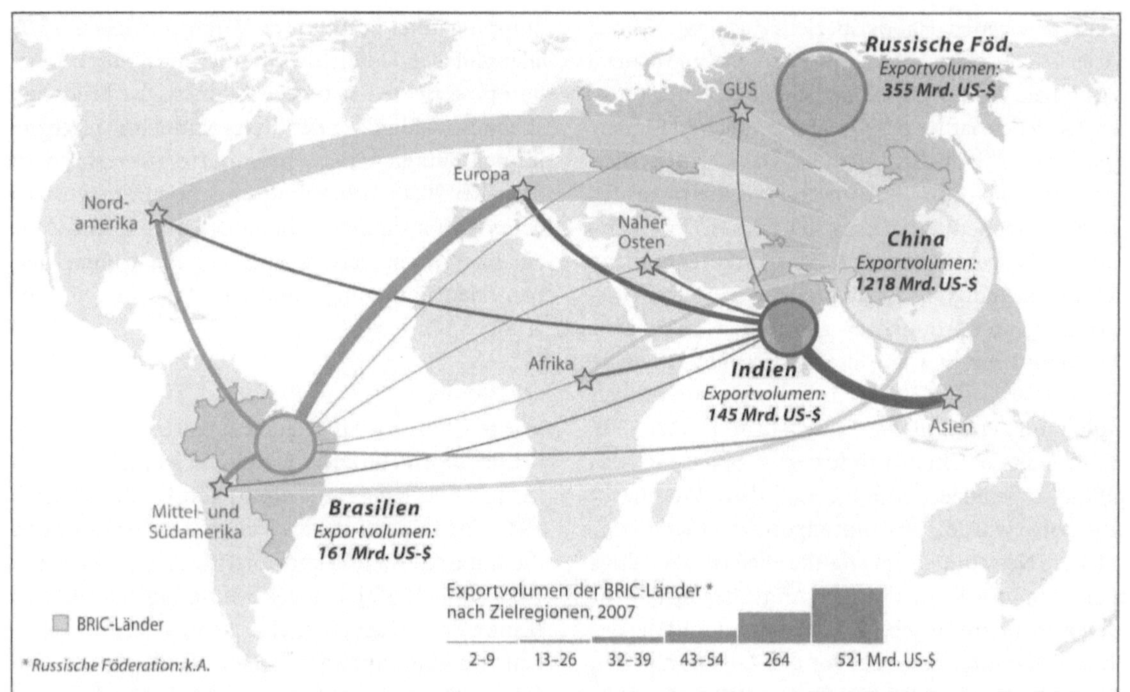

Abb. 2.25
Exporte der BRIC-Länder nach Zielregionen 2007.
Quelle: WTO 2008b: 4f.

Chancen, denn das Land entwickelt sich zum größten globalen Markt für Gebrauchsgegenstände aller Art (Doctoroff 2005, Garner 2005). Bereits um 2005 waren ca. 30 % aller mobilen Telefone in China zu finden, und bis 2014 werden schätzungsweise weitere 358 Mio. Stück in dem Land verkauft werden. Es liegt auf der Hand, dass die Chinesen diesen Bedarf selbst decken möchten und hierzu inzwischen technisch auch in der Lage sind. Die Produzenten von teuren Luxusgütern, die in China als Statussymbole sehr begehrt sind, haben aber gute Chancen, den Handel mit China auszuweiten. Eine Umfrage hat ergeben, dass Mercedes Benz, BMW und Louis Vuitton die drei begehrtesten Luxusmarken der Chinesen sind (www.diepresse.com: 01.11.07). Tatsächlich hat sich der Absatz deutscher Autos sehr positiv entwickelt. Zur Eröffnung der Auto China 2008 in Peking wurde berichtet, dass der Verkauf deutscher Autos allein in den ersten drei Monaten des Jahres um 36 % gestiegen und jedes fünfte Auto, das in China zugelassen werde, ein deutsches Fahrzeug sei. Mit mehr als 140 Fertigungsbetrieben und Lizenznehmern sei China nach den USA und Frankreich das Land mit den meisten Auslandsstandorten der deutschen Automobilindustrie, die in China mehr als 72 000 Menschen beschäftige (VDA 21.04.08, www.vda.de). Die weiteren Chancen deutscher Automobilhersteller sind gut, denn noch verfügt nur rund jeder Hundertste der 1,3 Mrd. Chinesen über ein privates Fahrzeug. Kritiker bezweifeln, dass sich der wirtschaftliche Aufstieg Chinas in den nächsten Jahrzehnten ungebremst fortsetzen wird. Die Disparitäten zwischen Küstenraum und Binnenland bzw. zwischen Stadt und Land sind riesig, einer kleinen Zahl sehr gut Verdienender steht ein großes Heer von völlig verarmten Wanderarbeitern gegenüber, die Verschmutzung der Umwelt nimmt gigantische Formen an, die Infrastruktur ist in vielen Bereichen und Regionen schlecht, Korruption und Kriminalität sind sehr hoch und die politischen Machthaber bereichern sich angeblich in unangemessener Weise. Da China keine Demokratie ist, ist Kritik unerwünscht. Gerade das Fehlen von Kritik verhindert aber, dass Missstände wahrgenommen und beseitigt werden. Folgt man der Argumentation der Regimekritikerin Quinglian He (2006), befindet sich China in einer »Modernisierungsfalle« und läuft auf eine tiefe soziale Krise mit großen Auswirkungen auf die wirtschaftliche Entwicklung zu.

Aufgrund des unerwartet schnellen Aufstiegs Chinas sind die Handelsbeziehungen mit den westlichen Staaten nicht einfach. Besonders heftig sind die Attacken in den USA, da das Handelsdefizit des Landes (s. Abb. 2.19) zu einem großen Teil auf den unausgewogenen Handelsbeziehungen mit China basiert. Außerdem befürchten die US-Amerikaner, die globale Vormachtstellung bald abgeben zu müssen. Gewerkschaftler geben China die Schuld für den Abbau von Arbeitsplätzen in den USA, Naturschützer sorgen sich um die Umwelt in Anbetracht der zunehmenden Industrialisierung Chinas, Unternehmen sind angeblich auf dem Weltmarkt nicht mehr konkurrenzfähig, da die Chinesen preiswerter produzieren, und Autofahrer geben den Ostasiaten die Verantwortung für die gestiegenen Benzinpreise (Perkowski 2007a: 14). Einen vorläufigen Höhepunkt erreichte die Kritik, als im Herbst 2007 wiederholt in China produziertes Spielzeug, das giftige Substanzen enthielt, auf dem Weltmarkt angeboten wurde. Die Panik angesichts eines erfolgreichen Newcomers im Welthandel ist allerdings nicht neu und erinnert an die Angst der Briten vor Deutschland im späten 19. Jahrhundert und die der Amerikaner und Europäer vor den Japanern in den 1970er Jahren (Marchick u. Graham 2006, Norberg 2006: 47).

Im Zentrum der deutschen Kritik an China steht der Diebstahl geistigen Eigentums. Möglicherweise sind 20 % aller Markenprodukte aus China gefälscht. Hierdurch werden in Deutschland jedes Jahr schätzungsweise bis zu 70000 Arbeitsplätze zerstört (Haas, Rehner u. Zademach 2008: 20). Die Palette der Plagiate reicht von Designergarderobe über Spielzeug, Sportschuhe, Schmuck, CDs und Bremsbeläge bis hin zu hochwertigen technischen Artikeln und Medizin. Immer wieder machen deutsche Fahnder auf deutschen See- oder Flughäfen oder auf Messen, auf denen die Plagiate hemmungslos vorgestellt werden, sensationelle Funde. Auch der Hinweis »Made in Germany« ist kein sicherer Beweis für eine deutsche Produktion, denn selbst das Markenzeichnen wird gefälscht. Eine wichtige Drehscheibe für den Absatz von Plagiaten stellt der Internethändler Ebay dar.

Es darf nicht verschwiegen werden, dass sich auch die Chinesen über Benachteiligungen im internationalen Handel beschweren. Die EU wird beschuldigt, mittels umfangreicher Umweltschutzauflagen die Einfuhr chinesischer Produkte behindern zu wollen. Außerdem beschweren sich die Chinesen über die zahlreichen Antidumping-Maßnahmen gegen ihre Produkte in anderen Ländern. Die Beschwerden laufen aber überwiegend ins Leere, denn die GATT-Bestimmungen erlauben eindeutig Anti-

dumping unter bestimmten Voraussetzungen. 15 % aller globalen Handelsbeschränkungen durch Antidumping richten sich gegen chinesische Produkte, aber auch China wendet dieses Mittel im Gegenzug immer häufiger an, um Importe zu verhindern (Whalley 2006: 219f.). Eine der zahlreichen umstrittenen Antidumping-Maßnahmen der EU sind Zölle auf Energie sparende Glühbirnen aus China, Vietnam, den Philippinen und Pakistan, die seit 2001 erhoben werden.

Indien

Wie in China war in Indien der Anteil am Welthandel im 20. Jahrhundert über viele Jahrzehnte rückläufig, da nach der Entlassung in die Unabhängigkeit 1947 eine Importsubstitution angestrebt wurde und die Industrie kaum exportorientiert war (Anwar u. Basu 2007: 153). Der Aufschwung Indiens setzte zu Beginn der 1990er Jahre ein, nachdem erkannt worden war, dass nur mittels einer Senkung der Einfuhrzölle sowie zuverlässiger und durchschaubarer Regeln für ausländische Investoren die Wirtschaft gefördert werden konnte (Mathur 2006: 32). Obwohl das BNE immer noch sehr niedrig ist und Indien 2007 erst einen Anteil von 2,7 % an den globalen Warenexporten und 2,5 % an den Warenimporten erzielte (WTO 2008d), wird die zukünftige wirtschaftliche Entwicklung optimistisch bewertet. Die ersten vier Sonderwirtschaftszonen waren in Indien Mitte 2005 eingerichtet worden. Da sie gut von ausländischen Investoren angenommen worden sind, wurde bald über die Eröffnung weiterer Sonderwirtschaftszonen nachgedacht. Der US-amerikanischen Investmentbank Goldman Sachs zufolge hat Indien das Potenzial, bis 2050 zur drittgrößten Volkswirtschaft der Erde aufzusteigen (zitiert in: Overhoff 2007: 1). Seit Ende 2007 gibt es allerdings Anzeichen, dass Indien möglicherweise die Grenzen des Wachstums erreicht hat. Vieles spricht dafür, dass die Wirtschaft zeitweise überhitzt und die Verwaltung, die als apathisch und korrupt gilt, mit der Umsetzung der ehrgeizigen Reformen überfordert ist (The Economist: 08.03.08). Im Oktober 2008 waren die Exporte Indiens 12,1 % geringer als ein Jahr zuvor. Dennoch wurde vorausgesagt, dass der Außenhandel wahrscheinlich weniger unter einer weltweiten Rezession leiden werde als der Chinas, da die Exportrate in Indien vergleichsweise gering ist. Ob diese Überlegung richtig ist, bleibt abzuwarten (The Economist: 13.12.08).

Positiv zu werten ist, dass die jungen Inder zunehmend gut ausgebildet werden. Die Mittelschicht wächst und trägt zur Belebung der Binnennachfrage bei. Von Nachteil ist, dass der sekundäre Sektor in Indien stagniert. Die Industrie hat in dem südasiatischen Land nicht die gleiche Förderung erfahren wie in China und die Infrastruktur ist in einem schlechten Zustand. Die Straßen sind selten ausgebaut und die Seehäfen stoßen seit Jahren an ihre Kapazitätsgrenzen, Stromausfälle sind an der Tagesordnung. Da die Hochlohnländer weiterhin die Produktion in Länder mit niedrigeren Löhnen verlegen werden, muss der Ausbau der Transport-, Energie- und Kommunikationsinfrastruktur Vorrang haben, um die Konkurrenzfähigkeit Indiens zu verbessern (McKinsey 2004: xii). Der Unternehmensberatung McKinsey zufolge (2004: ix–x), könnte der Export von Industrieprodukten im Jahr 2015 einen Anteil von 3,5 % am Welthandel erreichen, und es könnten 25 bis 30 Mio. neue Arbeitsplätze entstehen, wenn das Land das vorhandene Potenzial voll ausschöpft. Noch immer orientiert sich die Industrieproduktion zu sehr am Binnenmarkt. Noch haben sich internationale Unternehmen in Indien in einem weit geringeren Maße als in China angesiedelt, aber das Interesse steigt. Das gilt auch für deutsche Automobilproduzenten: BMW hat 2007 eine erste Produktionsstätte im südostindischen Chennai eröffnet, obwohl die Nobelmarke im Jahr zuvor nur rund 260 Fahrzeuge in dem Land verkauft hatte. Um die hohen Einfuhrzölle, die den Preis von Importautos mehr als verdoppeln, zu vermeiden, montieren hier rund 200 Beschäftigte die Fahrzeuge aus Einzelteilen. Wichtig waren für BMW bei der Entscheidung, in Chennai zu produzieren, die guten Zukunftsaussichten. Mercedes konnte 2006 bereits 2500 Autos in Indien verkaufen, die das Unternehmen in einem angemieteten Werk produzierte. Die Zahl derjenigen, die sich zumindest theoretisch ein teures Auto leisten können, steigt auf dem Subkontinent schnell an. Indien gilt nach China als der schnellstwachsende Markt für Automobile weltweit (Handelsblatt: 30.03.07). Die geringe Produktion in Indien hat zur Folge, dass viele Erzeugnisse eingeführt werden müssen, um die steigende Nachfrage der Mittel- und Oberschicht zu befriedigen. Der Ausbau der Industrieproduktion ist für eine Steigerung der Exporte äußerst wichtig (Pangariya 2007), denn nur so kann das Defizit in Höhe von 73 Mrd. US-$, das Indien 2007 im Warenhandel

erzielt hat (WTO 2008d), beseitigt werden. Wichtigste Exportländer sind die EU mit großem Abstand vor den USA, den Vereinigten Arabischen Emiraten, China und Singapur. Die Importe kamen ebenfalls insbesondere aus der EU, gefolgt von China, Saudi Arabien, den USA und den Vereinigten Arabischen Emiraten (WTO 2008d) (s. Abb. 2.25).

Indien hat 2007 Dienstleistungen mit einem Gesamtwert von 89,7 Mrd. US-$ exportiert (WTO 2008d). Beim Export von Telekommunikationsdienstleistungen belegt es nach der EU, den USA und Kuwait den vierten Platz (WTO 2008b: 138). Indien hat in einigen technischen Bereichen den Anschluss an die globale Elite gefunden und sich zu einem Anbieter hoch spezialisierter Dienstleistungen auf dem Weltmarkt entwickelt. Geholfen hat, dass in der früheren britischen Kolonie die englische Sprache neben Hindi die zweite Amtssprache und in der Bevölkerung noch weit verbreitet ist. Hiervon profitieren insbesondere US-amerikanische Unternehmen, die den Kundendienst in indische Callcenter verlagert haben. Leider ist nicht das ganze Land am Aufschwung beteiligt. Während in China hautsächlich die Küstenregionen profitieren, konzentrieren sich in Indien die ausländischen Direktinvestitionen auf die Großräume Delhi und Mumbai sowie die Bundesstaaten Gujarat, Andhra Pradesh und Karnataka mit dem Innovationszentrum Bangalore (Anwar u. Basu 2007: 165, Wamser 2008).

Russische Föderation

Die Russische Föderation ist der Rechtsnachfolger der Sowjetunion und setzt sich aus einer größeren Zahl von Territorien mit einem unterschiedlichen Entwicklungsstand zusammen. 1998 stand die Wirtschaft kurz vor dem völligen Zusammenbruch, hat zwischenzeitlich aber einen aus damaliger Sicht völlig unerwarteten Aufschwung erlebt. Wichtigste Gründe für den Erfolg sind die Privatisierung und Stabilisierung der Wirtschaft sowie der starke Preisanstieg für Erdöl und Erdgas auf dem Weltmarkt über mehrere Jahre. Als ein Wendepunkt werden die Zerschlagung des Yukos-Konzerns und die Inhaftierung von Unternehmenschef Mikhail Chodorkowsky im Jahr 2003 angesehen, die das Ende der großen Oligarchien einleitete. Problematisch ist, dass sich der Anteil staatlicher und halbstaatlicher Unternehmen an der Öl- und Gasexploration seitdem verdoppelt hat. Unverarbeitete Rohstoffe, d. h. insbesondere Erdöl und -gas, machen mehr als 70 % der

Exporte des Landes aus (WTO 2007b). Es verwundert daher nicht, dass der plötzliche Einbruch der Rohstoffpreise 2008 die Wirtschaft dort stark getroffen hat. Die Russische Föderation hat 2007 Waren im Wert von 355 Mrd. US-$ exportiert und für 223 Mrd. US-$ importiert. Somit kamen nur 2,5 % aller globalen Ausfuhren aus dem größten Land der Erde und nur 1,6 % der Importe hatten die Russische Föderation zum Ziel. Mehr als 50 % der Exporte gingen in die Europäische Union, gefolgt von der Türkei, der Ukraine, China und der Schweiz. Die Importe kamen zu knapp 46 % aus der EU, gefolgt von China, der Ukraine, Japan und den USA. Eingeführt werden zu mehr als 80 % Industriegüter, da die eigene Produktion immer noch gering ist und die Nachfrage aufgrund der Einkommenszuwächse gestiegen ist (WTO 2008d).

Während mehrere GUS-Länder wie die Ukraine und Kasachstan bereits Mitglied der WTO sind, wartet die Russische Föderation immer noch auf die Aufnahme. Strittig sind u. a. die Anpassung der Binnenenergiepreise an das Weltmarktniveau, die Liberalisierung des Finanzsektors, Subventionen in der Landwirtschaft und der Schutz des geistigen Eigen-

tums. Das Wirtschaftspotenzial der Russischen Föderation ist seit dem Einbruch der Rohstoffpreise ungewiss. Problematisch ist auch, dass als Erbe aus der Zeit der Sowjetunion sehr große Unternehmen überwiegen, während kleine und mittlere Betriebe weniger als 15 % des BNE erwirtschaften. Zudem ist die Produktivität niedrig. Ausländer sind immer noch zurückhaltend bei Investitionen in der Russischen Föderation, die als äußerst korrupt gilt. Die Höhe der geforderten Bestechungsgelder, die nicht nur von privaten Unternehmen, sondern auch von öffentlichen Behörden gefordert werden, soll seit den 1990er Jahren sogar gestiegen sein. Von 180 untersuchten Staaten nahm die Russische Föderation 2008 gemeinsam mit Bangladesh, Kenia und Syrien Rang 147 ein (zum Vergleich: Deutschland Rang 14) (www.transparency.org).

Brasilien

In Brasilien hat die Wirtschaft seit Beginn der 1990er Jahre eine grundlegende Modernisierung und Diversifizierung erfahren, welche von einer Privatisierung und Deregulierung begleitet wurden (Coy u. Schmitt 2007: 32). Die in den 1980er Jahren noch astronomisch hohe Inflationsrate von bis zu 70 % konnte auf nur noch drei Prozent (2006) eingedämmt werden, und die Regierung unter Präsident Luiz Inácio »Lula« da Silva, dessen Amtszeit erst 2010 endet, ist seit Jahren stabil.

Die Exporte Brasiliens sind aufgrund einer aktiven Politik und der großen Nachfrage nach landwirtschaftlichen Rohstoffen, Erdöl und Eisenerz auf dem Weltmarkt gestiegen. Da ausreichend Flächen für die Rinderzucht zur Verfügung stehen, ist Fleisch ein wichtiges Exportprodukt. Brasilien hat gute Böden und die Bedingungen für den Anbau von Soja und Zucker, aus dem zunehmend Ethanol hergestellt wird, sind optimal. 40 % des Benzins, das zum Tanken verwendet wird, wird bereits aus Ethanol gewonnen. 2007 wurde damit gerechnet, dass sich die Produktion von Ethanol in Brasilien bis 2013 verdoppeln und der Welthandel bis 2020 sogar um das 25-Fache steigen wird. Um dieses Ziel erreichen zu können, müssen allerdings große Summen in den Bau von Mühlen, Pipelines, Lager und die Eisenbahn investiert werden (The Economist: 12.04.07). 2007 hat Brasilien Güter im Wert von 160 Mrd. US-$ exportiert und für 125 Mrd. US-$ importiert und hatte somit einen Anteil am Welthandel von rund einem Prozent. Wichtigste Exportländer sind die EU, die USA, Argentinien, China und Bolivien. Die Hälfte der Ausfuhren besteht aus Agrar- und Bergbauprodukten. Bei den Importen steht ebenfalls die EU als Herkunftsland an erster Stelle, gefolgt von den USA, China, Argentinien und Nigeria (s. Abb. 2.25). Der Handel mit Dienstleistungen hat in Brasilien im globalen Vergleich nur wenig Bedeutung. Brasilien verfügt nur über einen Anteil von 0,7 % bzw. 1,1 % an den Exporten und Importen (WTO 2008d). Bereits in den vergangenen Jahren bestand ein großer Teil der Rohstoffausfuhren aus Erdöl. Es ist davon auszugehen, dass die Bedeutung Brasiliens auf dem Weltmarkt für Erdöl bald weiter zunehmen wird. Bislang ist das meiste Erdöl aus dem Campos-Becken in einer Tiefe von 1000 m bis 1200 m vor der Küste Rio de Janeiros gefördert worden. Das Campos-Becken liegt auf einer mehr als 1000 m dicken Salzschicht, unter der sehr ergiebige weitere Erdöllagerstätten entdeckt wurden. Die staatliche Ölgesellschaft Petrobas vermutet, dass hier fünf bis acht Milliarden Barrel gefördert werden können. Die Funde sind nicht so ergiebig wie jene Saudi Arabiens oder Venezuelas, entsprechen aber immerhin dem Vorkommen Norwegens. Die Kosten der Förderung werden hoch sein, lassen sich aber rechtfertigen, wenn die Preise auf dem Weltmarkt hoch sind, da das Öl von sehr guter Qualität ist. 2007 wurde davon ausgegangen, dass das erste Öl 2010 aus den Tupi-Lagerstätten gefördert werden würde (The Economist: 15.11.07). Der Verfall der Erdölpreise 2008 hat diese Planungen sicherlich beeinträchtigt.

Im Bereich der Förderung und Verarbeitung metallischer Bodenschätze sind in Brasilien in neuerer Zeit erstmals multinationale Unternehmen wie die ehemals staatliche und 1997 privatisierte Companhia Vale do Rio Doce (CVRD) entstanden. Seit dem Kauf des kanadischen Nickelherstellers Inco ist CVRD, seit 2007 in Vale umbenannt, weltweit die zweitgrößte Bergbaugesellschaft. Das brasilianische Unternehmen Gerdau hat sich durch Übernahmen ausländischer Firmen, darunter auch in den USA, zum größten Hersteller bestimmter Stahlprodukte in Amerika entwickelt (The Economist: 12.04.07). Aufgrund großer Investitionen brasilianischer Unternehmen im Ausland ist der Wert der ausgehenden ADI 2006 auf 28 Mrd. US-$ gestiegen, 2007 aber wieder auf nur 7 Mrd. US-$ gesunken. Gleichzeitig hat Brasilien einen Zufluss von 35 Mrd. US-$ verzeichnet (UNCTAD 2008d: 9 u. 59).

Brasilien ist immer noch ein Land mit vielen Problemen. Die Transportkosten sind bedingt durch die langen Wege zu den Exporthäfen und die schlechte Infrastruktur hoch. Soja muss häufig aufgrund unzureichender Lagerkapazitäten sofort zu den Häfen gebracht werden, wofür aber nur schlechte Straßen zur Verfügung stehen. Mit der Eisenbahn wird nur wenig befördert. In dem wichtigen Exporthafen von Santos können die Schiffe nur bei Flut ein- und auslaufen, da die Fahrrinne nicht tief genug ist. Transportkosten verschlingen in Brasilien einen Anteil von 13 % am BNE und somit fünf Prozent mehr als in den USA. Die Ausgaben für Forschung und Entwicklung sind zu niedrig und der industrielle Sektor muss ausgebaut werden, um eine völlige Abhängigkeit von Rohstoffen zu vermeiden. Weite Teile der Bevölkerung sind schlecht ausgebildet und die Kriminalitätsrate ist besonders in den großen Städten hoch. Vielerorts terrorisieren Jugendbanden die Bevölkerung (The Economist: 12.04.07). Insgesamt leidet das Land unter tiefen gesellschaftlichen und regionalen Gegensätzen (Coy u. Schmitt 2007: 30). Angesichts des zunehmenden Rohstoffhandels darf Brasilien nicht den weiteren Ausbau der Industrie vergessen. Auch in Brasilien wächst die Nachfrage nach Industrieprodukten, die bei den Importen den ersten Platz einnehmen. Der Ausbau der heimischen Industrie hält nicht mit der Nachfrage mit. Besonders arbeitsintensive Industrien wie die Textil- und Schuhherstellung stehen aufgrund preiswerter Exporte aus China unter großem Druck. Allein die Automobilindustrie, die allerdings staatlich subventioniert wird, entwickelt sich positiv (The Economist: 12.04.07).

Trotz aller Probleme sind die Zukunftsaussichten für das südamerikanische Land gut. Brasilien ist einer der größten Produzenten verschiedener landwirtschaftlicher Produkte wie Kaffee, Zucker, Orangen, Soja und Tabak sowie einer der bedeutendsten Förderer von Mangan und Eisenerzen. Außerdem gehört es zu den führenden Produzenten von Rohstahl und Aluminium. In neuerer Zeit werden zudem höherwertige Produkte wie Fernseher, Autos und sogar Flugzeuge in größerer Zahl hergestellt (Coy u. Schmitt 2007: 31). Sowohl nach Bodenschätzen wie auch nach landwirtschaftlichen Gütern wird aufgrund der immer noch wachsenden Weltbevölkerung langfristig eine hohe Nachfrage bestehen. Das Ergebnis der Doha-Runde ist für Brasilien wichtig, da die Landwirtschaft des Landes zu den großen Gewinnern gehören könnte. Von Vorteil ist, dass Brasilien demokratisch regiert wird und keine größeren Konflikte mit Nachbarländern hat (The Economist: 12.04.07).

Struktur des Welthandels

In den vergangenen Jahrzehnten hat der sich die Struktur der weltweit gehandelten Waren grundlegend verändert, wie ein Blick auf die Entwicklung der drei Gruppen Landwirtschaftsprodukte, Brennstoffe und Bergbauprodukte sowie Industriegüter in Anlehnung an die regelmäßig von der WTO veröffentlichten Statistiken zeigt. Während die weltweiten Exporte von 1950 bis 2006 um durchschnittlich 6,0 % pro Jahr zugenommen haben, ist der Handel mit Industrieprodukten jährlich um 7,5 % überproportional angewachsen. Der Handel mit Brennstoffen und Bergbauprodukten sowie mit Landwirtschaftsprodukten ist dagegen mit 4,0 bzw. 3,5 % vergleichsweise langsam angestiegen (WTO 2007d: 2). 2007 hatten Industriegüter einen Anteil von 69,8 % an den globalen Exporten, während Landwirtschaftsprodukte nur mit 8,3 % und Brennstoffe und Bergbauprodukte mit 19,5 % am globalen Handel beteiligt waren. 2,4 % des Welthandels konnten keiner Produktgruppe eindeutig zugeordnet werden (WTO 2008b: 43). In Lateinamerika dominiert der Handel mit Landwirtschaftsprodukten, die hier mit einem Viertel an den Ausfuhren beteiligt sind. In allen anderen Regionen tragen Agrarerzeugnisse weniger als zehn Prozent zu den Exporten bei. Besonders niedrig ist der Anteil mit nur zwei Prozent im Nahen Osten. Brennstoffe und Bergbauprodukte haben dort und in Afrika mit 75 bzw. 70 % eine überdurchschnittliche Bedeutung. Dieses gilt auch für Lateinamerika, wo die Rohstoffe einen Anteil von 41 % an den gesamten Ausfuhren haben. In Asien, Europa und Nordamerika dominiert der Export von Industrieprodukten mit Anteilen von rund 82, 79 und 73 % an den gesamten Ausfuhren. Im Nahen Osten und in Afrika sind Industriewaren nur mit 21 bzw. 19 % an den Exporten beteiligt (s. Abb. 3.1) (WTO 2008b: 44).

Abb. 3.1

Exporte nach Sektoren und Regionen 2007.
Quelle: WTO 2007b: 4, WTO 2008b: 44

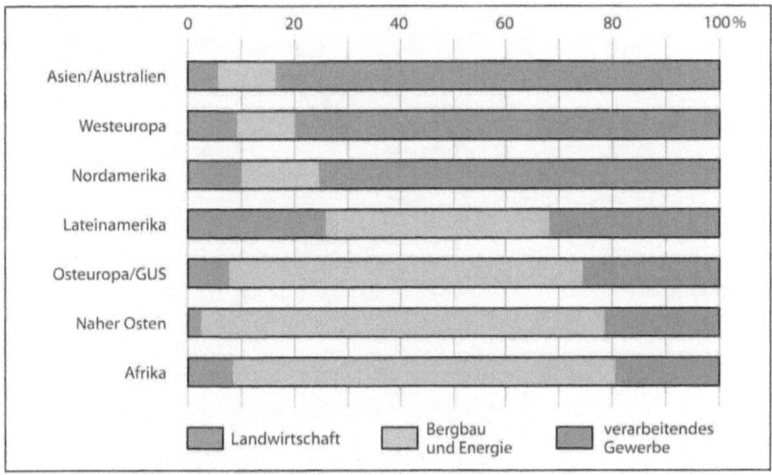

Der Handel mit Rohstoffen

Rohstoffe können in die beiden Gruppen Landwirtschaftsprodukte sowie Brennstoffe und Bergbauprodukte unterteilt werden, die gemeinsam wichtige Lebensgrundlagen bilden und unentbehrlich für die Versorgung der Bevölkerung und die Produktion von Waren aller Art sind. Kurz-, mittel- und langfristige Schwankungen von Rohstoffpreisen sind nichts Neues: Im Verlauf des 20. Jahrhunderts sind die Preise für die meisten Rohstoffe sogar gefallen. Ende des Jahrhunderts lagen die Preise auf dem Weltmarkt für Gummi, Wolle, Aluminium, Reis, Baumwolle, Zucker, Leder, Kakao, Mais, Tee, Blei, Kupfer, Weizen, Jute, Silber und Bananen in absteigender Reihenfolge deutlich unter denen des Jahres 1900, da Subventionen, Protektionismus und Zölle abgebaut worden sind. Demgegenüber haben die Preise für Zink, Zinn, Kaffee, Tabak, Rindfleisch und Holz aufgrund der erhöhten Nachfrage stark angezogen (Goldin u. Reinert 2007: 67–69). Von 1960 bis 1974 sind die Rohstoffpreise gestiegen, um dann mehr oder weniger kontinuierlich, aber mit vielen kurzfristigen Spitzen und Einbrüchen in den nächsten Jahrzehnten zu fallen. Besonders gravierend hat sich die Asienkrise zwischen 1997 und 2001 mit einem Preisverfall von 53 % ausgewirkt. Die Märkte waren gesättigt und die Nachfrage war gering (Millet 2006). Da viele der wenig entwickelten Länder überwiegend Rohstoffe exportieren, verschlechterten sich ihre Terms of Trade, d. h. dem Quotienten aus dem Preis des Gesamtexports und dem Gesamtimport zusehends, denn für die Einfuhr von Industriegütern mussten weiterhin hohe Preise bezahlt werden (Krugman u. Obstfeld 2006: 129). Von 2004 bis Mitte 2008 zogen die Rohstoffpreise wieder an und die Terms of Trade verbesserten sich für viele der wenig entwickelten Länder. Besorgniserregend war, dass die Preise innerhalb einer sehr kurzen Zeitspanne ungewöhnlich stark gestiegen waren. Von 2005 bis Ende 2007 hatten sich die Preise für alle Rohstoffe um 35 % erhöht; für agrarische Rohstoffe um 14,2 %, für Erdöl um 33,3 % und für Metalle sogar um 83,3 %. Der Preisanstieg beschleunigte sich bis Juli 2008, um dann abrupt zu sinken (s. Abb. 3.2).

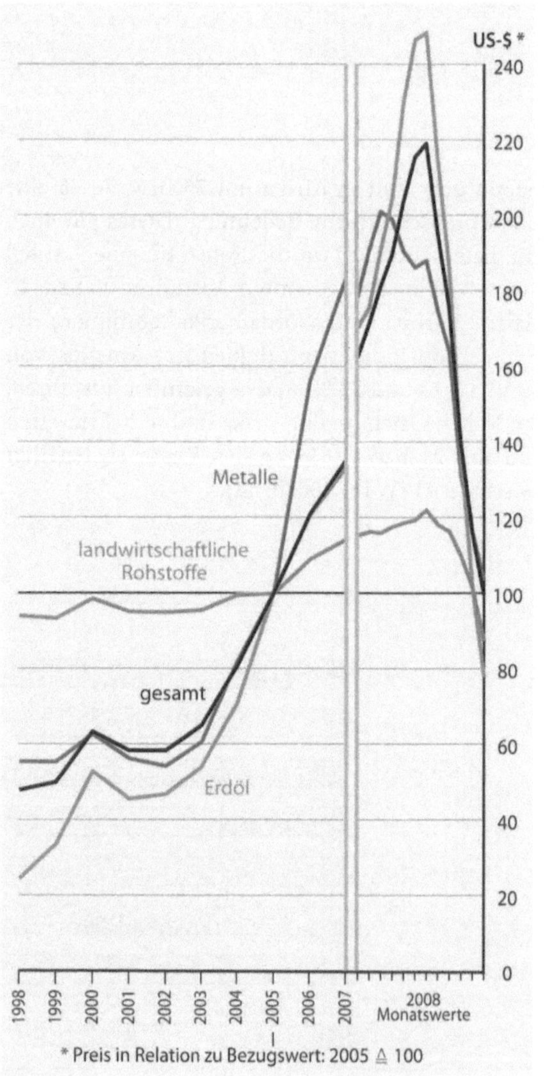

Es ist im Folgenden nicht möglich, den Handel mit allen Rohstoffen ausführlich darzustellen. Es wurden daher Rohstoffe ausgewählt, die besonders geeignet erscheinen, die häufig bereits seit Jahrzehnten bestehenden Handelskonflikte und Wettbewerbsverzerrungen darzustellen.

Abb 3.2
Entwicklung der Rohstoffpreise 1998–2008. Quelle: www.imf.org, Datenbank

Foto 3.1
Rohstoffpreise. Anzeigentafel der Chicago Mercantile Exchange, die zu den größten Rohstoffbörsen der Welt gehört.

Agrarerzeugnisse

Der Wert der globalen landwirtschaftlichen Produktion hat sich seit Beginn der 1960er Jahre weltweit ungefähr verdreifacht und ist somit weit stärker angestiegen als die globale Bevölkerung im gleichen Zeitraum. Die wenig entwickelten Länder waren überproportional an dieser Entwicklung beteiligt, die begünstigt wurde durch einen höheren Anteil von hochwertigen Produkten wie tierischen Erzeugnissen und Sonderkulturen an der gesamten landwirtschaftlichen Produktion. Allerdings haben nicht alle Agrarerzeugnisse und alle Regionen gleichermaßen von dieser positiven Entwicklung profitiert. In Ostasien und in den pazifischen Ländern konnte in den vergangenen vier Jahrzehnten die landwirtschaftliche Produktion pro Kopf der Bevölkerung verdoppelt werden, während Lateinamerika, die Karibik und Südasien nur einen kleinen Zuwachs verzeichneten. Im subsaharischen Afrika gibt es große jährliche Schwankungen, die insgesamt aber eher auf einen Produktionsrückgang hinweisen. Insbesondere die globale Produktion von Getreide, Zucker, Ölfrüchten, Fleisch, Gemüse und Eiern hat weltweit zugenommen. Die Erzeugung von Fleisch hat sich in den wenig entwickelten Ländern von 1970 bis 2005 sogar von 27 Mio. t auf 147 Mio. t verfünffacht, da sich die Ernährungsgewohnheiten auch in diesen Ländern verändert haben. Traditionell diente das Vieh weniger der menschlichen Ernährung als vielmehr als Zugtier, Lieferant von Dünger und oder als Wertanlage, die in Zeiten der Not veräußert werden konnte (FAO 2007a: 120–123).

Der mit Abstand größte Teil der Agrarproduktion wird in den Produktionsländern selbst konsumiert. Nur 12,5 % der globalen Getreideproduktion, 7,5 % des Fleisches und 7,1 % der Milchprodukte werden auf dem Weltmarkt gehandelt. Die Landwirtschaft ist dennoch von außerordentlich großer Bedeutung, denn weltweit sind 44 % aller Beschäftigten in diesem Sektor tätig. In der EU und in den USA gilt dieses nur für 4,5 % bzw. zwei Prozent der Beschäftigten, in den wenig entwickelten Ländern aber für 55 % (Berthelot 2007b: 120). Während der globale Handel mit Industrieprodukten in den vergangenen Jahrzehnten weitgehend liberalisiert worden ist, wird um den Handel mit Agrarerzeugnissen immer noch gerungen, und die Unzufriedenheit ist auf allen Seiten nach wie vor groß. Wie bereits dargestellt, droht sogar die Doha-Runde an den Unstimmigkeiten zu scheitern (s. Teil II). Die wenig entwickelten Länder kritisieren die hohen Einfuhrzölle für Agrarprodukte in den entwickelten Ländern. Während der Import von Industrieprodukten nur mit durchschnittlich fünf Prozent besteuert wird, betragen die Steuern auf Agrarerzeugnisse aus den wenig entwickelten Ländern in den USA im Schnitt ca. zwölf Prozent, in der EU ca. 20 %, in Kanada ca. 17,5 % und in Japan ca. 22 %. Die Spitzenzölle können aber weit höher sein und für Tabak bis zu 350 %, für Schokolade bis zu 277 %, für Ölfrüchte bis zu 171 % und für Geflügel bis zu 134 % erreichen. Besonders hohe Steuern werden auf die Einfuhr verarbeiteter Agrarerzeugnisse erhoben. Weitere Wettbewerbsverzerrungen entstehen durch Präferenzabkommen mit einzelnen Ländern, wie z. B. im Rahmen der Everything But Arms-Initiative der EU (s. Teil II). Darüber hinaus sind Agrarsubventionen, die nicht mit dem Export zusammenhängen, erlaubt. Außerdem sind weitere Subventionen möglich, über deren Kürzung noch keine Einigkeit erzielt werden konnte. Die Höhe der möglichen Förderung ist durch die Zuordnung in die so genannte Green Box, Amber Box, Blue Box oder die De minimis-Beihilfen geregelt (s. Kasten). Obwohl die Subventionen der Landwirtschaft in den entwickelten Ländern in den vergangenen Jahrzehnten reduziert worden sind, sind sie immer noch hoch. In den OECD-Ländern werden die Bauern mit insgesamt mehr als 200 Mio. US-$ jährlich unterstützt. Dieses gilt insbesondere für die Produktion von Reis, Zucker, Milch, Weizen und Fleisch (FAO 2004: 22f.).

Nach wie vor werden die Agrarpolitik der Europäischen Union und der USA beanstandet. Der US-amerikanische Senat hat im Mai 2008 nach jahrelanger Diskussion eine neue Farm Bill verabschiedet, die in einigen Bereichen sogar noch höhere Subventionen als die Farm Bill 2002 vorsieht (The New York Times: 15.05.08, www.usda.gov) und natürlich von den wenig entwickelten Länder kritisiert worden ist. In Europa war die Steigerung der Produktivität ein

wichtiges Ziel der 1963 eingeführten Gemeinsamen Agrarpolitik (GAP). Dieses konnte nicht nur erreicht werden; bald kam es bei vielen Produkten sogar zu Überproduktionen, die mithilfe von Exportsubventionen auf dem Weltmarkt abgesetzt wurden. Die billigen Exporte der EU und der USA führen zu Wettbewerbsverzerrungen auf dem Weltmarkt, auf dem die Agrarprodukte der wenig entwickelten Länder nicht konkurrenzfähig sind. Dieses wiegt umso schwerer, da die Landwirtschaft in vielen dieser Länder der dominierende Wirtschaftszweig ist. Besonders die Kleinbauern leiden unter diesem Missstand. Obwohl die GAP mehrfach verändert wurde, gibt es nach wie vor Überproduktionen. Die Entkoppelung der Zahlungen an die Bauern von der Produktion hat nicht zu den gewünschten Produktionsrückgängen geführt. Getreide und Milchpulver aus der EU werden auf dem Weltmarkt zu einem Preis unterhalb des Erzeugerpreises angeboten. Die Getreideüberschüsse der EU werden voraussichtlich auch in den nächsten Jahren den erwarteten Bedarf in Asien (außer Indien und China), dem Mittleren Osten und Afrika abdecken. Nicht unbedeutend ist auch die Entwicklung des Wechselkurses des Euro zum Dollar. Je höher der Euro bewertet wird, umso mehr müssen die Agrarprodukte der EU subventioniert werden, um auf dem Weltmarkt konkurrenzfähig zu sein (Reichert 2006: 29f.).

Die Debatte um die Liberalisierung des Handels mit Agrargütern wird häufig mit der Diskussion um die Bekämpfung der Armut in den wenig entwickelten Ländern verknüpft. Die Befürworter des Freihandels argumentieren, dass Handel das Wachstum der betroffenen Länder fördere und dieses wiederum die Armut senke. Es wird davon ausgegangen, dass nur ein kleiner Teil der Bevölkerung von Handelsschranken und Subventionen profitiert, während der überwiegende Teil durch die Hemmnisse Nachteile erleidet. Wenn die Handelsschranken fallen, könnten die Ressourcen besser zum Wohle aller eingesetzt werden. Die steigende Effizienz habe eine höhere Produktivität und einen Anstieg der Einkommen zur Folge. Die Armen könnten sich besser ernähren und hätten einen besseren Zugang zu Bildung und Dienstleistungen. Dieses trage wiederum zu einer Erhöhung der Produktivität und einer Verringerung der Armut bei. Aufgrund des Freihandels verbesserten sich die Lebensbedingungen somit kontinuierlich in Form einer Spirale. Die Gegner der Liberalisierung des Handels mit Agrarprodukten bezweifeln die Richtigkeit der Annahmen der Freihandelsbefürworter. Ihrer Meinung zufolge sind die ökonomischen Ungleichgewichte in der Gesellschaft nicht auf die Handelshemmnisse zurückzuführen. Eine Aufhebung der Barrieren würde sogar die Armut vergrößern, da nicht die Kleinbauern, sondern die exportorientierten Landwirte am meisten von den Reformen profitierten. Es sei nicht auszuschließen, dass der freie Import von Agrarerzeugnissen die Nachfrage nach den Anbauprodukten der Kleinbauern einschränken werde und diese ihrer Lebensgrundlage beraubt werden (FAO 2005b: 3f.).

Ähnlich wie der gesamte Warenhandel (s. Teil II), ist auch der globale Handel mit Agrarerzeugnissen in den vergangenen Jahrzehnten stärker angewachsen als das BNE, wenn auch nicht in dem gleichen Maße. Der Anteil landwirtschaftlicher Güter am gesamten Welthandel hat sich daher verringert. Während zu Beginn der 1960er Jahre Agrarerzeugnisse noch knapp ein Viertel aller global gehandelten Güter ausmachten, gilt dieses heute nur noch für ca. zehn Prozent der Welthandelsgüter (FAO 2005b: 13f., FAO 2007a: 126). Der Anteil der wenig entwickelten Länder am globalen Handel mit landwirt-

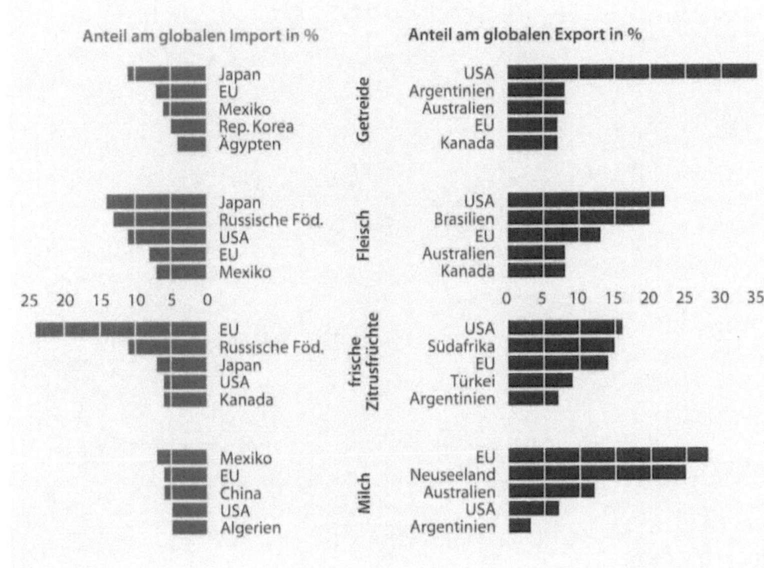

schaftlichen Produkten ist seit Beginn der 1960er Jahre von 40 % auf nur noch 25 % Anfang der 1990er Jahre gesunken, dann aber wieder auf 30 % in neuerer Zeit gestiegen (FAO 2005b). Gleichzeitig hat sich die Richtung der Handelsströme verändert. Anfang der 1960er Jahre erzielten die wenig entwickelten Länder beim Handel mit Agrargütern noch einen jährlichen Überschuss von 7 Mrd. US-$, der bis Ende der 1980er Jahre verschwunden war. Seitdem waren diese Länder fast jedes Jahr Nettoimporteure. Ohne Brasilien wäre das Handelsdefizit der wenig entwickelten Länder noch weit größer. Besonders betroffen von dieser Entwicklung sind die am wenigsten entwickelten Länder, in denen inzwischen die Importe landwirtschaftlicher Produkte doppelt so hoch sind wie die Exporte (FAO 2007a: 128). Heute sind die entwickelten Länder die bedeutendsten Exporteure von Agrarerzeugnissen. Dieses gilt insbesondere für die Europäische Union, die ihren Anteil an den globalen Agrarexporten von etwas mehr als 20 % zu Beginn der 1960er Jahre auf über 40 % in neuerer Zeit steigern konnte. Ein Großteil dieses Zuwachses ist zurückzuführen auf den intra-regionalen Handel der EU, der ca. 30 % des gesamten Welthandels ausmacht (www.fao.org). Es wird davon ausgegangen, dass die wenig entwickelten Länder mittelfristig ihren Anteil an den globalen Agrarexporten werden ausbauen können. Abgesehen von Reis, Zucker und pflanzlichen Ölen verzeichnen die Agrarexporte derzeit größere Zuwäch-

Abb. 3.3

Die bedeutendsten Importeure und Exporteure von ausgewählten Agrarprodukten 2006. Quelle: FAO 2007b: 46–48

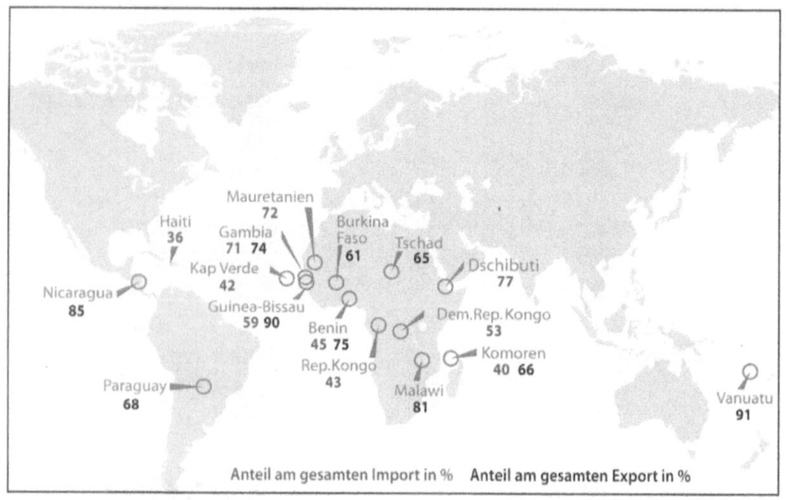

Abb. 3.4

Länder mit dem höchsten Anteil an Agrarprodukten am gesamten Handel 2004.
Quelle: www.fao.org

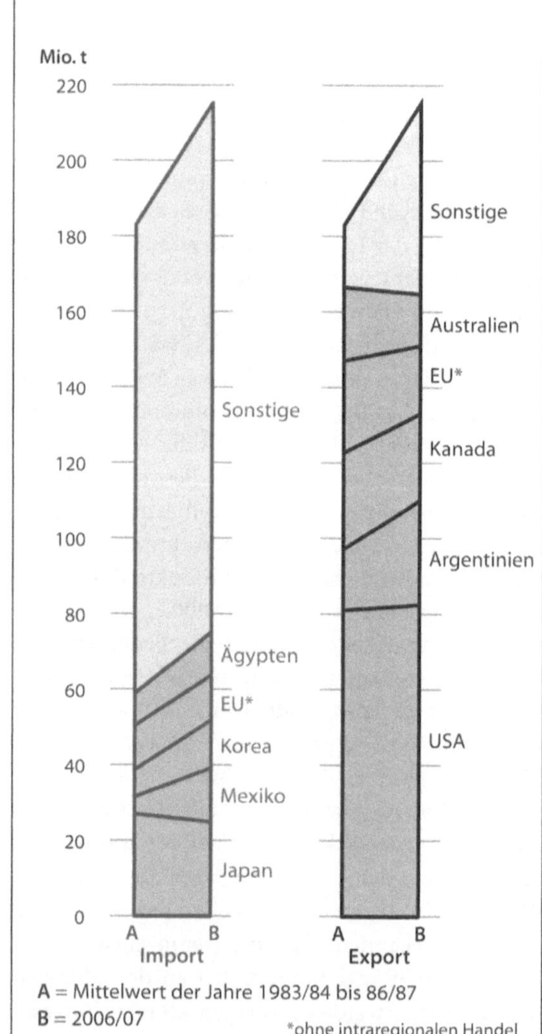

Abb. 3.5

Getreidehandel 1983/84 und 2006/07.
Quelle: Bayerische Landesanstalt für Landwirtschaft 2008.

se in den wenig entwickelten Ländern als in den entwickelten Ländern (OECD u. FAO 2008: 24).

Der Außenhandel mit Agrarerzeugnissen hat nicht nur in den einzelnen Großräumen der Erde eine unterschiedliche Bedeutung, sondern variiert auch von Land zu Land. In einigen Ländern haben Agrarprodukte sogar einen Anteil von mehr als 60 % an den Exporten oder mehr als 30 % an den Importen (s. Abb. 3.4). Alle diese Länder gehören zu den ärmsten Ländern der Erde. Nicht selten dominiert zudem bei den Exporten ein einziges Produkt. Diese Länder sind besonders abhängig von Preisschwankungen auf dem Weltmarkt oder schlechten Ernten aufgrund ungünstiger klimatischer Bedingungen. Weltweit gibt es 43 Länder, in denen ein einziges Produkt mit mehr als 20 % am Export beteiligt ist. Die meisten dieser Länder befinden sich im subsaharischen Afrika, in Lateinamerika und der Karibik und sind spezialisiert auf den Export von Zucker, Kaffee, Bananen oder Baumwolle (FAO 2004: 20). Ob diese Länder tatsächlich von einer Liberalisierung des Handels mit landwirtschaftlichen Produkten profitieren würden, ist zu bezweifeln (www.fao.org).

2007 wurden weltweit Agrarerzeugnisse mit einem Wert von 1128 Mrd. US-$ exportiert (WTO 2008b: 48). Die USA haben 2005 erstmals ihre langjährige Vormachtstellung als weltgrößter Exporteur landwirtschaftlicher Produkte an die EU abgeben müssen. 2007 führten die USA mit einem Anteil von 17 % an den globalen Exporten knapp vor der EU (ohne intraregionalen Handel). Die folgenden Plätze nahmen Kanada, Brasilien und China ein. Der bedeutendste Importeur von agrarischen Erzeugnissen war 2007 die EU gefolgt von den USA, Japan, China und Kanada (WTO 2008b: 51). Unter den Ländern mit hohen Ein- und Ausfuhren von Agrarprodukten sind die EU, Japan, China und die Russische Föderation Nettoimporteure, während die USA, Thailand, Indonesien, Argentinien und Kanada einen Exportüberschuss erzielen. Besonders hoch ist das Defizit aber in Japan, wo der Wert der Importe von Agrarerzeugnissen den der Exporte ungefähr um das Zehnfache übertrifft (WTO 2008b: 69). Da es immer wieder zu Ausfällen bei der Ernte aufgrund von Dürren oder anderen Naturkatastrophen kommt, schwanken die Exporte und Importe von landwirtschaftlichen Rohstoffen der einzelnen Länder von Jahr zu Jahr stark. Insgesamt ist aber der Handel zwischen den wenig entwickelten Ländern,

Foto 3.2
Getreidesilos im
US-Bundesstaat
Michigan.
Die USA gehören
zu den wichtigsten
Produzenten und
Exporteuren von
Getreide.

der als »Süd-Süd-Handel« bezeichnet wird, seit Mitte der 1980er Jahre deutlich angestiegen. Während in den 1980er Jahren nur 31 % der Exporte aus diesen Ländern in andere wenig entwickelte Länder gingen, lag der Anteil 2001 schon bei 44 %. Hierzu hat insbesondere der Ausbau des intraregionalen Handels in Südamerika beigetragen (FAO 2004: 29).

Die Weltgetreideproduktion konnte in den vergangenen Jahrzehnten deutlich ausgebaut werden. Während in den 1950er Jahren die mittlere Erzeugung nur 880 Mio. t pro Jahr betrug, wurden im Wirtschaftsjahr 2006/07 weltweit ca. 2000 Mio. t Getreide produziert (Boesch 1966: 114). Mais, Weizen und Reis haben heute gemeinsam einen Anteil von 86 % an der Produktion, gefolgt von Gerste, Hirse/Sorghum, Hafer und Roggen. Ungefähr zehn Prozent der Weltgetreideproduktion wird auf dem Weltmarkt gehandelt. Der mit großem Abstand wichtigste Exporteur von Getreide sind die USA gefolgt von Argentinien, Kanada und der EU, während Japan aufgrund der geringen landwirtschaftlichen Nutzfläche weit mehr Getreide als jedes andere Land einführt (s. Abb. 3.5). Deutschland spielt im Getreidehandel nur eine untergeordnete Rolle. Im Wirtschaftsjahr 2006/07 führte das Land 4,8 Mio. t Getreide ein, wobei fast die Hälfte auf Mais entfiel. Gleichzeitig wurden 10,2 Mio. t exportiert. Hier dominierte Weizen vor Gerste. Wichtigste Handels-

partner waren die anderen EU-Länder (Bayerische Landesanstalt für Landwirtschaft 2008).

Selbst in den wenig entwickelten Ländern ist der Getreideanteil am Import landwirtschaftlicher Produkte inzwischen auf unter 50 % gesunken, da auch in diesen Ländern verstärkt hochwertigere und teurere Produkte sowie verarbeitete Nahrungsmittel eingeführt werden. Hierzu gehören Öle, Fleisch, Früchte und Gemüse, aber auch Dosenobst und Fertiggerichte (FAO 2007a: 128). Während der globale Export unverarbeiteter Agrarprodukte zwischen 1981 und 2000 nur jährlich um 3,3 % angestiegen war, nahm der Export verarbeiteter Produkte jährlich um sechs Prozent zu. Letztere hatten zur Jahrtausendwende einen Anteil von 66 % am globalen Agrarhandel. Gestiegene Einkommen und veränderte Konsumgewohnheiten haben die Nachfrage nach verarbeiteten Produkten erhöht, und bessere Technologien und niedrigere Transportkosten eine Ausweitung des Angebots ermöglicht. Da die Kosten für Verarbeitung, Lagerung, Transport, Marketing und Distribution hoch sind, sinkt der Anteil der Rohstoffe am Endpreis kontinuierlich. Der Großteil der Verarbeitung von Rohstoffen findet in den entwickelten Ländern statt, d. h. die wenig entwickelten Länder profitieren weit weniger von höheren Preisen für diese Produkte auf dem Weltmarkt. Erschwerend kommt hinzu, dass die globale Wertschöpfungskette im Nahrungsmittelbereich zunehmend von einigen wenigen großen Konzernen dominiert wird. Auch die Marktmacht der großen globalen Einzelhandelsketten darf nicht unterschätzt werden. Die 30 größten Ketten verkaufen weltweit fast ein Drittel aller Lebensmittel an die Endverbraucher (FAO 2004: 26–31).

Die veränderten Ernährungsgewohnheiten haben in den wenig entwickelten Ländern zu einer Verdoppelung des globalen Fleischverzehrs seit 1970 geführt (FAO 2004: 15). 1985 hat ein Chinese nur durchschnittlich 20 kg Fleisch pro Jahr verzehrt; 2007 waren es schon 50 kg. Die wenig entwickelten Länder haben sich von Nettoexporteuren von Fleisch im Umfang von 0,5 Mio. t pro Jahr zu einem Nettoimporteur von Fleisch in Höhe von jährlich 1,2 Mio. t entwickelt. Als Folge der erhöhten Nachfrage nach Fleisch auf dem Weltmarkt wird immer mehr Getreide an das Vieh verfüttert und steht somit nicht mehr für die Ernährung der Menschen zur Verfügung. Es werden drei Kilo Getreide benötigt, um ein Kilo Schweinefleisch, und sogar acht Kilo Getreide, um ein Kilo Rinderfleisch zu produzieren (The Economist: 08.12.07). Die FAO (2004: 15) schätzt, dass der globale Verbrauch von Fleisch, Milchprodukten und Speiseölen in den nächsten 30 Jahren um weitere 30 % steigen wird. Einigen der wenig entwickelten Länder ist es gelungen, ihre Produktion den veränderten Konsumgewohnheiten anzupassen. Dieses gilt vor allem für Länder, die bereits vergleichsweise weit entwickelt sind, wie Argentinien, Brasilien, Chile, Costa Rica und Mexiko, und die beim Export mehrerer landwirtschaftlicher Erzeugnisse führend sind. Andere Länder haben sich auf ein bestimmtes Produkt spezialisiert. Kenia exportiert bevorzugt grüne Bohnen, Malaysia bestimmte tropische Früchte und Zimbabwe grüne Erbsen. Insgesamt sind die am wenigsten entwickelten Länder aber kaum am Handel mit nicht traditionellen Agrarerzeugnissen beteiligt. Am Welthandel mit Obst und Gemüse haben sie nur einen Anteil von 0,5 bzw. 0,8 %. Ihre Abhängigkeit vom Export traditioneller Agrarerzeugnisse ist in den vergangenen 40 Jahren sogar von 59 auf 72 % angestiegen (WTO 2007: 129).

Sorge hatte der rapide Preisanstieg für agrarische Rohstoffe und Lebensmittel bis Mitte 2008 bereitet, von denen auf der ganzen Welt besonders die ärmeren Menschen in den wenig entwickelten Ländern betroffen waren. Bezahlbare Lebensmittel sind für die tägliche Ernährung unabdingbar und eine Erhöhung der Preise ist aus sozialen und politischen Gründen weniger akzeptabel als steigende Preise in anderen Bereichen (USDA 2008). Verlässliche Daten zur Zahl derjenigen, die unter Hunger leiden, liegen seit Ende der 1960er Jahre vor. Der Anteil der Unterernährten an der Weltbevölkerung konnte seitdem weltweit ungefähr halbiert werden, obwohl die absolute Zahl wahrscheinlich sogar noch zugenommen hat. Die Erhöhung der Produktivität in der Landwirtschaft und ein langfristiger Preisrückgang für Agrarerzeugnisse haben bei der erfolgreichen Bekämpfung des Hungers eine wichtige Rolle gespielt (FAO 2007a: 119). Ähnlich wie bei anderen Rohstoffen, haben die Preise auch für agrarische Rohstoffe bereits in der Vergangenheit stark geschwankt. Eine Analyse der Preisentwicklung für Agrarerzeugnisse auf dem Weltmarkt in den vergangenen Jahrzehnten lässt deutliche Trends erkennen. Wiederholt gab es große Preisschwankungen innerhalb kurzer Zeiträume, langfristig ist aber ein deutlicher Preisrückgang zu erkennen. Relativ betrachtet, d. h. im Verhältnis zu Industriegütern, sind die Preise jährlich um fast zwei Prozent gesunken. Der technische Fortschritt hat die Produktion verbilligt. Auch die Kosten für Transport und Logistik sind gesunken, und die fortgeschrittene Liberalisierung hat es vielen Ländern erleichtert, sich aktiv am Welthandel zu beteiligen. Außerdem haben Subventionen für die Produktion und den Handel ausgewählter Agrargüter in den entwickelten Ländern niedrige Preise ermöglicht (FAO 2007a: 128). Hohe Preise wurden Mitte der 1970er Jahre und zu Beginn der 1980er Jahre auf dem Weltmarkt erzielt. Von 1980 bis 2002 fielen die Preise insgesamt deutlich, obwohl sie 1983, 1988 und 1996 jeweils höher waren als im vorangegangenen Jahr. Ab 2001 stiegen die Preise für Agrarprodukte wieder kontinuierlich, aber zunächst noch langsam an. Erst 2004 erreichten sie den Stand von Mitte der 1980er Jahre, und ab 2006 war ein deutlicher Preisanstieg zu verzeichnen, der sich immer mehr beschleunigte. Von 2006 bis 2008 stiegen die Preise um 60 %, um dann abrupt zu sinken, ähnlich wie nach früheren Perioden eines starken Anstiegs. Es ist davon auszugehen, dass die Preise mittel- bis langfristig wieder anziehen werden, denn eine wachsende Weltbevölkerung benötigt immer mehr Lebensmittel. Außerdem werden aufgrund des erhöhten Fleischverbrauchs in vielen Regionen der Erde immer mehr Äcker zu Viehweiden umgewandelt und immer mehr Getreide an das Vieh verfüttert. Eine Ursache für den enormen Preisanstieg Anfang 2008 waren schlechte Ernten in einigen Ländern wie Australien im Vorjahr. Bessere Ernten in den nächsten Jahren könnten zu einem größeren Angebot und niedrigeren Preisen führen. Bedenklich ist aber, dass die landwirtschaftliche Nutzfläche von 1970 bis 2008 nur um 0,15 % jährlich ausgeweitet wurde. Zwar entstanden regional neue Anbauflächen, aber nicht wenig landwirtschaftliche Nutzfläche fiel anderenorts gleichzeitig der Ausdehnung von Siedlungen zum Opfer. Eine weitere Ausweitung der Anbauflächen muss zwangsläufig zur Zerstörung sensitiver ökologischer Flächen wie dem Regenwald führen, was nicht sinnvoll ist. Auch eine Erhöhung der Produktivität erscheint aus heutiger Sicht nicht möglich. Diese konnte zwar von 1970 bis 1990 jährlich um zwei Prozent gesteigert werden, ist seitdem aber um 1,1 % pro Jahr gefallen (USDA 2008). Seit 1961 konnte die globale Produktion von Agrarerzeugnissen jährlich um 2,3 % erhöht werden. Die FAO (2007a: 134) schätzt, dass der jährliche Zuwachs bis 2050 schrittweise auf 0,9 % sinken wird. Die geringste Wachstumsrate wird bei Getreide erwartet.

Zucker

Zucker wird in klimatisch gemäßigten Ländern, vor allem in West-, Mittel- und Osteuropa, in den USA, China und Japan, aus Zuckerrüben und in den tropischen und subtropischen Anbauregionen Chinas, Australiens, Südasiens, der Karibik und Südamerikas aus Zuckerrohr gewonnen. Insgesamt wird Zucker in 127 Ländern erzeugt; davon in 79 aus Zuckerrohr, in 38 ausschließlich aus Zuckerrüben und in zehn Ländern aus beiden Pflanzen (www.zuckerwirtschaft.de). Zucker hat einen Anteil von ungefähr sieben Prozent am globalen Kalorienverbrauch und ist nicht nur eines der begehrtesten Agrarerzeugnisse (Mitchell 2005: 128), sondern auch eines der umstrittensten Welthandelsprodukte.

In Lateinamerika war Zucker bereits im 16. Jahrhundert das bedeutendste Agrarerzeugnis und Exportgut. Europa und später auch die USA importierten Zucker vor allem aus Brasilien und von den Karibischen Inseln. Seitdem es zu Beginn des 19. Jahrhunderts in Europa gelungen war, Zucker aus Rüben zu gewinnen, und eine heimische Zuckerindustrie aufgebaut wurde (s. Teil I), geriet der Zuckerrohranbau in Lateinamerika zunehmend unter

Foto 3.3
Zuckerrüben.
Verarbeitung von
Zuckerrüben in
Ochsenfurt in
Unterfranken.

Druck. 1840 wurden noch 80 % des Zuckers aus Zuckerrohr gewonnen, ab den 1880er Jahren waren Zuckerrohr und -rüben zu gleichen Teilen an der globalen Produktion beteiligt und ab ca. 1900 dominierte die Produktion aus Rüben eindeutig. Da immer mehr Zucker produziert wurde, entstand ein Überangebot, das einen Preisverfall auf dem Weltmarkt auslöste. Um die heimische Industrie zu schützen und zu fördern, wurden Zuckerproduktion und -export seit Mitte des 19. Jahrhunderts in mehreren europäischen Ländern, darunter auch in Deutschland, staatlich gefördert. Zucker war im 19. Jahrhundert vermutlich dasjenige Produkt, dessen Herstellung und Export durch ein Geflecht von Subventionen und Präferenzabkommen zu den größten Wettbewerbsverzerrungen auf dem Weltmarkt führte. 1873 fand die erste internationale Zuckerkonferenz in Paris statt, der weitere an anderen Standorten folgten, ohne dauerhaft die globale Produktion und Nachfrage in Einklang bringen zu können. 1929 nahm sich sogar der Völkerbund dieses Problems an, und auf einer Konferenz in Brüssel

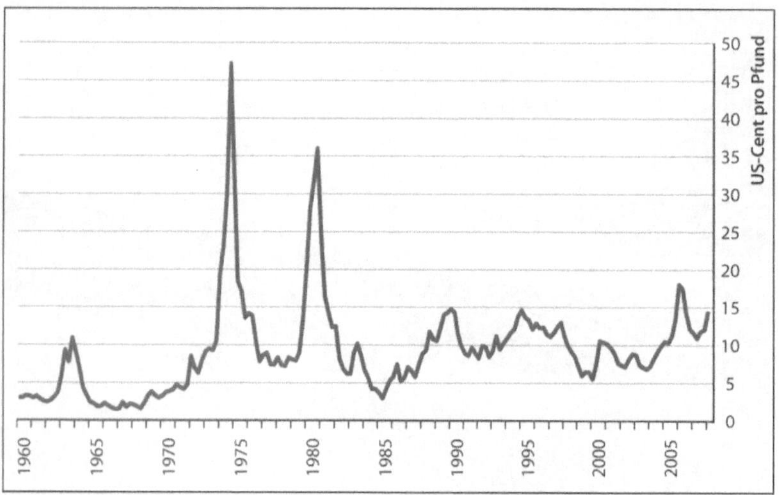

Abb. 3.6
Preise für Rohrzucker
auf dem Weltmarkt
1960–2007.
Quelle:
www.usda.com,
Datenbank

wurde erstmals ein Quotensystem für die Produktion von Zucker vereinbart, das sich aber nicht durchsetzen konnte. Zusammenfassend ist festzustellen, dass seit Mitte des 19. Jahrhunderts der Schutz der Zuckerindustrie in den entwickelten Ländern, die Exportchancen der wenig entwickelten Länder eingeschränkt hat. Das Ergebnis waren sinkende Preise und eine Benachteiligung der Zuckerrohranbauer (Crespo 2006).

Bis in die neueste Zeit schwanken die Preise für Zucker auf dem Weltmarkt innerhalb kurzer Zeiträume stark (s. Abb. 3.6), wovon besonders die Produzenten in den wenig entwickelten Ländern betroffen sind, da sie keine Ausgleichszahlungen von ihren Regierungen erhalten. Außerdem sind die Absatzchancen für die wenig entwickelten Länder auf dem Weltmarkt immer mehr gesunken. In den 1970er Jahren importierten die Europäische Union, Japan und die USA noch die Hälfte des auf dem Weltmarkt gehandelten Zuckers. Aufgrund protektionistischer Maßnahmen hat sich die EU zwischenzeitlich von einem Nettoimporteur zu einem Nettoexporteur entwickelt, obwohl die Herstellungskosten nicht gesunken sind und die Produktionskosten von Zucker aus Zuckerrüben ungefähr doppelt so hoch wie die aus Zuckerrohr sind. In Europa kostet die Herstellung einer Tonne Zucker rund 480 US-$, in Afrika 250 US-$ und in Brasilien nur 160 US-$ (Die Zeit 2005, Nr. 47). Um angesichts der globalen Überproduktion wettbewerbsfähig sein zu können, haben die EU, die USA und Japan Einfuhrbeschränkungen, Abnahmegarantien und Quoten für die Produktion eingeführt. Schätzungen der OECD zufolge hatten

allein 2004 die verschiedenen unterstützenden Maßnahmen für die heimische Zuckerindustrie in den drei genannten Ländern einen Wert von mehr als 6,4 Mrd. US-$. Obwohl in den USA Zuckerrüben oder Zuckerrohr nur in 15 Bundesstaaten von weniger als 6000 Farmern angebaut werden, haben diese eine starke Lobby in Washington, die mit hohen Spenden an Abgeordnete Einfluss auf die Agrarpolitik des Landes nimmt. Es wird geschätzt, dass die Subvention der Zuckerproduzenten und die protektionis-tischen Maßnahmen zur Einfuhrverhinderung billigeren Zuckers die US-Konsumenten jährlich 1–2 Mrd. US-$ kosten (The Washington Post: 03.11.07). Im Falle eines weltweiten Verzichts auf alle protektionistischen Maßnahmen würde ein globaler Wohlfahrtseffekt in Höhe von 4,7 Mrd. US-$ jährlich eintreten, von dem die wenig entwickelten Länder aufgrund der verbesserten Absatzchancen auf dem Weltmarkt am meisten profitieren würden (Mitchell 2004: 133, Newfarmer 2006a: 17).

In den vergangenen Jahren ist die stark kritisierte Zuckermarktordnung der EU überarbeitet worden. Die Ordnung war 1968 in Kraft getreten und fast vier Jahrzehnte kaum verändert worden. Die Produzenten erhielten für ihren Zucker einen Preis, der den Weltmarktpreis um das Doppelte bis Dreifache übertraf. Die EU war verpflichtet, den Rübenbauern den Zucker zu einem Preis von 632 € pro Tonne abzukaufen, was die Überproduktion förderte. Der Export von Zucker wurde subventioniert, um die Zuckerberge abzubauen. Gleichzeitig wurden Importe durch hohe Einfuhrzölle verhindert. Erste Zugeständnisse waren 2001 an die am wenigsten entwickelten Länder im Rahmen der Everything But Arms-Initiative erfolgt (s. Teil II); für Zucker gilt der uneingeschränkte Zugang zu den EU-Märkten allerdings erst ab 2009. Die Zuckerexporteure Mauritius, die Fidschi-Inseln, Guyana, Jamaika und Swasiland profitieren am meisten von dieser Regelung (Brüntrup 2006: 1–3, Corves u. Hoffmann 2007: 55). Die alte Zuckermarktordnung der EU war nicht mehr konform mit der gemeinsamen Agrarpolitik (GAP) der EU. Die Zahlung von Subventionen war 1992 von der Produktion entkoppelt worden, da dieses System teuer und undurchsichtig war und zu Überproduktionen geführt hatte. Es wird geschätzt, dass die europäischen Konsumenten die Zuckermarktordnung bis zu sechs Milliarden Euro jährlich gekostet hat (Brüntrup 2006: 11). Handlungsbedarf bestand auch, da Brasilien, Australien und Thailand

2002 Beschwerde bei der WTO eingelegt hatten. Aus ihrer Sicht beeinträchtigen die subventionierten EU-Exporte ihre Absatzchancen auf dem Weltmarkt. Dem Einspruch wurde 2005 stattgegeben und die EU wurde aufgefordert, ihre Zuckerexporte um mindestens fünf Millionen Tonnen zu reduzieren (Corves u. Hoffmann 2007: 55). Die neue Zuckerordnung der EU gilt seit dem Wirtschaftsjahr 2006/07, das am 1. Juli 2006 begonnen hat, bis 2015. Sie sieht eine Senkung der Zuckerpreise, eine Reduzierung der Erzeugung im Rahmen eines Strukturfonds und einen teilweisen Ausgleich der Einkommensverluste für die Zuckerrübenbauern vor. Die europäischen Erzeuger sollen auf freiwilliger Basis jährlich rund fünf Millionen Tonnen weniger produzieren, und die Einkommensverluste aus einem Restrukturierungsfonds abgefedert werden. Die bisherigen Referenzpreise werden abgeschafft, aber bis zum Zuckerwirtschaftsjahr 2009/10 gelten Übergangsregeln.

Gewinner der neuen europäischen Zuckermarktordnung sind Länder, die zu geringen Kosten produzieren und zuvor nur einen kleinen Teil ihres Zuckers in die EU exportiert haben. Hierzu gehört Thailand, das vor den Reformen nur jährlich 14 000 t in die EU liefern durfte, aber insgesamt pro Jahr 3–4 Mio. t Zucker ausführt. Trotz der zu erwartenden positiven Effekte wurde die neue Zuckermarktordnung stark kritisiert. Die NGO Oxfam urteilte sogar »Die Reform hätte nicht schlechter ausfallen können« (Pressemitteilung 25.11.05). Bemängelt wurde vor allem, dass die am wenigsten entwickelten Länder nicht wie versprochen ab 2009 einen zoll- und quotenfreien Zugang zum europäischen Zuckermarkt erhalten werden, denn die neue Zuckermarktordnung sieht vor, dass die EU Schutzmaßnahmen ergreifen kann, sobald die jährliche Steigerungsrate der Importe aus den am wenigsten entwickelten Ländern über 25 % liegt. Konflikte gibt es auch im Zuckerhandel der USA mit ihrem südlichen Nachbarn. Die USA würden gerne den Import von subventioniertem Zucker aus Mexiko verhindern; sie verkaufen aber gleichzeitig subventionierten Zucker aus Maissirup, der einen preiswerten Zuckerersatz in Softdrinks darstellt, in Mexiko.

Obwohl auf dem Weltmarkt nach wie vor ein Überangebot besteht, nimmt die globale Zuckerproduktion weiter zu. Die Herstellung wurde in neuerer Zeit insbesondere in Brasilien, Indien, China und Thailand ausgeweitet, während sie in der EU rück-

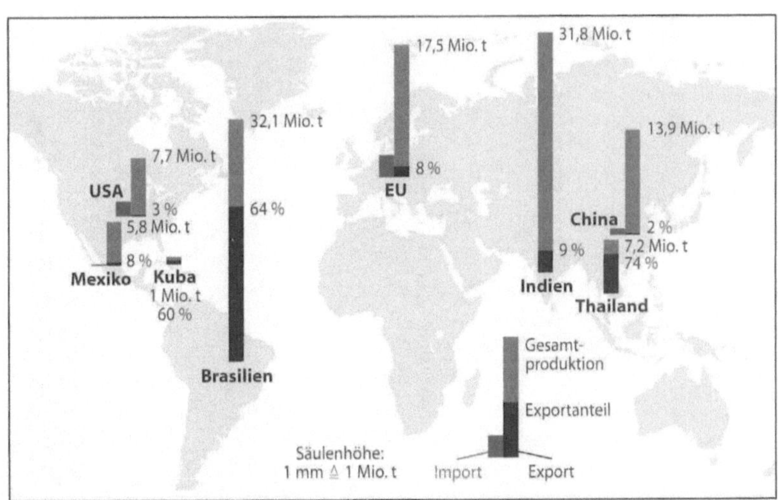

läufig war. Der größte Produzent von Zucker ist heute Brasilien, dicht gefolgt von Indien. Diese beiden Länder haben zusammen ihren Anteil an der globalen Produktion von 20 % zu Beginn der 1990er Jahre auf rund 38 % im Wirtschaftsjahr 2007/08 ausgebaut. Während Brasilien 64 % und Thailand 74 % der Produktion ausführen, verzehren die bevölkerungsreichen Länder Indien und China fast die gesamte Produktion selbst. Die EU ist heute sowohl ein Exporteur als auch ein Importeur von Zucker (USDA 2008, Gudoshnikow 2005: 101).

Biokraftstoffe

Neue Chancen für Zucker auf dem Weltmarkt bietet die Erzeugung der Biokraftstoffe Ethanol und Biodiesel, die aus zucker- und stärkehaltigen Pflanzen gewonnen werden. In Europa, Malaysia und Indonesien überwiegt die Produktion von Biodiesel, während in Brasilien, den USA und China fast ausschließlich Ethanol hergestellt wird (FAO 2008: 15). In Deutschland werden die Biokraftstoffe aus Raps, Sonnenblumen, Soja und Zuckerrüben, in den USA aus Mais, in Brasilien aus Zuckerrohr und in Malaysia aus Palmöl gewonnen. Biokraftstoffe werden als Energieträger in Verbrennungsmotoren und Brennstoffzellen verwendet (www.zuckerwirtschaft.de). Um die Abhängigkeit von fossilen Rohstoffen zu verringern, fördern viele Länder Biokraftstoffe, zumal die Energie- und Klimabilanz angeblich positiv zu bewerten ist (Breuer, Dezeit u. Becker 2008: 58). In Deutschland wurden 2004 erst 25 000 l Bioethanol produziert. Nach der Befreiung von der Mineralölsteuer stieg die Produktion auf 431 000 l im Jahr

Abb. 3.7

Zuckerhandel der wichtigsten Produzenten (Wirtschaftsjahr 2007/08). Quelle: USDA 2008, Gudoshnikow 2005: 101

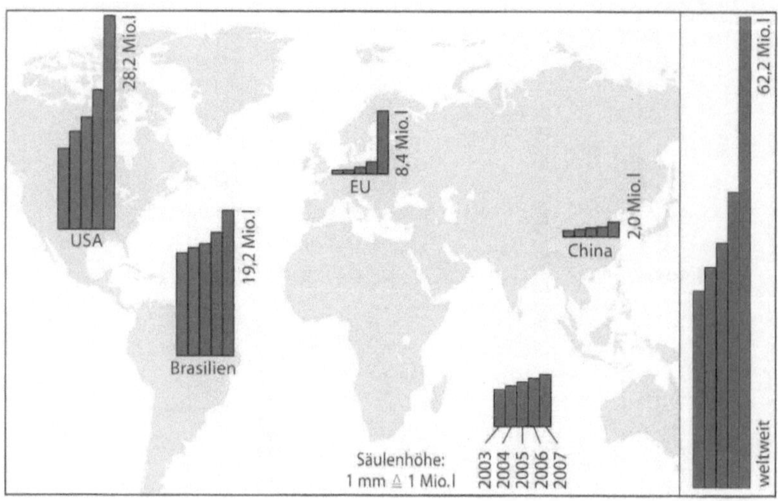

Abb. 3.8

Biokraftstoffe: Die wichtigsten Produzenten 2003–2007. Quelle: www.zuckerwirtschaft.de, FAO 2008: 15

2006 an. Das am 1. Januar 2007 in Kraft getretene Biokraftstoffquotengesetz sieht schrittweise steigende Pflichtanteile von Biokraftstoffen in Otto- und Dieselkraftstoffen auf bis zu 3,6 % vor. Der Absatz von Bioethanol wird in Deutschland aufgrund dieses Gesetzes mittelfristig voraussichtlich auf 1,2 Mio. t ansteigen (www.zuckerwirtschaft.de).

Von 2003 bis 2007 hat die globale Produktion von Biokraftstoffen um 140 % auf 62,2 Mio. l zugenommen (s. Abb. 3.8). Brasilien nimmt bei der Produktion eine Vorreiterrolle ein. Bereits 1931 waren in dem südamerikanischen Land Benzin Biokraftstoffe beigemischt worden, und nach der ersten Ölkrise wurde 1975 das Nationale Programm ProÁlcool verabschiedet, um die Voraussetzungen für den Ausbau der Zucker- und Biokraftstoffindustrie zu fördern. Da mit einem weiteren Anstieg der Ölpreise gerechnet wurde, hoffte Brasilien, die Subventionen bald wieder einstellen zu können. Die Unterstützung konnte allerdings erst in den 1990er Jahren auslaufen, als Produktion und Verkauf der Biokraftstoffe schrittweise auf den privaten Sektor übertragen wurden. Die Wettbewerbsfähigkeit von Biokraftstoffen auf dem Weltmarkt hängt von den Ölpreisen ab, die in den vergangenen Jahren stark geschwankt haben. Berechnungen der FAO zufolge rentiert sich die Produktion von Biokraftstoffen in Brasilien, wenn der Ölpreis rund 30 US-$ pro Barrel beträgt. In den USA ist dieses erst bei einem Ölpreis von gut 50 US-$ pro Barrel und in Europa sogar erst ab 80 US-$ pro Barrel der Fall. Abgesehen von Brasilien subventionieren alle anderen Länder die Herstellung von Biokraftstoffen, wobei das wahre Ausmaß der Subventionen kaum zu durchschauen ist. In den USA fördert ein Maßnahmengeflecht auf bundes- und einzelstaatlicher Ebene die Produktion der Biokraftstoffe mit insgesamt rund 200 verschiedenen Programmen. Während im Jahr 2000 nur 15 Mio. t Mais für die Herstellung der Biokraftstoffe verwendet worden waren, waren es 2007 schon 335 Mio. t. Außerdem wird die Einfuhr von Ethanol pro Gallone mit 0,54 US-$ besteuert, um den preiswerteren brasilianischen Treibstoff zu behindern (FAO 2008: 24 u. 31–36, The Economist: 08.12.07). Ähnlich unterstützt die EU die Herstellung der alternativen Kraftstoffe im Rahmen mehrerer Programme. Die FAO hat errechnet, dass die USA 2006 die Produktion von Biokraftstoffen insgesamt mit 6,33 Mrd. US-$ und die EU mit 4,7 Mrd. US-$ subventioniert haben (FAO 2008: 30–33). Die hohen Subventionen haben dazu beigetragen, dass die USA und die EU die Produktion von Biokraftstoffen in neuerer Zeit stark ausbauen konnten. 2007 haben die USA sogar Brasilien als weltweit größten Produzenten abgelöst (s. Abb. 3.8), obwohl die Voraussetzungen für eine Produktionsausweitung in Südamerika weit besser als in den USA sind, da die Gewinnung aus Zuckerrohr effizienter ist als aus Mais.

Dem erhöhten Einsatz von Biokraftstoffen wurde lange ein großer Nutzen beigemessen, da man hoffte, so die Agrarüberschüsse der entwickelten Länder abbauen und in den wenig entwickelten Ländern die Nachfrage ankurbeln zu können (Breuer, Delzeit u. Becker 2007: 59). Außerdem sollten die Biokraftstoffe mittel- bis langfristig die Abhängigkeit vom Erdöl verringern. Die erhöhte Nachfrage nach Mais und anderen Rohstoffen trieb allerdings die Preise für diese Agrarprodukte in die Höhe. Die Weltöffentlichkeit realisierte erstmals, dass der Anstieg der Nahrungsmittelpreise in vielen Ländern ein ernstes Problem darstellte, als Ende Januar 2007 in Mexiko City Zehntausende Menschen gegen die hohen Maispreise protestierten. Aus Mais werden in Mexiko Tortillas hergestellt, die bei keiner Mahlzeit fehlen. Ein Viertel des Maises, der in Mexiko gebraucht wird, wird aus den USA importiert (The New York Times: 01.02.07). Mit der zunehmenden Produktion von Biokraftstoffen schrumpft und verteuert sich das globale Nahrungsmittelangebot, worunter insbesondere die Menschen in den wenig entwickelten Ländern leiden. Obwohl die Ernährungskrise des Jahres 2008 auch auf schlechte Ernten im Vorjahr sowie auf die gestiegene Nachfrage nach

Lebensmitteln in China und Indien zurückzuführen war, wurde Bioethanol in der Presse als der Hauptschuldige für die Misere ausgemacht. Zwischenzeitlich war auch die Umweltfreundlichkeit von Bioethnaol bezweifelt worden. Einer OECD-Studie zufolge wäre ein Drittel des derzeit in den USA für den Getreideanbau zur Verfügung stehenden Landes nötig, um zehn Prozent des Rohölverbrauchs für Kraftfahrzeuge durch Bioethanol zu ermöglichen (zitiert in: The New York Times: 19.09.07). Die Ausweitung der Anbauflächen führt in den entwickelten Ländern unweigerlich zu einer Abnahme der Erzeugung anderer Agrarprodukte und in vielen wenig entwickelten Ländern zu einer weiteren Entwaldung, die sich besonders nachteilig in den Tropen auswirkt, wo der Regenwald weiter dezimiert wird. Inzwischen haben die entwickelten Länder ihre ehrgeizigen Ziele zum Produktionsausbau von Bioethanol wieder zurückgenommen. Entscheidend für diesen Schritt war die Erkenntnis, dass Nahrungsmittel in erster Linie für die Ernährung von Menschen und nicht für Kraftfahrzeuge verwendet werden sollten (The Economist: 18.01.08).

Kaffee

Der Kaffeestrauch ist in Regionen, die heute zu Äthiopien und Zentralafrika gehören, beheimatet. Bereits vor dem 16. Jahrhundert hatten arabische und indische Händler mit Kaffee aus dem Jemen gehandelt, und bald wurde er im östlichen Mittelmeerraum, in Nordafrika, auf dem Balkan und in Indien angeboten. Der Konsum des Luxusgetränks beschränkte sich auf städtische Kaffeehäuser und war eng an den Islam gebunden. Nachdem die Niederländer erstmals 1690 erfolgreich Kaffee auf Java angepflanzt und außerdem das im Jemen gelegene Mokka erobert hatten, entwickelte sich Amsterdam für mehr als ein Jahrhundert zum bedeutendsten Handelsplatz für Kaffee in Europa. Bald erhielt der arabische und asiatische Kaffee jedoch Konkurrenz aus neuen Anbaugebieten in der karibischen Inselwelt. Bereits 1780 kamen 80 % des in Europa konsumierten Kaffees aus Amerika (Topik 2006: 139). Im Verlauf des 19. Jahrhunderts verloren die Europäer ihre Vormachtstellung als Kaffeehändler und -konsumenten. Die Franzosen mussten mit der Revolution auf Haiti auf ihr wichtigstes Anbaugebiet verzichten, die Niederländer haben ihre amerikanischen Kolonien nie ausgebaut und die Briten konzentrierten sich auf den Teehandel mit China und Indien und interessierten sich kaum noch für Kaffee. Anders als die europäischen Staaten erlaubten die USA ab 1832 die zollfreie Einfuhr von Kaffee, der so zu einem preiswerten und beliebten Getränk wurde. Dennoch weiteten die US-Amerikaner den Anbau von Kaffee in ihren Kolonien Puerto Rico,

Kaffee auf einem Markt in Mexiko. Kleinbauern bieten auf dem Markt in Chiapas ihre Kaffeebohnen zum Verkauf an.

Kaffee: Die wichtigsten Produzenten und Exporteure 2006/07.

Quelle: www.ico.org

Hawaii und den Philippinen nur zögerlich aus. Sie bevorzugten den Handel mit den unabhängigen Ländern Lateinamerikas, insbesondere mit Brasilien, wo fruchtbare Böden und Sklavenarbeit eine konkurrenzlos günstige Produktion ermöglichten. Obwohl die Sklaverei in Brasilien 1888 abgeschafft wurde, konnte das Land die Preisführerschaft aufgrund technologischer Innovationen bei der Kaffeeherstellung aufrechterhalten. Der Eisenbahnbau erleichterte und verbilligte den Transport des Kaffees zur Küste. In den Hafenstädten standen immer mehr Schiffe bereit, um den Kaffee in alle Welt zu transportieren. Bereits 1850 baute Brasilien mehr als die Hälfte und 1900 ca. 75 % des weltweit gehandelten Kaffees an. Gleichzeitig stieg der Anteil der USA am globalen Kaffeeimport von 28 auf 50 % an (Topik u. Samper 2006: 122–126).

Brasilien ist seit mehr als 150 Jahren weltweit der größte Produzent von Kaffee. Den günstigen Anbaubedingungen ist zu verdanken, dass Kaffee zu immer geringeren Preisen angeboten werden und sich so zu einem globalen Massenkonsumgut entwickeln konnte. Ab 1870 ermöglichten Unterseekabel den Informationenaustausch zu Angebot und Nachfrage zwischen Südamerika, New York und London. Die Preise wurden zunehmend von den Importeuren bestimmt, die immer mehr Einfluss auf die Produzenten nahmen oder sogar selbst Plantagen aufkauften, um Produktionsmenge und Preise selbst bestimmen zu können. Mit der Gründung der New Yorker Kaffeebörse 1882, der bald weitere Börsen in Europa folgten, wurde die Preisbildung institutionalisiert. Die Kaffeepreise entwickeln sich zyklisch. Hohe Preise auf dem Weltmarkt führten wiederholt zu einem Ausbau der Anbaufläche nicht nur in Brasilien, sondern zunehmend auch in Mexiko, den karibischen Staaten, in Asien und in Afrika. Die unvermeidliche Folge war ein Überangebot verbunden mit einem Preisverfall wenige Jahre später, dem ein Rückgang der Anbaufläche folgte (Topik u. Samper 2006: 128f.). Brasilien war bemüht, durch staatliche Interventionen wie Stützungskäufe Preisschwankungen auszugleichen, hatte aber alleine zu wenig Einfluss auf den Weltmarkt. Gespräche zwischen Export- und Importländern zu Preisstützungsaktivitäten führten 1963 zur Unterzeichnung des ersten Internationalen Kaffeeabkommens (International Coffee Agreement, ICA) unter der Schirmherrschaft der Vereinten Nationen. Die in London gegründete Internationale Kaffeeorganisation überwachte die Einhaltung des Abkommens. Alle bis 1983 abgeschlossenen Abkommen legten für die einzelnen Erzeugerländer Exportquoten nach einem Schlüssel fest, um die Preise innerhalb einer bestimmten Spanne stabil halten zu können. Das Quotensystem führte allerdings zu Fehlentwicklungen wie zu nicht nachfragegerechten Produktionsstrukturen und einer übermäßigen Verteuerung des Qualitätskaffees. Besonders ungerecht war, dass Staaten, die das Abkommen nicht unterzeichnet hatten, Kaffee zu sehr niedrigen Preisen kaufen konnten, während die Mitglieder weit mehr zahlen mussten. In allen späteren Abkommen wurde daher auf eine Quotenregelung verzichtet. Darüber hinaus hat es lange ein System der Preisregulierung gegeben, das 1989 aufgrund von Unstimmigkeiten aufgegeben wurde (Oxfam Deutschland 2007: 4, www.kaffeeverband.de).

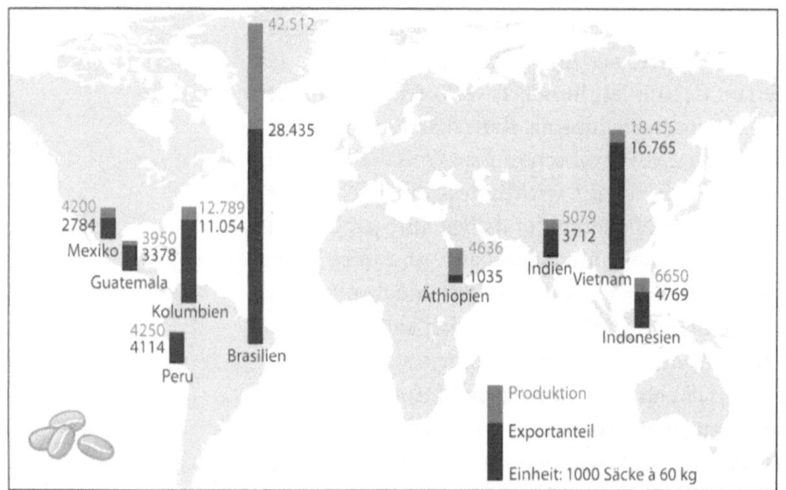

In den Produktionsländern sind schätzungsweise 20–25 Mio. Menschen mit der Kultivierung von Kaffee beschäftigt. 90 % der weltweiten Produktion erfolgt durch Kleinbauern, von denen viele in den ärmsten Ländern der Welt leben. Der Kaffeeanbau wird häufig in der Form von Subsistenzwirtschaft betrieben und stellt die einzige Einnahmequelle der Familien dar. Hohe Preise auf dem Weltmarkt hatten in den 1990er Jahren einen Ausbau der Produktionsfläche u. a. in Vietnam und an der Elfenbeinküste und bald auch eine Überproduktion zur Folge, die zwangsweise zu einem Verfall der Preise ab 1997 führte (Stamm 1999, www.kaffeeverband.de). Ende 2001 war der Kaffeepreis so niedrig wie seit 30 Jahren nicht mehr. Die Auswirkungen auf die Kleinbauern waren fatal. In Indien mussten viele Kaffeebauern ihr Land verkaufen, in Mittelamerika verloren rund 600 000 Menschen ihre Arbeit im Kaffeesektor und in Äthiopien, wo Kaffee ungefähr die Hälfte aller Exporte ausmacht, zogen die Bauern vor, die Droge Chat anzubauen. In den vergangenen Jahren haben die Preise für Rohkaffe auf dem Weltmarkt wieder angezogen, den Kleinbauern hilft dieses aber kaum. Sie erhalten nur einen geringen Anteil des Endverbraucherpreises, der mit nur fünf bis zehn Prozent in Äthiopien besonders niedrig ist. Erschwerend kommt hinzu, dass sich viele Bauern während der Zeit der Niedrigpreise verschuldet haben und jetzt ihre Einkünfte für den Schuldendienst verwenden müssen (Goldin u. Reinert 2007: 66, Oxfam Deutschland 2007: 4–6). Im Herbst 2007 wurde in London das siebte Internationale Kaffeeabkommen vereinbart. Wichtige Ziele sind die Förderung des internationalen Handels, ein verbesserter Zugang zu Informationen auch für Kleinbauern und die Förderung eines nachhaltigen Anbaus (www.ico.org).

Heute wird Kaffee in 70 bis 80 Ländern der Tropen und Subtropen angebaut; allerdings in nennenswertem Umfang nur in 50 Ländern. Die weltweite Anbaufläche beträgt knapp elf Millionen Hektar, wovon sich sechs in Süd- und Mittelamerika, drei in Asien/Ozeanien und zwei Millionen Hektar in Afrika befinden. Eine Verbesserung der Kaffee-Anbausysteme hat zu einem Anstieg der Flächenproduktivität geführt. Im Durchschnitt liegt der Hektarertrag bei 680 kg Kaffee, schwankt aber zwischen 33 kg in Angola und 1620 kg in Costa Rica. Große Unterschiede gibt es auch bei den Produktionskosten, die 2002 in Mexiko pro 1 lb Kaffee (ca. 454 g) 0,5–0,8 US-$ und in Vietnam 0,15–0,28 US-$ betrugen (www.kaffeeverband.de). Brasilien ist mit 42 Mio. Säcken à 60 kg mit großem Abstand der größte Produzent von Kaffee, gefolgt von Vietnam, das den Anbau in den vergangenen Jahren stark ausgebaut hat. Vietnam exportiert gut 90 % der Ernte, während Brasilien nur 67 % der Produktion ausführt. Kolumbien, Indonesien, Indien, Äthiopien, Peru, Mexiko und Guatemala sind weitere bedeutende Produzenten von Kaffee (s. Abb. 3.9).

Der Kaffeebauer ist von einer großen Zahl von Personen oder Institutionen, die an Aufbereitung, Handel und Vermarktung beteiligt sind, abhängig

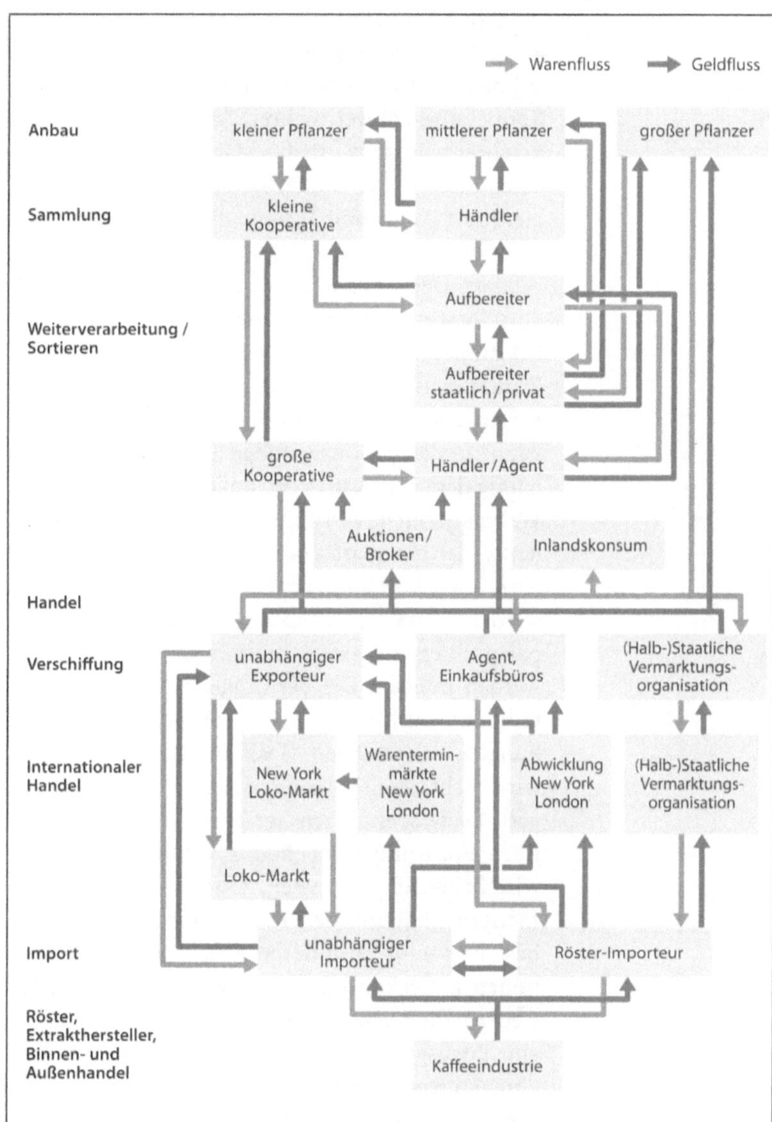

Abb. 3.10: Wertschöpfungskette Kaffee. Quelle: www.kaffeeverband.de

(s. Abb. 3.10). Die Aufgaben der einzelnen Akteure können sehr unterschiedlich sein. Teilweise übernehmen die Exporteure auch die Aufbereitung oder Kooperativen führen mehrere Arbeitsschritte durch. Erschreckend groß ist die Macht der großen globalen Kaffeeröster Nestlé, Sara Lee, Procter & Gamble, Kraft Foods und Tchibo, die gemeinsam einen Anteil von mehr als 50 % am Weltmarkt haben (Oxfam Deutschland 2007: 5). In einzelnen Ländern bestimmen unterschiedliche Vorlieben der Konsumenten das Angebot, das sich durch die Zusammensetzung der Mischung, den Grad der Röstung oder die Art der Zubereitung unterscheiden kann. In den produzierenden Ländern selbst wird häufig derjenige Kaffee getrunken, der sich auf dem Weltmarkt nicht verkaufen lässt. Die Röster kaufen heute den Rohkaffee an den Terminmärkten in New York, London, São Paulo oder Tokio ein. Es werden Verträge geschlossen, die von den Vertragspartnern erst zu einem bestimmten Termin erfüllt werden müssen. Die Termingeschäfte werden getätigt, um sich vor unvorhersehbaren Preisschwankungen zu schützen. Das Preisänderungsrisiko wird nicht beseitigt, sondern auf die Käufer verlagert. Diese spekulieren auf einen möglichst günstigen Preis und versuchen, Preisunterschiede gewinnbringend zu nutzen. Obwohl heute in den meisten Ländern der Kaffeeimport nicht mehr besteuert wird, profitieren viele Staaten von dem hohen Kaffeekonsum durch spezielle Verbrauchssteuern, die noch aus der Zeit stammen, als Kaffee ein Luxusgut war. Auch in Deutschland wird eine Kaffeesteuer erhoben. Gemeinsam mit der Mehrwertsteuer betragen die Abgaben an den Staat bei uns ca. ein Drittel des Endverbraucherpreises (www.kaffeeverband.de).

Die Nachfrage nach Kaffee nimmt seit einigen Jahren zu, da sich das Getränk zunehmend zu einem Lifestyle-Produkt entwickelt, für das der Konsument vergleichsweise hohe Preise zu zahlen bereit ist. Ein wichtiger Trendsetter war die US-amerikanische Firma Starbucks, die 1970 in Seattle gegründet wurde. In Deutschland betrug 2007 der Pro-Kopf-Konsum von Kaffee durchschnittlich 146 l und lag damit über dem von Mineral- und Heilwasser (130,4 l) und Bier (116 l). Insgesamt wurden für den deutschen Markt 512 000 t Rohkaffee zu 394 000 t Röstkaffee und zu 16 600 t löslichem Kaffee verarbeitet (www.kaffeeverband.de, Pressemitteilung 28.03.08).

In Amerika hat sich die Banane bereits Ende des 19. Jahrhunderts zu einem wichtigen Handelsgut entwickelt. Nach der Markteinführung in den USA 1884 stiegen die Importe schnell auf einen Wert von 10 Mio. US-$ im Jahr 1900 an. In Mittelamerika hat die Banane sogar eine wichtige Rolle bei der Erschließung gespielt, da die 1899 in Boston gegründete United Fruit Company nicht nur Bananenplantagen, sondern auch Wohnsiedlungen für die Arbeiter, Krankenhäuser, Telefonleitungen, Eisenbahnen, Häfen und mit der Great White Fleet die größte private Dampfschiffflotte der Welt geschaffen hat. Dieses Netzwerk stellte zu Beginn des 20. Jahrhunderts weltweit die bedeutendste vertikale Integration im Agrarsektor dar. Die United Fruit Company hat bis in die 1960er Jahre den amerikanischen Handel mit Bananen kontrolliert und war besonders mächtig in den Staaten Honduras, Guatemala und Panama. In diesen Ländern gab es keine Konkurrenz durch die Europäer, die sich auf den Handel mit ihren in der Karibik gelegenen Kolonien konzentrierten. Anders als in Mittelamerika erfolgte die Bananenproduktion in den Inselstaaten überwiegend auf kleinen Farmen (Bucheli u. Red 2006: 204–207). Seit 1955 hat die United Fruit Company ihre Bananen in den USA unter der Bezeichnung Chiquita vermarktet, und ein Chiquita Song klärte die Konsumenten über den Nährwert und die Reifung von Bananen auf (www.chiquita.com).

Die Nachfrage nach Bananen stieg in Europa und den USA bis in die 1950er Jahre fast kontinuierlich an, stagnierte dann aber aufgrund zunehmender Konkurrenz durch andere tropische Früchte, die zunächst in Dosen und später zunehmend auch als frische Früchte angeboten wurden. Das Quasi-Monopol der United Fruit Company in Amerika geriet erstmals in Gefahr, als das Unternehmen 1955 Gegenstand einer Untersuchung des US-amerikanischen Senats wurde. Der Druck erhöhte sich, als Del Monte und Dole, die sich auf Dosenfrüchte konzentrierten, in Mittelamerika eigene Produktionsnetzwerke aufbauten. 1970 fusionierte schließlich die United Fruit Company mit dem Fleischverarbeiter AMK-John Morrell zu United Brands. Neben der Produktion von Dosenobst blieb der Handel mit Bananen ein wichtiges Standbein. Um den Namen des Unternehmens mit dem wichtigsten Produkt in Einklang zu bringen, wurde United Brands 1990 in Chiquita Brands Internatio-

nal umgetauft (Bucheli u. Red 2006: 117–220,
www.chiquita.com).

Der Handel mit Bananen hat in den vergangenen Jahren wiederholt zu Beschwerden bei der WTO geführt und bietet ein gutes Beispiel für Wettbewerbsverzerrungen und Ungerechtigkeiten, unter denen die Erzeugerländer zu leiden haben. 1957 waren die Römischen Verträge durch ein Bananenprotokoll ergänzt worden, das den AKP-Staaten den bevorzugten Zugang zum europäischen Markt ermöglichte. In den einzelnen Mitgliedstaaten gab es allerdings unterschiedliche Regeln für den Import von Bananen. Deutschland durfte Bananen sogar zollfrei einführen (Nuhn 1995: 197, The Economist: 18.12.97). Nach der Einrichtung des europäischen Binnenmarktes 1993 wurden die unterschiedlichen Regelungen der EU durch ein kompliziertes System von Importquoten, Zollkontingenten und Lizenzberechtigungen ersetzt. Die Bevorzugung der AKP-Staaten blieb im Großen und Ganzen bestehen, während für Importe aus anderen Ländern Zölle zu zahlen waren. Neu war die Zuweisung genauer Quoten für Drittländer. Costa Rica durfte 23,4 %, Kolumbien 21 %, Nicaragua drei Prozent und Venezuela zwei Prozent der Quote für Drittländer in die EU exportieren. Die länderspezifischen Exportquoten verstimmten insbesondere diejenigen Länder, die bei der Quotenregelung nicht berücksichtigt worden waren. Hierzu gehörten Honduras, Panama und der weltweit größte Bananenexporteur Ecuador (Nuhn 1995: 198). Für Aufregung sorgte zudem eine Verordnung aus dem Jahr 1994, die festlegte, dass nur Bananen mit einer Mindestlänge von 14 cm, einem Durchmesser von wenigstens 27 mm und einer bestimmten gebogenen Form in die EU eingeführt werden dürfen, denn diese Vorgaben benachteiligten die Absatzchancen der kleineren Bananen aus der Karibik. Auf Druck der mächtigen nordamerikanischen Bananenlobby, allen voran Chiquita, verklagten die USA 1996 gemeinsam mit Ecuador, Mexiko, Guatemala und Honduras die EU vor dem Schiedsgericht der WTO. Nicht ganz unerwartet wurde die EU aufgefordert, ihre Einfuhrregeln für Bananen zu ändern (The Economist: 18.12.97). Aber auch nachdem die EU die Einfuhrquoten für die lateinamerikanischen Länder abgeschafft hatte, war der Streit nicht beigelegt (Borell 2004).

Seit Anfang 2006 gilt ein einheitlicher Zollsatz von 176 € je Tonne. Außerdem können jährlich 775 000 t Bananen aus AKP-Staaten unverzollt in die EU eingeführt werden (http://europa.eu). Die mittelamerikanischen Staaten sind mit den neuen Regeln nicht einverstanden, da sie die Einfuhrzölle als zu hoch ansehen und das zollfreie Kontingent für die AKP-Staaten als unfair betrachten (Weingärtner 2006). 2007 klagten Ecuador, Kolumbien, Panama und mehrere andere Länder erneut vor der WTO gegen die EU (Revelli 2007). Es ist sicherlich richtig, dass die lateinamerikanischen Staaten durch die EU-Regeln benachteiligt sind, aber andererseits darf nicht übersehen werden, dass die Karibikstaaten nur vergleichsweise wenige Bananen exportieren. Weltgrößter Exporteur von Bananen ist mit großem Abstand Ecuador, gefolgt von Costa Rica, Kolumbien und Guatemala. Ein weiterer wichtiger Exporteur sind die Philippinen. Aus diesen fünf Ländern kommen ca. 80 % der globalen Ausfuhren, während der Anteil der karibischen Staaten weniger als ein Prozent beträgt. Gleichzeitig importieren die USA und Europa jeweils mehr als 30 % der global gehandelten Bananen. Weitere 8,5 % werden von Japan eingeführt (FAO 2005a).

Baumwolle

Der Anbau von Baumwolle ist zwischen dem 47. Grad nördlicher Breite und dem 28. Grad südlicher Breite möglich. Es gibt 39 Baumwollarten, aber nur aus vier Arten können spinnbare Baumwollfasern gewonnen werden. Anbau und Handel konzentrieren sich auf die zwei Sorten *Gossypium hirsutum*, die in den USA sowie in osteuropäischen Ländern und der Russischen Föderation wächst, und *Gossypium barbadense*, die in Ägypten, Teilen Chinas und

Abb. 3.11
Baumwolle: Die wichtigsten Exporteure und Importeure 1970–2007.
Quelle: USDA 2007

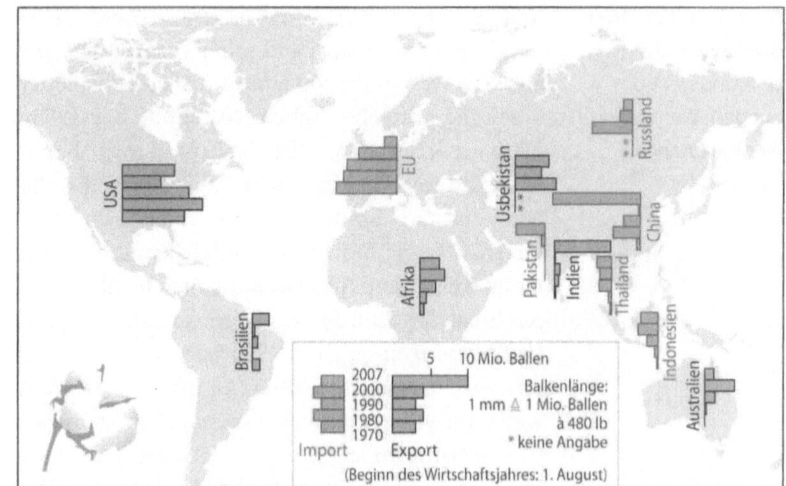

der USA sowie in Ägypten angebaut wird. Die Baumwollpflanze ist äußerst empfindlich. Immer wieder gefährden oder vernichten zu nasse oder zu trockene Sommer oder Schädlinge die Ernte und bewirken große Schwankungen bei Produktion, Angebot und Preisen auf dem Weltmarkt (Weber u. Parusel 1995).

Die Verarbeitung von Baumwolle hat bei der Industrialisierung Englands und der USA eine wichtige Rolle gespielt (s. Teil I). Seit dem Aufstieg der Vereinigten Staaten zum wichtigsten Produzenten und Exporteur von Baumwolle zu Ende des 18. Jahrhunderts konnte das Land seine Vormachtstellung auf dem Weltmarkt 200 Jahre lang fast ohne Unterbrechung aufrechterhalten. Nur Ende der 1980er Jahre exportierte zeitweise Usbekistan mehr Baumwolle als die USA. In neuerer Zeit haben die USA aber ernsthafte Konkurrenz durch eine Reihe weiterer Staaten wie Indien, die westafrikanischen Staaten, Brasilien und Australien erhalten (s. Abb. 3.11). Auch bei der Einfuhr von Baumwolle hat es große Veränderungen gegeben. 1970 war die EU noch der mit weitem Abstand größte Importeur von Baumwolle. Inzwischen führt China ungefähr siebenmal so viel Baumwolle ein wie die EU, die zudem von Pakistan und Indonesien überholt worden ist. Diese

Entwicklung spiegelt die abnehmende Bedeutung Europas als Produzent von Textilien wider. Bekleidung und Textilien werden heute hauptsächlich in China und anderen asiatischen Ländern hergestellt (USDA 2007).

Die Vormachtstellung der US-amerikanischen Baumwollindustrie über zwei Jahrhunderte ist auf die Kreativität und Fähigkeit zur Marktanpassung, innovative Produktionsmethoden, Marketing, Technologie und Organisation der nordamerikanischen Baumwollfarmer zurückzuführen, die sich geradezu mustergültig den Bedingungen auf dem Weltmarkt angepasst haben (Rivoli 2006: 32). Ebenso entscheidend dürften aber die großzügigen Subventionen sein, die die Baumwollfarmer erhalten haben. Im Wirtschaftsjahr 2002/03 erhielten die nur 28 000 US-amerikanischen Baumwollproduzenten angeblich 63 % aller weltweit in diesem Sektor gezahlten Subventionen (Pan u. a. 2007). Die staatliche Unterstützung ermöglicht es den Nordamerikanern, die Baumwolle zu Preisen auf dem Weltmarkt anzubieten, die 35 % unter den Herstellungskosten liegen (Mason u. Knight 2005: 16). Aber auch die EU subventioniert ihre Baumwollindustrie. Obwohl Griechenland und Spanien nur mit 2,5 % an der Weltproduktion beteiligt sind, erhalten die beiden Länder

18,5 % der globalen Subventionen. Somit zahlt die EU sogar rund 1,0 US-$ pro Pfund Fasern, während die USA die gleiche Menge »nur« mit 0,20 US-$ subventionieren. China oder Ägypten unterstützen den Baumwollanbau mit 0,08 bzw. 0,14 US-$ pro Pfund Fasern. Ähnliches gilt für andere Staaten (Daten für 2004). Der globale Wettbewerb wird außerdem durch Importzölle, die z. B. in China, Indien oder Pakistan in unterschiedlicher Höhe in Abhängigkeit von der eingeführten Menge erhoben werden, verzerrt (Pan u. a. 2007).

Leidtragende der globalen Handelsbeschränkungen und Subventionen sind die westafrikanischen Staaten, die sich in den vergangenen Jahrzehnten zu wichtigen Produzenten und Exporteuren von Baumwolle entwickelt haben, auch wenn ihr Anteil an der Weltproduktion immer noch gering ist. In Westafrika stieg die Produktion von 100 000 t im Jahr 1960 auf eine Million Tonnen 2005. Das entspricht fünf Prozent der globalen Produktion. Die afrikanische Baumwolle ist angeblich von besserer Qualität als die nordamerikanische, da sie von Hand und nicht von Maschinen geerntet wird, d. h. Anbau und Ernte sind in Afrika sehr arbeitsintensiv. In Westafrika bauen zwei bis drei Millionen Haushalte auf einer Fläche von weniger als einem Hektar Baumwolle an. Schätzungsweise hängen in den westafrikanischen Ländern rund 16 Mio. Menschen, die unter den Subventionen für nur 28 000 US-amerikanische Farmer zu leiden haben, direkt oder indirekt von der Baumwollproduktion ab (OECD 2006). Nachdem zu Beginn des neuen Jahrtausends die Baumwollpreise auf dem Weltmarkt stark gesunken waren, verzeichneten diese Länder, die zu den ärmsten der Erde gehören, jedes Jahr Einnahmeverluste in Höhe von 441 Mio. US-$, wovon 86 % auf die vier größten afrikanischen Baumwollproduzenten Benin, Burkina Faso, Tschad und Mali entfielen (Mason u. Knight 2005). In Burkino Faso hat die Baumwolle einen Anteil von mehr als 50 % und in den drei anderen Ländern von fast einem Drittel am Export (OECD 2006).

Die Forderung der westafrikanischen Staaten nach einer weltweiten Einstellung aller Förderprogramme für Baumwolle, die von Brasilien unterstützt wurde, hat maßgeblich zum Scheitern des WTO-Treffens in Cancún beigetragen. Obwohl das Schiedsgericht der WTO die Subventionen 2004 verurteilt hat, ist das Ende der unterstützenden Maßnahmen nach wie vor nicht absehbar. Nur wenn die ausgesetzte Doha-Runde wieder aufgenommen werden sollte, könnte eine Lösung erzielt werden. Es wird davon ausgegangen, dass im Fall einer völligen Liberalisierung des Handels der Preis auf dem Weltmarkt über eine Spanne von fünf Jahren um 2,69 % und das Handelsvolumen um 10,5 % steigen würde. Die Exportchancen würden sich in einigen Ländern wie den westafrikanischen Staaten, Brasilien und Usbekistan erhöhen, da die US-amerikanischen Exporte aufgrund höherer Preise abnehmen und die chinesischen Importe bedingt durch die Beseitigung von Einfuhrzöllen steigen würden (Pan u. a. 2007). Die afrikanischen Staaten fürchten allerdings, weiterhin auf dem Weltmarkt unterlegen zu sein, denn in China gibt es 100 Mio. Baumwollfarmer und somit weit mehr als in Afrika (Mason u. Knight 2005). Der Einsatz von genetisch veränderter Baumwolle könnte die Erträge in Afrika erhöhen, ist aber umstritten (Gaillard 2007, OECD 2006).

Brennstoffe und Bergbauprodukte

Die Lagerstätten von Rohstoffen sind ungleichmäßig über die Erde verteilt. Dieses gilt noch mehr für deren Abbau oder Förderung, denn in vielen Ländern – insbesondere in Afrika – wird bislang erst ein Teil der vorhandenen Reserven abgebaut. Erwartungsgemäß verfügen die flächengrößten Länder der Erde über eine besonders breite Palette an Rohstoffen (s. Abb. 3.12). Die USA gehören bei allen Rohstoffen zu den bedeutendsten Produzenten. Mit gewissen Einschränkungen sind auch Rohstoffförderung oder -abbau Kanadas, Chinas, der Russischen Föderation und Australiens als sehr gut zu bezeichnen. In Kanada werden kein oder vergleichsweise wenig Steinkohle, Braunkohle und Kupfer produziert. Ähnliches gilt bei China für Erdgas, Uran und Edelmetalle, bei der Russischen Föderation für Kupfer und bei Australien für Erdöl und Erdgas. In den genannten Ländern werden alle anderen Bergbauprodukte im größeren Umfang gefördert (BGR 2005: 8). In Deutschland können Kohle, Kaolin, Steinsalz und Kalisalz abgebaut werden, während Erdgas und Erdöl nur in sehr geringen Mengen zur Verfügung stehen. 2007 hat Deutschland für die Einfuhr von Erzen und Metallabfällen sowie von mineralischen Rohstoffen insgesamt 95 Mrd. € ausgegeben. Das entsprach einem Anteil von 12,3 % an den gesamten Importen (Statistisches Bundesamt 2008:

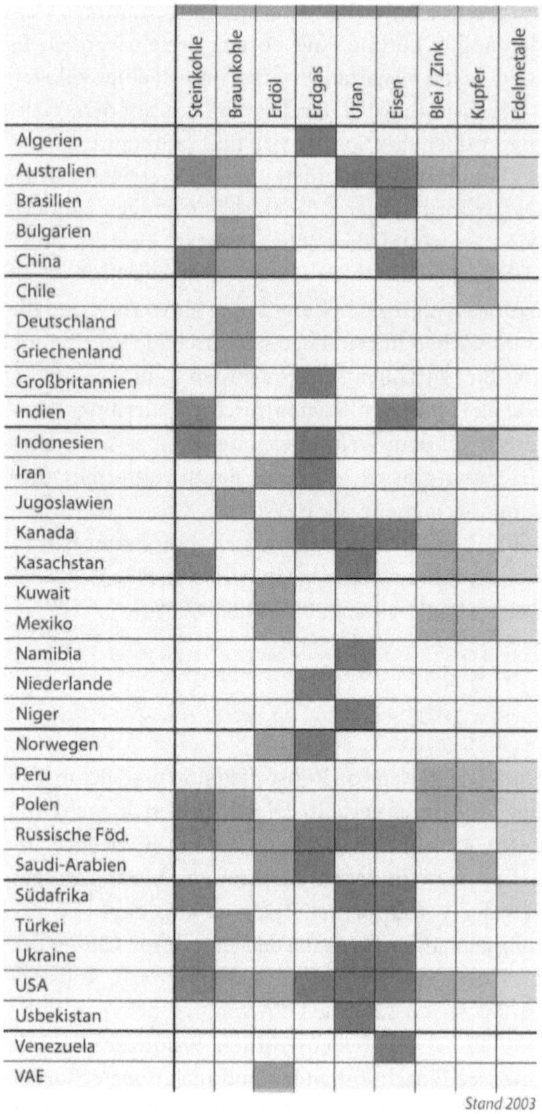

	Steinkohle	Braunkohle	Erdöl	Erdgas	Uran	Eisen	Blei / Zink	Kupfer	Edelmetalle
Algerien				X					
Australien	X	X			X	X	X	X	X
Brasilien						X			
Bulgarien		X							
China	X	X	X			X	X	X	
Chile								X	
Deutschland		X							
Griechenland		X							
Großbritannien				X					
Indien	X					X	X		
Indonesien	X			X				X	X
Iran			X	X					
Jugoslawien		X							
Kanada			X	X	X	X	X		X
Kasachstan	X				X		X	X	X
Kuwait			X						
Mexiko			X				X	X	X
Namibia					X				
Niederlande				X					
Niger					X				
Norwegen			X	X					
Peru							X	X	X
Polen	X	X							
Russische Föd.	X	X	X	X	X	X			X
Saudi-Arabien			X	X					
Südafrika	X					X		X	X
Türkei		X				X			
Ukraine	X	X				X	X		
USA	X	X	X	X	X	X		X	X
Usbekistan					X				X
Venezuela			X	X			X		
VAE			X						

Stand 2003

476). Die Importe erfolgen entweder direkt aus den rohstoffproduzierenden Ländern oder aus Ländern, in denen die Rohstoffe in Hütten oder Raffinerien weiterverarbeitet worden sind (BGR 2005: 7).

Bei der regionalen Konsumverteilung der Bergbauprodukte hat in neuerer Zeit ein Wandel mit großen Auswirkungen auf Volumen und Richtung der Welthandelsströme stattgefunden. Noch vor wenigen Jahren haben nur rund 20 % der Weltbevölkerung, die auf Europa, Nordamerika und Japan konzentriert war, mehr als 80 % aller Bergbauprodukte konsumiert. Mit der zunehmenden Industrialisierung Chinas, Indiens und anderer wenig entwickelter Länder ist inzwischen mehr als die Hälfte der globalen Bevölkerung an der Nachfrage nach Rohstoffen beteiligt (Wagner u. Huy 2005: 1). Gleichzeitig ist ein Bewusstsein dafür entstanden, dass sich die Reserven einiger Rohstoffe bereits dem Ende zuneigen.

Die gestiegene Nachfrage hatte die Preise für Rohstoffe bis Mitte 2008 stark ansteigen lassen, um dann unerwartet plötzlich einzubrechen. Die Wirtschaftszeitschrift The Economist errechnet wöchentlich einen Commodity Price Index (2000 = 100). Am 22. Juli 2008 lag dieser Index für Metalle bei 285,7, am 23. Dezember 2008 aber nur noch bei 120,4. Dieses bedeutet, dass der Weltmarktpreis für Metalle im Dezember 2008 nur 20 % über dem des Jahres 2000 gelegen hat. Eine Reihe von Faktoren war für den Preisanstieg verantwortlich. Neben der größeren globalen Nachfrage aufgrund der guten Entwicklung der Weltkonjunktur ist die nahezu vollständige Kapazitätsauslastung zu nennen. In den vorausgehenden Jahrzehnten hatte es wenig Neuinvestitionen und in einigen Bereichen sogar einen Kapazitätsabbau gegeben. Die Gewinnung der meisten Rohstoffe ist sehr energieintensiv. Die hohen Energiepreise haben daher nicht unwesentlich zu dem Preisanstieg der Rohstoffe beigetragen. Darüber hinaus ließen Engpässe beim Transport die Frachtraten steigen, und der fallende Wert des US-Dollars hat sich negativ auf die Preise ausgewirkt (Wagner u. Huy 2005: 1). Zudem werden die Rohstoffpreise immer weniger durch Angebot und Nachfrage gebildet, sondern zunehmend durch den Finanzmarkt bestimmt. Rohstoffe werden zur Diversifizierung von Investmentportfolios sowie in Hedgefonds eingesetzt und sind zu Spekulationsobjekten geworden. Die an den Rohstoffbörsen gehandelten Terminkontrakte übersteigen heute das physische Marktvolumen um ein Vielfaches, und die Preisentwicklung entkoppelt sich von den Marktdaten. Überhöhte Preise oder starke Preisschwankungen für einzelne Rohstoffe sind keine Seltenheit mehr. 2007 waren z. B. die Nickelpreise binnen kürzester Zeit auf 50 000 US-$ pro Tonne explodiert, um ebenso plötzlich wieder auf die Hälfte zurückzufallen. Ein schwankendes Angebot für einzelne Rohstoffe, für das es viele Gründe gibt, wirkt sich meist umgehend auf die Preise aus. Anfang 2008 kam es in Südafrika aufgrund von Engpässen bei der Energieversorgung zu einem Produktionsrückgang von Chrom. Da Südafrika die Hälfte des globalen Ferrochroms erzeugt, verdoppelten sich die Preise binnen kürzester Zeit. Eine Verknappung des Angebots kann auch politisch motiviert sein, um die Preise gezielt in die Höhe zu trieben. Zudem kam es in den vergangenen Jahren immer wieder zu Liefer- oder Lagerengpässen aufgrund des erhöhten Handelsvolumens. Für ausgewählte Rohstoffe gibt es sogar in einigen Ländern wie China oder Indien aufgrund der großen Binnennachfrage Exportbeschränkungen oder sogar -verbote, was ebenfalls zu einer Verknappung auf dem Weltmarkt und somit höheren Preisen führt (Wirtschaftsvereinigung Stahl 2008: 2f.). Im Folgenden wird aus der Fülle der Rohstoffe exemplarisch der Welthandel mit den Energierohstoffen dargstellt. Die fossilen Energieträger sind die begehrtesten globalen Handelsgüter.

Noch vor 300 Jahren war Holz der wichtigste Energieträger. Weite Teile Europas waren nach Ende der ersten Eiszeit mit Wäldern bedeckt, die sich häufig auf gutem Ackerland befanden und daher im Laufe der Jahrtausende nach und nach abgeholzt wurden. Außerdem wurden ganze Regionen entwaldet wie die Lüneburger Heide, deren Holz im Mittelalter bei der Salzherstellung als Energielieferant diente. Holz war zudem beim Bau von Schiffen unentbehrlich. Die Erfindung der ersten industriell brauchbaren Dampfmaschine durch James Watt im Jahr 1765 erlaubte die Förderung von Kohle im Tiefbau. Schon bald wurde die Kohle in England zum wichtigsten Energieträger, denn Holz war in Europa äußerst knapp. Kohle stand nur an wenigen Standorten zur Verfügung und musste häufig über große Strecken zum Verbraucher transportiert werden. Energie war somit zu einem Handelsgut geworden, dessen Bedeutung heute aktueller denn je zu sein scheint (Buckman 2005: 184). Ab Mitte des 19. Jahrhunderts löste das Erdöl die Kohle als wichtigster Energieträger nach und nach ab.

Die fossilen, aus organischen Substanzen gebildeten Rohstoffe Erdöl, Erdgas und Kohle sowie die Kernbrennstoffe Uran und Thorium bilden die nicht erneuerbaren Energierohstoffe. Ergänzt werden sie durch Hydro-, Wind- und Solarenergie, Biothermie und Biokraftstoffe, die erneuert werden können. Um unterschiedliche Energieträger miteinander vergleichen zu können, werden sie in das technische Maß Steinkohleinheit (SKE) umgerechnet. Ein SKE entspricht dem mittleren Energiegehalt von einem Kilogramm Steinkohle (= 7000 cal). Eine Tonne Heizöl entspricht 1,43 SKE und ein Kubikmeter Erdgas 1,29 SKE (Adron 1987: 193). Technischer Fortschritt

Foto 3.7:
Kiruna.
Der Abbau von Eisenerz ist in Nordschweden von großer Bedeutung. Weltweit belegt die Förderung in Schweden allerdings nur den zehnten Platz. Brasilien, Australien und China sind die bedeutendsten Förderländer.

und das Anwachsen der Weltbevölkerung haben den globalen Energieverbrauch in den vergangenen Jahrzehnten stark ansteigen lassen. Allein von 1980 bis 2007 ist dieser um rund 66 % auf 15,8 Mrd. SKE gestiegen. Nach der Jahrtausendwende hat die Nachfrage nach Energie stark zugenommen. Während der weltweite Primärenergieverbrauch zwischen 1996 und 2001 nur jährlich um 1,2 % angestiegen war, lag dieser Wert bedingt durch die positive Entwicklung der Weltwirtschaft zwischen 2001 und 2006 bei drei Prozent. Fast die Hälfte dieses Wachstum geht auf China zurück, aber auch die anderen Länder verzeichneten einen jährlichen Anstieg des Verbrauchs um 1,9 % (BP 2008). Erdöl ist nach wie vor der wichtigste Energieträger, hat allerdings seit 1980 deutlich zugunsten des Erdgases an Bedeutung verloren. Kohle und Hydroenergie haben leicht zugenommen, während der Anteil der Kernenergie um rund 130 % angestiegen ist (s. Abb. 3.13).

In Deutschland schwankt der Primärenergieverbrauch seit Beginn der 1980er Jahre zwischen knapp 480 Mio. t und gut 522 Mio. t SKE. 2007 hat-

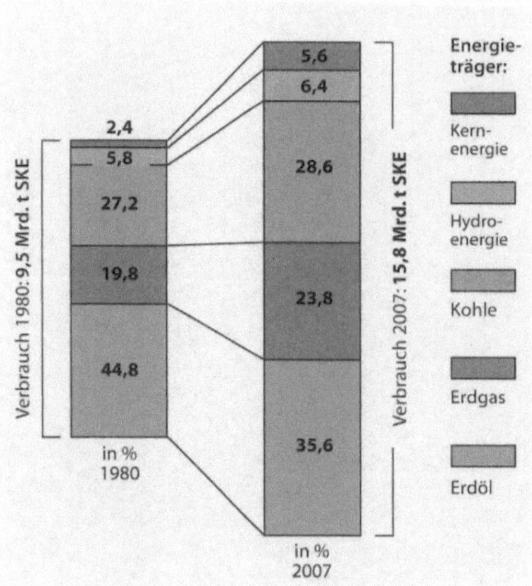

te Deutschland einen Primärenergieverbrauch von 473,6 Mio. t SKE, der somit deutlich unter dem für 1980 von 508 Mio. t SKE lag. Der Rückgang kann mit dem gesunkenen Bedarf in den neuen Bundesländern und in Berlin, der Deindustrialisierung und durch einen gedrosselten Energieverbrauch aufgrund hoher Preise zurückgeführt werden. Von 1980 bis 2007 sind die Anteile des Erdöls und insbesonde-

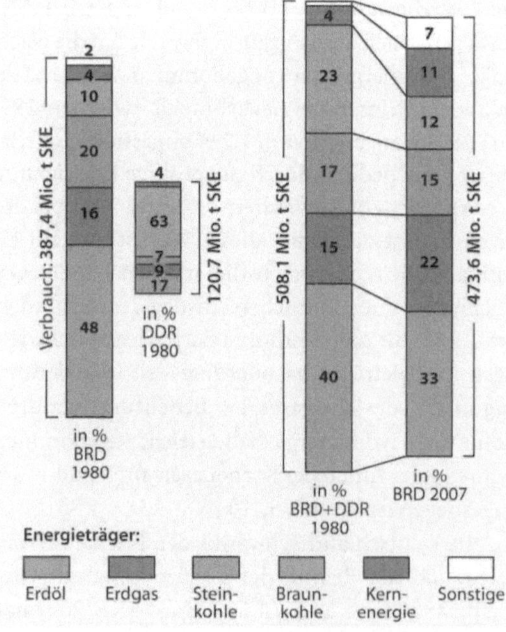

re der Braunkohle am deutschen Energieverbrauch deutlich gesunken. 1980 hatte die Braunkohle in der DDR einen Anteil von über 75 % am Primärenergieverbrauch (www.fiz-karlsruhe.de), der sich auf den hohen Wert für den gesamtdeutschen Verbrauch durchschlug (s. Abb. 3.14) (VdK 2008: 26). Die Bundesrepublik Deutschland ist auf den Import von Energierohstoffen angewiesen. Während wir bei Braunkohle Selbstversorger sind, liegt der Importanteil beim Mineralöl bei 97 %, beim Erdgas bei 82 % und bei der Steinkohle bei 66 % (Zahlen für 2006). Der afrikanische Kontinent und hier insbesondere Libyen waren um das Jahr 1970 noch der wichtigste Lieferant, derzeit beträgt der Anteil Afrikas jedoch nur noch rund 15 %. Heute bezieht die Bundesrepublik Deutschland 36 % seines Erdöls von den Nordseeanrainern Norwegen und Großbritannien und weitere 34 % aus den GUS-Staaten. Der Anteil des Nahen Ostens ist von zeitweise mehr als 50 % auf nur noch zehn Prozent gefallen, und der Bezug aus OPEC-Ländern liegt heute nur noch bei 19 %. Gleichzeitig importiert Deutschland rund vier Fünftel seines Erdgases. Hier dominieren die Russische Föderation, die Niederlande und Norwegen (BGR 2005: 1 u. 8f.).

Mit Ausnahme von Kohle wird in konventionelle und nicht konventionelle Energierohstoffe unterschieden. Während Erstere leicht und kostengünstig zu gewinnen sind, sind bei Letzteren erhöhte Aufwendungen erforderlich (Rempel 2008: 22). Bei der Bewertung der noch vorhandenen bzw. in der Zukunft nutzbaren Mengen eines Energierohstoffs muss zwischen Reserven und Ressourcen unterschieden werden. Die Reserven umfassen diejenigen Mengen eines Rohstoffes, die mit großer Genauigkeit erfasst wurden und mit den derzeitigen technischen Möglichkeiten wirtschaftlich gewonnen werden können. Ressourcen bezeichnen hingegen diejenigen Mengen, die nachgewiesen, aber derzeit nicht wirtschaftlich gewinnbar sind, oder Mengen, die auf Basis geologischer Indikatoren noch erwartet werden (BGR 2008: 37).

Die Energierohstoffe sind nicht gleichmäßig über die Welt verteilt, und die Länder des höchsten Energieverbrauchs verfügen nur über geringe Vorkommen. Ein umfangreicher globaler Handel mit Energierohstoffen ist die Folge dieses Ungleichgewichts. Bei Förderung, Reserven und Ressourcen liegt der australisch-asiatische Raum mit großem Abstand vorn, bedingt durch die großen Kohlevor-

kommen Chinas. Es folgen die GUS-Länder und die Länder des Nahen Ostens aufgrund der hohen Erdöl- und Erdgasreserven. Obwohl in den wenig entwickelten Ländern fast 80 % der Erdbevölkerung leben, entfallen auf diese nur 56 % des globalen Kohleverbrauchs, ein gutes Drittel des Erdölverbrauchs und etwas mehr als ein Viertel des Erdgasverbrauchs. Der wirtschaftliche Aufschwung vieler dieser Länder in neuerer Zeit hat zu einem Anstieg der Nachfrage nach Energierohstoffen geführt, der wahrscheinlich auch in den nächsten Jahren anhalten wird. Beim Verbrauch ist heute der australisch-asiatische Raum führend, da in China und Indien sehr viel Kohle konsumiert wird. Es folgt Nordamerika, das sich durch einen großen Bedarf an Erdöl auszeichnet. Mit einem größeren Abstand folgt Europa auf dem dritten Platz als ein bedeutender Importeur von Erdöl und Erdgas (BGR 2008: 8–11). Es wird damit gerechnet, dass die globale Nachfrage nach Energie auch in den nächsten Jahrzehnten aufgrund des Anwachsens der Weltbevölkerung weiter steigen wird. Berechnungen der OPEC (2007) zur Entwicklung bis zum Jahr 2030 zufolge werden die fossilen Energierohstoffe weiterhin einen Anteil von ungefähr 90 % an der weltweiten Energieproduktion haben. Voraussichtlich wird der Anteil des Öls sinken, der des Erdgases steigen und der von Kohle und von Kern- und Hydroenergie sowie der erneuerbaren Energien annähernd stabil bleiben. Allerdings sind langfristige Berechnungen schwierig. 2007 ging die OPEC noch davon aus, dass der Ölpreis bis 2030 inflationsbereinigt kaum die Marke von 50–60 US-$ pro Barrel überschreiten würde (OPEC 2007: 15). Diese Annahme stellte sich schon bald als falsch heraus, als der Ölpreis im Juli 2008 auf rund 150 US-$ pro Barrel anstieg. Ende 2008 kostete das Barrel allerdings nur noch knapp 40 US-$. Die großen Preisschwankungen innerhalb sehr kurzer Zeiträume verdeutlichen, wie schwierig es ist, richtige Prognosen aufzustellen.

Foto 3.8

Importkohle im Hafen von Baltimore. Wie Europa importieren die USA Kohle aus Ländern, die diese preiswerter abbauen können.

Kohle

Bei Kohle ist zwischen Stein- und Braunkohle zu unterscheiden. Die Steinkohle bildete sich im Karbon (carbo = Kohle) oder Steinkohlezeitalter vor 296 bis 354 Mio. Jahren. Die Lagerstätten gehen auf fossile Wälder zurück, die unter tropischem Klima entweder in Küstensümpfen oder in Binnenseen des Festlandes entstanden waren. Die Sumpfwälder wurden aufgrund von Landsenkungen von nichtmarinen sandigen und tonigen Sedimenten überlagert und unter Luftabschluss zu Kohle umgewandelt. Größere Kohlevorkommen befinden sich im Ruhrgebiet, im Saarland, in Ober- und Niederschlesien, in England, Belgien, der Normandie, in Zentralfrankreich, in Russland im Donez-Becken, in Nordamerika im Bereich der Appalachen und in China. Der Ursprung der Braunkohle geht auf Moore in küstennahen Bereichen und auf Seenlandschaften des Binnenlandes im Tertiär zurück, wobei Letztere allerdings nur kleine, isolierte Vorkommen bilden. Auch für die Entstehung der Braunkohle waren eine rasche Absenkung des Bildungsraums und die Bedeckung der Vegetation durch überwiegend tonige Sedimente wichtige Voraussetzungen (Rothe 2000: 89, 95, 168 u. 202). In Deutschland konzentrieren sich die Lagerstätten auf das Rheinland im Städtedreieck Köln, Aachen und Mönchengladbach, auf die Lausitz sowie auf das mitteldeutsche Gebiet zwischen Helmstedt und Leipzig/Halle. Die Vorkommen im Rheinland sind die größten geschlossenen Lagerstätten in Europa. Aufgrund des geringen Energiegehalts wird die Braunkohle überwiegend lager-

stättennah verstromt und gelangt nicht auf den Weltmarkt (BGR 2008: 19).

Weltweit verfügen ungefähr 70 Länder über Kohlevorkommen, die abgebaut werden könnten (World Coal Institute 2007a). Obwohl die Kohlevorkommen somit weit weniger regional konzentriert sind als die Erdöl- und Erdgasvorkommen, befindet sich mehr als die Hälfte der derzeitigen Produktion in Ländern mit einer gelenkten Kohlewirtschaft wie China, Indien und Polen (BGR 2008: 20). In Westeuropa hatte die Kohle in den vergangenen Jahrzehnten einen schweren Stand, denn sie galt im Vergleich zu Erdöl und Erdgas als veraltet und umweltschädlich, und ihr Image war denkbar schlecht. Seit Ende der 1950er Jahre stand die heimische Kohle unter einem zunehmenden Konkurrenzdruck durch Erdöl und preiswerte Importkohle. Der völlige Niedergang war zwar lange durch umfangreiche Subventionen aufgehalten worden, konnte aber die Schließung unrentabler Gruben nicht dauerhaft verhindern. In Deutschland sank die Zahl der Zechen von 153 im Jahr 1957 auf nur noch acht im Jahr 2007. Gleichzeitig verringerte sich die Förderung von Steinkohle von 150 auf 22 Mio. t SKE. In anderen westeuropäischen Ländern war die Entwicklung ähnlich. Heute wird außer in Deutschland nur noch in Großbritannien, Spanien und Norwegen Kohle gefördert. Der Anteil Westeuropas an der globalen Kohleförderung beträgt nur noch 1,14 % und ist somit vernachlässigbar. In Osteuropa hat der Übergang von der Planwirtschaft zur Marktwirtschaft einen ähnlichen Prozess eingeleitet. Da die osteuropäischen Länder früher kaum über Devisen für den Import von Erdöl verfügten, waren sie auf den Abbau der heimischen Kohle angewiesen, die sie großzügig subventionierten. Polen ist das einzige osteuropäische Land, das heute noch größere Mengen Kohle abbaut, hat aber auch seit Mitte der 1990er Jahre die Förderung deutlich zurückgefahren (Helfer 2008: 32–34).

Anders als die Entwicklung in Europa vermuten lässt, haben die Kohleförderung und die Nachfrage nach dem fossilen Energieträger auf der globalen Ebene in den vergangenen Jahren stark zugenommen. 2007 wurden weltweit rund 5,6 Mrd. t Kohle und somit doppelt so viel wie 1980 gefördert. Dieser Anstieg ist auf die Entwicklung in Asien, wo es einen Nachholbedarf gibt, und hier insbesondere auf die erhöhte Förderung in China und Indien, aber auch in Australien, Indonesien und Vietnam zurückzu-

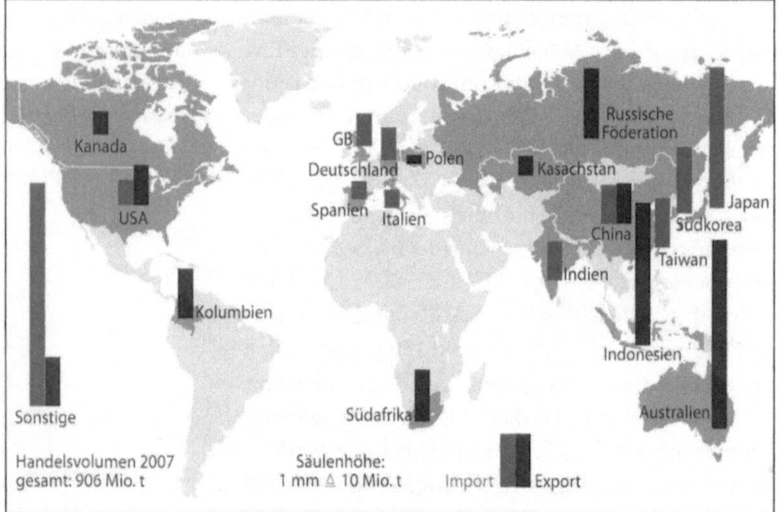

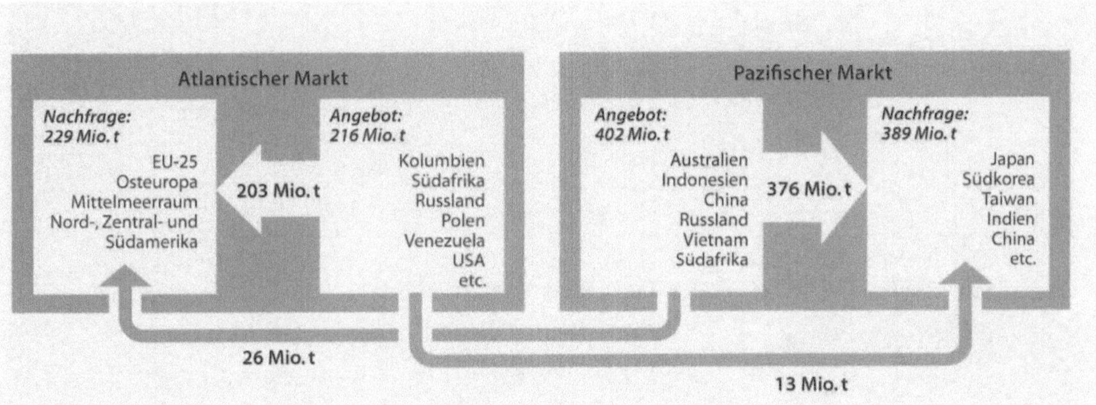

Abb. 3.16
Globaler Kohlehandel 2007.
Quelle: VdK 2008: 13

führen. In China vervierfachte sich die Förderung sogar innerhalb des genannten Zeitraums. In den USA erhöhte sich die Förderung um ein Drittel und in Südamerika wurde sie vor allem in Kolumbien ausgebaut. Unter den Nachfolgestaaten der Sowjetunion haben Russland und Kasachstan die Förderung erhöht (VdK 2008: 7–9). Gleichzeitig ist der Anteil der Kohle, welcher der Stromerzeugung dient, auf beinahe 40 % angestiegen (Helfer 2008: 35f.). Die noch vorhandenen globalen Kohlereserven werden auf 736 Mrd. t geschätzt und können voraussichtlich den Bedarf der nächsten 130 bis 140 Jahre decken (VdK 2008: 9). Die USA verfügen über die weltweit größten Reserven, gefolgt von China und Indien. Bei den Ressourcen führt China mit einem Anteil von fast 50 % deutlich vor allen anderen Nationen (BGR 2008: 20).

Obwohl in vielen Ländern der Erde Kohleabbau möglich ist, entfallen ca. 95 % der Förderung auf nur zehn Länder. China ist mit einem Anteil von 45 % der mit Abstand größte Produzent von Kohle weltweit. In dem Land erfolgen fast 40 % des Abbaus in ca. 11 000 Kleinstgruben, die wenig wirtschaftlich arbeiten. Ein Teil der Kleinstgruben soll in den nächsten Jahren geschlossen und die profitableren Staatsgruben sollen ausgebaut werden. China verbraucht fast die gesamte geförderte Kohle selbst und importiert sogar noch zusätzlich Kohle. Dieses gilt auch für die USA und Indien, die hinter China am meisten Kohle fördern, während das an vierter Stelle stehende Australien knapp 78 % der Förderung exportiert. Ähnliches gilt für Indonesien, den zweitgrößten Exporteur von Kohle. Insgesamt wurden 2007 ca. 84 % der globalen Kohleförderung von den Erzeugerländern selbst

verbraucht und nur 16 % auf dem Weltmarkt angeboten (VdK 2008: 60 u. 69). Größter Importeur von Kohle ist das rohstoffarme Japan, gefolgt von Südkorea und Taiwan (s. Abb. 3.15). In den Statistiken zum internationalen Kohlehandel wird zwischen dem Transport über die Weltmeere und dem Transport in benachbarte Länder mit der Bahn oder mit Schiffen über die Binnenwasserstraßen unterschieden. Ersterer wird als seewärtiger Handel und Letzterer als Binnenhandel bezeichnet, obwohl Ländergrenzen überschritten werden. Größere Güterströme, die auf dem Landweg erfolgen, bestehen z. B. zwischen den Anrainerstaaten Kasachstan und Russland sowie den USA und Kanada. Bedeutender ist der seewärtige Handel, der 90 % des internationalen Handels mit Kohle umfasst (VdK 2008: 10–13). Allerdings kommt es immer wieder zu Lieferengpässen aufgrund begrenzter Frachtkapazitäten (BGR 2008: 22). Auf der globalen Ebene gibt es einen pazifischen und einen atlantischen Teilmarkt. Da Angebot und Nachfrage in den beiden Teilmärkten weitgehend übereinstimmen, wird nur vergleichsweise wenig Kohle in den jeweils anderen Teilmarkt exportiert. 2007 lieferten Indonesien und Australien 26 Mio. t in den atlantischen Markt und Südafrika und Kolumbien lieferten 13 Mio. t in den pazifischen Markt (VdK 2008: 13) (s. Abb. 3.16).

In Deutschland schwankt der Steinkohleverbrauch seit dem Jahr 2000 zwischen 63 und 69 Mio. t SKE. Da in den vergangenen Jahrzehnten fast alle Zechen nach und nach geschlossen wurden, kann nur noch ein Drittel des Verbrauchs durch die Inlandsproduktion gedeckt werden. Größter Kohlelieferant Deutschlands waren 2007 die GUS-Länder

Foto 3.9

Awali – Erdöl- und Erdgasfeld in Bahrain.
Da Erdgas nur mit großem Aufwand zu transportieren ist, wird es häufig an Ort und Stelle in Wert gesetzt. Das im Awali-Feld geförderte Erdöl versorgt petrochemische Betriebe, eine Aluminiumhütte und kombinierte Meerwasserentsalzungs- und Elektrizitätsanlagen in Bahrein.

mit 8,6 Mio. t, gefolgt von Kolumbien, Australien, Südafrika und Polen, die jeweils zwischen 6,3 und 6,9 Mio. t lieferten (VdK 2008: 28–31 u. 89). Fast die Hälfte der importierten Steinkohle erreicht Deutschland mit dem Binnenschiff und ein knappes weiteres Viertel auf der Schiene. Auf Seeschiffen werden nur 30 % der Steinkohle nach Deutschland transportiert (VdK 2008: 31).

Voraussichtlich wird die globale Nachfrage nach Kohle in den nächsten Jahren weiter steigen. Vor allem China und Indien, aber auch andere wenig entwickelte Länder werden ihr Stromnetz ausbauen und die eigenen Ressourcen durch Importe ergänzen müssen. In China ist zwar bereits fast die gesamte Bevölkerung an das Stromnetz angeschlossen, mit steigendem Lebensstandard wird sich aber der Stromverbrauch erhöhen. In Indien haben erst 55 % der Bevölkerung Zugang zu Strom und weltweit erst 75 % aller Menschen (VdK 2008: 41). Neue Chancen für die Kohle werden auch durch die Kohlevergasung und -verflüssigung erwartet. Die verflüssigte Kohle kann als Ersatz für Brennstoffe aus Rohöl oder für die Produktion von Kunststoffen und Lösungsmitteln dienen (Helfer 2008: 40).

Erdöl

Erdöl ist der wichtigste Energieträger und das begehrteste globale Handelsgut. Weltweit werden in den Nachrichten täglich die aktuellen Preise bekannt gegeben und wiederholt war der Zugang zu den Lagerstätten Anlass für politische Konflikte und sogar Kriege. Es ist daher nicht ungewöhnlich, Erdöl als »Schwarzes Gold« oder sogar als »Waffe« zu bezeichnen (Kreutzmann 2007: 1015).

Ölvorkommen waren Mitte des 19. Jahrhunderts erstmals im US-Bundesstaat Pennsylvania entdeckt worden, wo auch 1859 die erste Bohrung stattfand. Außerhalb der USA wurde ab 1873 in Sibirien die Ölförderung aufgenommen und 1885 wurde Öl auf Sumatra in Indonesien entdeckt. Industrielle Revolution und technischer Fortschritt verlangten nach neuen Energieformen. Dampfeisenbahnen und -schiffe konnten zwar mit Kohle befeuert werden, die aber eine schwere Last darstellte. Die Fahrten mussten häufig unterbrochen werden, um Kohle nachzuladen. Weitere Nutzungen für Erdöl zeichneten sich durch die Erfindung des Automobils durch Carl Benz und des Dieselmotors durch Rudolf Diesel in den 1880er Jahren und anhand des ersten geglückten Fluges durch die Gebrüder Wright 1903 ab. 1868 wurde in den USA Standard Oil gegründet (Buckman 2005: 185). 1891 exportierte der Konzern, der der Familie von John D. Rockefeller gehörte, 90 % des US-amerikanischen Kerosins und kontrollierte 70 % des Weltmarktes (Hiro 2007: 333). Aus Sorge, dass die heimischen Vorkommen bald erschöpft sein würden, führten die US-Amerikaner schon früh Bohrungen in Venezuela und Mexiko durch, wo sie 1910 in der Nähe von Tampico fündig wurden (Hinton 2006). 1911 wurde in den USA die erste Tankstelle eröffnet; 1914 gab es in dem Land bereits 3,4 Mio. Autos und somit eine stetig steigende Nachfrage nach Öl. In den Vereinigten Staaten löste das Öl Ende der 1930er Jahre die Kohle als wichtigsten Energieträger ab. In Europa war Kohle noch länger der führende Energielieferant; weltweit übernahm Öl Mitte der 1960er Jahre die Vormachtstellung. Erdöl wurde nicht nur als Treibstoff benötigt, sondern in immer mehr Produkte umgewandelt, seitdem 1938 die Firma DuPont die Herstellung von Nylon hatte patentieren lassen (Buckman 2005: 185f.).

Der Kampf um die Erdölvorkommen des Nahen Ostens setzte zu Beginn des 20. Jahrhunderts ein. 1901 hatte der Brite William d'Arcy vom Schah von Persien (heute Iran) eine Konzession für Ölbohrungen erhalten und war 1908 auf Erdölvorkommen gestoßen. Die Lagerstätten weckten das Interesse der britischen Regierung, die im Folgenden die Mehrheit an der Anglo-Persian Oil Company (APOC), einem Vorläufer von British Petroleum, übernahm. Die Beteiligung an der APOC garantierte die Lieferung von Öl an die britische Marine, ein nicht zu unterschätzender Vorteil im Ersten Weltkrieg. Nach Kriegsende mussten die Franzosen und Briten widerwillig die Open Door Policy, die auch den US-Amerikanern den Zugang zum Nahen Osten ermöglichte, akzeptieren. US-amerikanische Gesellschaften etablierten sich zunächst im Irak, später in Bahrain und in Kuwait. Der große Durchbruch kam 1933, als Standard Oil of California eine Konzession erhielt, um in Saudi Arabien nach Erdöl zu suchen, wo bald riesige Erdölvorkommen gefunden wurden (Hinton 2006, Hiro 2007: 234–235). Nach dem Zweiten Weltkrieg übernahmen die US-Amerikaner die Oberaufsicht über die Erdölvorräte des Nahen Ostens.

In den 1950er Jahren bildete sich im Nahen Osten ein Kartell bestehend aus den sieben Konzer-

nen Esso, Gulf, Socal, Socony, Texaco, Royal Dutch Shell und British Petroleum, die gemeinsam 80 % der globalen Erdölförderung auf sich vereinten und die Preise auf dem Weltmarkt bestimmten. 1958 brachte die Sowjetunion preiswertes Öl auf den Markt, um die Macht der westlichen Ölgesellschaften einzudämmen. Diese reagierten mit einer drastischen Preissenkung, die allerdings auf Kosten der Förderländer ging. Aus Verärgerung über diesen Schritt gründeten der Iran, Irak, Kuwait, Saudi-Arabien und Venezuela 1960 die Organisation erdölexportierender Länder (Organization of the Petroleum Exporting Countries, OPEC), um gemeinsam mehr Einfluss auf die westlichen Ölkonzerne nehmen zu können (Hiro 2007: 338). Später traten Katar (1961), Indonesien (1962), Libyen (1962), die Vereinigten Arabischen Emirate (1967), Algerien (1969) und Nigeria (1971) dem Bündnis bei. Der Sitz der Organisation ist in Wien (Austin 2006).

In den ersten Jahren nach ihrer Gründung konnte die OPEC kaum Einfluss auf die Entwicklung nehmen. Öl war im Überfluss vorhanden und die einzelnen Förderländer unterboten sich gegenseitig mit niedrigen Preisen auf dem Weltmarkt. Erst der Siebentagekrieg im Juni 1967, der von Israel gewonnen wurde, brachte die Wende. Die OPEC

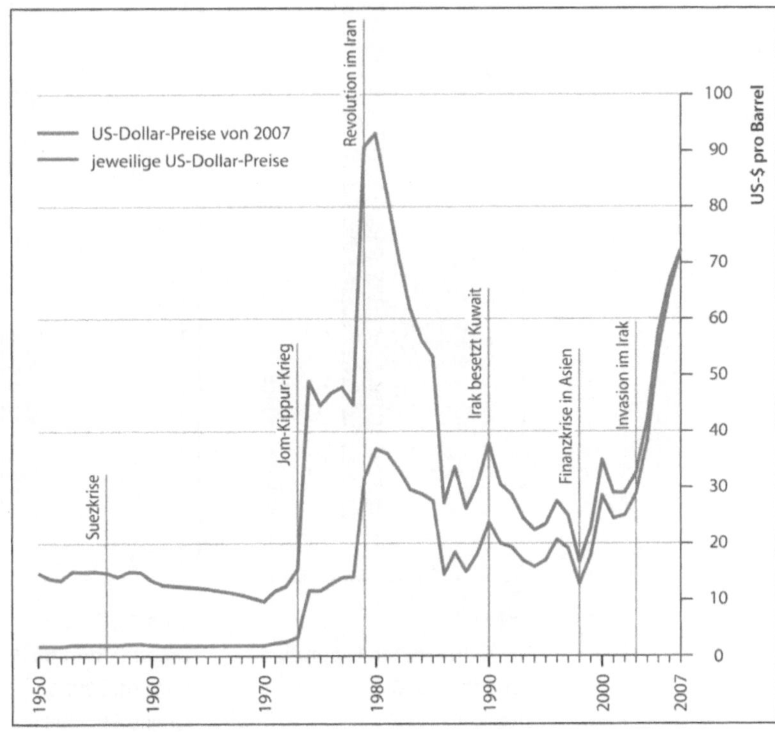

Abb. 3.17 Rohölpreis 1950–2007. Quelle: www.bp.com

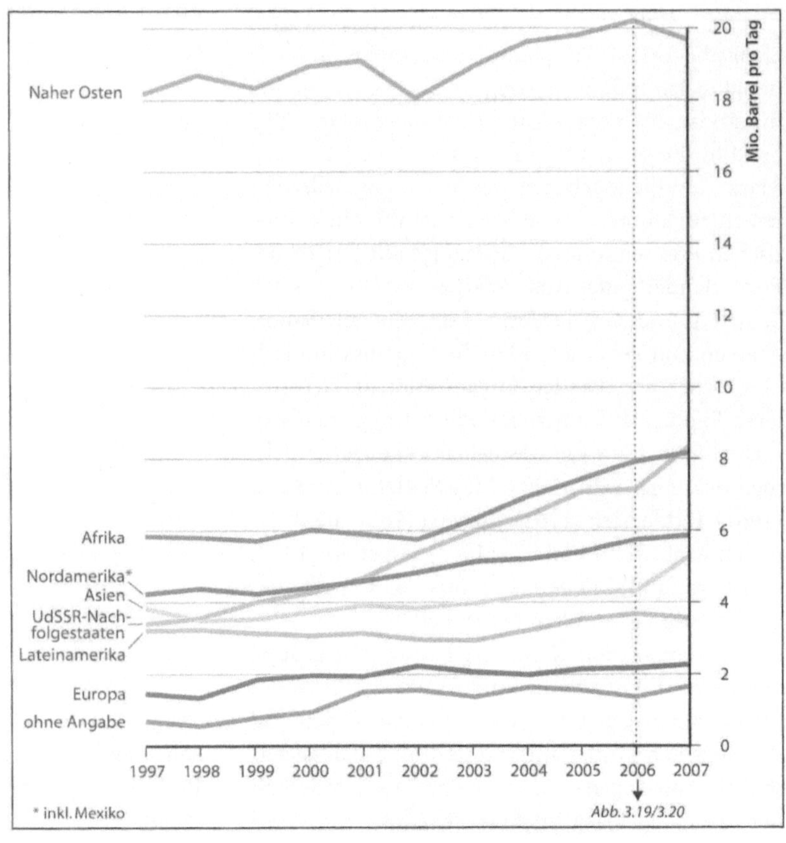

setzte erstmals Öl als Waffe ein und errichtete ein Embargo gegen alle mit Israel befreundeten Staaten. Die Weltwirtschaft geriet in Gefahr, denn Europa erhielt 75 % seines Öls aus den OPEC-Ländern. Allerdings musste das Embargo im September 1967 wieder aufgehoben werden, da die westlichen Ölgesellschaften – die von der OPEC benachteiligten Länder sowie Länder, die nicht der OPEC angehörten wie Venezuela und Indonesien – erfolgreiche Strategien zur Versorgung der westlichen Welt mit Erdöl entwickelt hatten. Auf erneute Auseinandersetzungen zwischen den Arabischen Ländern und Israel 1973 (Jom-Kippur-Krieg) reagierte die OPEC mit einem weiteren Embargo. Außerdem drohte sie, die Erdölgesellschaften zu nationalisieren. Letztlich einigte man sich darauf, dass in Zukunft nicht mehr die Ölgesellschaften, sondern die OPEC die Preise festlegen würde. Im November 1973 erhöhte die OPEC die Preise umgehend um 70 % und reduzierte die Gewinnbeteiligungen der Konzerne. Das Embargo bewirkte, dass 14 % weniger Öl als zuvor auf dem Weltmarkt angeboten wurde. Die Angebotsverknappung und die höheren Preise ließen in vielen Ländern Inflation und Arbeitslosigkeit stei-

Abb. 3.18:
Regionaler Export von Erdöl 1997–2007.
Quelle: BP 2008

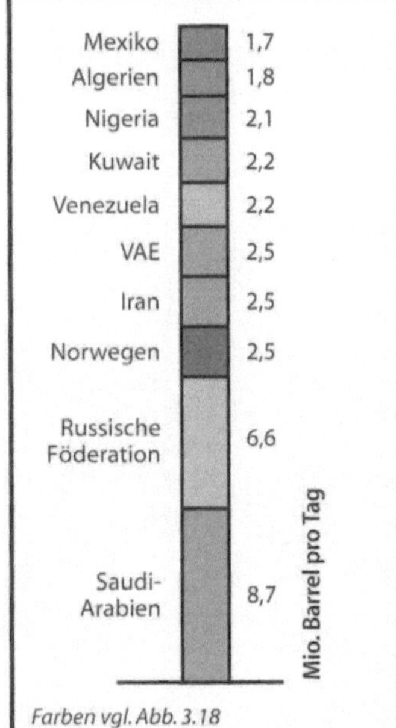

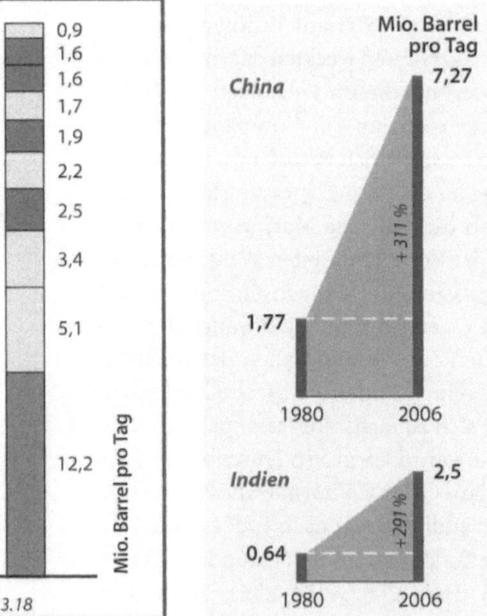

Abb. 3.19
Die zehn größten Exporteure von Erdöl 2006.
Quelle: BP 2008

Abb. 3.20
Die zehn größten Importeure von Erdöl 2006.
Quelle: BP 2008

Abb. 3.21
Erdölverbrauch in China und Indien 1980 und 2006.
Quelle: The Washington Post: 10.11.07

gen, während die Wirtschaftskraft sank. Schnell setzte sich der Begriff des Ölschocks für die Entwicklung durch. Erstmals hatte die OPEC beweisen können, dass sie das Weltgeschehen beeinflussen konnte. Ein zweiter Ölschock wurde 1980 ausgelöst, als die Revolution im Iran und der Krieg zwischen Iran und Irak die Ölversorgung aus dem Persischen Golf gefährdete. Die Preise für Öl schossen auf 42 US-$ pro Barrel in die Höhe. Zu Beginn der 1980er Jahre gab es allerdings ein großes Ölangebot auf dem Weltmarkt bei gleichzeitiger schwacher Nachfrage. Bald konkurrierten Nicht-OPEC-Länder mit OPEC-Ländern und die Preise fielen schnell, woraufhin die OPEC ankündigte, die Produktion zu drosseln. Da sich nicht alle Mitgliedsländer an die Absprachen hielten, kam es zu einem erneuten Wettbewerb zwischen einzelnen Ländern (Austin 2006). Außerdem beeinflussten diejenigen Förderländer die Preisgestaltung zunehmend, die nicht der OPEC angehörten (Falola u. Genova 2005: 16). 1983 nahm die New York Mercantile Exchange den Handel mit Öl-Futures auf, gefolgt von den Börsen in Singapur und London. Öl wurde zu einem Gut, das ähnlich wie Weizen oder Kaffee gehandelt wird. Bei der Festsetzung der Preise ist die OPEC nur ein Akteur unter vielen, wenn auch ein sehr wichtiger (Austin 2006).

Die Förderung von Erdöl wird in Gigatonnen (Gt) gemessen, wobei eine Gt = 10^9 t entspricht. Seit Beginn der industriellen Förderung wurden insgesamt 147 Gt Erdöl gewonnen, davon die Hälfte seit Mitte der 1980er Jahre. Die bislang geförderte Menge an konventionellem Erdöl entspricht der Hälfte der noch vorhandenen Reserven. Wenn auch die Ressourcen berücksichtigt werden, sind bislang mehr als ein Drittel des erwarteten Gesamtpotenzials verbraucht. Der Höhepunkt der Förderung von konventionellem Erdöl wird im Jahr 2020 erwartet, d. h. anschließend wird die Förderung rückläufig sein. Allerdings werden die Höhe der Reserven und Ressourcen ständig korrigiert, da bekannte Vorkommen mehr Öl enthalten als bis dato angenommen oder neue Lagerstätten entdeckt werden. Auch werden aus politischen Gründen nicht immer genaue Zahlen genannt. Förderung, Reserven und Ressourcen von Erdöl sind regional unterschiedlich verteilt. Der Nahe Osten führt deutlich vor den GUS-Ländern und Nordamerika. Im Nahen Osten ist erst ein gutes Viertel des erwarteten Gesamtpotenzials gefördert worden, während dieses in den Nachfolgestaaten der Sowjetunion für ein Drittel und in Nordamerika für fast zwei Drittel gilt. Die OPEC-Länder verfügen über knapp 76 % und die OECD-Länder nur über sechs Prozent der Reserven (BGR 2008:

13–16). Seinen höchsten Wert bei der Förderung erlebte die OECD 1997 bedingt durch eine Ölproduktion in der Nordsee, die seitdem rückläufig ist. Um eine Abhängigkeit von den OPEC-Staaten zu verringern, bemühen sich die meisten Importländer, Erdöl aus unterschiedlichen Regionen zu beziehen (Hiro 2007: 244).

Beim Mineralölverbrauch führen die OECD-Länder mit einem Anteil von 59 %, während auf die OPEC-Staaten nur neun Prozent entfallen (BGR 2008: 14). Größter Verbraucher sind nach wie vor mit großem Abstand die USA mit einem Anteil von 24,6 % 2006, gefolgt von China (9 %), Japan (6 %), der Russischen Föderation (3,5 %), Indien (3,1 %) und Deutschland (2,9 %) (BGR 2008: 51). Da die großen Vorkommen nicht mit den Standorten des größten Verbrauchs übereinstimmen, werden ungefähr zwei Drittel des Erdöls grenzüberschreitend mit Pipelines oder Tankern transportiert. Von 1997 bis 2007 ist die Menge des exportierten Erdöls um ca. 34 % auf täglich knapp 55 Mio. Barrel angestiegen. Mit großem Abstand ist nach wie vor der Nahe Osten der wichtigste Lieferant. In letzter Zeit haben neue Player auf dem internationalen Markt viel Aufsehen erregt und es ist zu erwarten, dass ihr Einfluss in den nächsten Jahren zunehmen wird. Auffallend ist, dass Afrika und die Nachfolgestaaten der Sowjetunion den Export deutlich steigern konnten (BP 2008) (s. Abb. 3.18). In der Russischen Föderation werden die steigenden Ölexporte sogar als wichtiger Motor des wirtschaftlichen Aufschwungs gesehen. Von großem Interesse sind für den Westen die großen Vorkommen des Kaukasus, der aus politischer Sicht eine eher konfliktreiche Region ist (Cheterian 2007). China, dessen Nachfrage binnen kürzester Zeit stark angestiegen ist (s. Abb. 3.21), engagiert sich bei der Erschließung der Lagerstätten in Afrika und hier insbesondere in Staaten, die ein eher spannungsgeladenes Verhältnis zu den USA haben. Das Engagement Chinas im Sudan hat dazu beigetragen, dass das ostafrikanische Land von einem Ölimporteur zu einem Ölexporteur werden konnte (Downs 2007). Andere Staaten, in denen China tätig wurde, sind der Iran, Myanmar, Venezuela und Usbekistan. Es besteht kein Zweifel daran, dass der Ölbedarf Chinas weiter ansteigen wird. 2020 wird das Land voraussichtlich 70 % seines Ölbedarfs importieren (Kreft 2008: 51 u. 55). Es ist zu erwarten, dass es in den nächsten Jahren zu weiteren Veränderungen von globalem Angebot und Nachfrage von Erdöl kommen wird. Angesichts immer knapper werdender Ressourcen und höherer Preise für den Rohstoff haben sich die Spielregeln bei der Verteilung des Energieträgers bereits verändert (Séréni 2007).

2007 haben Europa und die USA mit 688,8 Mio. t bzw. 671 Mio. t nahezu gleich viel Erdöl importiert, allerdings aus unterschiedlichen Regionen. In den USA war der Import über eine größere Zahl von Ländern verteilt, da mehr als 70 % der Importe zu annähernd gleichen Teilen aus Kanada, Süd- und Mittelamerika, dem Nahen Osten und Afrika kamen. Europa hat im Gegensatz hierzu fast 50 % seines Öls aus den GUS-Ländern und 21 % aus dem Nahen Osten bezogen. Japan importierte 80 % seines Erdöls aus dem Nahen Osten und China 39 %. Darüber hinaus bezog China größere Mengen aus Afrika (20 %) und den GUS-Staaten (13 %) (s. Abb. 3.22) (BP 2008).

Erdgas

Die Erdgaslagerstätten befinden sich überwiegend an den gleichen Standorten wie die des Erdöls. Lange war das bei der Erdölförderung austretende Gas als störend empfunden und abgefackelt worden. Da diese Praxis umweltschädlich ist und Wert und Preis des Erdgases kontinuierlich gestiegen sind, geschieht dies immer seltener. Nach der Förderung muss das Gas vom Öl getrennt, dehydriert und von Verunreinigungen wie Schwefel gesäubert werden. Der Transport geschieht größtenteils per Pipeline, aber auch mit speziellen Schiffen, nachdem das Gas auf 160 °C heruntergekühlt und verflüssigt worden ist. Transport und Herstellung des flüssigen Gases (Liquefied Natural Gas = LNG) sind teuer und die Kapazitäten sind knapp (Falola u. Genova 2005: 10 u. 168). Da das Gas über unterschiedlich große Entfernungen und zu ungleichen Kosten aufbereitet und transportiert wird, differiert der Gaspreis regional und ist nicht wie der Preis für Erdöl auf der ganzen Welt identisch. In Deutschland ist der Gaspreis an den Erdölpreis gekoppelt, was allerdings umstritten ist. In Zukunft wird voraussichtlich ein Spotmarkt entstehen, auf dem Erdgas zu Tages- oder Future-Preisen frei gehandelt werden wird (Rempel 2008: 29f.).

Weltweit können mit dem europäischen, dem nordamerikanischen, dem asiatischen und dem noch in der Entwicklung befindlichen südamerikanischen Markt vier große regionale Märkte mit eigenen Lieferbeziehungen unterschieden werden

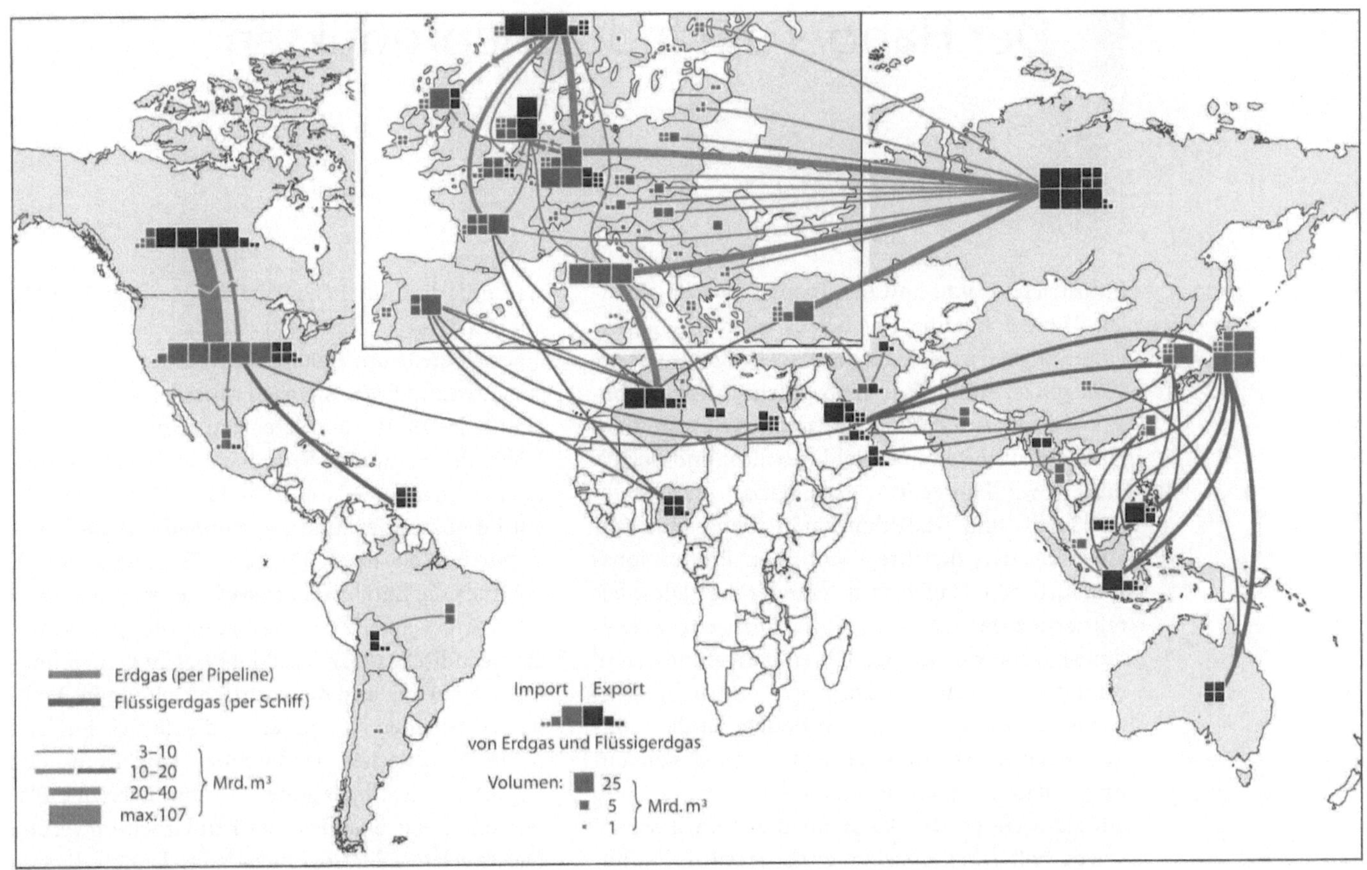

(s. Abb. 3.23). Europa bezieht Erdgas hauptsächlich aus der Russischen Föderation, Nordafrika, Norwegen und den Niederlanden. Die wichtigsten Lieferanten der USA sind die Förderländer Kanada und Mexiko, und in Asien beziehen die Hauptverbraucher Japan, Südkorea und Taiwan ihr Erdgas aus teils großer Entfernung aus Indonesien, Malaysia, Brunei und den arabischen Golfstaaten. Obwohl die Erdgasreserven und -ressourcen etwas größer sind als die von Erdöl, wird auch Erdgas zu einem immer knapperen Gut. Bislang wurden knapp 31 % der bekannten Reserven gefördert und davon rund die Hälfte seit 1990. Es wird damit gerechnet, dass die Versorgung bis über die Mitte dieses Jahrhunderts gesichert ist, allerdings haben sich trotz großer Fördermengen die Reserven in den vergangen Jahren aufgrund neuer Funde erhöht. Größere Vorkommen unbekannter Höhe werden noch im Irak vermutet. Das größte Potenzial weisen die Russische Föderation und der Nahe Osten auf. Die Russische Föderation, Iran und Katar verfügen gemeinsam über die Hälfte der globalen Erdgasreserven (BGR 2008: 17f.). Die Erdgasvorräte der USA sind bereits zu mehr als 50 % gefördert und die sowieso eher bescheidenen Vorräte Europas verringern sich zusehends (FAS: 13.07.08).

Abb. 3.23:

Globale Erdgashandelsströme 2007.
Quelle: BP 2008

Der Handel mit Industrieprodukten

Industrieprodukte sind mit knapp 70 % am globalen Handel beteiligt, wobei es allerdings große Unterschiede in den einzelnen Großräumen der Welt gibt (s. Abb. 3.1). Im Folgenden wird der globale Warenaustausch mit Industriegütern anhand des Handels von Eisen und Stahl, Textilien und Bekleidung sowie Fahrzeugen exemplarisch dargestellt. Die Textil- und Bekleidungsindustrie ist eine sehr alte Industrie, die ihre wichtigsten Produktionsstandorte bereits mehrfach verändert hat. Die Liberalisierung des Handels mit Textilien und Bekleidung hat erst vor wenigen Jahren stattgefunden und war äußerst umstritten. Die Eisen- und Stahlindustrie produziert die Ausgangsprodukte für die Stahl- und Metallverarbeitung, den Fahrzeug-, Maschinen- und Anlagenbau sowie für die Bauwirtschaft und gilt als wichtiger Indikator für die Weltwirtschaft. Wiederholt haben einzelne Länder gegen die Einfuhr von Stahl protektionistische Maßnahmen ergriffen, die nicht den Regeln der WTO entsprachen. Die Produktion von Fahrzeugen hat einen großen Anteil am Handel mit Industrieprodukten und ist aufgrund der großen Wertschöpfung und des hohen globalen Verflechtungsgrades interessant. Darüber hinaus ist der Handel mit Fahrzeugen aus deutscher Sicht von besonderer Bedeutung.

Textilien und Bekleidung

Die Textilindustrie, deren Aufstieg im 18. und 19. Jahrhundert in England einsetzte, war einer der bedeutendsten Motoren der Industrialisierung (s. Teil I) und die erste Industrie, die globale Dimensionen annahm. Das Zentrum der Produktion war die mittelenglische Stadt Lancashire und das Handelszentrum war Manchester, das als erste globale Industriestadt oder »Cottonopolis« bezeichnet werden kann (Dicken 2003: 249 u. 317). Die Erfindung der Dampfmaschine und andere technische Neuerungen erlaubten es England, Textilien so preiswert herzustellen, dass sie auf dem Weltmarkt günstiger

waren als die indischen Produkte (Marks 2006: 129). Die exportorientierte britische Baumwollindustrie lieferte bereits um 1800 Stoffe nach Kontinentaleuropa, Asien, Afrika und nach Amerika. In der ersten Hälfte des 19. Jahrhunderts kam zeitweise rund die Hälfte des weltweiten Verbrauchs an Baumwollstoffen aus England (Rivoli 2006: 125). Die Baumwolle wurde aus Indien und zunehmend aus den USA importiert. Nachdem 1793 der US-Amerikaner Eli Whitney die Entkörnungsmaschine erfunden hatte, war die US-amerikanische Baumwolle preiswerter als die indische (Marks 2006: 119). Um den Technologievorsprung und die Vormachtstellung im Welthandel behalten zu können, bediente sich England protektionistischer Maßnahmen, indem es den Export von Textilmaschinen, Zeichnungen und Plänen und sogar qualifizierten Textilarbeitern verbot. Dieses gelang allerdings nicht lange. Der aus Boston stammende Amerikaner Lowell prägte sich 1810 während einer Reise nach England alle wichtigen Details der ersten Webmaschine von Edgar Cartwrights ein und kehrte mit diesem Wissen zurück nach Neuengland. Bis in die 1930er Jahre blieb England der weltgrößte Exporteur von Baumwollstoffen, wurde dann aber von den USA überholt (Rivoli 2006: 125–130). Gleichzeitig verlagerte sich die Textilindustrie von Neuengland in die Südstaaten der USA.

Im 19. Jahrhundert arbeiteten in den USA, in Deutschland, Frankreich und den Niederlanden Hunderttausende Menschen in Textilfabriken, die oft in regional eng begrenzten Clustern entstanden waren. In den 1930er Jahren stieg Japan zu einem bedeutenden Konkurrenten auf. Bis zum Zweiten Weltkrieg blieb die Textilherstellung die einzige globale Industrie des ostasiatischen Landes. Obwohl während des Krieges 90 % der Spinnereikapazitäten zerstört worden waren, konnte Japan in den 1950er Jahren wieder die Spitzenposition als weltweit größter Hersteller von Textilien einnehmen und darüber hinaus auch von Bekleidung, die sich in diesem Jahrzehnt ebenfalls zu einem globalen Handelsgut entwickelte. In den 1970er Jahren wurde Japan von Hongkong, Südkorea und Taiwan als größte Exporteure von Textilien und Bekleidung abgelöst (Rivoli 2006: 132–135). Diese Länder mussten später ihre Führungsrolle an andere Staaten wie China, Malaysia, Vietnam oder Bangladesch abgeben.

Bis heute ist die Textil- und Bekleidungsindustrie in vielen Ländern eine wichtige Triebfeder der Industrialisierung. Da die Produktion von Bekleidung technisch einfach und der Anspruch an die Arbeitskräfte gering ist, ist die Verlagerung der Industrie in ein wenig entwickeltes Land, wo die arbeitsintensive Produktion zu weit geringeren Lohnstückkosten ausgeführt werden kann und das Angebot an willigen Arbeitskräften unerschöpflich ist, fast unausweichlich. Mit fortschreitender Industrialisierung findet eine Diversifizierung der Produktion statt, die Löhne steigen und die Arbeitsbedingungen werden verbessert. Gleichzeitig tritt ein neuer Konkurrent auf, der aufgrund eines großen Reservoirs an Arbeitskräften vermag, zum günstigsten Anbieter auf dem Weltmarkt aufzusteigen (Dicken 2007: 259 u. 317f.).

Die Textil- und Bekleidungsindustrie bildet eine mehrstufige Wertschöpfungskette. Jede Phase der Produktion stellt andere technische und organisatorische Ansprüche. Zunächst werden die Garne aus natürlichen Fasern wie Wolle oder Baumwolle oder aus anderen Vorprodukten wie Erdöl hergestellt. In einem weiteren Schritt erfolgt die Produktion der Stoffe. Beides geschieht sowohl in kleineren wie auch größeren Betrieben, die zunehmend Teil transnationaler Unternehmen sind. Anschließend werden die Textilien an die verarbeitende Industrie wie die Hersteller von Bekleidung oder von Industrie- oder Haushaltstextilien weitergereicht (s. Abb. 3.24). Während die Produktion von Industrietextilien große Anforderungen an Technik, Organisation und Knowhow stellt, ist der technische Anspruch bei der Herstellung von Bekleidung gering und kann in viele Produktionsschritte zerlegt werden. Hinzu kommt, dass ein Teil der Näharbeiten per Hand verrichtet werden muss, das Zuschneiden aber maschinell erfolgen kann. Design, Zuschneiden und Nähen geschehen häufig an unterschiedlichen Standorten unter Berücksichtigung der jeweils niedrigsten Kosten. Schnitte, Farben und Stoffe ändern sich heute binnen kürzester Zeit in Abhängigkeit von der Mode. Global tätige Designer schaffen immer wieder neue Trends, die auch von den preiswerteren Anbie-

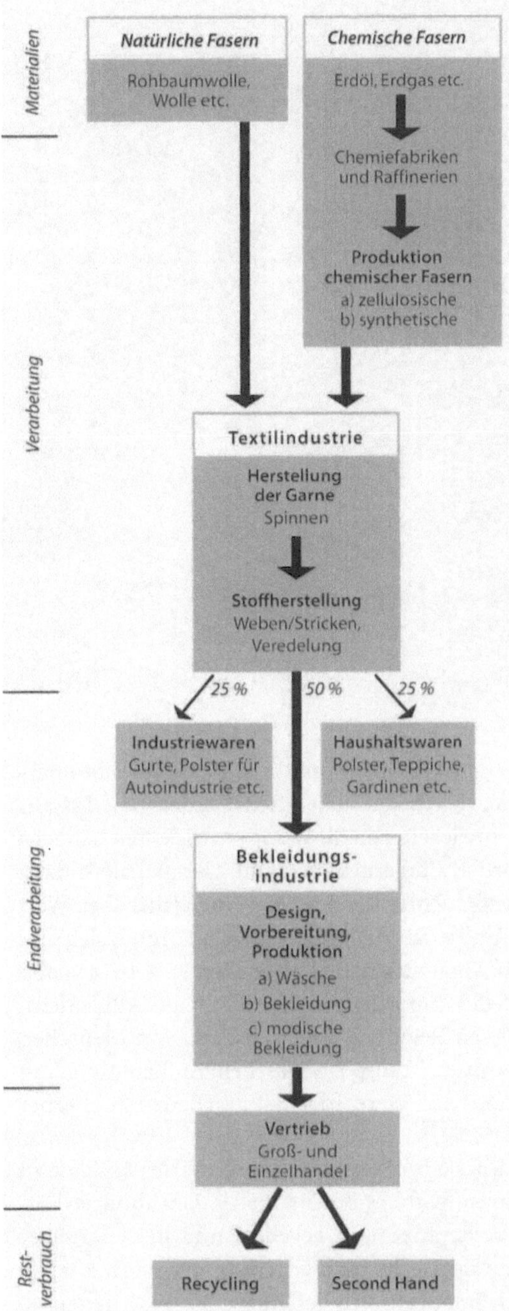

Abb. 3.24
Wertschöpfungskette Textilien. Quelle: Dicken 2003: 318, stark verändert

tern schnell aufgegriffen werden. Die großen, weltweit tätigen Textileinzelhändler H&M, Marks & Spencer, The Gap, aber auch Karstadt oder Wal-Mart verlangen immer wieder Neues. Die Textil- und Bekleidungsindustrie ist daher eine käuferdominierte Wertschöpfungskette (Dicken 2007: 249f.). Der Verkauf an den Konsumenten stellt nicht die letzte

Stufe der Wertschöpfungskette dar. Ein nicht unerheblicher Teil der abgelegten Garderobe wird aus den entwickelten in die wenig entwickelten Ländern exportiert und erneut verkauft. Der globale Handel mit gebrauchter Kleidung hat einen jährlichen Wert von rund einer Milliarde US-Dollar. In Südasien und im subsaharischen Afrika bestehen 15 % bzw. knapp 27 % der importierten Bekleidung aus Altkleidern. In diesen Regionen sind Tausende von Menschen mit Ankauf, Transport, Waschen, Aufbereitung und Verkauf der Ware beschäftigt (Baden u. Barber 2005).

Um sich vor der Einfuhr preiswerter Textilien zu schützen, hatte es bereits im 19. Jahrhundert Einfuhrbeschränkungen gegeben, und in den 1930er Jahren hatte sich Frankreich vor Einfuhren aus Japan durch Importquoten geschützt. Bis 1936 hatten 40 der 106 Exportländer Japans dem französischen Beispiel folgend ebenfalls nicht tarifäre Handelshemmnisse zum Schutz ihrer Textilindustrie errichtet (Haas u. Neumair 2006: 78). Um sich vor Importen aus den wenig entwickelten Ländern abzuschirmen, drängten die Industrieländer 1961 auf Verabschiedung des Kurzfristigen Baumwolltextilabkommens, das 1962 in das Langfristige Baumwolltextilabkommen (Long-Term Arrangement Regarding Interna-

tional Trade in Cotton Textiles, LTA) überführt wurde. Das LTA war nach mehrfacher Verlängerung bis 1974 gültig und regelte den Handel zwischen den zunächst 19 und später 21 Unterzeichnerländern mit Waren aus mindestens 50 % Baumwolle abweichend von den allgemeinen GATT-Prinzipien. Wenn eine Marktzerrüttung aufgrund eines erheblichen Anstiegs der Einfuhren unterhalb des Preisniveaus des Importlandes eine Gefahr für die heimische Industrie darstellte, bot das LTA die Möglichkeit des Schutzes mittels Kontingenten. Die Höchstmenge der Einfuhren aus einem bestimmten Land wurde limitiert, was eigentlich gegen das GATT-Prinzip der Nichtdiskriminierung verstieß (Haas u. Zademach 2005: 34). Da immer mehr Textilien aus Kunstfasern hergestellt wurden, trat im Januar 1974 das Welttextilabkommen (Multifibre Agreement, MFA) mit 45 Parteien, darunter die Europäische Union, in Kraft. Wie das LTA eröffnete das MFA den Industrieländern die Möglichkeit, Importe einzuschränken. Alternativ konnten bilaterale Verträge abgeschlossen werden, die im gegenseitigen Einverständnis exakte Importquoten festlegten. Den Einfuhrländern sollte Gelegenheit gegeben werden, sich den veränderten Marktbedingungen anzupassen, und im Gegenzug sollten die Importquoten des Handelspartners nach und nach erhöht werden. Da dieser Interessenausgleich im Laufe der Jahre immer seltener stattfand, wurden die wenig entwickelten Ländern zunehmend benachteiligt (Dicken 2003: 317–354, Dicken 2007: 248–277, Haas u. Neumair 2006: 78f., Haas u. Zademach 2005: 34f.).

Auch aus der Sicht der entwickelten Länder erfüllte das MFA seine Funktion nur unvollständig, denn ab den 1970er Jahren verlagerten immer mehr Produzenten die Herstellung von Textilien und Bekleidung in Länder mit niedrigeren Lohnkosten, was zu Arbeitsplatzverlusten in Japan, Europa und den USA führte. Nachteilig war zudem, dass die durch das MFA ausgelösten Wettbewerbsverzerrungen die Preise für Textilien und Bekleidung in den Industrieländern künstlich nach oben trieben, und die Konsumenten deutlich mehr für die Produkte zahlen mussten, als dieses ohne das Abkommen der Fall gewesen wäre. Erst im Rahmen der Uruguay-Runde (s. Teil II) wurde 1994 vereinbart, den internationalen Handel mit Bekleidung und Textilien bis zum Jahr 2005 den allgemeinen WTO-Regeln der Handelsliberalisierung und Nichtdiskriminierung anzupassen. Ein Übergangsabkommen regelte ab 1995 den gestaffelten Abbau der protektionistischen Maßnahmen während der nächsten zehn Jahre; tatsächlich trat der große Teil der Liberalisierung aber erst in den Jahren 2003 und 2004 in Kraft. Einige Staaten Asiens, Afrikas sowie Süd- und Mittelamerikas erhofften sich, durch den Wegfall der Quoten einen verbesserten Marktzugang in den Industriestaaten und höhere Gewinne zu erhalten. Gleichzeitig hatten sie Sorge, durch China auf dem Weltmarkt verdängt zu werden. Ähnlich befürchteten die Industrieländer, ab 2005 von Importen aus China überflutet zu werden (Krugman u. Obstfeld 2006: 292–300)

Die Angst vieler Industrieländer vor China war nicht ganz unbegründet, wie sich bald zeigte (Brenton u. Hoppe 2006). In den ersten drei Monaten des Jahres 2005 verfünffachte sich die Einfuhr von Pullovern aus China in die Europäische Union, der Import von Herrenhosen verdreifachte sich und der von T-Shirts stieg um 164 %. Da in Portugal, Frankreich und Italien sowie in einigen osteuropäischen Ländern die Textilindustrie noch eine größere Rolle spielt, war der Druck auf die EU groß, tätig zu werden (www.dw-world, 10.06.05). Im Juni 2005 legte die EU tatsächlich Quoten für die Einfuhr aus China fest, die allerdings umgehend zu neuen Pro-

blemen führten. In den europäischen Häfen stapelte sich Bekleidung aus China, die vor Festlegung der Quoten geordert worden war, und der Einzelhandel fürchtete, bald vor leeren Regalen zu stehen. Im September 2005 gelang es der EU, mit China eine Einigung zu erzielen. Die Ware, die sich in den Häfen und anderswo stapelte, sollte umgehend ausgeliefert werden. Für die Hälfte der Ware erhöhte die EU die Einfuhrquote des Jahres 2005 und verrechnete die andere Hälfte mit der Quote des folgenden Jahres. Außerdem verpflichtete sich die EU, die protektionistischen Maßnahmen zum Schutz der eigenen Textil- und Bekleidungsindustrie Ende 2008 endgütig zu beenden. Auch in den USA, wo es nach der Liberalisierung des Handels zu ähnlichen Problemen wie in Europa gekommen war, wurden Quoten für die Einfuhr von Textilien und Bekleidung aus China bis Ende 2008 festgelegt (FAZ: 06.09.05, The Economist: 06.09.05). China fand allerdings sofort einen Weg, die neuen Quoten zu umgehen, und kündigte an, seinerseits Teile der Produktion in andere Länder wie Kambodscha zu verlagern, die keinen Quoten unterlagen (Kerwes 2005).

Textilien und Bekleidung haben aktuell nur einen Anteil von 1,9 bzw. 2,5 % am Welthandel (WTO 2008b: 43), da die Textil- und Bekleidungsindustrie aber nach wie vor in vielen Ländern die erste Phase der Industrialisierung darstellt und aufgrund der hohen Zahl von Beschäftigten, von denen ca. 80 % weiblich sind, ist sie von großer Bedeutung. Obwohl die Löhne niedrig und die Arbeitsbedingungen schlecht sind, bietet die Produktion in den wenig entwickelten Ländern vielen jungen Frauen erstmals ein regelmäßiges Einkommen. Die großen Lohnunterschiede zwischen entwickelten und wenig entwickelten Ländern sind ein wichtiger Grund für die Verlagerung der arbeitsintensiven Bekleidungsindustrie in das Land mit den jeweils günstigsten Löhnen. In den wenig entwickelten Ländern konzentrieren sich die Betriebe auf die großen Städte oder auf Sonderwirtschaftszonen. Nur große Unternehmen, die überwiegend ihren Sitz in den entwickelten Ländern haben, sind in der Lage, die fragmentierte Produktion zu organisieren und in neue Technologien zu investieren. In den wenig entwickelten Ländern erfolgt die Produktion zwar in Tausenden von Kleinstbetrieben, aber diese sind über Subunternehmer an die global tätigen Unternehmen, die die Warenketten kontrollieren, angebunden. In den 1960er und 1970er Jahren hatten die

Foto 3.11
Produktion von Stoffen für Sicherheitskleidung in Helmbrechts (Oberfranken). Helmbrechts in Oberfranken ist ein alter Standort der Textilindustrie. Nachdem sich die Produktion von Textilien nach Osteuropa oder Asien verlagert hat, konzentrieren sich die Unternehmen heute auf die Herstellung hochwertiger Industrietextilien.

Japaner mit Subunternehmen in Hongkong, Südkorea und Singapur kooperiert. Die in diesen Ländern produzierte Bekleidung wurde nicht nach Japan, sondern in die USA exportiert. In den folgenden Jahrzehnten haben die USA, Europa und China ähnliche Produktionsnetzwerke aufgebaut, wobei räumliche Nähe von entscheidender Bedeutung ist. Die westeuropäische Bekleidungsindustrie hat in den 1980er und 1990er Jahren mit Subunternehmen in Osteuropa und im Mittelmeerraum gearbeitet, die USA kooperieren mit Betrieben in Mexiko und Mittelamerika und China wiederum mit anderen ostasiatischen Erzeugerländern (Dicken 2007: 254–276). Insgesamt hat die Produktionsverlagerung von Bekleidung in Länder mit niedrigen Löhnen zu einem größeren Wettbewerb und niedrigeren Preisen geführt. In der EU sind zwischen 2000 und 2005 die Preise für importierte Bekleidung um 24 % und für importierte Textilien um 21 % gefallen (Khanna u. IBC Research Team 2006: 61).

Die wissens- und kapitalintensive Herstellung von Textilien erfolgt immer noch bevorzugt in den entwickelten Ländern. Dieses gilt insbesondere für hochwertige Industrietextilien. In Deutschland hat die Textil- und Bekleidungsindustrie in den vergangenen Jahrzehnten einen Strukturwandel durchlaufen. Die Zahl der Beschäftigten ist von 1980 bis 2005 um rund 75 % auf nur noch 130.000 gesunken. Schon lange konzentriert man sich auf Industrietextilien, die eine weit höhere Wertschöpfung garantieren. Hierzu gehören Stoffe für Sicherheitskleidung oder kugelsichere Westen, aber auch technische

Abb. 3.25
Globaler Handel mit Bekleidung 2007. Quelle: WTO 2008b: 111 u. 114

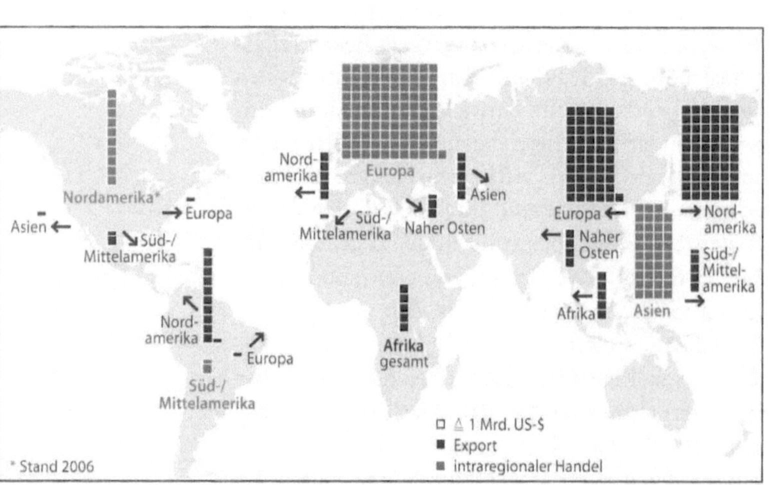

 3 STRUKTUR DES WELTHANDELS

Materialien für den Automobil- und Fahrzeugbau, Straßenbau oder Umweltschutz. Mit dem Abbau der Arbeitsplätze hat sich in 25 Jahren der Umsatz pro Beschäftigten in der deutschen Textilindustrie fast verdreifacht und in der Bekleidungsindustrie sogar gut verfünffacht (FAZ: 14.06.05, Gesamtverband textil + mode 2006).

Seit der Jahrtausendwende ist der Welthandel mit Textilien und Bekleidung teilweise um mehr als zehn Prozent im Jahr angestiegen und erreichte 2007 ein Volumen von 583 Mrd. US-$ (WTO 2008: 43). Ein großer Teil des Handels findet allerdings innerhalb von Regionen statt. Dieses gilt insbesondere für Nordamerika und Europa (s. Abb. 3.25). Nur zehn Länder bzw. Regionen waren für rund 81 % aller Exporte von Bekleidung und 85 % aller Exporte von Textilien verantwortlich (s. Abb. 3.26). Asien und hier insbesondere China konnte seine Stellung als weltweit bedeutendster Exporteur in den vergangenen Jahren weiter ausbauen. Beim Export von Textilien und Bekleidung führte China 2007 mit einem Anteil von 23,4 % (2000: 10,3 %) bzw. von 33,4 % (2000: 18,2 %). Es folgten die EU und Hongkong, das diesen Rang aufgrund eines hohen Anteils von Reexporten erreichen konnte. China hat einen Teil der Produktion in die frühere britische Kolonie verlegt, um die eigenen Quoten zu senken. Unter der Zunahme der asiatischen Exporte in die USA hat vor allem der intraamerikanische Handel gelitten. Die Exporte aus Mexiko sowie Süd- und Mittelamerika in die USA waren in den vergangenen Jahren rückläufig. Der Anteil Afrikas am Welthandel mit Textilien und Bekleidung war 2007 mit einem Export in Höhe von 7,3 Mrd. bzw. 4,8 Mrd. US-$ immer noch gering, hat aber seit der Jahrtausendwende sehr zugenommen. Hierzu hat das im Jahr 2000 zwischen den USA und den subsaharischen Staaten abgeschlossene Präferenzabkommen AGOA (s. Teil II) beitragen (Rogerson 2005: 281). Allerdings ist es noch nicht gelungen, in Afrika die gesamte Wertschöpfungskette der Textil- und Bekleidungsindustrie zu etablieren. Für die Produktion von Bekleidung müssen daher immer noch Textilien importiert werden (Anson 2006, Anson u. Brocklehurst 2007: 60f.). Es ist nicht auszuschließen, dass auch die hohen Importe von Altkleidern die Entstehung einer eigenen Textilindustrie verhindern (Baden u. Barber 2005) Insgesamt wirken sich die unausgeglichenen globalen Handelsströme bei Textilien und Bekleidung ungünstig auf die Han-

delsbilanzen der entwickelten Länder aus. 2007 betrug das Defizit der USA im Handel mit Textilien und Bekleidung 92,3 Mrd. US-$, wovon 87 % auf Bekleidung entfielen. Das Defizit der EU lag bei 63 Mrd. US-$. Dagegen erreichte China mit 152,6 Mrd. US-$ den mit Abstand höchsten Überschuss, gefolgt von Indien mit 19 Mrd. US-$ (WTO 2008b: 108 u. 114).

Da die Quotierung der Einfuhren nach Europa und in die USA erst 2008 endgültig ausgelaufen ist, ist es noch zu früh, die langfristigen Folgen der Liberalisierung des Welthandels mit Textilien und Bekleidung abschließend beurteilen zu können. Obwohl China in den vergangenen Jahren noch hohe Zuwachsraten beim Export von Textilien und Bekleidung verzeichnen konnte, erwarten Experten in der Zukunft niedrigere Steigerungsraten. Ein wichtiger Grund ist der Rückgang der Kaufkraft in den USA, die der wichtigste Abnehmer chinesischer Textilien und Bekleidung sind. Außerdem leidet China zunehmend unter dem Wettbewerb anderer asiatischer Staaten. In sieben wichtigen Exportländern Asiens sind die Stundenlöhne niedriger als in China, wo sie 1,08 US-$ betragen. Das Schlusslicht bildet Bangladesh mit einem Lohn von nur 0,22 US-$ pro Stunde (Anson 2008).

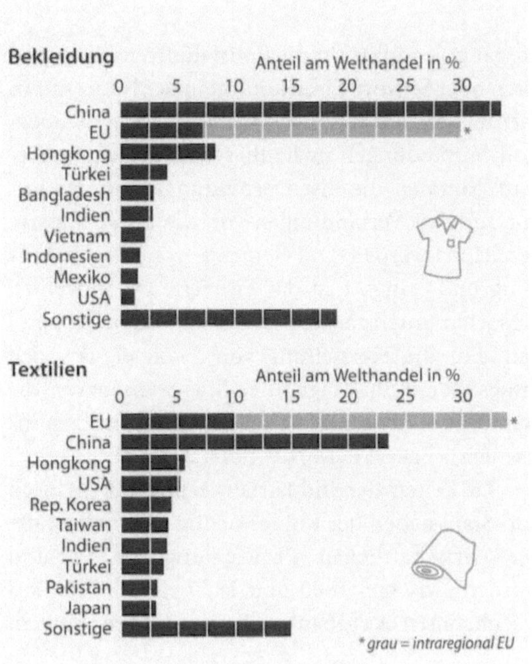

Eisen und Stahl

Ausgangsprodukte für die Rohstahlproduktion sind Eisen oder Schrott. Eisen kommt in der Natur nur in chemischen Verbindungen vor, wobei Eisen-Sauerstoff-Verbindungen am häufigsten auftreten. Außerdem kommen die Eisenverbindungen immer nur mit anderen Verbindungen vor, die als »Gangart« bezeichnet werden. Das Gemenge von Eisenverbindung und Gangart ist das Eisenerz. Die einzelnen Erzsorten unterscheiden sich durch ihren Eisengehalt. Für die Herstellung von Eisen eignen sich insbesondere die Magnetite (Magneteisenerz), die Hämatite (Roteisenerz) und die Limonite (Brauneisenerz) (Eckart u. Kortus 1995: 29).

Zu Zeiten der Industrialisierung waren Eisen und Stahl neben der Kohle wichtige Antriebskräfte der wirtschaftlichen Entwicklung. In England wurden zwischen 1840 und 1850 rund 30 000 km Eisenbahnstrecke gebaut, wobei pro Kilometer allein für den Schienenstrang ca. 200 t Eisen benötigt wurden. Die Eisenproduktion erhöhte sich daher in England zwischen 1830 und 1850 von 680 000 t auf 2,25 Mio. t. Gleichzeitig verdreifachte sich die Kohleförderung. Auch Deutschland konzentrierte sich ab 1870 auf den Ausbau der Eisen- und Stahlindustrie, um den Eisenbahnbau und die Waffenindustrie voranzutreiben, und die Firma Krupp in Essen entwickelte sich zum bedeutendsten Stahlproduzenten und zur Waffenschmiede der Nation (Marks 2006: 131–154). Stahl ist nach wie vor ein bedeutendes Massengut, um das seit Gründung der WTO immerhin rund 30-mal vor dem Schiedsgerichtshof der WTO gerungen wurde. In mehr als der Hälfte der Fälle wurde dabei Anklage gegen die USA erhoben (www.wto.org).

Die Nachfrage nach Eisen und Stahl verläuft zyklisch. In Abhängigkeit von der Weltkonjunktur folgen Jahre mit einer hohen Nachfrage auf Jahre mit nur geringem Bedarf. Besonders große Überkapazitäten gab es zu Beginn der 1980er Jahre, als der Grad der Auslastung nur bei 57,7 % lag. Bis Mitte 2008 hat die globale Nachfrage nach Stahl stark angezogen, was im Wesentlichen auf den Ausbau der Infrastruktur und der Städte in China sowie in anderen wenig entwickelten Ländern zurückzuführen war. Da der Bau neuer Stahlwerke kapital- und zeitintensiv ist, dauert es mehrere Jahre, um eine erhöhte Nachfrage befriedigen zu können. In Zeiten des geringen Angebots sind die Preise hoch und sinken erst wieder, wenn die Produktionskapazitäten erweitert worden sind (www.stahl-online.de). Aber auch die Anpassung an eine sinkende Nachfrage dauert oft erstaunlich lange, da einzelne Staaten den Stahl in Zeiten der Überproduktion subventionieren. Gleichzeitig verhindern Zölle die Einfuhr preiswerteren Stahls aus anderen Ländern. Die Subventionen und die protektionistischen Maßnahmen bewirken, dass Überkapazitäten nicht abgebaut werden, und führen zu Wettbewerbsverzerrungen auf dem Weltmarkt (Jha, Nedumpara u. Endow 2006: xxii). Großes Aufsehen erregte der Stahlprotektionismus der USA 2002. Da die US-amerikanische Stahlindustrie Absatzprobleme hatte, verhängte Präsident George W. Bush Einfuhrzölle zum Schutz der heimischen Produzenten. Besonders betroffen waren Brasilien, Südkorea, Japan und die Russische Föderation als wichtigste Stahllieferanten der USA. Die Maßnahmen der USA wirkten sich auch auf die EU aus, da die von den protektionistischen Maßnahmen betroffenen Länder

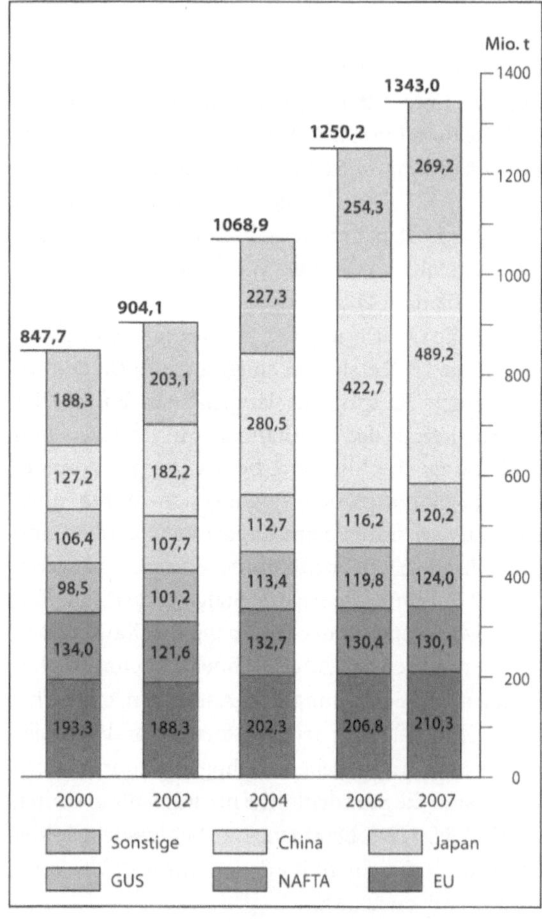

Abb. 3.27
Rohstahlproduktion weltweit nach Regionen 2000–2007. Quelle: www.stahl-online.de

ihren Stahl in der EU oder anderen Drittländern absetzen mussten, was nicht ohne Auswirkungen auf die Stahlpreise blieb. Die EU legte gemeinsam mit Japan, Südkorea, China, der Schweiz, Norwegen, Neuseeland und Brasilien Klage gegen die USA beim Schiedsgericht der WTO ein, das die USA 2003 zur Aufhebung der Einfuhrzölle verurteilte (Haas und Neumair 2006: 72f.).

Der Abbau der Überkapazitäten in den folgenden Jahren führte zu hohen Preisen auf dem Weltmarkt. Des Weiteren haben sich die hohen Energiepreise auf den Stahlpreis ausgewirkt. Für die Erzeugung einer Tonne Rohstahl werden rund zwei Tonnen Eisenerz, Schrott, Kohle, Koks und Öl sowie außerdem Legierungsmittel und weitere Zuschlagsstoffe benötigt. Mitte 2008 hatten die Energiekosten einen Anteil von über 80 % an den gesamten Herstellungskosten (Wirtschaftsvereinigung Stahl 2008: 1). Da Eisen und Stahl schwere Massengüter sind, war zudem der Transport teuer. Ab 2009 sollen neue, effiziente und kostengünstig arbeitende Hochöfen die Kapazitätsengpässe beseitigen (Richmond, Millstead u. Wilson 2006).

Die globale Produktion von Eisenerz nahm 2007 um neun Prozent, nach elf Prozent im Vorjahr, zu. 2007 waren weltweit 1,6 Mrd. t Eisenerz produziert worden, aus denen 946 Mio. t Roheisen erzeugt wurden. Mehr als die Hälfte der Produktion entfiel auf die Länder Brasilien, Australien und China (www.stahl-online.de), außerdem entwickelte sich Indien zu einem wichtigen Anbieter auf dem Weltmarkt. Allein 2007 baute China die Produktion um 20 % aus (s. Abb. 3.27) und stärkte somit seine Stellung als weltweit zweitgrößter Produzent von Eisenerz nach Brasilien und vor Australien. Als wichtigsten Exporteur hat Brasilien Australien 2007 überholt. An dritter Stelle steht Indien, dessen Exporte in sieben Jahre in Folge angestiegen sind, gefolgt von Südafrika, Kanada und der Russischen Föderation. Obwohl selbst ein bedeutender Produzent von Eisenerz, ist China gleichzeitig der mit Abstand größte Importeur von Eisenerz mit einem Anteil von 41 % an den globalen Einfuhren (www.unctad.org). Die Eisenerzindustrie konzentriert sich nicht nur auf nur wenige Länder, sondern auch auf nur wenige Konzerne (Wirtschaftsvereinigung Stahl 2008: 2).

Die Produktion von Rohstahl hat sich von 1970 mit 595 Mio. t auf 1,344 Mrd. t in 2007 und damit um 125 % erhöht, stagnierte aber 2008 aufgrund der globalen Wirtschaftskrise, die im Herbst dieses Jahres einsetzte. Im ersten Quartal 2009 brach die weltweite Stahlproduktion sogar um 23 % gegenüber dem entsprechenden Vorjahreszeitraum ein (www.stahl-online.de).

Besonders beachtlich waren die Zuwachsraten seit der Jahrtausendwende bis 2007 mit jährlich 6–7 %. Nicht nur in China und anderen wenig entwickelten Ländern, sondern auch in den Industrieländern hatte die Nachfrage zugenommen (Wirtschaftsvereinigung Stahl 2008: 1), obwohl Stahl in vielen Bereichen durch andere Produkte verdrängt worden ist. Stahl ist nach wie vor ein wichtiger Werkstoff, der in vielen Branchen Verwendung findet. In Deutschland gehen rund ein Drittel der Produktion in den Straßenfahrzeugbau und rund 15 % in den Maschinenbau (www.stahl-online.de). In den wenig entwickelten Ländern war der Anstieg des Stahlverbrauchs vor allem auf den Ausbau der Infrastruktur zurückzuführen. Für Indien war errechnet worden, dass bei einem Anstieg des BNE um ein Prozent der Stahlverbrauch in ungefähr gleicher Höhe zunehmen würde (Jha, Nedumpara u. Endow 2006: 9f.).

China hat sich binnen weniger Jahre zum weltgrößten Produzenten, Konsumenten und Exporteur von Stahl entwickelt. Das Land hat seit der Jahrtau-

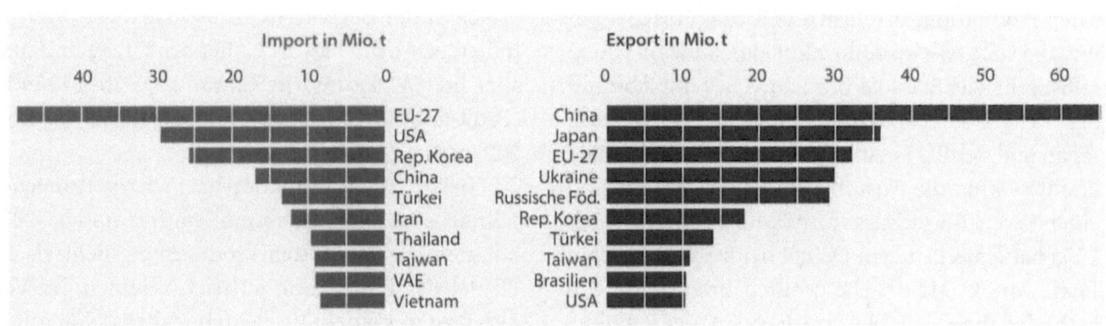

Abb. 3.28

Rohstahl: Die bedeutendsten Importeure und Exporteure 2007. Quelle: www.issb.co.uk

sendwende die Produktion fast vervierfacht. Während China noch 2000 weit weniger Stahl als die EU und auch weniger als die NAFTA erzeugte, produzierte das Land 2007 weit mehr als doppelt so viel Stahl wie die EU und fast viermal so viel Stahl wie die nordamerikanischen Länder (s. Abb. 3.27). Mit knapp 490 Mio. t wurde 2007 in China mehr als ein Drittel des globalen Rohstahls erzeugt. In der EU wurden knapp 16 % des Weltrohstahls produziert. In den nächsten Jahren wird der Abstand Chinas zu den anderen Ländern voraussichtlich weiter wachsen. China verbraucht ungefähr ein Drittel der globalen Produktion. Es folgen die EU, das übrige Asien und die USA (www.stahl-online.de). Obwohl China selbst sehr viel Stahl verbraucht, ist es mit Abstand der weltgrößte Exporteur von Stahl, gefolgt von Japan und der EU (s. Abb. 3.28). Allein im Jahr 2007 konnte China die Ausfuhr um 33 % steigern und einen Exportüberschuss von 48 Mio. t erzielen. Noch 2003 hatte das Land ein Defizit beim Stahlhandel in Höhe von 35 Mio. t. Die größten Importeure von Stahl sind die EU, gefolgt von den USA, der Republik Korea und China. Eine Reihe von Ländern sind sowohl Exporteure als auch Importeure von Stahl, da es unterschiedliche Stahlarten und -qualitäten gibt (www.issb.co.uk). Noch erscheint Indien in den Statistiken zu Stahlproduktion oder -handel nicht auf den vorderen Rängen, aber auch dieses Land hat in den vergangenen Jahren eine erstaunliche Entwicklung durchlaufen. Die Produktionskapazitäten haben sich von 1990 bis 2005 auf 45 Mio. t fast verdoppelt. Günstig ist, dass Indien über große Eisenerzvorkommen verfügt. Wie groß das Wachstumspotenzial ist, zeigt ein Vergleich des Stahlkonsums pro Kopf der Bevölkerung. 2005 lag dieser Wert in Indien erst bei 38 kg, in China bei 270 kg, in Japan aber bei 644 kg und in Taiwan sogar bei 1129 kg (Paull u. Millstead 2006: 556, World Coal Institute 2007b: 9).

Bei der Stahlproduktion hat in den vergangenen Jahren eine Konzentration stattgefunden. 2007 konnten die 15 größten Produzenten mehr als ein Drittel der Produktion auf sich vereinen, im Vergleich zu nur einem Viertel zehn Jahre zuvor. Aufsehen erregte die Übernahme des europäischen Stahlanbieters Arcelor durch den indischen Konkurrenten Mittel im Jahr 2006. ArcelorMittal produziert inzwischen auch in den USA Stahl (s. Foto 3.12). Der aus armen Verhältnissen stammende Inder Lakshmi Mittal ist heute einer der reichsten Männer der Welt. 2007 entfielen knapp zehn Prozent der globalen Stahlproduktion auf den indischen Konzern (Business Week 16.04.07, www.issb.co.uk).

In Deutschland ist ThyssenKrupp mit einem Anteil von ungefähr einem Drittel an der gesamten Stahlerzeugung der größte Produzent, gefolgt von ArcelorMittal (16 %) und Salzgitter (15 %). Die deutsche Stahlproduktion deckt gut die Hälfte der Binnennachfrage. 2007 wurden rund 78 % des Stahlhandels innerhalb der Europäischen Union abgewickelt. Bei den Importen Deutschlands überwiegen Lieferungen aus den anderen EU-Ländern, und nur ca. 15 % wurden aus Drittländern wie dem übrigen Europa, Asien, den GUS-Ländern und aus Nordamerika importiert. Gleichzeitig geht mit Abstand der größte Teil der deutschen Stahlexporte in die anderen Länder der EU. Bei den Exporten in Drittländer überwiegen Lieferungen in das übrige Europa und in den NAFTA-Raum (www.stahl-online.de).

Fahrzeuge

Die Produktion von Fahrzeugen gilt als die Schlüsselindustrie schlechthin. Aufgrund der großen Wertschöpfung, der Verlinkung mit anderen Industrien und der hohen Beschäftigtenzahlen war die Automobilindustrie über große Teile des 20. Jahrhunderts hinweg der wichtigste Motor der Weltwirtschaft. Weltweit sind rund vier Millionen Menschen in der Produktion und weitere neun bis zehn Millionen Menschen bei Zulieferern beschäftigt. Wenn Service und Verkauf hinzugerechnet werden, steigt die Zahl der Beschäftigten auf rund zwanzig Millionen an. Automobile und Nutzfahrzeuge verbrauchen fast die Hälfte der globalen Öl- und Gummiproduktion, ein Viertel des hergestellten Glases und 15 % des Stahls (Dicken 2007: 278). 2007 hatte der Handel mit Erzeugnissen der Fahrzeugindustrie einen Anteil von 8,7 % am Welthandel (WTO 2008b: 98).

Obwohl die ersten Automobile in Europa um 1890 gebaut worden waren, stellte man zu Beginn des 20. Jahrhunderts erstmals in den USA Fahrzeuge in größerer Stückzahl her. Wichtige Innovationen ließen die Produktion schnell ansteigen. 1913 revolutionierte Henry Ford die Produktion mit der Fließbandarbeit: Die Herstellungskosten wurden gesenkt und gleichzeitig eine Massenproduktion ermöglicht. Nur fünf Jahre später stellte Ford fast 200 000 Fahrzeuge her und dominierte eindeutig den US-amerikanischen Markt. In den 1920er Jahren führte der Konkurrent General Motors (GM) den jährlichen Austausch der Modelle ein und initiierte so den Wandel des Automobils zu einem erstrebenswerten Luxusgegenstand. Ein weiterer wichtiger Innovationsträger war Walter Chrysler, der technische Verbesserungen mit einer serienmäßigen Herstellung zu verbinden wusste. Zunächst gab es noch eine Reihe weiterer Produzenten in den USA wie Packard, Hudson oder Studebaker, die aber entweder aufgeben mussten oder von den großen Konkurrenten aufgekauft wurden. Schon früh konnten sich die »Big Three« GM, Chrysler und Ford zu den führenden Herstellern etablieren, deren Erfolg auf ihrer Innovationskraft und Arbeitsorganisation sowie auf der wachsenden Mittelschicht und Kaufkraft beruhte. Die Europäer hielten weit länger als die US-Amerikaner an einer handwerklichen Produktion der Einzelteile fest. Ford erreichte daher mit seinem kostengünstigen Modell bereits nach dem Ersten Weltkrieg hohe Verkaufszahlen auch in Europa (Lewchuk 2006). Erst die serienmäßige Herstellung großer Stückzahlen ermöglichte auch in Europa eine Steigerung der Produktion.

In Deutschland fusionierten 1926 die Unternehmen der Erfinder Gottlieb Daimler und Carl Benz zu Daimler-Benz und produzierten fortan gemeinsam Automobile unter dem Markennamen Mercedes-Benz. Die Bayerischen Motoren Werke (BMW) stellten 1928 die ersten Automobile her, und 1938 wurde in Wolfsburg der Grundstein des Volkswagenwerkes gelegt, in dem von Ferdinand Porsche konstruierte Fahrzeuge hergestellt werden sollten. Vor dem Zweiten Weltkrieg, der die Umstellung der Produktion von Rüstungsgütern und Armeefahrzeugen zur Folge hatte, belief sich die Jahresproduktion weltweit auf ca. fünf Millionen Fahrzeuge. Insgesamt rollten rund 50 Mio. Fahrzeuge über die Straßen. Nach Kriegsende stieg die Produktion sprunghaft an. 1980 gab es bereits 400 Mio. Fahrzeuge bei einer jährlichen Produktion von mehr als 50 Mio. Einheiten. Gleichzeitig veränderten sich die globalen Strukturen. Der Anteil der USA an der Pro-

Foto 3.13

Mercedes-Benz-Händler in Chicago. Hochwertige deutsche Fahrzeuge sind in den USA begehrt. Seit Jahren produzieren Daimler-Benz und BMW in den USA Fahrzeuge.

duktion sank von mehr als 80 % in den 1950er Jahren auf weniger als 25 % im Jahr 1975, während sich Deutschland und Japan zu wichtigen Herstellern entwickelten. In Japan war 1914 das erste Automobil produziert worden, und in den 1930er Jahren stellte Nissan das erste Fahrzeug serienmäßig für einen größeren Markt her (Smith 2004). Seit den 1980er Jahren sind mit Mexiko, Brasilien, der Republik Korea, mehreren osteuropäischen Ländern und in neuerer Zeit auch mit China und Indien weitere Konkurrenten auf dem Weltmarkt hinzugekommen.

Im Gegensatz zur Textilindustrie dominieren in der Fahrzeugindustrie sehr große Unternehmen, die global aufgestellt sind. Aufgrund der großen wirtschaftlichen Bedeutung herrscht ein Wettbewerb zwischen einzelnen Ländern. Die Rolle des Staates ist von entscheidender Bedeutung, da dieser über den Marktzugang und Bedingungen für ausländische Investoren entscheidet. Die Einfuhrzölle für Fahrzeuge variieren von Land zu Land und sind besonders hoch in den wenig entwickelten Ländern. Oftmals wird der Import fertiger Fahrzeuge zudem höher besteuert als die Einfuhr von Komponenten,

da durch die Montage Arbeitsplätze geschaffen werden. Die einzelnen Länder verfolgen abweichende Strategien. In der Frühphase der Automobilindustrie hatten die europäischen Länder, allen voran Frankreich, aber auch Japan und Korea ihre noch jungen Industrien weitgehend vor ausländischer Konkurrenz geschützt. Ähnlich versuchen heute China und Malaysia, ihre eigene Industrie gegen fremde Einflüsse abzuschirmen. Im Gegensatz hierzu stellen sich Brasilien und Thailand der ausländischen Konkurrenz, um die Effektivität der eigenen Industrie zu fördern und ausländische Investoren anzuziehen. Die osteuropäischen Produzenten, namentlich Polen, die Tschechische Republik, Ungarn und die Slowakei, streben eine Zusammenarbeit mit anderen Ländern in der Region und eine Integration in die EU an (Dicken 2007: 287).

Um Marktzugangsbeschränkungen zu umgehen und Transportkosten zu senken, fertigen die großen Automobilhersteller seit Jahrzehnten auch im Ausland, wo außerdem oft zu günstigeren Kosten produziert und der Kontakt zum Kunden besser gehalten werden kann (VDA 2008: 37). Bereits in

den 1920er Jahren hatten Ford und General Motors
in Europa Fahrzeuge produziert (Gaebe 1993: 496).
Der steigende Export von Fahrzeugen aus Japan und
Korea in den 1970er und 1980er Jahren wurde in
Europa, vor allem aber in den USA mit großem Argwohn beobachtet. In den 1950er Jahren hatten die
USA japanische Autos für den Einsatz im Koreakrieg
gekauft. 1957 bot Toyota erstmals ein Modell auf
dem US-amerikanischen Markt an, allerdings wurden im ersten Jahr nur 300 Exemplare verkauft. Der
Erfolg stellte sich Mitte der 1960er Jahre ein, als mit
dem Datsun 510 für weniger als 2000 US-$ ein
attraktiver Kleinwagen in den USA angeboten wurde. Obwohl Kritiker das Fahrzeug als »the poor
man's BMW« bezeichneten, war die Nachfrage
hoch (Smith 2004). Die großen drei US-amerikanischen Automobilkonzerne, die immer noch fast
ausschließlich große Limousinen bauten, sahen ihre
Existenz durch die japanischen Kleinwagen gefährdet. Die Japaner hatten seit den 1960er Jahren ihre
Exporte in die USA mit Fernsehern und Elektronik
kontinuierlich gesteigert, und zu Ende des Jahr-
zehnts waren sie von den USA bezichtigt worden,
Stahl zu Dumping-Preisen auf dem amerikanischen
Markt anzubieten. Als die Japaner auch noch die
»Big Three« angriffen, platzte den US-Amerikanern
der Kragen und sie forderten vehement protektionistische Maßnahmen gegen die Einfuhren aus
Japan von ihrer Regierung und ein Ende des Freihandels. Chrysler-Chef Lee Iacocca polemisierte:
»The Japanese have a clever way of smuggling their
steel into the United States. They paint it, put it on
four wheels, and call it a car.« (zitiert in: Wanda 2005:
258). US-Präsident Jimmy Carter war allerdings der
Meinung, dass die Detroiter Autohersteller selbst an
ihren Problemen Schuld seien. Erst sein Nachfolger,
Präsident Ronald Reagan, erschwerte angesichts der
Rezession Anfang der 1980er Jahre die Einfuhr ausländischer Fahrzeuge in die USA (Wanda 2005: 258).

Um tarifäre und nicht tarifäre Handelshemmnisse zu umgehen, verlagerten die Ostasiaten Teile
ihrer Produktion nach Nordamerika und Europa.
Ende des 20. Jahrhunderts stellten die Japaner in den
Auslandsmärkten ebenso viele Pkw her, wie sie dort
verkauften (Lewchuk 2006). Entscheidend für die
Wahl eines bestimmten Standortes sind häufig Subventionen (Gaebe 1993: 496). BMW produziert seit
1994 in Spartanburg im Bundesstaat South Carolina
und Mercedes-Benz seit 1997 in Tuscaloosa im Bundesstaat Alabama. Des Weiteren produzieren deut-

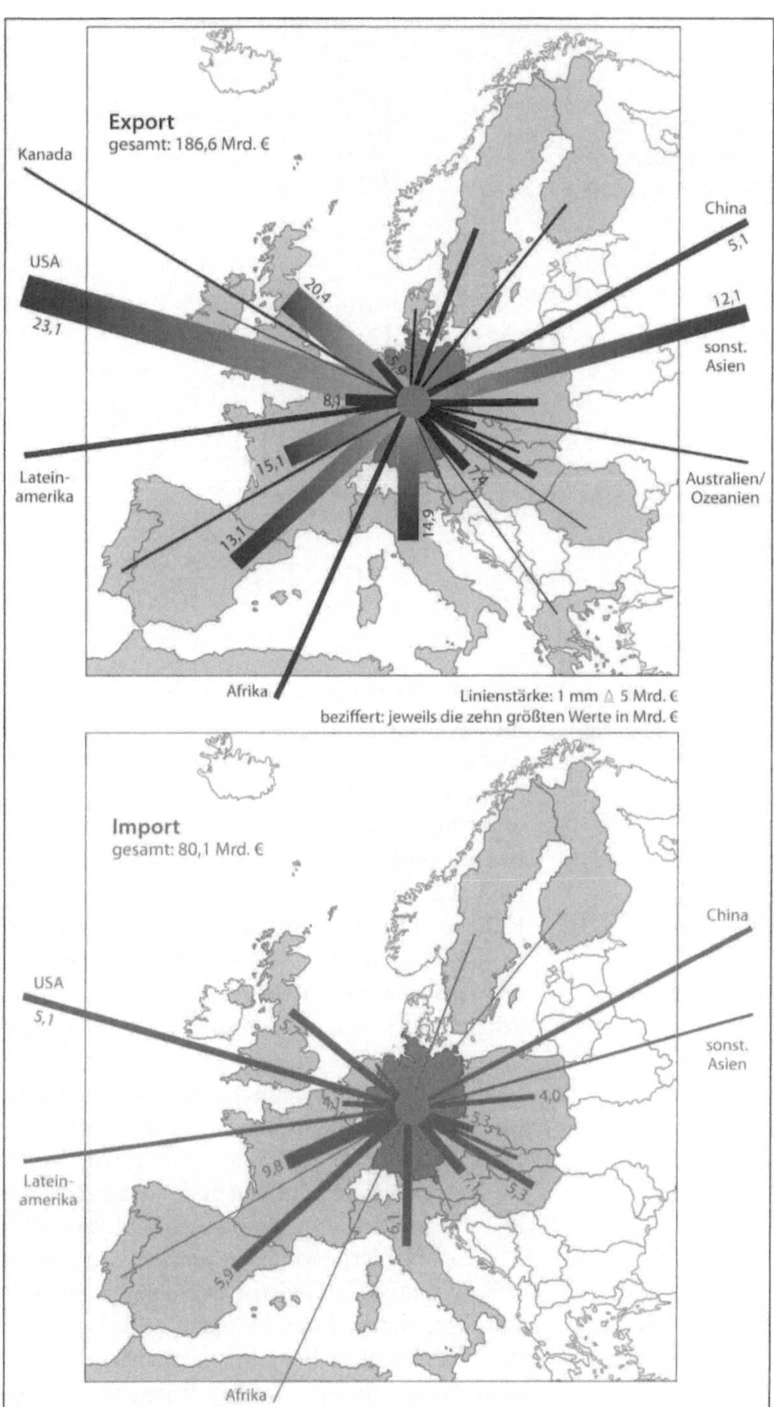

Abb. 3.29

Export und Import
von Erzeugnissen der
Automobilindustrie
in Deutschland 2007.
Quelle: VDA 2008:
266f.

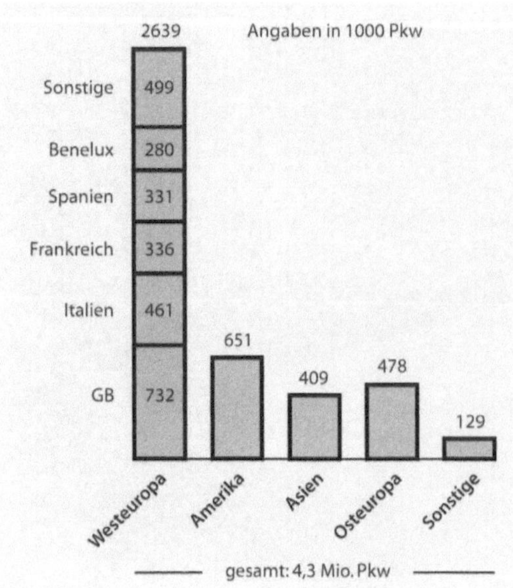

sche Hersteller Fahrzeuge in Asien, in Südamerika und in anderen europäischen Ländern. VW ist mit Abstand am meisten im Ausland engagiert und hat große Produktionsstandorte in Brasilien, Mexiko und China (Dicken 2007: 301), wo die Wolfsburger u. a. seit 1984 einen 50-prozentigen Anteil an Shanghai Volkswagen haben (Gallagher 2006: 178). In der Nähe von Shanghai entsteht derzeit unter deutscher Leitung die Autostadt Anting (s. Foto 3.14). In China werden heute mehr deutsche Kraftfahrzeuge gebaut als in jedem anderen Land. Es folgen Spanien, Brasilien, die Tschechische Republik und Mexiko (www.vda.de). Die deutsche Automobilindustrie unterhält im Ausland mehr als 2000 Fertigungsbetriebe und Lizenznehmer (VDA 2008: 36). Die Auslagerung der Produktion nach Südamerika oder Asien bedeutet aber nicht, dass auch alle Einzelteile in diesen Ländern produziert werden. Um eine heimische Automobilindustrie aufzubauen, waren in Brasilien, Thailand und Mexiko die Produzenten in der Anfangsphase bemüht, möglichst viele Teile von lokalen Zulieferern zu verarbeiten. Diese Strategien wurden längst zugunsten von Zulieferern aus anderen Ländern aufgegeben, um mit dem globalen technischen Wandel Schritt halten zu können (Thun 2006). Die Wertschöpfungskette der Produktion von Fahrzeugen wird aber nach wie vor durch die Hersteller, welche Entwicklung, Design, Endmontage und Vertrieb kontrollieren, bestimmt (Gaebe 2008: 64).

2007 wurden weltweit 72 Mio. Fahrzeuge hergestellt, davon mehr als 60 Mio. Personenkraftwagen (VDA 2008: 48). Der globale Konjunktureinbruch sowie die eingeschränkte Kreditverfügbarkeit hatten 2008 eine Produktion von nur 69 Mio. Fahrzeugen zur Folge (−4,1 %). Im Vergleich zum entsprechenden Vorjahreszeitraum ging der Pkw-Absatz im ersten Quartal 2009 in Europa sogar um 17 %, in den USA um 38 % und in Japan um 23 % zurück. In China und Indien wurden allerdings noch 4 bzw. 2 % mehr Pkw verkauft (www.vda.de). 27,4 % der Produktion entfielen 2007 auf die EU und 21,4 % auf die NAFTA. Auf der Ebene einzelner Länder waren Japan mit 11,6 Mio. Einheiten, gefolgt von den USA (10,8 Mio.) und China (8,9 Mio.) die bedeutendsten Produktionsstandorte. Deutschland belegte vor der Republik Korea (4,1 Mio) mit 6,2 Mio. produzierten Einheiten den vierten Rang. Bei den Produzenten führt General Motors knapp vor Toyota die globale Produktion an. An dritter Stelle folgt Ford vor VW auf dem vierten Rang (VDA 2008: 270). Der weltweit größte Absatzmarkt von Pkw sind die USA gefolgt von China, wo 2005 erstmals mehr Fahrzeuge als in Japan neu zugelassen wurden (Sun 2006: 37).

In Deutschland sind ca. 55 Mio. Fahrzeuge unterwegs, davon rund 46 Mio. Pkw (ADAC 2008). 2007 haben deutsche Hersteller 12,1 Mio. Fahrzeuge im In- und Ausland produziert. Bei den Pkw hat Deutschland einen Anteil von 18 % an der Weltproduktion; nahezu jeder fünfte weltweit zugelassene Pkw stammt somit von einem deutschen Produzenten. Obwohl inzwischen knapp die Hälfte der Fahrzeuge im Ausland hergestellt wird, hat die deutsche Automobilindustrie mit 745 000 Beschäftigten (2007) zehn Prozent mehr Arbeitnehmer als zehn Jahre zuvor (VDA 2008: 264–269). Dieser Erfolg war nicht abzusehen, denn angesichts des Aufstiegs außereuropäischer Produzenten und hier insbesondere Japans war Anfang der 1990er Jahre befürchtet worden, dass von den damals 720 000 Arbeitsplätzen in der deutschen Automobilindustrie in den nächsten zwei Jahrzehnten bis zu ein Drittel verloren gehen würden, da die globale Wettbewerbsfähigkeit der deutschen Hersteller aufgrund veralteter Produktionsstrukturen bezweifelt wurde (Gaebe 1993: 493). Der Umsatz der deutschen Automobilindustrie lag 2007 bei 290 Mrd. € und hat sich somit in der letzten Dekade sogar verdoppelt. Für diese positive Entwicklung ist insbesondere die stark gestiegene Nachfrage nach deutschen Fahrzeugen im Ausland verantwortlich. Während Mitte der 1990er Jahre noch das Inlandsgeschäft dominierte, werden inzwischen 63 % des Gesamtumsatzes im Ausland erwirtschaftet und drei von vier in Deutschland produzierten Pkw exportiert. Die Produktion deutscher Hersteller wächst im Ausland deutlich schneller als im Inland. Die größten Produktionszuwächse werden außerhalb Europas erzielt. Von 1997 bis 2007 hat sich der Export von Personenkraftwagen von 2,8 Mio. auf 4,3 Mio. und somit weit stärker als im vorausgegangenen Jahrzehnt erhöht. Besonders beliebt sind im Ausland hochwertige Fahrzeuge wie der 3er oder 5er BMW, der Mercedes der C-Klasse, der Audi 6, aber auch der VW Golf. Zwar werden auch Fahrzeuge nach Deutschland importiert, aber mit einem Handelsbilanzüberschuss von 106 Mrd. € trägt die Industrie nicht unwesentlich zum Erfolg der deutschen Exportwirtschaft bei. Bezogen auf den Wert der Fahrzeuge gehen 72 % der deutschen Exporte in die europäischen Länder bzw. 63 % in die EU. Mit 731 000 Fahrzeugen aus Deutschland war Großbritannien der wichtigste Exportmarkt. Die USA sind mit einem Anteil von 12,3 % der wichtigste außereuropäische Markt (s. Abb. 3.29 u. 3.30). In Deutschland erzielten die Fahrzeugimporteure 2007 einen Marktanteil von 30,4 %. Nur 18 % dieser Fahrzeuge kamen aus dem außereuropäischen Ausland. Wichtigster Lieferant ist Frankreich mit einem Anteil von 12,3 %. Der Marktanteil der Japaner in Deutschland hat sich in den vergangenen Jahren auf 11,8 % verringert (VDA 2008: 36, 62–64 u. 165–267).

Angesichts des großen Erfolgs der deutschen Automobilhersteller im Ausland verwundert es nicht, dass sich der Verband der Automobilindustrie für die konsequente Liberalisierung des Fahrzeughandels auf dem Weltmarkt einsetzt, um so einen besseren Marktzugang zu den Wachstumsmärkten der wenig entwickelten Länder zu erhalten. Als besonders störend werden die nicht tarifären Handelshemmnisse empfunden, da diese häufig schwer zu erfassen seien. Der Verband beklagt, dass in der Doha-Runde zu viel Gewicht auf den Agrarbereich gelegt werde und fürchtet, dass die deutsche Automobilindustrie selbst im Falle eines erfolgreichen Abschlusses der Gesprächsrunde kaum profitieren wird. Der Verband der Automobilindustrie unterstützt daher den Abschluss bilateraler Handelsabkommen der EU mit den ASEAN- und Mercosur-Staaten, Südkorea und Japan (VDA 2008: 38–42).

Besonders dynamisch entwickeln sich die Märkte in China, Indien, Brasilien und der Russischen Föderation. Obwohl die jährlichen Zuwachsraten im zweistelligen Bereich liegen, hat die Zahl der Pkw pro Einwohner noch lange nicht den gleichen Stand wie in Europa oder Nordamerika erreicht. Es verwundert nicht, dass ausländische Produzenten derzeit bevorzugt Fertigungsbetriebe in den genannten Ländern errichten, um dort frühzeitig Marktanteile zu sichern (VDA 2008: 53). In China war seit den 1950er Jahren mit sowjetischer Unterstützung eine kleine Fahrzeugindustrie aufgebaut worden. In den 1970er und 1980er Jahren wurde die Industrie mithilfe ausländischer Partner wie Volkswagen in der Form von Joint Ventures ausgebaut. In den 1990er Jahren folgten andere Hersteller wie BMW, Daimler-Benz, General Motors und Hyundai. Gleichzeitig beschleunigte sich die Nachfrage nach Fahrzeugen immer schneller. Begehrt sind nicht nur Kleinwagen, sondern auch Fahrzeuge der Oberklasse, die in China einen hohen Prestigewert haben (Hesse 2007: 56). 2007 wuchs die Zahl der von deutschen Herstellern in China produzierten Fahrzeuge um 32 % auf 971 000, was ca. 20 000 Fahrzeugen mehr entspricht, als die Deutschen im gleichen Jahr in den USA herstellten. In China verfügen deutsche Hersteller über einen Marktanteil von 19 % (VDA 2008: 56 u. 269–270). An den wichtigsten Produktionsstandorten deutscher Hersteller haben sich zudem seit 1984 viele deutsche Zulieferer niedergelassen. Anders als die Produzenten von Fahrzeugen sind sie nicht verpflichtet, Joint Ventures mit chinesischen Herstellern einzugehen (Depner u. Dewald 2005: 12–17). In der Russischen Föderation haben

Abb. 3.31
Globaler Handel mit Erzeugnissen der Fahrzeugindustrie 2007.
Quelle: WTO 2008b: 98

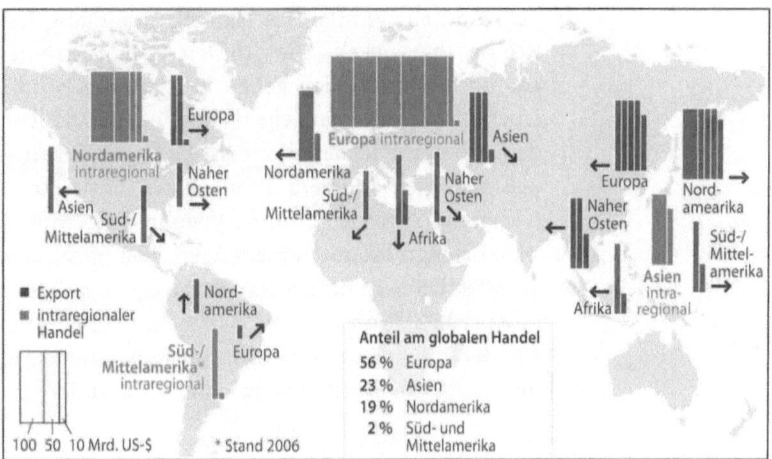

deutsche Hersteller einen Marktanteil von knapp 15 %, in den USA dagegen nur 5,9 %. In Westeuropa beträgt der Anteil bei neu zugelassenen Fahrzeugen 47 %; von der EU-Osterweiterung konnten die deutschen Hersteller aufgrund der räumlichen Nähe mehr als andere Wettbewerber profitieren und in den Beitrittsländern einen Marktanteil von 44 % erreichen (VDA 2008: 55 u. 269–270).

Der chinesische Markt hat das größte Potenzial, wird aber als »Alptraum multinationaler Unternehmen« bezeichnet. Der Markt ist streng reguliert, und ausländische Produzenten müssen Joint Ventures mit lokalen Produzenten eingehen. Es besteht stets die Sorge, dass die lokalen Partner die Fahrzeuge kopieren und unter eigenem Namen auf den Markt bringen. In China gibt es mehr als 100 Pkw-Modelle und die Konkurrenzsituation ist für Ausländer kaum zu durchschauen. Größere Marktanteile konnte bislang nur der von einem staatlichen Betrieb hergestellte Cherry erreichen, der allerdings eine Kopie des von General Motors produzierten Spark ist (Perkowski 2007b: 23). Auch wenn die chinesischen Fahrzeuge technisch noch wenig ausgereift sind, eignen sie sich für den Export in andere wenig entwickelte Länder. Gleiches gilt für die in Indien produzierten Fahrzeuge.

Weltweit wurden im Jahr 2007 Erzeugnisse der Fahrzeugindustrie im Wert von 1183 Mrd. US-$ exportiert. Die europäischen Länder sind mit großem Abstand mit einem Wert von 655 Mrd. die größten Exporteure in diesem Bereich. Der Wert der Ausfuhren asiatischer Länder liegt mit 265 Mrd. US-$ über dem Nordamerikas mit 220 Mrd. US-$. Auffallend ist in Europa und in Nordamerika der hohe Anteil des intraregionalen Handels mit jeweils knapp vier Fünfteln aller Exporte. In Asien wird nur rund ein Fünftel des Handels innerhalb der Region abgewickelt. Die größten Handelsströme aus Europa und Asien gehen in Richtung Nordamerika. In den vergangenen Jahren hat sich außerdem der Nahe Osten zu einem bedeutenden Abnehmer internationaler Produzenten entwickelt. Gemeinsam lieferten Europa, Asien und Nordamerika Erzeugnisse mit einem Wert von mehr als 40 Mrd. US-$ in diesen Raum (WTO 2008d: 98) (s. Abb. 3.31). Von 2006 bis 2007 nahm der globale Handel mit Erzeugnissen der Automobilindustrie um 17 % zu. Da Nachfrage und Produktion in der zweiten Hälfte des Jahres 2008 weltweit eingebrochen sind, dürfte der Handel in jenem Jahr weit weniger angestiegen sein. 2009 wird es möglicherweise sogar zu einem Rückgang des internationalen Handels mit Erzeugnissen der Automobilindustrie kommen.

Ähnlich wie bei Bekleidung endet die Wertschöpfungskette von Fahrzeugen nicht mit dem Verkauf an den Endbesitzer. Verständlicherweise ist das Interesse am Handel mit neuen Automobilien größer als am Verbleib ausrangierter Fahrzeuge, und die Daten zum internationalen Gebrauchtwarenhandel sind äußerst ungenau. Altfahrzeuge enden selten auf den Schrottplätzen der Industrieländer. Da die Reparaturkosten in anderen Ländern günstiger und die Anforderungen an die Sicherheit geringer sind, lohnt sich der Export in wenig entwickelte Länder. Afrika hat inzwischen Osteuropa als wichtigste Destination von Altautos abgelöst. Schätzungen gehen davon aus, dass jährlich zwischen 500 000 bis 700 000, vielleicht aber auch weit über eine Million Altautos von Deutschland in andere Länder exportiert werden (Fuchs 2005: 50). Anderen Quellen zufolge werden jedes Jahr allein über die beiden Häfen Hamburg und Antwerpen 200 000 deutsche Gebrauchtwagen nach Westafrika transportiert (o. V. 2008: 6–11). Besonders viele deutsche Autos landen in Benin, wo schätzungsweise 10 000 bis 15 000 Arbeitsplätze direkt und weitere 100 000 Arbeitsplätze indirekt am Altautogeschäft hängen, was angesichts einer Bevölkerung von nur acht Millionen einen bedeutenden Beitrag zur Wirtschaft des Landes darstellt (Fuchs 2005: 52). Viele der Autos werden in Afrika noch eine Reihe von Jahren gefahren, aber letztlich landen sie irgendwann auf einer wahrscheinlich unsortierten Deponie. Die deutsche Recylcing-Industrie hat noch 2008 bedauert, dass so wertvolle Rohstoffe bei uns verloren gehen (o. V. 2008: 6–11). Inzwischen hat sich die Situation allerdings völlig verändert. Anfang 2009 führte die Bundesregierung die Abwrackprämie ein, um den Verkauf von Neuwagen anzukurbeln. Die ausrangierten Fahrzeuge dürfen nun nicht mehr exportiert, sondern müssen in Deutschland verschrottet werden, wo plötzlich ein Überangebot an Schrott besteht und die Preise eingebrochen sind (FAS: 26.04.09).

Wasser und Luft

Wasser, das noch vor Kurzem als Gemeingut mit garantiertem Zugang für jedermann angesehen wurde, hat sich in neuerer Zeit zu einem globalen Handelsgut entwickelt, das von großen Konzernen wie jede andere Ware gehandelt wird. Sogar schlechte Luft ist auf dem besten Wege, sich zu einem international handelbaren Gut zu entwickeln. Die Grundlagen für diesen Handel sind bereits gelegt.

Wasser

Immer weniger Menschen haben Zugang zu sauberem Trinkwasser, und für die Landwirtschaft als mit Abstand größtem Verbraucher wird das Wasser immer knapper. Weltweit ist der Agrarsektor für 70 % des Wasserverbrauchs verantwortlich, von denen wiederum 95 % auf die Bewässerung entfallen. Obwohl Wasser aufgrund des technischen Fortschritts immer effizienter eingesetzt wird, haben die steigende Weltbevölkerung, Verstädterung und Industrialisierung einen kontinuierlichen Anstieg der Nachfrage zur Folge. Heute leben 1,2 Mrd. Menschen in Regionen mit Wassermangel und für weitere 3 Mrd. ist der Zugang zu sauberem Wasser gefährdet oder nur bedingt möglich (FAO 2007a: 135). Der Zugang zu sauberem Wasser ist in den entwickelten Ländern weit besser gewährleistet als in den wenig entwickelten Ländern. Ein Afrikaner konsumiert jährlich 186 m³ Wasser, ein Südamerikaner 311, ein Asiate 535, ein Europäer 694 und ein Nordamerikaner sogar 1280 m³ Wasser. Aber auch in den USA ist das Leitungswasser von ungefähr einem Fünftel der Bevölkerung mit Blei, Fäkalbakterien und anderen Schadstoffen belastet. In den wenig entwickelten Ländern ist das Wasser noch stärker kontaminiert und die Gefahr, sich mit lebensgefährlichen Cholerabakterien oder anderen Krankheitserregern zu infizieren, ist groß. Während die Wohlhabenden und die Mittelschicht oft Zugang zu staatlich subventionierten Wassertanks oder Brunnen haben, sind die Ärmsten häufig auf den Kauf von überteuerten Wasserkanistern angewiesen (Barlow u. Clarke 2001: 80–84). Die Produktionsstätten internationaler Konzerne vermindern zusätzlich das Angebot an sauberem Wasser in den wenig entwickelten Ländern, wenn sie dem Boden so viel Wasser entnehmen, dass der Grundwasserspiegel sinkt und die Wasserversorgung von Landwirtschaft und Bevölkerung nicht mehr sichergestellt ist. Jede der rund 90 Abfüllanlagen von Pepsi-Cola und Coca-Cola in Indien verbraucht täglich zwischen einer Million und 1,5 Mio. l Wasser oder 40 Mrd. l im Jahr. Zur Herstellung von einem Liter Coca-Cola werden neun Liter Wasser benötigt. Im südindischen Bundesstaat Kerala hat Coca-Cola dazu beigetragen, dass eine eigentlich wasserreiche Region heute unter Wassermangel leidet (Shiva 2007). Wasser ist vielerorts so kostbar geworden, dass es als »blaues Gold« bezeichnet wird. Im Mai 2000 prognostizierte die Zeitschrift Fortune, dass Wasser im 21. Jahrhundert die Bedeutung, die Öl im 20. Jahrhundert hatte, erlangen und über das Wohl ganzer Nationen entscheiden wird (zitiert in: Barlow u. Clarke 2001: 138).

Die Erkenntnis, dass sich die globalen Wasserressourcen verringern, führte dazu, dass die 1980er Jahre von den Vereinten Nationen zur Dekade des Wassers ausgerufen und Wasser auf der Wasserkonferenz von Dublin 1992 offiziell zum Wirtschaftsgut erklärt wurde (Deckwirth 2004: 3–5, Rekacewicz 2007: 79). Wasser wurde so zu einem Welthandelsgut, dessen Privatisierung und Kommerzialisierung uneingeschränkt möglich ist. Im Jahr 2000 haben die Vereinten Nationen den Zugang zu sauberem Trinkwasser zu einem Milleniumsziel erklärt. Bis 2015 soll der Anteil derjenigen Menschen, die keinen Zugang zu sauberem Wasser haben, um die Hälfte gesenkt werden (Kreutzmann 2006: 7). Ermuntert durch die Weltbank versprachen Vertreter der globalen Konzerne, deren Interesse an dem kostbaren Gut rapide anstieg, Kommunen in aller Welt ihre Unterstützung bei der Realisierung der ehrgeizigen

Foto 3.15
Wasserverkauf in Mexiko.
In weiten Teilen Mexikos hat die ärmere Bevölkerung keinen Zugang zu sauberem Trinkwasser und ist auf den Kauf von Wasserflaschen im Einzelhandel angewiesen.

Milleniumsziele im Rahmen von Public Private Partnerships (Public Citizen 2005). Inzwischen haben weltweit viele Städte und sogar ganze Staaten ihre Wasserrechte an globale Wasserversorger wie Suez oder Vivendi verkauft (Barlow u. Clarke 2001: 119). Unterstützt werden die Konzerne durch die Weltbank und andere Träger der wirtschaftlichen Zusammenarbeit wie die Europäische Bank für Wiederaufbau und Entwicklung oder die EU, die die Privatisierung des Wassersektors durch billige Kredite oder andere finanzielle Hilfen unterstützen. Gefördert wird die Internationalisierung der Wasserrechte außerdem durch das GATS, das die Investitionstätigkeit in diesem Bereich regelt und vereinfacht (s. Teil II) (Deckwirth 2004: 24–34).

Die Privatisierung der Wasserrechte kann auf unterschiedlichem Wege erfolgen. Die öffentlichen Wasser- und Klärwerke können komplett verkauft werden. Alternativ kann eine Regierung mit einem privaten Unternehmen einen Vertrag abschließen, das die Wasserversorgung gegen eine feste Gebühr übernimmt. Pachtverträge oder Konzessionsvergaben an Wasserkonzerne, die alle erforderlichen Dienstleistungen von der Gewinnung bis zum Verkauf des Wassers übernehmen und auch Gewinne erzielen dürfen, sind eine weitere Möglichkeit. Das letzte Modell wird besonders häufig gewählt. Problematisch ist, dass nicht der Zugang zu Wasser für alle das Ziel der Wasserkonzerne ist, sondern die Profitmaximierung. Viele der Wasserversorger sind an der Börse notiert, und Wasser ist zu einem Spekulationsobjekt geworden. Die Rechte der global tätigen Wasserversorger werden durch die WTO gestärkt, und der Export von Wasser nimmt rapide zu (Barlow u. Clarke 2001: 120–130).

Während Ende der 1990er Jahre Public Private Partnerships noch als gute Lösung zur Wasserversorgung der Megastädte in den wenig entwickelten Ländern angesehen wurden, werden sie heute kritisch bewertet. Die NGO Public Citizen (2005) zeigt am Beispiel der Städte Manila (Philippinen), Buenos Aires (Argentinien), El Alto (Bolivien) und Jakarta (Indonesien) die negativen Folgen der Privatisierung besonders für die ärmere Bevölkerung auf. Diese wartet immer noch auf den versprochenen Zugang zu Wasser und muss Trinkwasser zu völlig überhöhten Preisen in Kanistern kaufen. Die Konsumenten müssen die Dienstleistungen der Wasserversorger teuer bezahlen, während die Rendite von den internationalen Konzernen, die die Infrastruktur nur unzureichend ausbauen und erhalten, abgeschöpft wird (Kreutzmann 2006: 5).

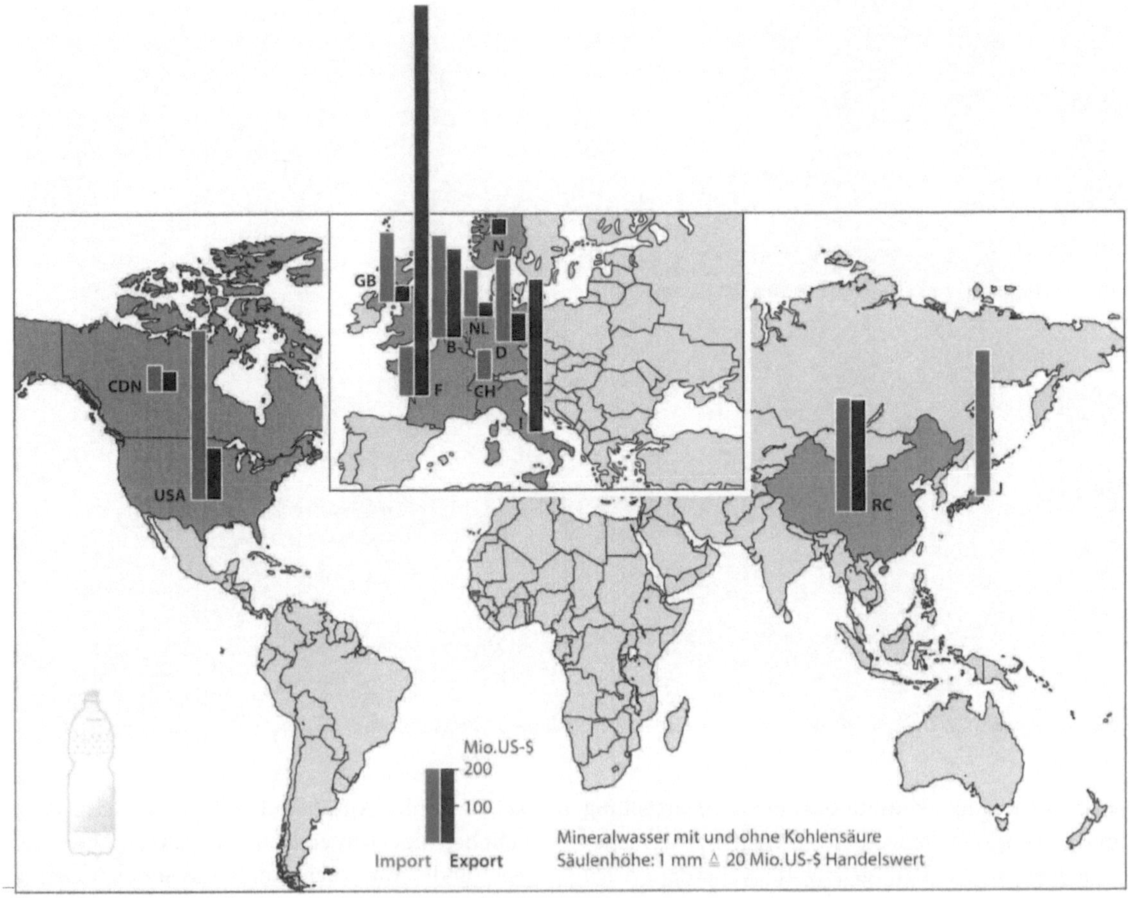

Abb. 3.32
Die zehn größten Importeure und Exporteure von Mineralwasser 2007. Quelle: United Nations 2008: Database Comtrade

Wo kein Trinkwasser in ausreichenden Mengen vorhanden ist, muss es importiert werden. Wasser kann in Kanälen, Pipelines, Schläuchen oder mit Tankschiffen über größere Entfernungen transportiert werden. Der Handel mit Mineralwasser in Flaschen oder Kanistern hat in den vergangenen Jahren besonders stark zugenommen. Das Wasser in Kanistern dient der Grundversorgung der Bevölkerung mit sauberem Wasser, während der internationale Handel mit Flaschenwasser auf eine geschickte Vermarktung zurückzuführen ist. Das Hotel Adlon in Berlin beschäftigt angeblich sogar einen Sommelier für Wasser, der Mineralwasser aus allen Teilen der Welt einkauft, um es den verwöhnten Gästen anzubieten. Obwohl es keinen logischen Grund dafür gibt, in den USA Mineralwasser aus Italien oder in Europa aus Alaska zu trinken, steigt die Nachfrage nach Wasser aus möglichst exotischen Orten weltweit von Jahr zu Jahr an. Die Wertschöpfung des Flaschenwassers kann den des Leitungswassers bis zum 2000-Fachen übertreffen (Kreutzmann 2006:

8). Weltmarktführer ist Nestlé (z. B. Perrier, Vitell, San Pellegrino). Danone, Procter & Gamble, Coca-Cola und Pepsi sind weitere bekannte Anbieter. Aufsehen hat in neuerer Zeit der Export von Flaschenwasser der Insel Fidschi erregt. Die Vermarktung von FIJI Water als Premiumwasser aus natürlichen Quellen einer Südseeinsel und die Platzierung in Fernsehserien wie Desperate Housewives hat die Nachfrage in den USA und in Großbritannien stark ansteigen lassen. 2006 exportierte Fidschi, dessen Bevölkerung nur teilweise Zugang zu sauberem Wasser hat, Quellwasser mit einem Wert von 9,5 Mio. US-$ (United Nations 2008). Der große Gewinner ist allerdings die FIJI Water Company mit Sitz in Los Angeles. Im Internet gibt es zahlreiche Blogs, die das Unternehmen bezichtigen, mit seinem Wasserhandel einen unangemessen großen ökologischen Fußabdruck zu hinterlassen.

Umweltaktivisten gehen davon aus, dass die großen Konzerne angesichts der hohen Gewinnspannen die globalen Wasservorräte rücksichtslos

Foto 3.16
FIJI Water. Mineralwasser wird zunehmend als Lifestyle-Produkt vermarktet. Diese Flaschen werden in einem Supermarkt in New York angeboten und haben einen langen Transportweg aus dem Pazifik und von Europa hinter sich.

ausbeuten. Hinzu kommt, dass bei der Herstellung und Entsorgung der Kunststoffbehälter giftige Chemikalien in die Luft gelangen. Außerdem wird befürchtet, dass die Regierungen immer weniger Verantwortung für die lokale Wasserversorgung übernehmen, da heute fast weltweit jeder Konsument sauberes Wasser in Flaschen oder Kanistern kaufen kann. Der Handel mit Wasser ist zu einem milliardenschweren Geschäft mit enormen Steigerungsraten geworden. Noch 1998 hatte die Weltbank geschätzt, dass der internationale Wasserhandel mit ein Volumen von 800 Mrd. US-$ erreichen könnte. 2007 hatte der Handel mit Mineralwasser mit und ohne Kohlensäure mit einem Volumen von 2,6 Mrd. US-$ diese Schätzung längst überschritten. Der mit Abstand größte Wasserexporteur ist Frankreich mit einem Anteil von 40 %, gefolgt von Italien (15 %) und China (11,5 %). Deutschland belegt mit einem Wert von 77 Mio. US-$ (3 %) hinter den USA und vor Kanada den sechsten Platz. Die zehn führenden Exportländer teilten 85 % des Welthandels mit Wasser unter sich auf. Die größten Importeure waren die USA, gefolgt von Japan und China. Auf die zehn größten Importeure entfielen rund 80 % der globalen Einfuhren. Abgesehen von China konzentriert sich der Handel mit Mineralwasser auf die entwi-

ckelten Länder, Afrika und Südamerika sind (noch) nicht beteiligt (United Nations 2008) (s. Abb. 3.32). Der Handel mit Fruchtsäften und anderen Getränken ist in diesen Daten nicht enthalten.

Emissionshandel

Kohlendioxid (CO_2) ist ein natürlicher Bestandteil der Erdatmosphäre. Ohne CO_2 wäre es auf der Erde ca. 35 °C kälter und somit lebensfeindlich. Die Verbrennung fossiler Energieträger wie Kohle, Öl und Erdgas setzt CO_2 frei und löst eine zusätzliche Erderwärmung aus. 1997 verständigte sich die internationale Gemeinschaft in Kyoto (Japan) angesichts der Gefahr einer Erderwärmung auf eine Reduzierung der Treibhausgase. Das Protokoll von Kyoto trat im Februar 2005 in Kraft. Alle Unterzeichner sind verpflichtet, ihre CO_2-Emissionen von 2008 bis 2012 um fünf Prozent gegenüber dem Niveau von 1990 zu reduzieren, wobei die einzelnen Staaten unterschiedlich hohe Verpflichtungen eingegangen sind. Die EU als Ganzes strebt an, die schädlichen Emissionen um acht Prozent zu senken, und Deutschland sogar um 21 %. Um die ehrgeizigen Ziele erreichen zu können, ist der Emissionshandel für Kohlendioxid eingeführt worden. Die Betreiber von Kraftwerken und Industrieanlagen erhalten Zertifikate, die sie zum Ausstoß einer festgelegten Menge CO_2 berechtigen. Wenn mehr Emissionen ausgestoßen werden als vorgesehen, müssen Zertifikate von Betreibern, die ihre Emissionen bereits reduziert haben, zugekauft werden (s. Abb. 3.33). Es entsteht ein Markt für Zertifikate, deren Preis sich nach Angebot und Nachfrage richtet. Gleichzeitig wurde ein Anreiz geschaffen, Betriebe zu modernisieren und den CO_2-Ausstoß zu reduzieren, da aus dem Verkauf überschüssiger Zertifikate Gewinne erzielt werden können (BMU 2008).

Die erste Handelsperiode des Emissionshandels umfasste die Jahre 2005 bis 2007 und die zweite gilt von 2008 bis 2012. In Deutschland regelt das Zuteilungsgesetz, wie viel CO_2 die in der zweiten Phase am Emissionshandel teilnehmenden 1665 Kraftwerke und Produktionsstätten insgesamt ausstoßen dürfen und nach welchen Regeln die Gesamtmenge auf die einzelnen Anlagen verteilt wird. Die Emissionszertifikate werden von der Deutschen Emissionshandelsstelle vergeben. Die gesetzlich zugeteilte Gesamtmenge an Emissionen muss kontinuierlich verringert werden, um die Ziele des Kyoto-Protokolls einhalten zu können. Ab 2010 werden die Emissionszertifikate europaweit versteigert und so zu einem internationalen Handelsgut. Die Versteigerungen sollen offen erfolgen, damit jeder Betreiber von Kraftwerken oder Produktionsstätten die Möglichkeit erhält, in jedem anderen Mitgliedstaat der

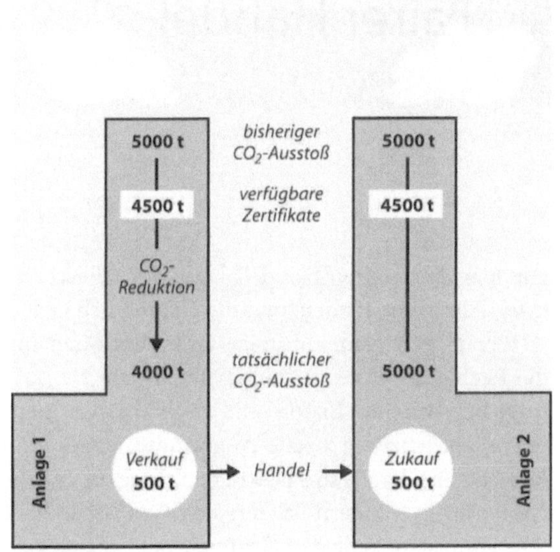

Abb. 3.33
Prinzip des Emissionshandels.
Quelle: BMU 2008: 8

EU Emissionszertifikate zu erwerben. Die Einnahmen aus dem Handel werden den Mitgliedstaaten zur Finanzierung zusätzlicher Klimaschutzmaßnahmen zufließen. Die Bundesrepublik Deutschland setzt sich gemeinsam mit der EU-Kommission und anderen EU-Ländern für die Entstehung eines globalen Marktes für Emissionszertifikate ein. Des Weiteren hat der Umweltrat in Brüssel beschlossen, den Flugverkehr in den Emissionshandel aktiv einzubeziehen. Es ist somit nur eine Frage der Zeit, bis sich Kohlendioxid zu einem globalen Handelsgut entwickeln wird (BMU 2008).

Fairer Handel

Die Idee eines fairen Handels ist in den Zwischenkriegsjahren entstanden. In Indien hatten sich in den 1920er Jahren gemeinnützige Organisationen für die Rechte der Erzeuger eingesetzt, indem sie Aufträge bearbeiteten, Export und Logistik organisierten und gleichzeitig soziale Programme im Gesundheitssektor oder im sozialen Bereich leiteten. In den entwickelten Ländern setzten sich Genossenschaften, Utopisten, religiöse Gruppen oder engagierte Privatleute für alternative Ansätze bei Handel und Vermarktung ein. Während und nach dem Zweiten Weltkrieg verstärkten die religiösen Gruppen ihr Engagement, um den Flüchtlingen und Kriegsopfern zu helfen. Die US-amerikanische Church of Brethren verkaufte 1949 Kuckucksuhren aus dem Schwarzwald, um deutsche Flüchtlinge zu unterstützen, und die Quäker gründeten 1942 in Großbritannien gemeinsam mit anderen Religionsgemeinschaften Oxfam, um den Hungrigen im kriegszerstörten Griechenland zu helfen (Low u. Davenport 2005: 143f.). Ein weiteres Ziel von Oxfam war die Wahrung der Menschenrechte, die die Organisation durch die zunehmende Liberalisierung des Handels gefährdet sah. Oxfam hat wahrscheinlich wie keine andere Organisation die theoretische Debatte um den fairen Handel gefördert (Aaronson u. Zimmermann 2006). Außerhalb der Kirchen wurde die Idee eines gerechteren Handels durch die Entkolonialisierung, die Kapitalismuskritik und alternative Lebensstile unterstützt. Ziel war es, Konsumenten und Regierungen in den entwickelten Ländern über die Produktionsbedingungen in den wenig entwickelten Ländern aufzuklären und die Handelsbeziehungen zu verändern. Die ersten Weltläden wurden in den 1950er Jahren in den Niederlanden eröffnet. Der Verkauf von Zuckerrohr wurde hier mit Informationen über die Herstellung verbunden (Low u. Davenport 2005: 145). In Deutschland wurde 1975 die GEPA nach niederländischem Vorbild gegründet.

Die Weltläden verkauften hauptsächlich »exotische« Produkte, die im regulären Handel nicht angeboten wurden. Dieses änderte sich Ende der 1980er Jahre, als sich traditionelle Einzelhandelsketten wie Pier One Import oder Bombay Trading Company auf den Import von Kunsthandwerk und Gebrauchsgegenständen aus den wenig entwickelten Ländern spezialisierten. Die Weltläden waren erstmals mit Konkurrenten konfrontiert und ihre Umsätze sanken. Bereits einige Jahre zuvor hatten kleinere Kaffeeröster in den entwickelten Ländern den Kaffee direkt bei den Kooperativen zu Preisen oberhalb des Weltmarktniveaus gekauft. Bald wurde das System verfeinert, indem für einzelne Kaffeesorten und Regionen unterschiedliche Mindestpreise festgelegt und ein Teil der Einnahmen für die Realisierung von Gemeinschaftsaufgaben reserviert wurde. Der garantierte Abnahmepreis wurde auch dann bezahlt, wenn die Weltmarktpreise niedriger

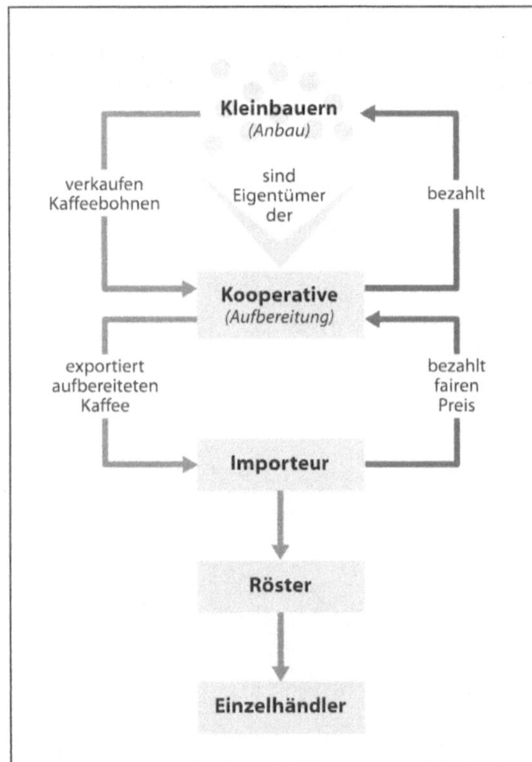

Abb. 3.34
Wertschöpfungskette von Fair-Trade-Kaffee.
Quelle: Nicholls u. Opal 2004: 83

waren. Die Weltläden ergänzten ihr Angebot um fair
gehandelten Kaffee und konnten so die Umsatzver-
luste beim Verkauf von Kunstgegenständen ausgleichen. Da die Konsumenten Garantien dafür forderten, dass sie tatsächlich fair gehandelte Produkte
erwerben, wurde in den Niederlanden Ende der
1980er Jahre das erste spezielle Handelszeichen entwickelt, dem bald weitere in anderen Ländern folgten. Aus dem anfangs alternativen Handel hatte sich
ein fairer Handel entwickelt. Da eine wachsende
Zahl von Konsumenten anstrebte, sich beim Einkauf
politisch korrekt auf der Basis ethischer Werte zu
verhalten, stieg die Nachfrage nach den teureren
Fair-Trade-Produkten (Henderson u. Sethi 2006:
91–102, Nicholls u. Opal 2004: 23f.). Fair Trade
ist längst kein Nischenhandel mehr, in neuerer
Zeit bieten sogar immer mehr traditionelle Einzelhandelsketten fair gehandelte Produkte an. Die
Zusammenarbeit mit den Einzelhandelsketten wird
allerdings auch kritisch betrachtet. Positiv zu bewerten ist, dass das Volumen der fair gehandelten
Produkte auf diese Weise steigt, aber es besteht die
Gefahr, dass die Ziele der Bewegung verwässert
werden (Low u. Davenport 2005: 150, Young u.
Utting 2005: 141).

Fairer Handel wird von den einzelnen Akteuren
unterschiedlich definiert. Konsens besteht jedoch
darin, dass ein partnerschaftlicher Handel auf der
Basis von Transparenz und gegenseitigem Respekt
anzustreben ist. Die Rechte der marginalisierten
Erzeuger und Arbeiter in den wenig entwickelten
Ländern sollen gestärkt und die Armut verringert
werden. Außerdem sollen nachhaltige Produktionsmethoden gefördert werden. Nicht finanzielle Unterstützung durch Entwicklungshilfe, sondern ein
fairer Handel soll die Kleinbauern aus Subsistenzwirtschaft und Armut herausführen. Zudem soll
garantiert werden, dass die Standards der Internationalen Arbeitsorganisation (International Labour
Organization, ILO) eingehalten werden (Golding
u. Peattie 2005: 155, Nicholls u. Opal 2004: 7, 25).
Um diese Ziele zu erreichen, werden die traditionellen Beziehungen zwischen Produzent und Käufer sowie die globale Wertschöpfungskette verändert. Wie am Beispiel des Kaffees gezeigt wurde
(s. Abb. 3.10), wird diese traditionellerweise vom
Käufer dominiert. Gewöhnlich treten Aufkäufer mit
den Kleinbauern oder anderen Produzenten in Kontakt und drücken den Preis so weit wie möglich, um
den eigenen Gewinn zu steigern. Den Kleinbauern

Foto 3.17
Fair-Trade-Kaffee.
Fair gehandelter
Kaffee wird immer
häufiger auch in
deutschen Super-
märkten angeboten.

fehlen Information und Kenntnis, um den Weltmarkt beurteilen zu können. Fair Trade stellt die
Bedürfnisse des Erzeugers über die des Käufers
und versucht, den Einfluss von Aufkäufern, Zwi-
schenhändlern und anderen Agenten auszuschalten
oder zumindest zu verringern. Die Erzeuger vereini-
gen sich in Kooperativen, die demokratisch organisiert sind, d. h. jedes Mitglied hat bei Abstimmungen
eine Stimme, und vergrößern so ihre Macht. Die
Kaffeeernte wird in den Kaffeemühlen der Kooperativen aufbereitet oder zumindest von dieser kontrolliert und zu einem fairen Preis an die Importeure
verkauft. In einem weiteren Schritt wird der Kaffee
an die Röster und von dort an die Einzelhändler
geliefert. Die Zahl der Zwischenhändler wird so
deutlich gesenkt und ein größerer Teil der Wertschöpfung verbleibt bei den Kooperativen bzw. den

Kleinbauern. Der garantierte Preis soll den Lebensunterhalt decken und Investitionen ermöglichen. Außerdem erhalten die Kooperativen technische Unterstützung bei der Umsetzung größerer Gemeinschaftsprojekte wie dem Bau von Schulen oder Brunnen (s. Abb. 3.34) (Nicholls u. Opal 2004: 6f. u. 82f.).

Die Zertifizierung der Fair-Trade-Produkte ist wichtig, um alle Ziele des fairen Handels zu garantieren und das Vertrauen der Verbraucher zu stärken. Um Missbrauch zu vermeiden, wurde 1997 die Dachorganisation Fairtrade Labelling Organizations International (FLO) gegründet, der 19 internationale Zertifizierungsorganisationen angehören. Vor der Zertifizierung wird jede Kooperative von Mitarbeitern einer der anerkennenden Organisationen aufgesucht, um sicherzustellen, dass die Standards der FLO eingehalten werden (FLO 2008). Inzwischen konnte sich das FAIRTRADE-Siegel zu einem angesehenen Markenzeichen entwickeln und genießt einen hohen Stellenwert bei Verbrauchern (Golding u. Peattie 2005: 158). Der Handel mit den zwölf FAIRTRADE-Produkten Bananen, Baumwolle, Blumen, Honig, Kaffee, Kakao, Obstsäften, Reis, Tee, Wein, Zucker und Sportbällen ist seit 2002 jedes Jahr um mehr als 40 % angestiegen. Gleichzeitig hat sich die Zahl der Erzeuger-Kooperationen auf 632, denen rund 1,5 Mio. Kleinbauern und Arbeiter angehören, fast verdoppelt. Ende 2007 gaben die Konsumenten in mehr als 60 Ländern rund 2,3 Mrd. € für die fair gehandelten Erzeugnisse aus (FLO 2008: 8–10). Die USA und Großbritannien sind die bedeutendsten Märkte, aber der höchste Pro-Kopf-Umsatz wird mit 20,80 € pro Jahr in der Schweiz erreicht (www.fairtrade.net). Obwohl Kaffee nach wie vor das umsatzstärkste Produkt mit einem Anteil von rund 60 % an allen FAIRTRADE-Gütern ist, hat dieser nur einen Anteil von 0,24 % am Welthandel mit Kaffee (Golding u. Peattie 2005: 156).

Seit einigen Jahren werden mit Blumen und Sportbällen zwei Produkte, die keine Nahrungsmittel sind, mit dem FAIRTRADE-Siegel ausgezeichnet. Bis vor weniger Jahrzehnten erfolgte der Anbau von Blumen überwiegend in Gärtnereien, die sich in der Nähe der Kunden befanden. Eine Ausnahme stellten Blumen aus den Niederlanden dar, die in Europa und in Nordamerika angeboten wurden. In den Niederlanden war das Gewächshaus im 16. Jahrhundert erfunden worden, und die Blumenzucht hatte sich schon früh zu einem wichtigen Industriezweig ent-

wickelt. Seit Ende der 1970er Jahre haben sich neue Produktionsstandorte zunächst in Südamerika, später auch in Afrika und Asien entwickelt. Heute werden in Kolumbien, Ecuador, Peru, Chile, Costa Rica, Guatemala, an der Elfenbeinküste, in Kenia, in Thailand und in Taiwan Blumen für den nordamerikanischen und europäischen Markt gezüchtet. Während der Verkauf früher fast ausschließlich in kleinen Blumenläden erfolgte, sind heute Supermärkte und Baumärkte wichtige Anbieter. Europa ist mit 44 % der wichtigste Abnehmer von Blumen auf dem Weltmarkt, gefolgt von den USA und Kanada mit jeweils 21 % und Japan mit 15 %. Mit steigendem Wohlstand nimmt in neuerer Zeit die Nachfrage in anderen Ländern wie der Russischen Föderation zu (Seideman 2004). Die Arbeitsbedingungen auf den großen Blumenplantagen der wenig entwickelten Länder sind äußerst problematisch. Die Arbeiten werden überwiegend von jungen Frauen verrichtet und der Einsatz von Pflanzenschutzmitteln gefährdet nicht selten die Gesundheit. Da die Arbeiterinnen häufig in direkten Kontakt mit den giftigen Stoffen kommen, leiden diese unter Hautproblemen, Augenreizungen, Fehlgeburten und Missbildungen bei Neugeborenen. Das Image, das die Exportländer vermittelt haben, stimmt nicht mit den realen Produktionsbedingungen überein. Vermehrte Berichte über die schlechten Arbeitsbedingungen haben die Aufmerksamkeit verschiedener internationaler Hilfsorganisationen geweckt, auf deren Initiative 1999 das Flower Label eingeführt wurde. Das Gütesiegel soll in Zusammenarbeit mit Blumenindustrie, Produzenten, Importeuren und Fachhandel die Einhaltung von Umwelt- und Sozialstandards garantieren (Coulson 2004, Mayer 2004). Seit 2004 wird für den fairen Handel mit Blumen zudem das FAIRTRADE-Siegel vergeben. Seitdem wurden Farmen in Kolumbien, Ecuador, Ägypten, Äthiopien, Indien, Kenia, Sri Lanka, Tansania und Simbabwe verifiziert. In den teilnehmenden Betrieben werden die Grundsätze der ILO eingehalten und gerechte Löhne gezahlt. Außerdem führt FAIRTRADE Programme der Erwachsenenbildung durch, bohrt Brunnen in den Dörfern und unterstützt Schulen und Kindertagesstätten (www.fairtrade.net).

Der faire Handel mit Sportbällen wird seit 2002 gefördert. Der Distrikt Sialkot in Pakistan dominiert die weltweite Produktion von Sportbällen, aber auch von anderen Sportgeräten wie Hockeyschlägern oder Sporthandschuhen. Pakistan hat einen Anteil von 70 bzw. 75 % an der globalen Produktion von Fußbällen und Hockeyschlägern. In den 1990er Jahren waren in manchen Produktionsbereichen bis zur Hälfte der Arbeiter Kinder im Alter von unter 15 Jahren. Die Laufbahn als Fußballnäher wurde teilweise schon im Alter von sechs Jahren aufgenommen. Zwischenzeitlich haben die internationalen Sportartikelhersteller Maßnahmen ergriffen, um die Missstände zu beseitigen (Zimmermann 2005). Das FAIRTRADE-Siegel schafft weitere Anreize, die Produktionsbedingungen zu verbessern. 2006 wurde weltweit mit 152 000 verkauften Sportbällen zwar erst ein verschwindend geringer Teil der Produktion mit dem Gütesiegel verkauft, davon aber mehr als die Hälfte in Deutschland (www.fairtrade.net). Neben dem FAIRTRADE-Siegel gibt es noch weitere Siegel, die einen fairen Handel garantieren. Hierzu gehört das Label STEP, das an Teppichhändler und Importeure vergeben wird, die sich zur Einhaltung gerechter Arbeitsbedingungen und Löhne, Bekämpfung der Kinderarbeit, Förderung umweltverträglicher Produktionsverfahren und zur Zulassung unabhängiger Kontrollen vor Ort verpflichten. Andere Siegel garantieren, dass Möbel nicht aus Tropenholz hergestellt wird. Hier steht aber weniger der Handel, als vielmehr die Produktion im Vordergrund. Erwähnt werden muss, dass es auch fair gehandelte Produkte gibt, die kein eingetragenes Markenzeichen tragen.

Nicht wenige Theoretiker bezweifeln den langfristigen Erfolg des fairen Handels, da dieser die Mechanismen des Marktes außer Kraft setzt. Der garantierte Preis verhindere, dass sich die Erzeuger an eine sinkende Nachfrage anpassen, und fördere Überproduktionen. Fallstudien haben gezeigt, dass Freihandel sowie ein fairer Handel Vor- und Nachteile haben, die von Fall zu Fall sorgfältig untersucht werden müssen (Parrish, Luzadis u. Bentley 2005). Allerdings dürfen die Erfolge der Fair-Trade-Bewegung nicht vergessen werden. Insbesondere Afrika hat von der Bewegung profitiert. Der faire Handel hat vielen Kleinbauern den Weg aus der Armut ermöglicht, wird aber den Freihandel nicht verdrängen können (Brown 2007).

Illegaler Handel

Auch der illegale Handel hat in den vergangenen zwei Jahrzehnten von der Globalisierung der Wirtschaft, der Liberalisierung der Finanzmärkte, der eingeschränkten Grenzkontrollen, der Öffnung der Ostblockstaaten und vom technischen Fortschritt profitiert. Der Fall der Berliner Mauer ermöglichte von einem Tag auf den anderen den Schmuggel von Waren aus Polen, Serbien, der Ukraine oder Moldawien in die westeuropäischen Staaten, und sogar die frühere Seidenstraße erlebte eine neue Blüte für den Transport von Drogen und Migranten. Internet und mobile Telefone bieten Kriminellen eine nahezu unbegrenzte Kommunikation, und ständig wechselnde Mailanschriften und Rufnummern erschweren die Fahndung. Die illegalen Händler sind heute wohlhabender, politisch einflussreicher und agieren internationaler als zu Beginn der 1990er Jahre. Der ungesetzliche Handel verzeichnet in fast allen Bereichen enorme Wachstumsraten (Naím 2006: 22, 28–31 u. 39). Naturgemäß fehlen genaue Daten; Schätzungen zufolge entspricht der illegale Handel, der weltweit von kriminellen Organisationen und Einzeltätern abgewickelt wird, 15 bis 20 % des Welthandels (Conesa 2007, Goldin u. Reinert 2007: 74). Die Schmuggler und Schieber sind den nationalen Behörden immer eine Nasenlänge voraus, da die Fragmentierung der Behörden, Korruption, Bürokratie oder Unfähigkeit die internationale Verbrechensbekämpfung erschweren. Die Waffen, mit denen die Behörden kämpfen, sind veraltet und bestehende Gesetze reichen häufig nicht aus, um den ungesetzlichen Handel wirksam einzudämmen (Naím 2006: 227). Hohen Gewinnspannen im Handel mit illegalen Gütern steht eine fast zu vernachlässigende Gefahr, entdeckt und verurteilt zu werden, gegenüber.

Jeder Handel, der gegen Einfuhrbestimmungen, Steuerrecht, Urheber- oder Lizenzrecht, ethische Grundsätze oder Moralvorstellungen, Gesundheit, die Regeln eines seriösen Geschäftslebens oder gegen staatliche und internationale Regeln, Abkommen und Gesetze verstößt, ist illegal (Naím 2006: 8,

Besozzi 2001: 24). Auch der ungesetzliche Handel ist in globale Wertschöpfungsketten eingebunden. Drogen werden z. B. in unterschiedlichen Ländern produziert, weiterverarbeitet, gehandelt und konsumiert (Kreutzmann 2004: 54). Moisés Naím (2003), der frühere Handels- und Industrieminister Venezuelas und ehemals geschäftsführender Direktor der Weltbank, bezeichnet den Kampf gegen den illegalen Handel mit Drogen, Waffen, Plagiaten, Menschen und Geld als die »Five Wars of Globalization«.

Der Konsum von Drogen ist in fast allen Staaten verboten, und abgesehen von kleinen Mengen, die die Pharmaindustrie benötigt, ist der Handel mit Drogen illegal. Der Großteil der Drogen wird in den wenig entwickelten Ländern produziert und in den entwickelten Ländern konsumiert (Besozzi 2001: 26). Obwohl der globale Drogenkonsum in den vergangenen Jahren rückläufig war, konsumieren immer noch fast fünf Prozent aller 15- bis 64-Jährigen Drogen; und 0,6 % der Weltbevölkerung gilt als abhängig. Der Konsum der weichen Droge Cannabis ist allerdings weit größer als der der harten Drogen Heroin und Kokain oder von Amphetaminen (UNODC 2008: 3–5). Anbau und Konsum der einzelnen Drogenarten sind auf unterschiedliche Regionen konzentriert. Aus der Schlafmohnpflanze lässt sich Rohopium gewinnen, das ein Vorprodukt von Morphium und Heroin ist. 2007 entfielen 92 % der globalen Opiumproduktion auf Afghanistan. Ein weiteres wichtiges Anbauland ist Myanmar, außerdem wird in Mexiko, Kolumbien, Laos und Pakistan Mohn angebaut. Da der Anbau in Afghanistan und Myanmar in den vergangenen Jahren deutlich ausgeweitet wurde, hat sich die globale Opiumproduktion seit Anfang der 1980er Jahre mehr als vervierfacht und allein von 2005 bis 2007 auf 8870 t fast verdoppelt, obwohl die Taliban 2001 ein Anbauverbot verhängten (Kreutzmann 2004: 55–57, UNODC 2008: 3). Afghanistan beliefert die angrenzenden Länder und die Märkte in Europa, dem Nahen Osten und Afrika, während Myanmar die asiatischen Konsumenten versorgt und Mexiko und

Kolumbien den nord- und südamerikanischen Markt bedienen. In Afghanistan und Myanmar werden mit den Erlösen aus dem Opiumverkauf Waffen, Munition und Landminen auf dem Weltmarkt erworben, die Söldner und Soldaten bezahlt, aber auch die Infrastruktur unterstützt (Kreutzmann 2004: 55); für viele Kleinbauern stellt der Mohnanbau die Lebensgrundlage dar. Das Rauschmittel Kokain wird aus den Cocasträuchern gewonnen, deren Hauptanbaugebiete in Kolumbien, Bolivien und Peru liegen. Besonders in Kolumbien wurde die Produktion in den vergangenen Jahren stark ausgeweitet. Der größte Teil des Kokains wird in Amerika verkauft, wobei in neuerer Zeit der Gebrauch von Kokain in Nordamerika rückläufig war, während er in Südamerika deutlich angestiegen ist. Ein zunehmender Teil des Kokains wird über Westafrika nach Europa geliefert. Anders als Opium oder Kokain ist der Anbau der Cannabispflanze nicht auf wenige Regionen konzentriert. 2007 wurden in 172 Ländern kleinere oder größere Pflanzungen gefunden. Der Konsum erfolgt größtenteils vor Ort und nur wenige Länder exportieren Cannabis in großen Mengen. Hierzu gehören in Afrika Nigeria, Ghana, Marokko und Südafrika und in Asien Afghanistan, Pakistan und Kasachstan (UNODC 2008: 4–10).

Die lange als ausgestorben gegoltene Sklaverei ist in den vergangenen Jahrzehnten als Menschenhandel oder Menschenschmuggel wieder auferstanden. Bei Letzterem zahlen die Migranten selbst für den illegalen Grenzübertritt an eine kriminelle Bande. Es handelt sich häufig um Flüchtlinge auf dem Weg in ein vermeintlich besseres Leben, und nicht immer überleben alle die gefährliche Reise. Beim Menschenhandel werden die Opfer gegen ihren Willen in ein anderes Land gebracht, um dort der Prostitution nachzugehen oder in Sweatshops, auf Plantagen oder als Hausangestellte arbeiten zu müssen.

Abb. 3.35

Verkauf von Raubkopien in China. Filme oder Software werden nicht selten schon als Raubkopien angeboten, bevor sie auf legalem Weg auf den Markt kommen.

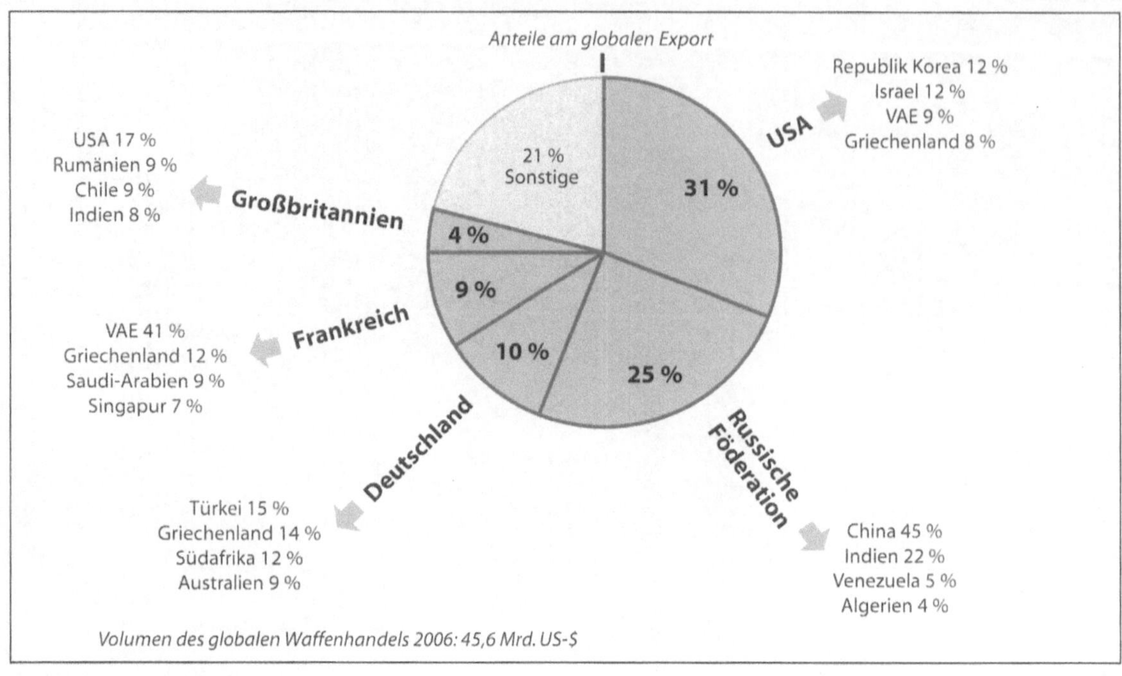

Selbst Neugeborene werden in armen Ländern verkauft, um in wohlhabenden Ländern adoptiert bzw. gekauft werden zu können (Besozzi 2001: 28–32, Naím 2006: 23 u. 115–121). Westeuropa und die Türkei, das westliche Asien, Nordamerika und Ozeanien sind die wichtigsten Zielregionen, während fast alle anderen Regionen Quellgebiete von Menschenhandel und -schmuggel sind. Einige Regionen wie die Karibik und Südosteuropa sind sowohl Quell- als auch Zielgebiet. Innerhalb von zehn Jahren sollen allein in Südostasien 30 Mio. Frauen und Kinder verkauft worden sein. Allerdings müssen alle Zahlen mit äußerster Vorsicht behandelt werden, da die einzelnen Schätzungen zu sehr unterschiedlichen Ergebnissen kommen (Naím 2006: 114, UNODC 2006: 45 u. 102). Über den Handel mit Menschen hinaus gibt es einen wachsenden globalen Organhandel, der zu nicht unwesentlichen Teilen illegal betrieben wird. Die Nachfrage nach Nieren, Lebern, Bauchspeicheldrüsen, Hornhäuten, Blutplasma, Knochenmark und anderen Körperteilen ist in den entwickelten Ländern riesig und die Bereitschaft, für die menschlichen Ersatzteile viel Geld zu zahlen, groß. Neue Technologien ermöglichen die Konservierung und den Transport der Organe über größere Distanzen und längere Zeiträume hinweg. Selbst wenn in den Empfängerländern auf eine korrekte Abwicklung des Handels streng geachtet

wird, garantiert eine lockere Handhabe in den Krankenhäusern der Geberländer keinesfalls, dass alle Richtlinien des ethischen Handels eingehalten werden. Insbesondere für Nieren gibt es einen großen Weltmarkt. Die Spender in Indien, Brasilien oder auf den Philippinen erhalten für eine Niere meist deutlich unter 10.000 US-$, während die Empfänger oftmals ein Vielfaches des Preises zahlen. Die Händler machen somit ein sehr gutes Geschäft. Handelsplatz ist nicht selten das Internet (Naím 2006: 203–208).

Der internationale Handel mit Waffen und anderem Kriegsgerät ist ein milliardenschweres Geschäft. Nach Ende des Kalten Krieges war in den 1990er Jahren der legale Handel rückläufig und erreichte 1998 seinen niedrigsten Stand (Serfati 2006). Bis 2007 sind angesichts der zahlreichen Kriege und bewaffneten Konflikte die weltweiten Ausgaben für das Militär wieder um 45 % gestiegen. Außer in Europa, wo nur eine Zunahme von 16 % verzeichnet wurde, stiegen die Ausgaben in allen anderen Regionen um mehr als 50 % an. Die USA haben mit einem Anteil von 45 % mit weitem Abstand den größten Anteil am globalen Militärhaushalt, gefolgt von Großbritannien, China, Frankreich und Japan mit jeweils 4–5 %. 2006 verkauften die 100 größten Hersteller Waffen und anderes Kriegsgerät im Wert von 315 Mrd. US-$, wovon 63 % auf US-amerikanische und 29 % auf westeuropäische Produzenten entfielen. Die größten Hersteller sind Boeing (USA), Lockheed Martin (USA) und BEA Systems (GB). Knapp 80 % aller Waffen, die auf legalem Weg verkauft werden, kommen aus nur fünf Ländern. Führend sind wiederum die USA (31 %), gefolgt von der Russischen Föderation (25 %), Deutschland (10 %), Frankreich (9 %) und Großbritannien (4 %). Interessant ist, dass die genannten Länder ihre Waffen in unterschiedliche Regionen liefern. Wichtigste Märkte für deutsche Waffen sind die Türkei, Griechenland, Südafrika und Australien (s. Abb. 3.35). Insgesamt waren China, Indien, die Vereinigten Arabischen Emirate, Griechenland und die Republik Korea die größten Importeure (SIPRI 2008: 10–14).

Neben dem legalen Waffenhandel hat sich ein großer illegaler Markt gebildet. Die Grenze zwischen dem recht- und unrechtmäßigen Handel ist oftmals fließend, und auch der zunächst noch legale Handel kann in die Gesetzlosigkeit gleiten, wenn Qualität oder Mengen der vereinbarten Waffenlieferungen nicht übereinstimmen, wenn Einfuhrsperren nicht beachtet werden oder wenn Finanzierung oder Lieferung nicht auf legalem Weg erfolgen (Besozzi 2001: 44). Zudem gibt es in vielen Ländern legal tätige Hersteller, die in einer zusätzlichen Schicht Waffen für den illegalen Verkauf produzieren. Insgesamt hat der illegale Handel mit Waffen und Kriegsgerät seit Beginn der 1990er Jahre sprunghaft zugenommen, da der Weltmarkt nach Ende des Kalten Krieges mit großen Mengen nicht mehr gebrauchter Waffen überschwemmt wurde. Das Angebot reicht von ausgemusterten Handfeuerwaffen, Minen und Granaten, Raketenwerfern, Sturmgewehren, Kampfhubschraubern und Panzern bis zu unvorstellbar großen Mengen an Munition. Selbst für Knowhow und Material zur Herstellung von Atomwaffen gibt es heute einen illegalen Markt. Die Piloten, Ausbilder und Kämpfer zur Bedienung des Kriegsgeräts können auf dem illegalen Markt gleich mitbestellt werden. Die Geschäfte werden über unzählige Zwischenhändler und Lieferanten, die sich in unterschiedlichen Staaten befinden, vollzogen. Da heute viele bewaffnete Konflikte nicht mehr von Staaten, sondern von verfeindeten ethnischen Gruppen geführt werden, die keinen Zugang zu legalen Waffen haben, ist die globale Nachfrage nach illegalem Kriegsgerät groß. Besonders negativ fällt die Republik Transnistrien auf, die sich 1992 von Moldawien abgespalten und quasi-staatliche Strukturen errichtet hat, aber von keinem Staat der Welt anerkannt wird. Transnistrien lebt vom Verkauf illegaler Waffen aus ehemaligen sowjetischen Beständen sowie von neuem Kriegsgerät aus eigenen großen Fabriken. Besonders brisant ist, dass in Transnistrien auch radioaktive oder »schmutzige« Waffen erhältlich sein sollen (Naím 2006: 24–77).

Heute ist kaum noch ein Produkt fälschungssicher. Die Liste reicht von kopierten Mode- und Musikartikeln und Software über Medikamente bis hin zu hochkomplexen Industrieprodukten. Auch Gütesiegel garantieren längst nicht mehr, dass es sich um Originale handelt, denn auch diese werden gefälscht. Der Schaden, der weltweit durch Plagiate entsteht, ist enorm und das TRIPS-Abkommen (s. Teil II), das den Schutz geistigen Eigentums sichern soll, hat bislang wenig Abhilfe schaffen können. Selbst viele Länder, die der WTO angehören, verfolgen Produktion und Verkauf von Plagiaten allenfalls halbherzig. Tatsächlich ist der wahre Ursprung eines Produkts nicht immer eindeutig auszumachen. Dieses trifft sogar für hochwertige Erzeugnisse der Industrie zu, denn auch Plagiate stehen am Ende einer langen fragmentierten Wertschöpfungskette, und die einzelnen Komponenten stammen häufig aus vielen unterschiedlichen Ländern. Der Großteil der Plagiate kommt aus China, aber auch aus der Republik Korea, Vietnam oder der Russischen Föderation. Teilweise sind die Kopien sogar identisch mit den legal produzierten Vorlagen, wenn in den gleichen Produktionsanlagen in einer zusätzlichen Schicht für den Schwarzmarkt produziert wird. Der Verkauf der Plagiate schädigt nicht nur die Erlöse der Originalhersteller, sondern mindert auch die Staatseinnahmen im Quell- und Zielgebiet aufgrund fehlender Steuereinnahmen. Außerdem gehen Arbeitsplätze bei legal arbeitenden Produzenten verloren. Das Volumen des Handels mit illegalen Kopien entspricht schätzungsweise fünf bis zehn Prozent des gesamten Welthandels und wächst weit schneller als der Handel mit legalen Produkten (Naím 2006: 141–145 u. 161).

Illegal gehandelte Güter werden häufig mit unrechtmäßig erworbenem Geld bezahlt. Die Deregulierung der Finanzmärkte, die Aufhebung der Devisenbewirtschaftung und die Einführung der Währungskonvertibilität in den Ostblockländern haben neue Möglichkeiten für den illegalen Transfer von Kapital geschaffen. Es wird davon ausgegangen, dass zwei bis fünf Prozent des globalen BIP illegal gehandelt, d. h. »gewaschen« werden. Bei der Geldwäsche wird illegal erwirtschaftetes Geld in den legalen Wirtschaftskreislauf eingeschleust. Steuerhinterziehungen sind in diese Berechnungen nicht einbezogen. Für die Geldwäsche gibt es zahlreiche Möglichkeiten, wie z. B. der Umweg des Geldes über ein Spielcasino oder der Transfer über mehrere Länder, um so den wahren Herkunftsort zu verschleiern. Beliebte Aufbewahrungsplätze von illegal erworbenem Geld sind Offshore-Finanzeinrichtungen, die im Vergleich zum Herkunftsland des Geldes steuerliche und aufsichtsrechtliche Vorteile bieten (Naím 2006: 174–180). Die Liste der Steuerparadiese und Geldwäscheplätze ist lang. Großer Beliebtheit erfreut sich eine Reihe zentralamerikanischer und pazifischer Staaten, aber auch in Europa gibt es viele Schlupflöcher für Geld. Hierzu gehören u. a. Luxemburg, Liechtenstein, Monaco, Zypern, die baltischen Staaten oder die Kanalinseln Jersey und Guernsey (de Maillard 2007).

Über die genannten Handelsgüter hinaus sind der Fantasie kaum Grenzen gesetzt. Es wird u. a. unrechtmäßig mit Zigaretten, Kunst und Antiquitäten, Müll und gefährdeten Arten aus dem Pflanzen- und Tierreich gehandelt. Teure Antiquitäten und berühmte Gemälde werden oft gestohlen, um sie auf dem Schwarzmarkt weiterzuverkaufen. Angaben der New York Times (24.08.04) zufolge fehlten der Welt zum damaligen Zeitpunkt 551 Picassos, 43 van Goghs, 174 Rembrandts und 209 Renoirs (zitiert in: Naím 2006: 218). Aufsehen erregt hat in neuerer Zeit der Handel mit elektronischem Schrott, der als »E-Waste« bezeichnet wird. Jährlich fallen weltweit 20 bis 50 Mio. t E-Waste an. Obwohl in Europa die Verschrottung des elektronischen Abfalls gesetzlich geregelt ist, werden nur schätzungsweise 25 % des E-Waste vorschriftsmäßig recycelt. Der Verbleib des restlichen Mülls ist unklar. Noch schlechter sieht es in den USA aus, wo es keinerlei gesetzlichen Regeln gibt. 85 % des US-amerikanischen E-Waste landen auf Müllkippen und die restlichen 15 % werden nach China oder in andere Länder transportiert. In den wenig entwickelten Ländern werden der eigene und der nordamerikanische E-Waste unter katastrophalen Bedingungen und dazu häufig von Kindern zerlegt oder verbrannt. Untersuchungen haben gezeigt, dass Luft, Wasser und Boden in der Umgebung in hohem Maße mit toxischen Stoffen belastet sind. Angesichts hoher Rohstoffpreise bis Mitte 2008 wurde in den USA zunehmend gefordert, E-Waste im eigenen Land zu recyceln. Ob solche Absichten auch nach dem Sturz der Rohstoffpreise weiter verfolgt werden, bleibt abzuwarten (Brigden 2008a, 2008b, 2008c).

Transport und Logistik

Mit der Zunahme des internationalen Warenhandels und der Fragmentierung der Wertschöpfungskette auf unterschiedliche Produktionsstandorte haben sich die Transportketten und die Anforderungen an die Frachtunternehmen verändert. Aus Spediteuren sind Logistiker geworden, die die Betriebsabläufe innerhalb kurzer Zeiträume immer wieder neu organisieren und eine breite Palette von Dienstleistungen anbieten müssen (Neiberger u. Bertram 2005: 10). Der Anspruch an die Qualität der Leistungen hat zugenommen und eine Präsenz an vielen Standorten auf globaler Ebene ist für den Erfolg von Unternehmen unabdingbar. Es werden immer mehr Halbfertigwaren transportiert, während die Lagerhaltung abnimmt. Das Internet leistet hierzu einen wichtigen Beitrag, denn ohne das schnelle und zuverlässige Kommunikationsmittel wären die Kontrolle und Verteilung der Aufgaben innerhalb der Logistikkette nicht in dem heute üblichen Maße möglich. Von den Logistikunternehmen wird erwartet, dass sie die Warenströme innerhalb der Mehrbetriebsunternehmen oder zwischen den einzelnen, an der Wertschöpfungskette beteiligten Unternehmen organisieren und eine Just-in-time-Anlieferung garantieren. Insbesondere produzentenorientierte Wertschöpfungsketten erfordern einen fristgemäßen Transport auch kleiner Mengen und stellen

höchste Anforderungen an die Logistikunternehmen (Bertram 2005: 19–21 u. 29), die heute nicht nur den Transport der Ware übernehmen, sondern den Kunden viele zusätzliche Leistungen anbieten. Hierzu gehören die Überwachung der Order und der Qualität auch an Standorten in Übersee sowie individuell zugeschnittene Angebote für unterschiedliche Produkte (von Helldorf 2005). Logistikunternehmen bieten heute viele individuelle Lösungen für den Transport sehr unterschiedlicher Waren wie Lebensmitteln, Rohstoffen, chemischen Produkten, Gefahren- oder Kühlgütern an. Erleichtert wird der Transport durch bessere Möglichkeiten der Kennzeichnung der einzelnen Güter. Die Produktindentifikation erfolgt zunehmend durch Radiowellen. RFID-Tags (Radio Frequency Identification, RFID) lösen die bis vor Kurzem noch üblichen Barcodes ab, da sie mehr Informationen speichern können und keinen direkten Kontakt zum Lesegerät benötigen. Jeder Artikel wird mit einer exklusiven Kennung auf Basis eines einheitlichen Systems versehen, und sein genauer Standort kann jederzeit von allen Handelspartnern in Echtzeit abgefragt werden (Plur 2005).

Nur wer international tätig oder vernetzt ist, kann die globalen Handels- und Transportströme lenken und organisieren und langfristig Erfolg in

diesem Geschäft haben (Neiberger 2007). Die großen, international tätigen Logistikunternehmen sind vor allem durch weltweite Akquisitionen gewachsen, wofür DHL ein gutes Beispiel ist. DHL steht für die drei Firmengründer Adrian Dalsey, Larry Hillblom und Robert Lynn, die 1969 erstmals persönlich Unterlagen mit dem Flugzeug von San Francisco nach Honolulu brachten, um die Verzollung von Waren vorzubereiten, bevor diese per Schiff auf Hawaii eintrafen. Das Unternehmen expandierte schnell und war 1988 bereits in 170 Ländern tätig. Anfang 2002 wurde die Deutsche Post World Net Hauptaktionär von DHL, und Ende des Jahres stand DHL im 100%igen Eigentum der Deutschen Post World Net. Im folgenden Jahr konsolidierte die Deutsche Post World Net alle ihre Express- und Logistikaktivitäten unter dem Namen DHL. Die Übernahme weiterer Unternehmen, wie z. B. des größten amerikanischen Luftfrachtunternehmens Air Express International 2001 und des britischen Logistikunternehmens Exel 2005, ermöglichten den Aufstieg zum weltweiten Marktführer für internationalen Expressversand und Überlandtransport sowie

für die internationale Luftfrachtförderung. Des Weiteren ist DHL eigenen Aussagen zufolge führend im Bereich Seefracht. DHL ist in mehr als 200 Ländern aktiv, kooperiert mit 16 großen Fluggesellschaften und befördert jährlich mehr als sieben Millionen Luftfrachtsendungen. Im Bereich Seefracht unterhält DHL Partnerschaften mit vielen Reedereien und organisiert auch den anschließenden Transport in das Landesinnere (www.dhl.com).

Maritimer Frachtverkehr

Heute werden mehr als 80 % des grenzüberschreitenden Handels auf dem Seeweg abgewickelt. Beim maritimen Transport stehen wenige Nachteile wie eine vergleichsweise geringe Geschwindigkeit von 20–30 kn (1 Seemeile/Stunde = 1,852 km/h) und hohe Investitionskosten in den Häfen oder im Küstenbereich einer Fülle von Vorteilen gegenüber. Hierzu gehören günstige Transportkosten, ein geringer Energieverbrauch bezogen auf die Menge transportierter Güter, ein großes Angebot unterschiedlicher Schiffe für die Beförderung von verschiedenartigen Produkten und eine hohe Sicherheit beim Versand von Gefahrgütern (Nuhn u. Hesse 2006: 115). In den vergangenen drei Dekaden ist das maritime Frachtvolumen jedes Jahr um durchschnittlich 3,1 % auf 8,02 Mrd. t, die im Jahr 2007 transportiert wurden, angestiegen (UNCTAD 2008c: xiii). Das Seefrachtaufkommen kann in Tonnen-Meilen ausgedrückt werden, wobei eine Tonnenmeile dem Transport von einer Tonne Ladung über eine Seemeile bzw. 1852 km entspricht und somit auch die zurückgelegte Distanz berücksichtigt (bpb 2006b: 17). Insgesamt hat sich dieser Wert von 1970 bis 2007 von knapp sechs Milliarden auf rund 33 Mrd. Seefrachttonnen mehr als verfünffacht. Auch die Zusammensetzung der transportierten Güter hat sich in den vergangenen Jahrzehnten verändert. 1970 bestanden noch knapp 62 % der Seefracht aus Rohöl und ölbasierten Produkten und weitere knapp 20 % aus den Massengütern Eisenerz, Kohle und Getreide. Bis 2007 ist der Anteil von Rohöl und ölbasierten Produkten auf nur noch 38 % gesunken und der von Eisenerz, Kohle und Getreide hat sich auf 32 % erhöht. Weit stärker hat aber der Anteil der weiteren Trockenladungen, die heute größtenteils per Container transportiert werden, von knapp 20 % im Jahr 1970 auf gut 30 % in der heutigen Seefracht zugenommen (s. Abb. 4.1) (UNCTAD 2008c: 10).

Die trockenen Massengüter Kohle, Erz und Getreide und die flüssigen Massengüter Erdöl oder gekühltes Erdgas werden auf Trockengutfrachtern, Tankern oder Kombischiffen transportiert; Stückgüter werden auf Container-, Autotransport- oder Kühlschiffen auf den Weltmeeren befördert. Außerdem gibt es multifunktionale Schiffe oder Spezialschiffe wie Passagierschiffe, Fischereischiffe oder Ro-Ro-Schiffe (Nuhn u. Hesse 2006: 117). Die Ro-Ro-Schiffe (roll on – roll off) sind so konstruiert, dass Autos, Lkw oder sogar Eisenbahnwagons eigenständig an Bord fahren und ihre Reise am Zielhafen fortsetzen können (Rodrigue u. a. 2006: 106).

In den vergangenen Jahrzehnten haben wichtige Innovationen die Voraussetzungen für den enormen Anstieg des globalen Warentransports geschaffen. Hierzu gehörten die Einführung des standardisierten Containers, der Einsatz von Pipelines und spezieller Tankschiffe für den Transport gasförmiger Massengüter, aber auch der von Flugzeugen, die für den Transport bestimmter Güter bevorzugt eingesetzt werden. Immer größere Schiffe haben zunehmend eine Massenbeförderung möglich gemacht. Autofrachter können heute bis zu 6000 Fahrzeuge auf einmal zwischen den Kontinenten transportieren (Nuhn 2007: 7). Die Tankschiffe haben ihre Kapazität von unter 100 000 tdw (tdw = tons dead weight) in den 1950er Jahren schrittweise auf 500 000 tdw erhöht, die die weltgrößten Tanker heute befördern können. Überwiegend haben diese aber eine Kapazität zwischen 250 000 und 350 000 tdw (Rodrigue u. a. 2006: 106). Die verschiedenen Güter werden auf sehr unterschiedlichen Routen auf den Weltmeeren transportiert. Auf dem Seeweg wird Erdöl überwiegend vom Mittleren Osten, aus West- und Nordafrika sowie aus Mittelamerika in Richtung Nordamerika, Europa und Ostasien befördert (Nuhn u. Hesse 2006: 130), während das Erdöl der russischen Erölfelder per Pipeline nach Westeuropa transportiert wird. Die längste Pipeline der Welt ist 9344 km lang und verbindet die arktischen Ölfelder Ostsibiriens mit Europa. In den USA transportiert eine 1300 km lange Pipeline das Erdöl aus Alaska in den Nordwesten des Landes (Rodrigue u. a. 2006: 104). Eisenerz wird auf dem Seeweg insbesondere von Brasilien, Australien und Afrika nach Japan und Westeuropa befördert, während es für Kohle einen atlantischen und einen pazifischen Markt gibt (s. Abb. 3.16). Die Getreideexporteure

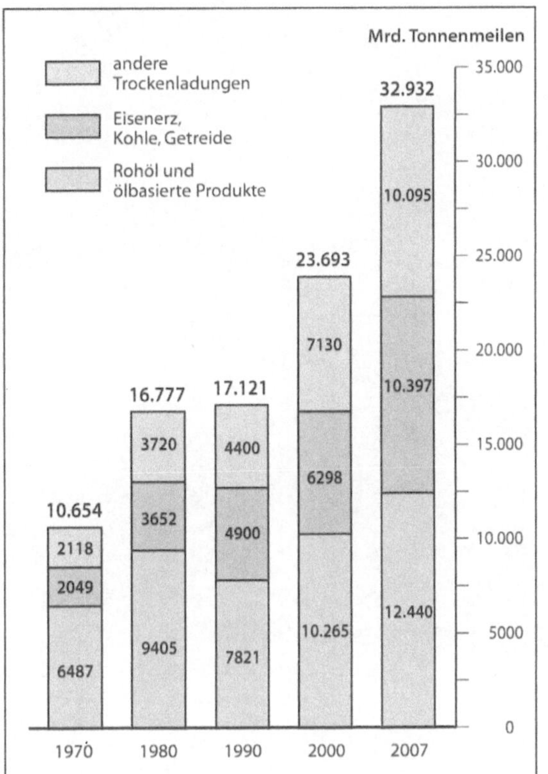

Abb. 4.1
Seefracht 1970–2007. Quelle: UNCTAD 2008c: 10

Australien, Argentinien, die USA und Kanada liefern hauptsächlich an afrikanische, asiatische, aber auch an europäische Länder (Nuhn u. Hesse 2006: 130) (s. Abb. 4.2).

Um das Jahr 1990 herum befanden sich von den 30 umschlagstärksten Häfen sechs in Europa, acht in Nordamerika, acht in Japan und nur drei in China. Rund 15 Jahre später hat sich das Bild völlig verändert. 2006 waren zehn der dreißig umschlagstärksten Häfen in China zu finden, während in Japan und Nordamerika nur noch jeweils vier und in Europa nur noch drei der weltgrößten Häfen waren. 2006 belegte Shanghai mit einem Umschlag von 537 Mio. t mit großem Abstand die Spitzenposition vor Singapur (449 Mio. t) und dem niederländischen Rotterdam (378 t). Shanghai hatte 1990 erst den fünften Rang belegt und seitdem den Umschlag fast vervierfachen können, während Rotterdam im gleichen Zeitraum nur einen Zuwachs von 30 % verzeichnen konnte. Rotterdam war 42 Jahre lang der umschlagstärkste Hafen der Welt, hatte diese Position aber 2004 erstmals an Shanghai abgeben müssen. New Orleans und Houston sind mit Rang sieben und elf die größten Häfen in Nordamerika,

Foto 4.2

Containerschiff im Hafen von Barcelona. 2008

da sie ähnlich wie Rotterdam viel Erdöl umschlagen (s. Abb. 4.3 u. 4.4) (Institute of Shipping Economics and Statistics, versch. Jahrgänge).

Die Bedeutung der Seehäfen innerhalb der Transportkette hat sich in den vergangenen Jahrzehnten verändert. Über Jahrhunderte wurden die Güter in Kisten, Säcken oder anderen Behältern transportiert und immer wieder neu sortiert. Das Be- und Entladen erfolgte bis Mitte des 20. Jahrhunderts fast unverändert langsam. Die Ware wurde überwiegend von Zügen oder Binnenschiffen zu den Seehäfen gebracht, wo die Entladung zwar mit der Unterstützung von Kränen, aber immer noch mit großem personellem Einsatz erfolgte. Nicht selten wurden die Handelsgüter zunächst an einem Lagerplatz gespeichert, bevor sie teils erst Wochen später zu den Seeschiffen transportiert wurden (Cudahy 2006: 8f.). Außerdem erfolgte die Weiterverarbeitung eines Teils der Güter in den Häfen oder im Hin-

terland. Die Seehäfen übten zudem eine wichtige Rolle bei der Steuerung der intermodalen Transportkette aus. Heute erlauben riesige Krananlagen, moderne Telematik und Informationstechnologie das Löschen auch der größten Schiffe binnen weniger Stunden. Das Frachtgut wird so schnell wie möglich auf kleinere Schiffe, auf die Eisenbahn oder Lkw umgeladen, denn die Lagerflächen sind knapp und teuer. Die Häfen bieten heute weit weniger Arbeitsplätze als früher im Dienstleistungs- und Produktionsbereich und können trotz steigender Umschlagzahlen als Verlierer der Globalisierung angesehen werden (Nuhn 2005: 110–116).

Erste wenig erfolgreiche Erfahrungen mit Containern hatten die Eisenbahngesellschaften in Nordamerika, einigen europäischen Ländern und Australien in den 1920er Jahren gesammelt. Nach dem Zweiten Weltkrieg wurden die Versuche, die Umschlagkosten zu senken, wieder aufgenommen, indem an der US-amerikanischen Ostküste »roll on – roll off«-Schiffe ganze Lastwagen samt Ladung transportierten. Experimente mit Containern unterschiedlicher Größe führten zunächst kaum zu Ersparnissen. Viele der knapp 155 000 Container, die in Westeuropa 1955 im Einsatz waren, hatten nur ein geringes Fassungsvermögen. Außerdem waren viele oben offen oder aus Holz gebaut, was die Stapelfähigkeit sehr einschränkte (Levinson 2006: 31f.). Die Erfindung des standardisierten Containers geht auf den US-Amerikaner Malcolm McLean zurück, der 1955 den ersten Prototyp herstellte. Im Frühjahr 1956 verließ erstmals ein Schiff mit 56 Containern an Bord Port Newark im US-Bundesstaat New Jersey. Die Container standen in mehreren Reihen nebeneinander auf dem Deck, während im Bauch des Schiffes Erdöl transportiert wurde. Wenig später ließ McLean mehrere ältere Schiffe zu reinen Containerschiffen umbauen, die jetzt 226 Container befördern konnten. Außerdem wurden erstmals Krane zum Be- und Entladen der Behälter direkt auf den Schiffen montiert. Für das Be- und Entladen von konventionellen Schiffen benötigten 150 Männer vier Tage, während im Falle von Containerschiffen 14 Männer die gleichen Arbeiten in nur acht Stunden verrichten konnten. Gleichzeitig sanken die Kosten von mehr als 15 000 US-$ auf nur noch 1600 US-$. Zudem war die in Containern transportierte Ware weit besser als früher vor Diebstahl geschützt, da sie jetzt ohne jegliches Umladen vom Produzenten über Straße, Schiene und Wasserweg zum Empfänger befördert wurde. Somit war eine geschlossene Transportkette entstanden. 1966 bot SeaLand den ersten regelmäßigen Transatlantik-Service an. Innerhalb von 28 Tagen wurden in den USA die Häfen Baltimore, Maryland und Portsmouth, Virginia und in Europa Antwerpen, Rotterdam, Göteborg und Bremerhaven angelaufen, allerdings häufig unter Protest von Gewerkschaften, da die Hafenarbeiter den Verlust ihrer Arbeitsplätze befürchteten. Sehr bald boten europäische Reeder wie Hapag-Lloyd, Manchester Liners und Maersk ähnliche Routen an (Cudahy 2006). In Rotterdam wurde der erste Terminal eingerichtet, der den Umschlag der Container vom Schiff direkt auf die Eisenbahn ermöglichte (McPherson 2006). 1967 wurden bereits Schiffe für den Transport von 859 Container gebaut, aber noch immer wurde mit unterschiedlich großen Behältern experimentiert, bevor sich in den 1970er Jahren endgültig der 20 ft lange Standardcontainer durchsetzte

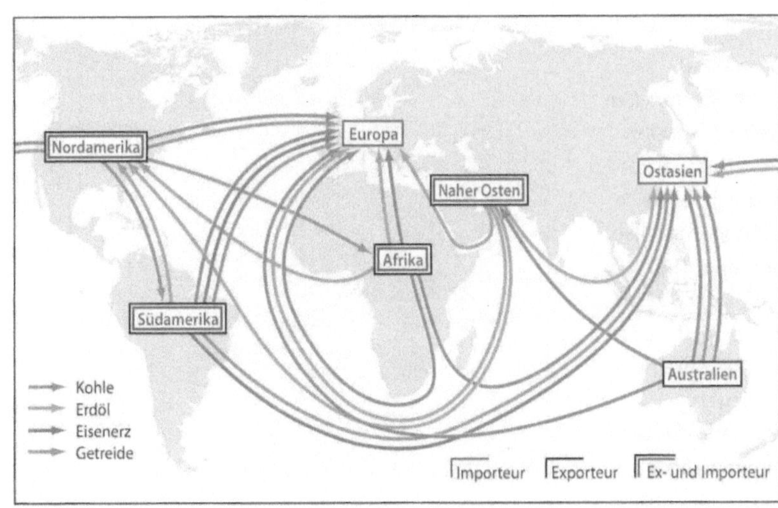

Abb. 4.2
Maritime Routen des Massenverkehrs.
Quelle: Nuhn u. Hesse 2006: 130

(Cudahy 2006: 40f. u. 102). Seitdem haben die Container eine Breite von 8 ft (2,44 m) und eine Länge von 20 ft (6,06 m) oder 40 ft (12,19 m). Das Fassungsvermögen von Containerschiffen wird in TEU (Twenty-foot Equivalent Unit) angegeben (bpb 2006b: 18).

In den 1970er Jahren fand schließlich eine Globalisierung des Containerverkehrs statt. 1972 wurden regelmäßige Dienste zwischen Europa und Ostasien aufgenommen, 1973 zwischen Nord- und Südamerika und 1974 zwischen Nordamerika und dem Nahen Osten und Indien. Bis Ende der Dekade wurde Europa mit der Karibik, Südafrika, dem Nahen Osten, Indien, Pakistan, Westafrika, China und Südamerika verbunden. Die Containerisierung des Frachtverkehrs hat die Konzentration auf relativ wenige Häfen gefördert. Je mehr Container in einem Hafen umgeladen werden, umso effizienter kann gearbeitet werden und umso geringer sind die Kosten pro Einheit (Levinson 2006: 269). In den großen Containerhäfen im Atlantik und Pazifik werden die Container auf kleinere Schiffe umgeladen und in das Hinterland transportiert. In den 1990er Jahren schlossen sich immer mehr kleinere Anbieter zu großen Reedereien zusammen, oder es wurde im Rahmen von strategischen Allianzen zusammengearbeitet, da die hohen Investitionen so besser gemeistert werden konnten. Zunehmend erkannten auch die Regierungen die Bedeutung großer Containerhäfen für die regionale Wirtschaft (McPherson 2006). Als in den 1970er und 1980er Jahren viele US-Bundesstaaten eine Deindustrialisierung erlebten, entwickelte sich Los Angeles aufgrund des

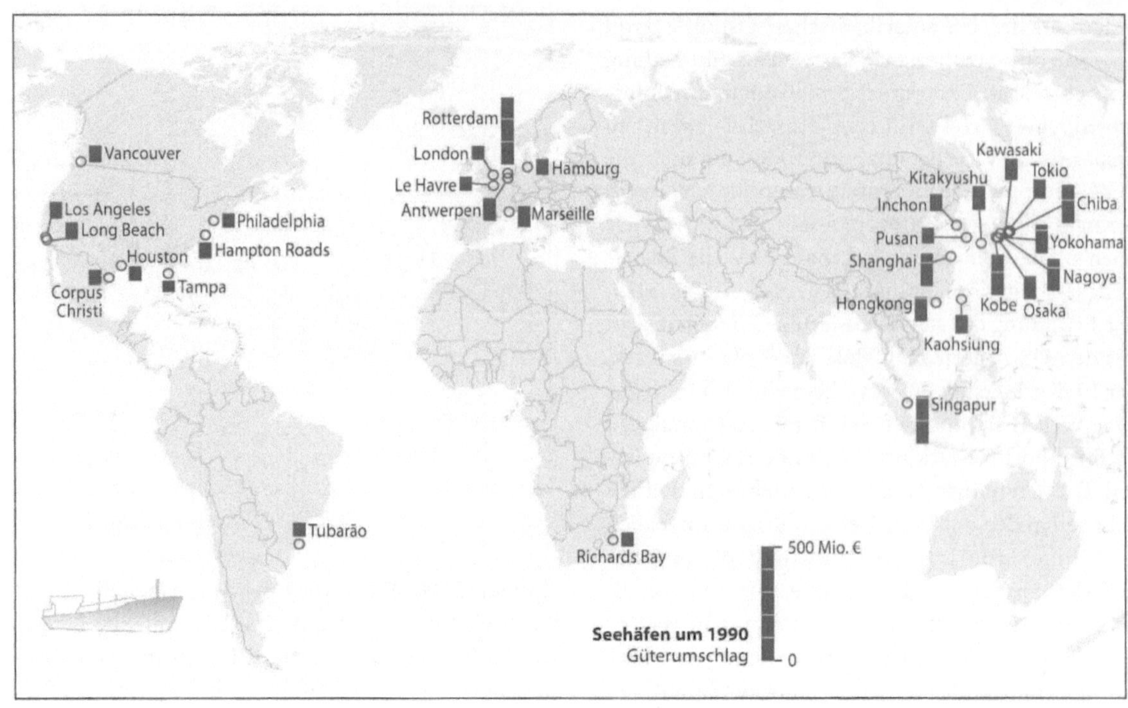

umschlagstarken Hafens äußerst positiv. Die aus Asien kommenden Container wurden von hier aus per Bahn auf den gesamten nordamerikanischen Kontinent transportiert. Kalifornien profitierte aber vor allem davon, dass ein großer Teil der asiatischen Produkte hier montiert oder veredelt wurde (Levinson 2006: 269).

Die Ausweitung des Containerverkehrs auf den Weltmeeren wurde durch eine Privatisierung der Hafenanlagen begleitet, die in mehreren Wellen stattgefunden hat. Bereits in den 1960er Jahren hatten einige Reeder in den Häfen ihrer Heimatstaaten eigene Terminals errichtet (Olivier u. a. 2007: 2). Eine erste größere Privatisierungswelle ging Ende der 1970er Jahre von den USA und Großbritannien unter den Befürwortern des neoliberalen Gedankenguts der britischen Premierministerin Margaret Thatcher und etwas später des US-Präsidenten Ronald Reagan aus (Nuhn 2005: 112). Mit der zunehmenden Privatisierung und Deregulierung der Häfen war der Weg offen für Direktinvestitionen ausländischer Unternehmen (Olivier u. a. 2007: 2). Bereits zu Beginn des neuen Jahrtausends wurde mehr als die Hälfte aller Terminals durch multinationale Unternehmen betrieben; 2007 waren es wahrscheinlich schon rund 67 %. In neuerer Zeit wird insbesondere in den Ausbau der ostasiatischen Häfen investiert, wobei auch die Investoren zunehmend aus Asien kommen (Olivier u. a. 2007: 2f.).

Es besteht kein Zweifel, dass die Containerisierung des Handels einzelnen Regionen und Städten geholfen hat, einen dominierenden Platz in der globalen Wertschöpfungskette einzunehmen, während andere Standorte einen Bedeutungsverlust erlitten haben. Die großen Häfen fungieren als Gateways und üben wichtige Steuerungsfunktionen für die Transportkette aus (Nuhn u. Hesse 2006: 115). Bestehende Standortmuster können sich allerdings binnen weniger Jahrzehnte grundlegend ändern. Während in den 1980er Jahren Städte wie Busan in Korea, Charleston in den USA und Le Havre in Frankreich von den Standortentscheidungen der großen Containerdienste profitierten, sind heute asiatische Städte wie Shenzhen oder Shanghai die Gewinner (Levinson 2006: 271). Seit Jahren verzeichnen die Häfen in Ost- und Südostasien die größten Zuwächse, während sich der Hauptumschlag in Europa und Nordamerika zunehmend auf einige herausragende Häfen konzentriert. Die Zahl der europäischen und nordamerikanischen Häfen unter den zehn größten Umschlagplätzen für Container hat sich von 1985 bis 2005 von fünf (1. Rotterdam, 2. New York, 7. Long Beach, 8. Antwerpen,

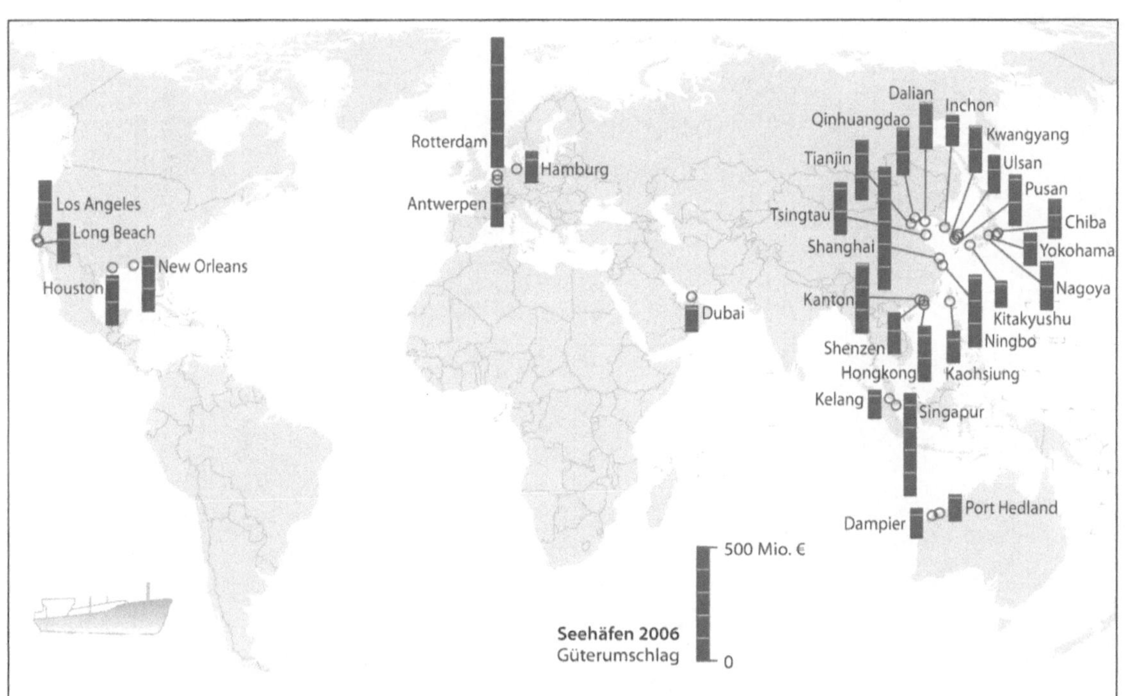

10. Hamburg) auf drei (6. Rotterdam, 7. Hamburg, 10. Los Angeles) verringert (Nuhn 2007: 7). Zwölf der zwanzig weltgrößten Containerhäfen befanden sich 2007 in Asien. Singapur führt mit einem Umschlag von knapp 28 Mio. TEU knapp vor Shanghai, dem mit Hongkong und Shenzhen zwei weitere chinesische Häfen folgen. In Europa belegt Rotterdam mit 10,8 Mio. TEU den ersten Platz, gefolgt von Hamburg mit 9,8 Mio. TEU. Auf globaler Ebene belegen die beiden europäischen Häfen aber nur die Plätze sechs und neun. Weiterhin gehören das belgische Antwerpen und Bremen/Bremerhaven zu den führenden Umschlagplätzen für Container. In den USA sind die an der Pazifikküste gelegenen Häfen Los Angeles (Rang 13) und Long Beach (Rang 15) vor dem Atlantikhafen New York (Rang 18) die umschlagstärksten Häfen (Containerisation International, versch. Jahrgänge). Selbst der Vergleich der Umschlagzahlen von 1998 und 2007 lässt erkennen, wie hoch der Bedeutungszuwachs der ostasiatischen Häfen in nur zehn Jahren war, während sich die europäischen und nordamerikanischen Häfen in diesem Zeitraum vergleichsweise wenig entwickelt haben (s. Abb. 4.5). 2007 haben weltweit alle Containerhäfen 485 Mio. TEU umgeschlagen, woran die chinesischen Häfen einen Anteil von 28,4 % hatten (UNCTAD 2008c: xiv).

Derzeit können Schiffe mit einer Größe von bis zu knapp 10 000 TEU abgefertigt werden, aber noch größere Schiffe mit bis zu 12 000 TEU sind bereits in Planung oder im Bau (Nuhn 2007: 7). 2007 wurde mit der Erweiterung des Panamakanals begonnen. Da bislang nur Schiffe mit einer Größe von bis zu 5000 TEU den Kanal befahren können, wird er häufig als »Nadelöhr des Welthandels« bezeichnet. Nach Abschluss der Arbeiten, für die zehn Jahre vorgesehen sind, wird der Panamakanal für Schiffe mit bis zu 12 000 TEU befahrbar sein. Da die Kräne zum Be- und Entladen immer schneller geworden sind, können auch die Megaschiffe binnen kurzer Zeit entladen werden (De Trenck 2007: 55).

Seit Ende der 1950er Jahre hat der Transport von Containern auf dem Seeweg im Durchschnitt jährliche Wachstumsraten zwischen neun und zehn Prozent verzeichnet und ist somit weit stärker gewachsen als der Welthandel. Das Wachstum erfolgte nicht kontinuierlich, sondern zyklisch in Abhängigkeit von den Höhen und Tiefen der Weltwirtschaft, wie Frachtraten und Kosten für Container und Containerschiffe zeigen. In den Jahren 2001 und 2002, als die Weltwirtschaft stagnierte, konnte ein neues Schiff mit 6000 TEU zum Preis von 60 Mio. US-$ geordert werden. Mit der Zunahme des globalen Handels stieg die Nachfrage nach Contai-

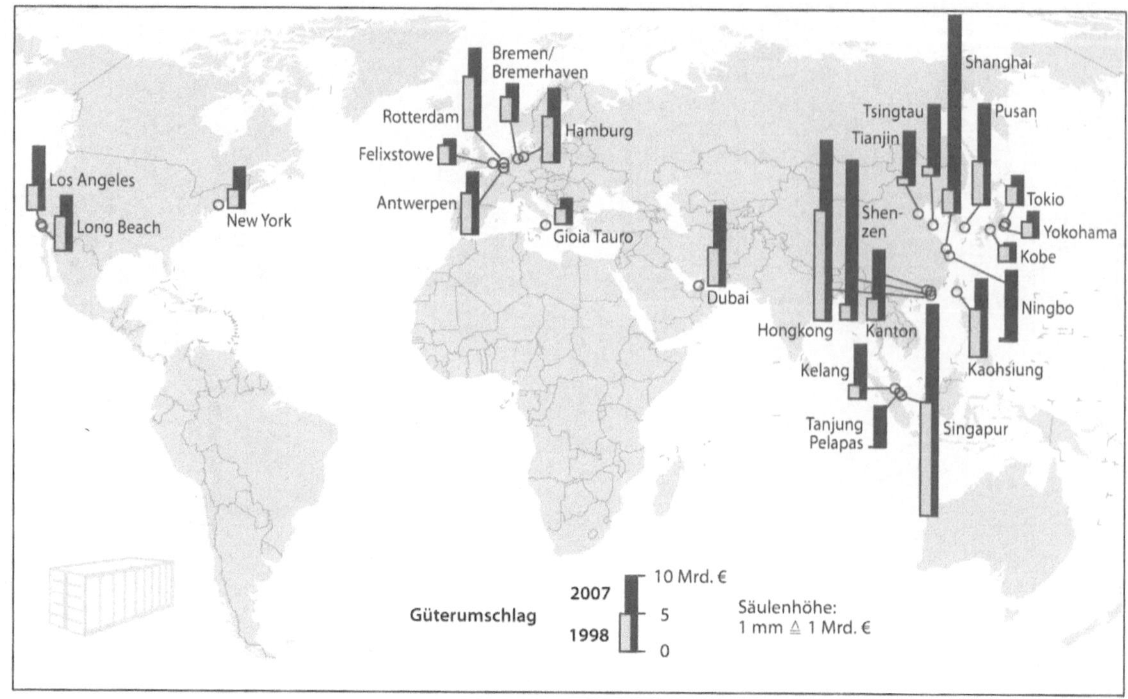

Abb. 4.5
Die umschlag-
stärksten Contai-
nerhäfen 1998 und
2007.
Quelle: Containeri-
sation International,
versch. Jahrgänge

nerschiffen rapide an. 2006 kostete das gleiche Schiff 100 Mio. US-$, die Auslieferung konnte aber erst 2009 erfolgen (De Trenck 2007: 53f.). Als Folge der gestiegenen Rohstoffnachfrage auf dem Weltmarkt bis Mitte 2008 hatte die Nachfrage nach Transportkapazitäten stark zugenommen. Der Baltic Dry Index informiert über die Kosten für den Seetransport auf internationalen Standardrouten für die trockenen Massengüter Eisenerz, Kohle und Getreide. Mitte November 2007 lag dieser Index 154 % über dem des Vorjahres. Zu diesem Zeitpunkt war der Eisenerztransport von Brasilien nach China teurer als dessen Abbau (The Economist: 24.11.07). Die rückläufige Nachfrage nach Rohstoffen Mitte 2008 wirkte sich umgehend auf die Auslastung der maritimen Frachtkapazitäten aus. Nachdem 2008 im Containerverkehr zwischen Asien und Europa in der ersten Jahreshälfte noch ein Zuwachs von 8,23 % registriert worden war, wurde im Juli 2008 zum ersten Mal seit 2001 ein Rückgang des Containertransports verzeichnet (SZ: 04.08.08). In den folgenden Monaten fiel der Index weiter ab und lag Mitte Oktober 2008 auf dem tiefsten Stand seit Februar 2003. Der Baltic Dry Index gilt als ein wichtiger Indikator, der frühzeitig über den weiteren Verlauf der Weltwirtschaft Auskunft gibt. Angesichts der lang anhaltenden hohen Nachfrage hatten die Reedereien welt-

weit eine große Zahl von Schiffen geordert und die Kapazitäten der Werften waren auf Jahre ausgebucht. Mitte 2008 wurde eine Zunahme der Welt-Containerflotte um 46 % auf 17,5 Mio. TEU bis zum Jahr 2011 erwartet. Angesichts der rückläufigen Aufträge für Schiffsfrachten betrachteten die Reeder die prognostizierte Entwicklung mit großer Sorge (SZ: 04.08.08).

Zu Beginn des 21. Jahrhunderts erfolgten mehr als 90 % des internationalen Transports von Stückgut mit Containern (McPherson 2006). Im Mai 2008 hatte die globale Containerflotte ein Fassungsvolumen von 13,3 Mio. TEU (2005: 8 Mio. TEU), von denen 54 Schiffe mehr als 9000 TEU transportieren konnten. Die acht größten Schiffe hatten eine Kapazität von 12.508 TEU. Die großen Containerschiffe gehörten alle den führenden fünf Unternehmen in diesem Bereich: CMA CGM (Frankreich), COSCON und CSCL (beide China), Maersk (Dänemark) und MSC (Schweiz) (UNCTAD 2008c: xiii). In den vergangenen zwei Jahrzehnten sind nicht nur die Schiffe immer größer geworden, sie haben auch ihre Geschwindigkeit um 25 % von 19 auf 24 Knoten steigern können (De Trenck 2007: 55).

Schon früh haben sich feste Routen zwischen den Kontinenten herausgebildet, die im 19. Jahrhundert teils durch die Eröffnung von Kanälen modifiziert worden sind. Ab 1869 hat der Suezkanal den Seeweg zwischen Asien und Europa und ab 1895 der Nord-Ostsee-Kanal den Transport zwischen Nord- und Ostsee verkürzt. Mit der Eröffnung des Panamakanals 1914 entfiel die Umfahrung Südamerikas. Allerdings sind heute viele Schiffe so groß, dass sie die engen Kanäle nicht mehr nutzen können. Umwege müssen auch häufig aufgrund von Untiefen, Gezeitenströmen oder Vereisungen im Winter in Kauf genommen werden. Im Containerverkehr ist das Frachtvolumen besonders groß zwischen den Kernräumen der Triade, und der Verkehr auf der Pazifikroute hat in den vergangenen Jahrzehnten stark zugenommen. Pendeldienste zwischen den Kontinenten wurden in den 1980er Jahren durch Verbindungen rund um die Erde ergänzt. Die Round-the-World-Services sind aber aufgrund der unausgeglichenen Warenströme zwischen den einzelnen Kontinenten problematisch (Nuhn u. Hesse 2006: 123–126). Besorgniserregend ist der unausgeglichene Warenaustausch zwischen Nordamerika und Asien. 1996 kamen noch rund 76 % der Container, die von Asien in Richtung Nordamerika transportiert wurden, gefüllt zurück. 2006 galt dieses nur noch für 36 %; d. h. 64 % aller Container, die von Nordamerika in Richtung Asien unterwegs waren, waren leer. Gewinne können daher nur auf Fahrten von Asien nach Amerika erzielt werden (De Trenck 2007: 56). Um zu viele Leerfahrten zu vermeiden und möglichst gezielt auf die Nachfrage – auch nach Spezialtransporten – eingehen zu können, gehen immer mehr Reedereien gobale Allianzen ein (Nuhn u. Hesse 2006: 126).

Viele Schiffe fahren heute nicht unter der Flagge ihrer Heimatländer; d. h. ein Schiff kann zwar einem niederländischen Reeder gehören, fährt aber unter der Flagge Panamas oder Liberias. Eine Reihe von Ländern bietet die Registrierung von Schiffen zu sehr geringen Kosten an. Da außerdem die Anforderungen an die Sicherheit und das Personal auf diesen Schiffen gering sind, sind somit weitere Einsparungen möglich. Weltweit fahren die meisten Schiffe unter der Flagge Panamas, gefolgt von der Liberias, Griechenlands, den Bahamas, Maltas und Zyperns. Selbst das Binnenland Mongolei bietet ausländischen Schiffen eine Registrierung an, um so die Staatskasse aufzubessern (Rodrigue u. a. 2006: 107).

In Deutschland ist der Hamburger Hafen mit einem Seegüterumschlag von 118,2 Mio. t im Jahr 2007 mit großem Abstand der größte Hafen. Es folgen die Häfen Bremen/Bremerhaven (59,2 Mio. t), Wilhelmshaven (42,6 Mio. t), Lübeck (22,2 Mio. t) und Rostock (19,6 Mio. t) (Statistisches Bundesamt 2008: 435). Die offizielle Gründung des Hamburger Hafens liegt im Jahr 1189, als Kaiser Friedrich Barbarossa den Hamburgern die zollfreie Fahrt auf der Unterelbe bis zur Nordsee zusicherte. Der Hafen spielte zur Zeit der Hanse eine wichtige Rolle im Warenaustausch mit den anderen Mitgliedern der Hanse im Nordseeraum. In neuerer Zeit erfolgte ein Bedeutungszuwachs mit der Aufnahme des Handels mit Amerika im Jahr 1782. Im 19. Jahrhundert wurde der Hafen zu einem modernen Tidehafen umgebaut und großzügig erweitert. Ab 1872 konnten Güter direkt vom Schiff auf die Bahn umgeladen werden, und 1913 war Hamburg der bedeutendste Hafen auf dem europäischen Kontinent. Obwohl im Zweiten Weltkrieg 80 % der Hafenanlagen zerstört worden waren, konnte 1955 wieder das Umschlagvolumen der Vorkriegszeit erreicht werden. 1967 trafen die ersten Container im Hamburger Hafen ein, die heute rund 60 % des gesamten Umschlags ausmachen. Wichtigster Handelspartner im Containerverkehr ist mit großem Abstand China mit einem Anteil von 32 %. An zweiter Stelle folgt Singapur, das aber nur mit einem Anteil von 7,5 % am Containerverkehr des Hamburger Hafens beteiligt war. Im Hamburger Hafen gibt es heute vier Containerterminals mit eine Fläche von insgesamt 420 ha und 25 Liegeplätzen (www.hafen-hamburg.de).

Nicht alle Länder sind gleich gut in die weltweite Transportkette eingebunden. Die an den Weltmeeren gelegenen Länder sind weit besser angeschlossen als die Binnenländer. Der UNCATD (2008c: xiv) zufolge ist China am besten in den internationalen Containerverkehr eingebunden, da ungefähr 40 % aller Containerschiffe wenigstens einen chinesischen Hafen anfahren. Eine sehr viel ausführlichere Studie von Arvis u. World Bank (2007) hat die gesamte Logistikkette unter Berücksichtigung aller Zölle, Transportkosten, der Qualität der Infrastruktur, Möglichkeiten der Überwachung der Warenströme und der fristgemäßen oder verspäteten Zustellung am Zielort untersucht, und basierend auf diesen Daten einen Logistics Performance Index entwickelt. Länder mit einem hohen Wert verfügen über die besten Möglichkeiten, als Drehscheiben des internationalen Warenverkehrs zu fungieren. Den ersten Rang nimmt Singapur ein, dicht gefolgt von den Niederlanden und Deutschland.

Dieser Rangliste zufolge belegt Hongkong den 8. Rang und steht somit vor den USA (Rang 14). China nimmt aber nur Rang 30 ein. Unter den ersten 20 Ländern befinden sich zwölf in Europa, und sogar die Binnenländer Österreich (Rang 5) und die Schweiz (Rang 7) nehmen vordere Plätze ein. Am Ende der Rangliste ballen sich die asiatischen und afrikanischen Binnenländer, die über keinen direkten Zugang zu den Weltmeeren verfügen und eine schlechte Infrastruktur haben. Außerdem leiden viele dieser Länder an einer Überregulierung. Der Transport eines 20-Fuß-Containers von Shanghai in die Hauptstadt des Tschad N'Djamena dauert ungefähr zehn Wochen und kostet rund 6500 US-$, während für die Lieferung von der chinesischen Küste in ein europäisches Binnenland nur vier Wochen und 3000 US-$ benötigt werden. Kosten und Zeit für den Transport von China an die westafrikanische Küste und in eine europäische Hafenstadt sind ungefähr identisch, aber der weitere Transport auf dem afrikanischen Kontinent ist zeitaufwändig und teuer. Stamm (2007) hat eine ähnliche Benachteiligung der wenig entwickelten Länder ohne Meereszugang festgestellt, da sich deren Warenhandel aufgrund des Transits durch andere Länder verteuert und eine Abhängigkeit von anderen Ländern entsteht, die mit Risiken für Export und Import verbunden ist. Der Transportkostenanteil an den Importkosten beträgt in den entwickelten Ländern rund drei Prozent, in den afrikanischen Ländern aber knapp zehn Prozent. Selbst wenn die afrikanischen und asiatischen Binnenländer hochwertige Güter produzieren würden, könnten diese nur zu hohen Kosten in die entwickelten Länder transportiert werden. Letztlich sind diese Länder daher in ihrer Wettbewerbsfähigkeit eingeschränkt.

Luftfracht

Eine Beförderung auf dem Luftweg eignet sich nur für kapitalintensive, kurzlebige und verderbliche Güter, da die Kosten für schwere Massengüter und der Energiebedarf pro beförderter Gewichtseinheit vergleichsweise hoch sind. Außerdem wirken sich die Emissionen des Flugverkehrs besonders schädlich auf die Umwelt aus. Diesen Nachteilen stehen viele Vorteile wie der schnelle Transport auch über größere Distanzen, der flexible Einsatz der Flugzeuge, die schnellen Umschlagzeiten und die gute Kalkulierbarkeit der Transportzeiten gegenüber. Da die Beförderung per Luftfracht gut in Transportketten eingebunden ist, empfiehlt sie sich besonders für kleinere Sendungen, die von Haus zu Haus transportiert werden sollen (Nuhn u. Hesse 2006: 137). Auch für eine Just-in-time-Lieferung ist die zuverlässige Luftfracht von hohem Wert. Die Beförderung auf dem Luftweg hat ähnlich wie der maritime Transport in den vergangenen Jahrzehnten von dem gestiegenen globalen Warenhandel und den zunehmenden Produktions- und Absatzverflechtungen profitiert. Es wird zwar nur ein Prozent des grenzüberschreitenden Warenvolumens per Luftfracht transportiert; dieses entspricht allerdings 40 % des Wertes aller international gehandelten Waren. Von 1986 bis 2003 ist das Luftfrachtaufkommen von 5,1 Mio. t auf über 20 Mio. t angewachsen (bpb 2006b: 13). Wenn auch der Transport von Briefsendungen berücksichtigt wird, dann wurden 2007 sogar 80,3 Mio. t Fracht auf dem Luftweg befördert (Airports Council International 2008: 2). Die grenzüberschreitende Luftfracht wird immer noch zu einem großen Teil gemeinsam mit Passagieren befördert. Die reinen Transportflugzeuge können bis zu 122 t (B-747) oder sogar 250 t (AN 22) fassen (Nuhn u. Hesse 2006: 153). Auch die Rolle der Luftfrachtspediteure hat sich in neuerer Zeit verändert. Ihre wichtigste Aufgabe ist die Steuerung und Organisation der Transportkette, denn viele Tätigkeiten wie der physische Transport der Ware oder die Lagerbewirtschaftung werden an Subunternehmer ausgelagert (Neiberger 2007).

Die regionale Verteilung der Flughäfen mit dem höchsten Frachtaufkommen weicht von der Verteilung der umschlagstärksten Seehäfen ab, die sich in neuerer Zeit zunehmend in Ostasien und hier insbesondere auf China konzentrieren (s. Abb. 4.5 u. 4.6). Von den 30 Flughäfen, die gemeinsam gut die Hälfte der Luftfracht bezogen auf das Warengewicht der transportierten Güter umschlagen, befinden sich elf in den USA und sieben in Europa. Nur vier dieser Flughäfen liegen in China (www.aircargoworld.com). Allerdings muss bedacht werden, dass auf den Flughäfen ein nicht geringer Teil der Fracht im nationalen Verkehr befördert wird. Dieses gilt insbesondere für die US-amerikanischen Flughäfen. Private Kurierdienstgesellschaften wie FedEx oder UPS (United Parcel Service) transportieren in den USA jede Nacht die inländischen Sendungen zu einem Drehkreuz, wo die Post binnen weniger

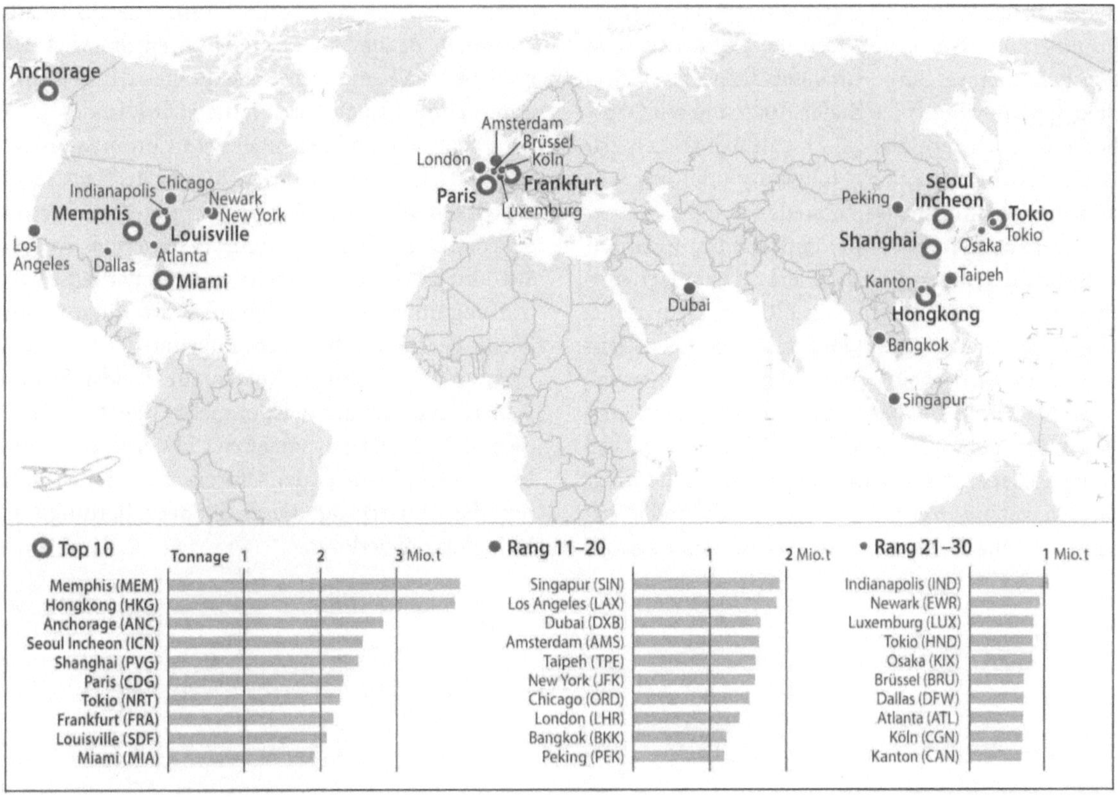

Anchorage
Amsterdam
Brüssel
Köln
London
Paris
Frankfurt
Luxemburg
Indianapolis
Chicago
Newark
New York
Memphis
Louisville
Los Angeles
Dallas
Atlanta
Miami
Peking
Seoul
Incheon
Tokio
Tokio
Shanghai
Osaka
Kanton
Taipeh
Hongkong
Dubai
Bangkok
Singapur

Top 10
Tonnage   1   2   3 Mio. t
Memphis (MEM)
Hongkong (HKG)
Anchorage (ANC)
Seoul Incheon (ICN)
Shanghai (PVG)
Paris (CDG)
Tokio (NRT)
Frankfurt (FRA)
Louisville (SDF)
Miami (MIA)

Rang 11–20   1   2 Mio. t
Singapur (SIN)
Los Angeles (LAX)
Dubai (DXB)
Amsterdam (AMS)
Taipeh (TPE)
New York (JFK)
Chicago (ORD)
London (LHR)
Bangkok (BKK)
Peking (PEK)

Rang 21–30   1 Mio. t
Indianapolis (IND)
Newark (EWR)
Luxemburg (LUX)
Tokio (HND)
Osaka (KIX)
Brüssel (BRU)
Dallas (DFW)
Atlanta (ATL)
Köln (CGN)
Kanton (CAN)

Abb. 4.6
Flughäfen mit dem größten Frachtaufkommen 2007.
Quelle: www.aircargoworld.com

Stunden ausgeladen, sortiert, auf neue Flugzeuge verteilt und zu ihren Bestimmungsorten geflogen wird. Memphis im US-Bundesstaat Tennessee ist das Drehkreuz von FedEx und war mit einem Frachtaufkommen von 3,8 Mio. t 2007 der umschlagstärkste Flughafen der Welt. Louisville (Rang 9) im US-Bundesstatt Kentucky ist das Drehkreuz von UPS. Auf beiden Flughäfen dürfte nur ein geringer Teil der Sendungen aus dem Ausland kommen oder auf direktem Wege dorthin transportiert werden. An zweiter Stelle stand der Flughafen von Hongkong knapp hinter Memphis, der als Drehkreuz von DHL im asiatischen Luftfrachtverkehr fungiert. Interessant ist, dass Anchorage mit einem Umschlag von 2,8 Mio. t den 3. Platz einnimmt, obwohl der in Alaska gelegene Flughafen für den Passagierverkehr kaum noch Bedeutung hat, seitdem nonstop Verbindungen zwischen Nordamerika und Ostasien möglich sind. Die Flughäfen von Shanghai, Peking und Dubai verzeichneten 2007 die größten Zuwachsraten mit 15,5 %, 15,8 % und 11,0 %. Es ist davon auszugehen, dass Shanghai bald vom 5. Platz auf einen der ersten drei Plätze vorrücken wird.

Flughäfen mit einem großen Frachtaufkommen stellen einen bedeutenden Wirtschaftsfaktor in einer Region dar. Der Frankfurter Flughafen hat nach Paris Charles de Gaulle in Europa den größten Frachtumschlag und liegt im internationalen Vergleich mit 2,17 Mio. t auf Rang acht. Die Luftfracht wird über die Fraport Cargo Services GmbH abgewickelt, die eine 100%ige Tochtergesellschaft der Fraport AG ist, und auf dem Frankfurter Flughafen sowie über den im Hunsrück gelegenen Flughafen Frankfurt-Hahn umgeschlagen. Wichtige Kunden sind Lufthansa Cargo und UPS, die Frankfurt als europäisches Drehkreuz nutzen. Der Frankfurter Flughafen ist sehr gut in das europäische Verkehrsnetz integriert, da er direkt am Autobahnkreuz der A 5, die eine Nord-Süd-Verbindung darstellt, und der A 3, die in ost-westlicher Richtung verläuft, gelegen ist. Außerdem verfügt der Flughafen über einen eigenen Frachtbahnhof in der Cargo City Süd und ermöglicht die Abfertigung spezieller Fracht wie gefährlicher und verderblicher Güter, Kühlgütern und Tieren. Der Frankfurter Flughafen arbeitet mit mehr als 400 Spediteuren und Truckern, und in der Frankfurter Cargo City befinden sich über 10 000

Arbeitsplätze im Bereich Logistik (www.airportcity-frankfurt.de). Der größte Teil der Luftfracht wird durch Lufthansa Cargo umgeschlagen, die außerdem den Münchener Flughafen nutzt und seit Oktober 2007 auch regelmäßige Frachtflüge ab Leipzig/Halle u. a. nach Atlanta, Hongkong und Singapur anbietet (www.lufthansa-cargo.de).

Der Gütertransport per Luftfracht ist nicht nur aufgrund des hohen Treibstoffverbrauchs teuer, sondern auch weil die Flughafengebühren, die u. a. den Umschlag der Ware auf dem Boden und Dienstleistungen im Sicherheits- und Zollbereich umfassen, hoch sind. Traditionellerweise wurden diese Tätigkeiten von den nationalen Heimatfluglinien ausgeführt. In neuerer Zeit sind diese Aufgaben allerdings an vielen Standorten privatisiert worden, und insgesamt hat eine Konsolidierung der Anbieter stattgefunden. Die Flughäfen werden zunehmend zu Konkurrenten, da die Höhe der Gebühren eine wichtige Rolle bei den Standortentscheidungen der Logistikunternehmen spielt (Abeyratne 2008). In den USA wird befürchtet, dass sich der 9/11 Commission Act von 2007 negativ auf das Volumen der Luftfracht auswirken wird. Das Gesetz schreibt vor, dass bis Februar 2009 die Hälfte und bis spätestens August 2010 die gesamte Luftfracht einer Sicherheitsüberprüfung unterzogen werden muss. Im August 2008 dachte FedEX darüber nach, aufgrund der zu diesem Zeitpunkt sehr hohen Kosten für Treibstoff und Sicherheit in Zukunft wieder mehr Güter über Straße und Bahn zu transportieren (Sowinski 2008: 35). Mit den rapide sinkenden Ölpreisen im Herbst 2008 hat die Umsetzung dieses Planes allerdings an Dringlichkeit verloren.

Was bringt die Zukunft – Freihandel oder Protektionismus?

Wie in den vergangenen Kapiteln gezeigt, hat das Volumen des Welthandels in den vergangenen Jahrzehnten stark zugenommen. Wertschöpfungsketten bewirken, dass die meisten Industriegüter Einzelteile aus vielen Ländern der Welt enthalten. Es ist eine internationale Arbeitsteilung entstanden, und die Weltwirtschaft ist in einem Ausmaß verknüpft wie nie zuvor. Dennoch sind nicht alle Länder annähernd gleichermaßen am Welthandel beteiligt. Nur zehn Länder sind für mehr als die Hälfte des Welthandels verantwortlich, und die Länder der Südhalbkugel haben nur einen sehr geringen Anteil am Welthandel. Ein wirklich globaler Handel sollte anders aussehen.

Der Großteil des Welthandels findet zwischen entwickelten Ländern statt, und die Industrialisierung ist eine wichtige Voraussetzung für die Integration eines Landes. China hat seit 1978 eine sehr erfolgreiche Industrialisierung durchlaufen und konnte sich gleichzeitig zu einem bedeutenden Handelsland entwickeln. Es ist dargestellt worden, dass seit dem Zweiten Weltkrieg eine große Zahl von bilateralen und multilateralen Handelsabkommen abgeschlossen wurden. Fraglich ist, ob diese eher zu einer Globalisierung oder zu einer Regionalisierung des Handels beigetragen haben. Nur ein Teil der Handelsabkommen war erfolgreich. Es gibt viele Gründe für das Scheitern von Handelsabkommen oder von regionalen Integrationen. Politische Instabilität in einzelnen Staaten, Streitigkeiten zwischen zwei oder mehreren Staaten, die unterschiedliche Interpretation der Abkommen oder, wie im Falle Afrikas, die fehlende Kaufkraft in den Mitgliedstaaten können wichtige Gründe für den Misserfolg sein. Erfolgreiche Integrationen haben die Tendenz, immer größer zu werden, wobei die Motive unterschiedlich sein können. In der Europäischen Union hat die Sicherung der jungen Demokratien in den Reformstaaten eine wichtige Rolle bei der Osterweiterung gespielt, während das ASEAN+3-Abkommen nicht nur die großen Volkswirtschaften China, Japan und Südkorea enger an die zehn ASEAN-Staaten binden, sondern auch deren zu enge Kooperation mit den USA verhindern sollte (Berger 2005).

Leider kann nicht überprüft werden, wie groß der Anteil einzelner Länder am Welthandel ohne die Einbindung in regionale Integrationen wäre, aber vieles spricht dafür, dass die Fülle der Maßnahmen, die zum Abbau von Handelsschranken beigetragen haben, zumindest in den größeren Integrationen eine Zunahme des intraregionalen Handels bewirkt hat. Für die Europäische Union konnte nachgewiesen werden, in welch großem Maße der Anteil des intraregionalen Handels im Laufe der Jahre auf Kosten des Handels mit Drittländern ausgeweitet worden ist. Allerdings muss eingeräumt werden, dass das Handelsvolumen zwischen benachbarten Staaten naturgemäß meistens groß ist und regionale Integrationen häufig nur »natürliche« Handelsräume nachzeichnen. Unter Fachleuten ist umstritten, ob regionale Handelsabkommen die Ziele der WTO und den globalen Freihandel unterstützen oder behindern. Die Abkommen bevorzugen den Handel mit Partnern in der Region und benachteiligen somit zumindest indirekt Länder, die nicht den integrierten Handelsräumen angehören (Jovanovic 2006: 13). Das Ergebnis ist eine Fragmentierung oder sogar Blockbildung im internationalen Handel (Poon 1997: 401). Die relativ einfachen und gut durchschaubaren Regeln der WTO werden durch eine Fülle von Tarifregeln auf regionaler Ebene verkompliziert, die sich zudem teilweise überlappen oder sogar widersprechen. Im Durchschnitt gehört jedes afrikanische Land vier und jedes lateinamerikanische Land sogar sieben verschiedenen regionalen Integrationen an (Newfarmer 2006b: 245). Als nachteilig ist zu bewerten, dass in den einzelnen Handelsräumen eine Vielzahl von Lobbyisten bemüht ist, für ihre Produkte die bestmöglichen Bedingungen zu erreichen. Das Ergebnis sind Wettbewerbsverzerrungen. Der oft umfangreiche Verwaltungsapparat verteuert außerdem den internationalen Handel (Jovanovic 2006: 6). Befürworter regionaler Handelsabkommen argumentieren, dass diese einen wichtigen Beitrag zur schrittweisen Liberalisierung des globalen Handels leisten. Aus der Sicht der WTO scheinen regionale Handelsabkommen nur auf den ersten Blick widersprüchlich zu sein. Es wird eingeräumt, dass sie die Rechte oder Interessen von Drittländern beschneiden können und der Grundsatz der Gleichbehandlung aller Mitgliedsländer der WTO somit verletzt werden kann. Mitgliedsländer regionaler Integrationen sollen daher § 24 der GATT-Vereinbarungen beachten, demzufolge kein Land nach Gründung einer regionalen Integration schlechter behandelt werden darf, als dieses zuvor der Fall war. Tatsächlich wurde festgestellt, dass bi- und multilaterale Handelsabkommen die Arbeiten und Ziele der WTO häufig unterstützen. Wiederholt konnten innerhalb regionaler Integrationen Maßnahmen zur Förderung des Handels vereinbart werden, deren Realisierung nach den WTO-Regeln nicht im gleichen Umfang möglich gewesen wäre. Die Liberalisierung von Dienstleistungen oder die Vereinbarung von Umweltstandards erfolgte zunächst innerhalb bestimmter regionaler Integrationen und wurde erst später von der WTO für alle Mitglieder verbindlich festgelegt (www.wto.org).

Seit dem Zweiten Weltkrieg wurde eine Liberalisierung des Welthandels angestrebt. Es stellt sich allerdings die Frage, ob diese tatsächlich erreicht worden ist und ob alle Länder gleichermaßen von den Maßnahmen zur Handelsliberalisierung profitieren konnten. Wie die Geschichte des Welthandels zeigt, hat es wiederholt Diskussionen zwischen Anhängern des Freihandels und eines protektionistischen Handels gegeben. Immer wieder ist versucht worden, lästige Konkurrenten auszuschalten, die Einfuhr unerwünschter Produkte durch Zölle oder Verbote zu erschweren oder die Wettbewerbsfähigkeit der eigenen Industrie durch Subventionen zu verbessern. Im 17. Jahrhundert waren Portugiesen, Niederländer und Briten bemüht, sich durch Bildung von Handelsmonopolen im Asienhandel gegenseitig auszuschalten. Besonders betroffen war der Handel mit Gewürzen, deren Verkauf in Europa hohe Gewinne erzielte. Als die Briten wenig später Baumwollstoffe aus Indien importierten, erregten sie den Ärger der heimischen Wollproduzenten, die Angst vor preiswerten Importen hatten und sich um die eigene britische Textilindustrie sorgten. Die Proteste bewirkten, dass die legale Einfuhr von Stoffen aus Indien zeitweise eingeschränkt wurde, um die britischen Produzenten zu schützen. Im 19. Jahrhundert entwickelte sich Großbritannien aufgrund des technologischen Vorsprungs zu einem wichtigen Exporteur von Baumwollstoffen. Um die Vormachtsstellung auf dem Weltmarkt zu erhalten, verbot das Land die Ausfuhr von Textilmaschinen, Zeichnungen und Plänen und bediente sich somit protektionistischer Maßnahmen. Ende des 17. Jahrhunderts erlitt die brasilianische Plantagenwirtschaft einen Einbruch aufgrund der Konkurrenz aus dem karibischen Raum. Eine Erholung der brasilianischen Plantagenwirtschaft trat erst ein, nachdem diese in der zweiten Hälfte des 18. Jahrhunderts vom Staat subventioniert worden war. 1787 wurde vermutlich erstmals zum Boykott gegen ein Welthandelsprodukt aufgerufen, als der Brite Thomas Clarkson seine Landsleute aufforderte, auf den Gebrauch von Zucker zu verzichten, da dieses mit dem Blut der Sklaven bezahlt worden sei.

Bis Mitte des 19. Jahrhunderts waren die meisten Länder bemüht, die eigene Industrie durch protektionistische Maßnahmen zu schützen. Österreich-Ungarn sperrte sich gegen die Einfuhr von Eisen, Stahl und Textilien, Frankreich gegen den Import landwirtschaftlicher Produkte sowie Gewerbeerzeugnisse und die USA gegen den Import von Industrieprodukten. Besonders umstritten waren die Kornzölle in Großbritannien, die 1815 eingeführt worden waren, um britische Farmer vor dem Import preiswerten Getreides zu schützen. Die britischen Textilhersteller forderten die Abschaffung der Kornzölle, da sie hofften, dass das Ausland im Gegenzug die Einfuhr britischer Textilien erleichtern würde. Die Kornzölle wurden 1845 aufgehoben, nachdem Großbritannien in den Jahren zuvor bereits die Einfuhrzölle auf viele Rohstoffe und Industrieprodukte abgeschafft hatte. Die deutschen Staaten, Frankreich und viele andere Staaten folgten bald dem britischen Beispiel und liberalisierten ihren Handel weitgehend. Großbritannien beseitigte alle noch bestehenden Handelshemmnisse bis 1875 und hielt in den folgenden Jahrzehnten am Freihandel fest. In den letzten 30 Jahren des 19. Jahrhunderts bedienten sich allerdings Deutschland, Frankreich, Italien, die Schweiz und Russland wieder protektionistischer Maßnahmen, um Landwirtschaft und Industrie vor preiswerten Einfuhren zu schützen. Nur Großbritannien, die Niederlande und Dänemark hielten bis zum Ausbruch des Ersten Weltkrieges ohne Einschränkungen am Freihandel fest.

In den USA waren die Vor- und Nachteile eines protektionistischen Außenhandels im 19. Jahrhundert immer wieder diskutiert worden. Erst 1913 wurden die gesetzlichen Grundlagen für den Freihandel verabschiedet, die aber aufgrund des baldigen Ausbruchs des Ersten Weltkrieges bedeutungslos blieben. Da in Europa die Industrieproduktion während des Krieges eingebrochen war, konnten sich die USA nach Kriegsende schnell zum weltweit wichtigsten Hersteller und Exporteur von Industriegütern entwickeln. Der Aufschwung der Weltwirtschaft nahm ein jähes Ende, als Ende Oktober 1929 die New Yorker Börse einbrach. Unter dem Druck von Lobbyisten, die die eigene Produktion und Arbeitsplätze schützen wollten, verabschiedeten die USA 1930 den Smoot-Hawley Tariff Act, der den Anstieg der Importzölle ermöglichte. Die Auswirkungen des Gesetzes waren katastrophal. Verständlicherweise schützten sich andere Länder gegen Importe aus den USA und weltweit wurden protektionistische Maß-

nahmen eingeleitet. Großbritannien versuchte zwar zunächst noch, am Freihandel festzuhalten, sah sich aber 1932 gezwungen, ebenfalls Importzölle einzuführen. Von 1929 bis 1933 sank der Welthandel auf nur ein Drittel seines Volumens.

Noch während des Zweiten Weltkrieges kamen US-Amerikaner und Briten zu der Überzeugung, dass die protektionistische Handelspolitik der 1930er Jahre ein großer Fehler gewesen war und nach Kriegsende eine Liberalisierung des internationalen Handels anzustreben sei. Der Freihandel sollte zu einer Stabilisierung der Weltwirtschaft und einer Steigerung des weltweiten Wohlfahrtsniveaus beitragen. Da die Gründung einer internationalen Handelsorganisation zunächst scheiterte, wurde seit 1947 im Rahmen der GATT-Verhandlungsrunden auf einen weltweiten Freihandel hingearbeitet. Positiv zu bewerten ist das tatsächliche Gelingen, die durchschnittlichen Zölle der GATT-Vertragspartner von 40 % im Jahr 1947 auf nur noch 4 % Mitte der 1990er Jahre zu senken. An den einzelnen Verhandlungsrunden nahmen zunehmend wenig entwickelte Länder teil, die naturgemäß an der Wahrung ihrer Interessen besonders interessiert waren. Insbesondere der Handel mit Agrargütern sowie Textilien und Bekleidung waren umstritten, denn die entwickelten Länder versuchten lange, sich gegen Importe preiswerter Erzeugnisse aus den wenig entwickelten Ländern zu schützen. Die Uruguay-Runde (1986–1994) drohte lange an den gegensätzlichen Vorstellungen in diesen beiden Sektoren zu scheitern, konnte aber schließlich doch noch erfolgreich abgeschlossen werden. Während im Handel mit Agrargütern kein Ergebnis erzielt werden konnte, wurde vereinbart, den internationalen Handel mit Textilien und Bekleidung spätestens 2005 zu liberalisieren. Außerdem wurde beschlossen, 1995 endlich eine Welthandelsorganisation (WTO) zu gründen, die seitdem die Liberalisierung des Welthandels von Genf aus vorantreibt und die Einhaltung bereits bestehender Abkommen überwacht. Des Weiteren führt die WTO die Gesprächsrunden zur Liberalisierung des Welthandels fort. Die 2001 eingeleitete Doha-Runde hat sich allerdings als eine sehr schwierige Verhandlungsrunde erwiesen, da die Vorstellungen von entwickelten und wenig entwickelten Ländern stärker denn je zuvor aufeinander prallen. Die wenig entwickelten Länder fordern, dass sich die entwickelten Länder für ihre Agrargüter öffnen, während Letztere einen besseren Zugang für ihre industriellen Produkte und Dienstleistungen in den wenig entwickelten Ländern verlangen. Der Welthandel mit Baumwolle ist besonders umstritten. Da die USA und die EU den Anbau von Baumwolle stark subventionieren, können sie diese zu niedrigen Preisen auf dem Weltmarkt anbieten. Die Baumwolle von Millionen von Kleinbauern aus den wenig entwickelten Ländern ist teurer und daher nicht konkurrenzfähig, obwohl sie oft von besserer Qualität ist. Möglicherweise scheitert die Doha-Runde, weil für den Baumwollhandel keine Lösung gefunden wird.

In der weltweiten Öffentlichkeit erfahren die Wünsche der wenig entwickelten Länder eine breite Unterstützung. Nicht nur radikale Globalisierungsgegner, sondern auch Wissenschaftler betrachten den Welthandel als ein wichtiges Instrument, um die Armut in der Welt abzubauen. Viele Kritiker und Beobachter fordern, dass dieses Ziel oberste Priorität haben müsse (vgl. z. B. Bhagwati 2008, Hoekman u. Olarenga 2007, Newfarmer 2006a, Stiglitz u. Carlton 2005). Falls die Doha-Runde endgültig scheitern oder sich noch sehr lange hinziehen sollte, ist zu befürchten, dass in den nächsten Jahren wieder zunehmend einzelne Staaten Verhandlungen führen und auf der bilateralen Ebene Handelsabkommen vereinbaren werden. Die Fülle an Abkommen wird zu einer neuen Unübersichtlichkeit führen. Von jeder Vereinbarung werden nur zwei Staaten oder kleinere Gruppen von Staaten profitieren, während nicht beteiligte Staaten benachteiligt werden. Alle Abkommen, die im Rahmen der GATT-Verhandlungen getroffen wurden, basieren auf den Grundlagen der Nichtdiskriminierung und Meistbegünstigung und schließen somit die Diskriminierung einzelner Staaten aus. Ein völliges Scheitern der Doha-Runde könnte nicht nur einen Stillstand, sondern auch einen Rückschritt für den globalen Handel bedeuten. Bislang haben sich in dieser Runde eher die Protektionisten durchgesetzt, die eine weitere Liberalisierung des Handels verhindern wollen. Der US-amerikanische Wirtschaftshistoriker Harold James von der Princeton University hat bereits zu Beginn des neuen Jahrtausends die Frage gestellt, ob die zunehmende Internationalisierung der vergangenen Jahrzehnte nicht zwangsläufig eine Gegenbewegung hervorrufen müsse. Er vergleicht die Entwicklung der Weltwirtschaft mit der Bewegung eines riesigen Pendels, bei dem einer Phase der Liberalisierung eine Phase der Ablehnung und Wiedereinführung von Kontrollen folge (James 2003: 291). James sieht große Parallelen zwischen dem Protektionismus in den 1930er Jahren, der eine Epoche liberaler Handelspolitik ablöste, und den Tendenzen der Abschottung in jüngerer Zeit. Geschürt werde dieser Wunsch in den Industriestaaten vor allem durch die veränderten Beschäftigungsstrukturen, da immer mehr Arbeitsplätze in wenig entwickelte Länder verlagert werden. Die zunehmende Ablehnung internationaler Organisationen in vielen Staaten unterstütze diese Bewegung zusätzlich (James 2003: 291–323, FAS: 06.08.06).

Seit mehr als 200 Jahren haben Theoretiker wiederholt bewiesen, dass alle Länder vom Freihandel profitieren. Angesichts der zunehmenden Angriffe auf einen liberalen Handel werden Wirtschaftswissenschaftler wie Paul Krugman und Jagdish Bhagwati nicht müde, immer wieder auf die Vorzüge der Globalisierung hinzuweisen. Der Inder Bhagwati hat erlebt, dass die Entwicklung Indiens lange stagnierte, da das Land an einem protektionistischen Handel festhielt. Erst die Öffnung Indiens ermöglichte den Aufschwung. Leider haben sich in neuerer Zeit nicht nur Gewerkschaften und andere Interessenvertreter verstärkt für protektionistische Maßnahmen eingesetzt, sondern auch einige ernstzunehmende Wissenschaftler. Anfang 2008 erregte im angelsächsischen Raum ein Buch von Ha-Joon Chang, der an der britischen Cambridge University lehrt, Aufsehen. Chang, aufgewachsen in Korea, zeigt auf, dass vielen Ländern ein wirtschaftlicher Aufschwung nur möglich war, weil sie sich in der Frühphase der Industrialisierung gegen die Konkurrenz aus anderen Ländern abgeschottet hatten. Er belegt diese These mit vielen Beispielen vor allem aus Großbritannien, den USA und Korea. Sein Buch ist eine einzige Abrechnung mit dem Freihandel, der aus seiner Sicht ungerechtfertigter Weise von den entwickelten Ländern als Segnung verkauft wird (Chang 2008). Das Buch wendet sich an ein breites Publikum und liefert Globalisierungs- und Freihandelsgegnern eine Fülle an Argumenten. Von anderen Wissenschaftlern wurde die Publikation allerdings sehr kritisch aufgenommen. Paul Krugman hat die Argumente Changs in seinem Blog auf der Homepage der New York Times als falsch bewertet, und auch The Washington Post (17.02.08) hat Changs Thesen widersprochen: Protektionistische Maßnahmen seien allenfalls kurzfristig hilfreich und schränkten langfristig die Wettbewerbsfähigkeit eines Landes ein. Ein weiteres Buch, das 2008 in den USA erschienen ist, liefert den Anhängern protektionistischer Maßnahmen ebenfalls gute Argumente. Der US-amerikanische Wirtschaftshistoriker William J. Bernstein hat eine umfangreiche Geschichte des Welthandels veröffentlicht, die sich zwar nur im abschließenden Kapitel mit dem internationalen Handel im 20. Jahrhundert beschäftigt. Dort behauptet er aber wiederholt, dass der Smoot-Hawley Act und der Protektionismus der frühen 1930er Jahre weit weniger schädlich gewesen seien, als häufig dargestellt (Bernstein 2008: 338–385).

Das Unbehagen an der Globalisierung ist im Herbst 2008 sprunghaft angestiegen, als nach dem Konkurs der US-amerikanischen Investmentbank Lehman Brothers einmal mehr sichtbar wurde, in welch großem Ausmaß die Weltwirtschaft vernetzt ist. Weltweit folgte der Zusammenbruch weiterer international tätiger Banken, und binnen Wochen brachen die globale Nachfrage und Produktion sowie der Welthandel ein. In Deutschland gingen die Exporte im 4. Quartal des Jahres 2008 im Vergleich zum letzten Quartal des Vorjahres um 6,0 % zurück. Da aber die Weltwirtschaftskrise erst im September einsetzte, stiegen die deutschen Exporte vorläufigen Berechnungen zufolge im Jahr 2008 noch um 3,1 % auf 994,9 Mrd. € an (www.destatis.de). Für das Jahr 2009 wird allerdings ein deutlicher Rückgang des Welthandels erwartet. In Deutschland waren im Januar 2009 die Exporte um 20,7 % und die Importe um 12,9 % niedriger als im Januar 2008 (www.destatis.de). Die Weltbank hat den Außenhandel von 45 Staaten des Monats Januar 2009 analysiert, darunter den Handel aller G20-Staaten außer Saudi-Arabien, für das noch keine Daten vorlagen. 37 dieser Staaten hatten im Januar 2009 mehr als ein Viertel weniger exportiert als im ersten Monat des Jahres 2008. Dieses galt auch für 18 der 19 berücksichtigten G20-Länder. Nur in Australien hatten die Exporte im Januar 2009 leicht zugenommen. Entwickelte und weniger entwickelte Länder waren gleichermaßen vom Rückgang der Exporte betroffen. Ecuador, Frankreich, Indonesien, die Philippinen und Südafrika verzeichneten z. B. sogar einen Einbruch ihrer Ausfuhren um mehr als 30 % (zitiert in: The Economist: 28.03.09).

In vielen Ländern forderten Banken und Unternehmen nach Ausbruch der Krise staatliche Unterstützung, und umgehend entstand vielerorts die Idee, die nationalen Märkte abzuschotten. Die Logik ist einfach: Wenn weniger Güter eingeführt werden,

wird mehr im eigenen Land produziert und die Zahl der Arbeitsplätze steigt. Die G-20-Länder reagierten sehr schnell und vereinbarten auf einem Treffen Mitte November 2008 in Washington, DC, in ihren Ländern keine protektionistischen Maßnahmen einzuführen und am Freihandel festzuhalten. Ungeachtet dieser Abmachung wurde in den USA der Ruf nach protektionistischen Maßnahmen immer lauter, was angesichts des großen Handelsdefizits dieses Landes nicht verwundert. Im Februar 2009 forderten US-amerikanische Politiker sogar, ein geplantes Hilfspaket zur Unterstützung der US-amerikanischen Wirtschaft in Höhe von 900 Mrd. US-$ an eine Klausel zu binden, die Empfänger von Hilfsmaßnahmen verpflichten sollte, auf Importe zu verzichten und nur noch US-amerikanische Produkte zu kaufen. Das geforderte »Buy American«-Programm rief ein weltweites Entsetzen und Erinnerungen an den Smoot-Hawley Tariff Act des Jahres 1930 hervor. Am 07.02.09 zeigte das Cover der Wirtschaftszeitschrift The Economist Grabsteine, die an den Protektionismus und die Depression der 1930er Jahre erinnerten. Aus der Erde wuchs eine schmutzige Hand hervor, die nach den Grabsteinen zu greifen schien. Wenn die USA als größtes Exportland der Erde die Einfuhren beschränkt hätten, wären andere Länder wahrscheinlich mit ähnlichen Maßnahmen nachgezogen, und die Auswirkungen auf den Welthandel wären sehr gravierend gewesen. Der Protest gegen die geplanten Maßnahmen zwang schließlich US-Präsident Barack Obama dazu, sich öffentlich von den protektionistischen Forderungen zu distanzieren (The New York Times: 05.02.09).

Allen Beteuerungen zum Trotz, am Freihandel festzuhalten, hat die Weltbank von Oktober 2008 und Februar 2009 insgesamt 47 Fälle protektionistischer Maßnahmen registriert. Diese umfassen die Erhöhung von Zöllen, nicht tarifäre Beschränkungen von Importen und die Subventionierung ausgewählter Warengruppen. Die Russische Föderation hat z. B. die Zölle auf die Einfuhr von Gebrauchtwagen und Ecuador die Zölle für mehr als 600 unterschiedliche Waren erhöht. Zu den nicht tarifären Maßnahmen gehört, dass Indonesien die Einfuhr bestimmter Handelsgüter wie Bekleidung, Schuhe, Spielzeug und Nahrungsmittel nur noch über fünf ausgewiesene Häfen und Flughäfen erlaubt und China die Einfuhr von irischem Schweinefleisch, ausgewählter belgischer Schokolade und italienischem Brandy nicht mehr erlaubt. Die Subventionierung bestimmter Güter hat Wettbewerbsverzerrungen zur Folge und widerspricht den Verhandlungen der Doha-Runde. Dennoch hat die EU neue Subventionen für Butter, Käse und Milchpulver eingeführt. Außerdem sind bis Ende Februar 2009 weltweit Subventionen für die Fahrzeugindustrie in Höhe von 48 Mrd. US-$ vereinbart worden, von denen fast ausschließlich die entwickelten Länder profitieren.

Die genannten Beispiele umfassen keine Antidumping-Maßnahmen, die ebenfalls seit Einsetzen der Krise zugenommen haben (Gamberoni u. Newfarmer 2009).

Es bleibt abzuwarten, wie sich der Welthandel in den nächsten Jahren entwickeln wird und ob sich der Freihandel dauerhaft gegen den Protektionismus wird behaupten können.

Abkürzungsverzeichnis

ADI	Ausländische Direktinvestitionen
AFTA	ASEAN Free Trade Area
AGOA	African Growth and Opportunity Act
AKP-Staaten	Staaten des afrikanischen, karibischen und pazifischen Raums
APEC	Asia-Pacific Economic Cooperation
APOC	Anglo-Persian Oil Company
ASEAN	Association of Southeast Asian Nations
AU	African Union
Autopact	Canada–United States Automotive Products Agreement
BIP	Bruttoinlandsprodukt
BNE	Bruttonationaleinkommen
BRIC-Länder	Brasilien, Russische Föderation, Indien, China
CARICOM	Caribbean Community
CUSFTA	Canada–United States Free Trade Agreement
EBA	Everything But Arms
ECOWAS	Economic Community Of West African States
EFTA	European Free Trade Association
EGKS	Europäische Gemeinschaft für Kohle und Stahl
EIC	East India Company
EU	Europäische Union
EWG	Europäische Wirtschaftsgemeinschaft
EWR	Europäischer Wirtschaftsraum
EWWU	Europäische Wirtschafts- und Währungsunion
FAO	Food and Agriculture Organization of the United Nations
FOB	Free On Board
FLO	Fairtrade Labelling Organizations International
FTAA	Free Trade Area of the Americas
GAP	Gemeinsame Agrarpolitik der Europäischen Union
GATS	General Agreement on Trade in Services
GATT	General Agreement on Tariffs and Trade
GUS	Gemeinschaft unabhängiger Staaten (12 Länder: Armenien, Aserbaidschan, Georgien, Kasachstan, Kirgisistan, Moldawien, Russland, Tadschikistan, Turkmenistan, Ukraine, Usbekistan, Weißrussland)
HDI	Human Development Index
ICA	International Coffee Agreement
ICO	International Coffee Organization
ILO	International Labour Organization
ITO	International Trade Organization
IWF	Internationaler Währungsfonds
IBRD	International Bank for Reconstruction and Development
LAFTA	Latin American Free Trade Association
LAIA	Latin American Integration Association
LNG	Liquefied Natural Gas
LTA	Long-Term Arrangement Regarding International Trade in Cotton Textiles
MFA	Multifibre Agreement
MERCOSUR	Mercado Común del Sur
NAFTA	North American Free Trade Agreement
NGO	Non-Governmental Organization
OAS	Organization of American States
OECD	Organisation for Economic Co-operation and Development
OPEC	Organization of the Petroleum Exporting Countries
RFID	Radio Frequency Identification
SACU	Southern African Customs Union
TRIMS	Agreement on Trade-Related Investment Measures

TRIPS	Agreement on Trade-Related Aspects of Intellectual Property Rights
VOC	Vereenigde Oost-Indische Compagnie
WTO	World Trade Organization

Maßeinheiten

bbl (U.S.)	Barrel, 1 bbl (U.S.) = 158,9873 l
cal	Kalorie, 1000 cal = 1 kcal
ft	Fuß, 1 ft = 30,48 cm
Gt	Gigatonne, 1 Gt = 10^9 t
G.m³	Gigakubikmeter, 1 G.m³ = 10^9 m³
kn	Knoten = Seemeile/Stunde, 1 kn = 1,852 km/h
kt	Kilotonne, 1 kt = 1000 t
lb	Pfund, 1 lb = 0,45359 kg
SKE	Steinkohleeinheit, 1 SKE = 7000 kcal
t	Tonne, 1 t = 1000 kg
tdw	tons dead weight (Kapazitätsmaß für Tanker)
TEU	Twenty-foot Equivalent Unit; Länge: 20 ft (6,1 m), Breite: 8 ft (2,4 m)
toe	tons of oil equivalent (Tonnen Erdölequivalent), 1 toe = 1,43 t SKE
US.liq.gal	Gallone, 1 US.liq.gal = 3,7854 l

Abbildungsverzeichnis

Fotoverzeichnis

Soweit im Verzeichnis der Fotos nicht anders aufgeführt, stammen alle Fotos von der Autorin B. Hahn.

Literaturverzeichnis

A

Aaronson, S. u. J. Zimmermann (2006): Fair Trade? How Oxfam Presented a Systematic Approach to Poverty, Development, Human Rights, and Trade. In: Human Rights Quarterly 28 (4): 998–1030.

Abeyratne, R. (2008): Ground Handling Services at Airports as a Trade Barrier. In: Journal of World Trade 42 (2): 261–177.

ADAC (2008): ADAC Statistiken, Eckdaten. München.

Adron, L. (1987): Messen, Wiegen, Zählen. Lexikon der Maß- und Währungseinheiten. Gütersloh.

Airports Council International (2008): World Report. Genf.

Alvstam, C. u. E. Schamp (Hg.) (2005): Linking Industries Across the World. Process of Global Networking. Aldershot u. Burlington.

Ammann, H. (1968): Die wirtschaftliche Stellung der Reichsstadt Nürnberg im Spätmittelalter. Nürnberg.

Anson, R. (2006): Post-Quota Scenarios in Textiles and Clothing: Sub-Saharan African Producers Invest for Survival. In: Textile Outlook International 22 (March–April): 3–8.

Anson, R. (2008): Is China Losing its Competitive Edge in Textiles and Clothing? In: Textile Outlook International 134 (March–April): 3–6.

Anson, R. u. G. Brocklehurst (2007): Trends in World Textile and Clothing Trade. In: Textile Outlook International 132 (November–December): 57–119.

Anwar, S. u. P. Basu (2007): Foreign Investment und Economic Growth. A Case Study for India. In: Siddiqui, A. (Hg.): India and South Asia. Economic Developments in the Age of Globalization. New York: 142–173.

Arvis, J.-F. u. World Bank (2007): Connecting to Compete. Trade Logistics in a Global Economy. Washington, DC.

ASEAN Secretariat (2002): South East Asia. A Free Trade Area. Jakarta.

Austin, P. (2006): OPEC. In: McCusker, J. (Hg.): History of World Trade since 1450. Bd. II, Detroit u. a. O.: 543–545.

B

Baden, S. u. C. Barber (2005): The Impact of the Second-Hand Clothing Trade on Developing Countries (Oxfam Studie). London.

Barlow, M. u. T. Clarke (2001): Blaues Gold. Das Geschäft mit dem Wasser. München.

Bathelt, H. u. J. Glückler (2002): Wirtschaftsgeographie. Weinheim u. a. O.

Bayerische Landesanstalt für Landwirtschaft (2008): Agrarmärkte 2007. München.

Beckert, S. (2006): Cotton. In: McCusker, J. (Hg.): History of World Trade since 1450. Bd. I, Detroit u. a. O.: 170–173.

Berger, M. T. (2005): From APEC to ASEAN+3? The United States–China–Japan Triangle and the Geopolitical Economy of Trade in the Asia-Pacific. In: Kelly, D. u. W. Grant (Hg.): The Politics of International Trade in the Twenty-First Century. Actors, Issues and Regional Dynamics. New York: 309–329.

Bernstein, W. J. (2008): A Splendid Exchange. How Trade Shaped the World. New York.

Berthelot, J. (2007a): Die absurde Welt des Agrarhandels. In: Le Monde Diplomatique (Hg.): Die Globalisierungsmacher. Konzerne, Netzwerker, Abgehängte. (= Edition No. 2). Berlin: 102–103.

Berthelot, J. (2007b): Agrarsubventionen, die den Hunger mehren. In: Le Monde Diplomatique (Hg.): Atlas der Globalisierung. Berlin: 120–121.

Bertram, H. (2005): Neue Anforderungen an die Güterverkehrsbranche im Management globaler Warenketten. In: Neiberger, C. u. H. Bertram (Hg.): Waren um die Welt bewegen. Strategien und Standorte im Management globaler Warenketten. (= Studien zur Mobilitäts- und Verkehrsforschung 11). Mannheim: 17–31.

Besozzi, C. (2001): Illegal, legal – egal? Zu Entstehung, Struktur und Auswirkungen illegaler Märkte. Bern.

bfai (Bundesagentur für Außenwirtschaft) (2007): VR China Jahresmitte 2007, Wirtschaftstrends kompakt. Köln.

bfai (Bundesagentur für Außenwirtschaft) (2008): VR China, Wirtschaftsdaten kompakt. Köln.

BGR (Bundesanstalt für Geowissenschaften und Rohstoffe) (2005): Geostandpunkt Rohstoffe. Hannover.

BGR (Bundesanstalt für Geowissenschaften und Rohstoffe) (2008): Reserven, Ressourcen und Verfügbarkeit von Energierohstoffen 2006. Göttingen.

Bhagwati, J. (2005): Reshaping the WTO. In: Far Eastern Economic Review 168 (2): 25–30.

Bhagwati, J. (2008): Verteidigung der Globalisierung. München.

Blussé, L. u. F. Gaastra (1981): Companies and Trade. The Hague.

BMU (Bundesministerium für Umwelt, Naturschutz und Reaktorsicherheit) (2008): Emissionshandel. Mehr Klimaschutz durch Wettbewerb. Berlin.

Boesch, H. (1966): Weltwirtschaftsgeographie. Braunschweig.

Borrell, B. (2004): Bananas: a Policy Overripe for Change. In: Ingco, M. u. A. Winters (Hg.): Agriculture and the New Trade Agenda. Creating a Global Trading Environment for Development. Cambridge/MA: 311–326.

Borries, B. von (1970): Deutschlands Außenhandel 1836–1856. Eine statistische Untersuchung zur Frühindustrialisierung. Stuttgart.

Boughton, J. (2006): International Monetary Fund. In: McCusker, J. (Hg.): History of World Trade since 1450. Bd. I, Detroit u. a. O.: 408–410.

BP (British Petroleum) (2008): Statistical Review of World Energy 2008. London.

bpb (Bundeszentrale für politische Bildung) (2006a): Globalisierung, Voraussetzungen. Bonn.

bpb (Bundeszentrale für politische Bildung) (2006b): Globalisierung, Vernetzung. Bonn.

Brandt, L. (2006): China. In: McCusker, J. (Hg.): History of World Trade since 1450. Bd. I, Detroit u. a. O.: 126–130.

Braun, B. (2005): Building Global Institutions: The Diffusion of Management Standards in the World Economy – An Institutional Perspective. In: Alvstam, C. u. E. Schamp (Hg.): Linking Industries Across the World. Processes of Global Networking. Aldershot u. Burlington: 3–27.

Brenton, P. u. M. Hoppe (2006): Life after Quotas? Early Signs of the New Era in Trade of Textiles and Clothing. In: Newfarmer, R. (Hg.): Trade, DOHA and Development. A Window into the Issues. Washington, DC: 151–160.

Breslin, S. (2005): China's Trade Policy. In: Kelly, D. u. W. Grant (Hg.): The Politics of International Trade in the Twenty-First Century. Actors, Issues and Regional Dynamics. New York: 346–366.

Breuer, T., R. Delzeit u. A. Becker (2008): Biofuels: Die globale Renaissance der »Kraftstoffe vom Acker«. In: Geographische Rundschau 50 (1): 58–64.

Brigden, K. (2008a): Ways to Prevent Illegal Exports. In: Recycling m@gazine (2): 16–20.

Brigden, K. (2008b): Gold Digger in E-Waste. In: Recycling m@gazine (18): 6–11.

Brigden, K. (2008c): E-Waste – Resource of Hazard? In: Recycling m@gazine (18): 12–14.

Brot für die Welt (Hg.) (2005): Internationale Wasserunternehmen. (= Hintergrund-Materialien 4). Stuttgart.

Brown, M. B. (2007): Fair Trade with Africa. In: Review of African Political Economy 112 (34): 267–277.

Brüntrup, M. (2006): Everything But Arms (EBA) and the EU-Sugar Market Reform – Development Gift or Trojan Horse? (= Discussion Paper 10/2006). Deutsches Institut für Entwicklungspolitik, Bonn.

Bucheli, M. u. I. Red (2006): Banana Boats and Baby Food: The Banana in U.S. History. In: Topik, S., C. Marichal u. Z. Frank (Hg.): From Silver to Cocaine. Latin American Commodity Chains and the Building of the World Economy. Durham u. London: 205–227.

Buckman, G. (2005): Global Trade. Past Mistakes, Future Choices. Halifax/Nova Scotia u. a. O.

BusinessWeek
06.10.03: Is Wal-Mart too powerful?
16.04.07: Mittal & Son.

C

Carlos, A. (2006): Furs. In: McCusker, J. (Hg.):
History of World Trade since 1450. Bd. I,
Detroit u. a. O.: 305–306.

Carrington, H. (2006): Sugar, Molasses, and Rum.
In: McCusker, J. (Hg.): History of World
Trade since 1450. Bd. II, Detroit u. a. O.:
725–728.

Cejas, R. u. P. Gans (1998): Argentinien und der
MERCOSUR. In: Geographische Rundschau
50 (11): 618–623.

Chang, H.-J. (2008): Bad Samaritans: The Myth of
Free Trade and the Secret History of Capitalism. New York.

Chase, K. A. (2005): Trading Blocs. States, Firms,
and Regions in the World Economy. Ann
Arbor.

Cheterian, V. (2007): Südkaukasus: Pipelines und
ethnische Konflikte. In: Le Monde Diplomatique (Hg.): Atlas der Globalisierung. Berlin:
168–169.

Conesa, P. (2007b): Globalisierte Kriminalität. In:
Le Monde Diplomatique: Atlas der Globalisierung. Berlin: 56–57.

Containerisation International (Hg.) (versch. Jahrgänge): Containerisation International Yearbook. London.

Corves, Chr. u. K. Hoffmann (2007): Globalisierung in der Zuckerdose. In: Geographische
Rundschau 59 (11): 54–58.

Coulson, J. (2004): Geographical Knowledges in
the Ecuadorian Flower Industry. In: Hughes,
A. u. S. Reimer (Hg.): Geographies of Commodity Chains. London: 139–155.

Coy, M. u. T. Schmitt (2007): Brasilien – Schwellen-
land der Gegensätze. In: Geographische Rundschau 59 (9): 30–39.

Crespo, H. (2006): Trade Regimes and the International Sugar Market, 1850–1980: Protectio-
nism and Regulation. In: Topik, S., C. Marichal
u. Z. Frank (Hg.): From Silver to Cocaine.
Latin American Commodity Chains and the
Building of the World Economy. Durham u.
London: 147–173.

Cudahy, B. J. (2006): Box Boats. How Container
Ships Changed the World. New York.

Curtin, P. D. (1984): Cross-Cultural Trade in World
History. New York.

Daojiong, Z. (2006): An Opening for U.S.-China-
Cooperation. In: Far Eastern Economic Review
169 (4): 44–47.

D

Das, D. K. (2007): The Evolving Global Trade
Architecture. Cheltenham.

Davis, R. (1973): English Overseas Trade, 1500–
1700. London.

Deckwirth, C. (2004): Sprudelnde Gewinne?
Transnationale Konzerne im Wassersektor und
die Rolle des GATS. 4. Aufl., Bonn.

Deloitte Consulting (2007): Why Selling for Less?
2008 Outsourcing Report. London.

Depner, H. u. U. Dewald (2005): Deutsche Auto-
mobilzulieferer in China. In: Zeitschrift für
Wirtschaftsgeographie 49 (1): 12–19.

Dicken, P. (2003): Global Shift. Reshaping the
Global Economic Map in the 21st Century.
London.

Dicken, P. (2007): Global Shift. Mapping the
Changing Contours of the World Economy.
New York.

Die Zeit
17.11.05: Welthandel. Der Kampf um den
Zucker.
05.02.09: Vorsicht Grenzen. Wenn Amerika
sich abschottet, bedroht es die Welt.

Diez, J. R. (1997): NAFTA. Regionalökonomische
Auswirkungen der nordamerikanischen Freihandelszone. In: Geographische Rundschau 49
(12): 688–694.

Doctoroff, T. (2005): Billions: Selling to the New
Chinese Consumer. New York.

Dollinger, P. (1976): Die Hanse. Stuttgart.

Dostaler, G. (2007a): Adam Smith (1723–1790):
Der Entdecker der unsichtbaren Hand. In:
Le Monde Diplomatique (Hg.): Die Globali-
sierungsmacher. Konzerne, Netzwerker,
Abgehängte. (= Edition No. 2). Berlin: 22–23.

Dostaler, G. (2007b): David Ricardo (1772–1823):
Der Erfinder des Freihandels. In: Le Monde
Diplomatique (Hg.): Die Globalisierungsma-
cher. Konzerne, Netzwerker, Abgehängte.
(= Edition No. 2). Berlin: 22–23.

Downs, E. (2007): China's Quest for Overseas
Oil. In: Far Eastern Economic Review 170 (7):
52–56.

Duima, F. (2006): The Social Construction of Free Trade. The European Union, NAFTA, and MERCOSUR. Princeton.

Dunker, J. (2002): Regionale Integration im System des liberalisierten Welthandels. EG und NAFTA im Vergleich. (= Schriften zum Staats- und Völkerrecht 94). Frankfurt am Main u. a. O.

E

Eckart, K. u. B. Kortus (1995): Die Eisen- und Stahlindustrie in Europa im strukturellen Wandel. Wiesbaden.

Emcke, C. (2006): Freihandel in der Krise. In: Le Monde Diplomatique (Hg.): Atlas der Globalisierung. Die neuen Daten und Fakten zur Lage der Welt. Berlin: 100–101.

Emmer, P. u. a. (Hg.) (1988): Wirtschaft und Handel der Kolonialreiche. (= Dokumente zur Geschichte der europäischen Expansion 4). München.

EU (Europäische Union) (2008): Die Geschichte der Europäischen Union. Brüssel.

Eurostat (2007): Europa in Zahlen. Eurostat Jahrbuch 2006–07. Brüssel.

F

Falola, T. u. A. Genova (2005): The Politics of the Global Oil Industry. Westport/CT u. London.

FAO (Food and Agriculture Organization of the United Nations) (2004): The State of Agricultural Commodity Markets 2004. Rom.

FAO (Food and Agriculture Organization of the United Nations) (2005a): Banana Statistics 2005. Rom.

FAO (Food and Agriculture Organization of the United Nations) (2005b): The State of Food and Agriculture. Agriculture Trade and Poverty. Can Trade work for the Poor? Rom.

FAO (Food and Agriculture Organization of the United Nations) (2007a): The State of Food and Agriculture. Rom.

FAO (Food and Agriculture Organization of the United Nations) (2007b): The State of Agricultural Commodity Markets 2006. Rom

FAO (Food and Agriculture Organization of the United Nations) (2008): The State of Food and Agriculture. Biofuels: Prospects, Risks and Opportunities. Rom.

FAS (Frankfurter Allgemeine Sonntagszeitung): 06.08.06: Der Zusammenbruch.

09.03.08: Für eine Handvoll Dollar.
13.07.08: Der große Energie-Check.
26.04.09: Wohin mit dem ganzen Schrott?

FAZ (Frankfurter Allgemeine Zeitung):
14.06.05: Große Nachfrage nach technischen Textilien.
06.09.05: EU und China beenden wieder einen Textilstreit.
30.07.08: WTO endet ohne Ergebnis.

Fearon, P. (2006): Great Depression of the 1930s. In: McCusker, J. (Hg.): History of World Trade since 1450. Bd. I, Detroit u. a. O.: 332–336.

Fischer Taschenbuchverlag (Hg.) (2008): Der Fischer Weltalmanach 2009. Frankfurt am Main.

FLO (Fairtrade Labelling Organizations International) (2008): Annual Report 2007. Bonn.

Friedman, T. L. (2005): The World is Flat. A Brief History of the Twenty-First Century. New York.

Fuchs, M. (2005): Wo stirbt ein Auto? Wertschöpfungsketten von Altautos. In: Geographische Rundschau 57 (2): 48–53.

G

Gaebe, W. (1993): Neue räumliche Organisationsstrukturen in der Automobilindustrie. In: Geographische Rundschau 45 (9): 493–497.

Gaebe, W. (2008): Führen die Strategien der Hersteller von Premiumfahrzeugen ins Abseits? In: Geographische Rundschau 60 (3): 58–65.

Gaillard, R. (2007): Bauernjury in Sikaso. In: Le Monde Diplomatique (Hg.): Die Globalisierungsmacher. Konzerne, Netzwerker, Abgehängte. (= Edition No. 2). Berlin: 92–95.

Gallagher, K. S. (2006): China Shifts Gears. Automakers, Oil, Pollution, and Development. Cambridge/MA.

Gamberoni, E. u. R. Newfarmer (2009): Trade Protection: Incipients but Worrisome Trends. (= TRADEnotes 37). The World Bank, Washington, DC.

Garner, J. (2005): The Rise of the Chinese Consumer: Theory and Evidence. Chichester u. Hoboken.

Gebhardt, H., R. Glaser, U. Radtke u. P. Reuber (2007): Geographie. Physische Geographie und Humangeographie. München.

George, S. (2007): Die Internationale Handels-organisation. Ein Gegenentwurf zur WTO. In: Le Monde Diplomatique (Hg.): Die Globalisierungsmacher. Konzerne, Netzwerker, Abgehängte. (= Edition No. 2). Berlin: 45.

Gereffi, G., M. Korzeniewicz u. R. P. Korzeniewicz (1994): Introduction: Global Commodity Chains. In: Gereffi, G. u. M. Korzeniewicz (Hg.): Commodity Chains and Global Capitalism. Westport u. London: 1–14.

Gesamtverband textil + mode (2006): Zahlen zur Textil- und Bekleidungsindustrie 2006. Eschborn.

Goldin, I. u. K. Reinert (2007): Globalization for Development. Trade, Finance, Aid, Migration, and Policy. Washington, DC.

Golding, K. u. K. Peattie (2005): In Search of a Golden Blend: Perspectives on the Marketing of Fair Coffee. In: Sustainable Development 13 (3): 154–165.

Gomez-Diaz, D. u. I. Amate-Fortes (2006): MERCOSUR. In: McCusker, J. (Hg.): History of World Trade since 1450. Bd. II, Detroit u. a. O.: 490–492.

Gudoshnikow, S. (2005): World Sugar Supply and Demand until 2010 and Beyond. In: Pérez-López, J. F. u. J. Alvarez (Hg.): Reinventing the Cuban Sugar Agroindustry. Lanham u. a. O.: 93–109.

Gupta, A. D. u. N. N. Pearson (1994): The Dutch East India Company in the Trade of the Indian Ocean. In: Prakash, O. (Hg.): Precious Metals and Commerce: Dutch East India Company in the Indian Ocean Trade. Great Yarmouth: 185–200.

Guthrie, D. (2006): China and Globalization. The Social, Economic and Political Transformation of Chinese Society. New York u. London.

H

Haas, H.-D. u. S.-M. Neumair (Hg.) (2006): Internationale Wirtschaft. Rahmenbedingungen, Akteure, räumliche Prozesse. München u. Wien.

Haas, H.-D., J. Rehner u. H.-M. Zademach (2008): Produktpiraterie, Plagiate und geistiges Eigentum in China. In: Geographische Rundschau 60 (5): 20–26.

Haas, H.-D. u. H.-M. Zademach (2005): Internationalisierung im Textil- und Bekleidungsgewerbe. In: Geographische Rundschau 57 (2): 30–38.

Handelsblatt
21.12.04: Schlechte Englischkenntnisse machen IT-Outsourcing teurer.
13.03.06: BRIC-Länder: Blick ins Jahr 2006.
30.03.07: Deutsche Autohersteller drängen nach Indien.

Hanson, J. R. (1980): Trade in Transition. Exports from the Third World 1840–1900. New York.

Harley, C. (2006): Industrial Revolution. In: McCusker, J. (Hg.): History of World Trade since 1450. Bd. I, Detroit u. a. O.: 396–399.

Haussherr, H. (1970): Wirtschaftsgeschichte der Neuzeit vom Ende des 14. bis zur Höhe des 19. Jahrhunderts. Köln u. Wien.

Haussig, H. W. (1983): Die Geschichte Zentralasiens und der Seidenstraße in islamischer Zeit. Darmstadt.

He, Q. (2006): China in der Modernisierungsfalle. Hamburg.

Helfer, M. (2008): Perspektiven der Steinkohle im 21. Jahrhundert. In: Geographische Rundschau 50 (1): 32–41.

Helldorf, D. von (2005): Die Internationalisierung von Speditionsunternehmen aus Sicht eines Global Players. In: Neiberger, C. u. H. Bertram (Hg.): Waren um die Welt bewegen. Strategien und Standorte im Management globaler Warenketten. (= Studien zur Mobilitäts- und Verkehrsforschung 11). Mannheim: 88–95.

Henderson, H. u. S. Sethi (2006): Ethical Markets. Growing the Green Economy. White River Junction.

Hesse, M. (2007): Globalisierung im Zeichen des Automobils. In: Geographische Rundschau 59 (5): 54–59.

Hinton, D. (2006): Petroleum. In: McCusker, J. (Hg.): History of World Trade since 1450. Bd. I, Detroit u. a. O.: 572–574.

Hiro, D. (2007): Blood on the Earth. The Battle for the World's Vanishing Oil Resources. New York.

Hobhouse, H. (1985): Fünf Pflanzen erobern die Welt. Stuttgart.

Hoekman, B. u. M. Olarenga (Hg.) (2007): Global Trade and Poor Nations. Washington, DC.

Hofmeister, B. (1988). Nordamerika. Frankfurt am Main.

I

Institute of Shipping Economics and Statistics (versch. Jahrgänge): ISL Port Database. Bremen.

Ismail, F. (2005): Mainstreaming Development in the World Trade Organization. In: Journal of World Trade 39 (1): 11–21.

ITU (International Telecommunication Union) (2007): ICT Statistics 2006. Genf.

J

James, H. (2003): Der Rückfall. Die neue Weltwirtschaftskrise. München.

Jensen, R. (2007): The Digital Provide: Information (Technology), Market Performance and Welfare in the South Indian Fisheries Sector. In: Quarterly Journal of Economics 122 (3): 879–924.

Jha, V., J. Nedumpara u. T. Endow (2006): Dealing with Trade Distortions in Steel Industry. New Delhi.

Jovanovic, M. N. (2006): The Economics of International Integration. Cheltenham/UK u. Northampton/USA.

K

Kempf, S. (2005): Die Economic Community of West African States (ECOWAS). Internet: www.weltpolitik.net.

Kenwood, A. G. u. A. L. Lougheed (1983): The Growth of the International Economy 1820–1980. London.

Kerwes, T. (2005): Trendige T-Shirts per Luftfracht. Die Welt trägt China und kauft sich glücklich. In: Das Parlament 47 (online-Ausgabe).

Khanna, S. R. u. IBC Research Team (2006): Trends in EU Textile and Clothing Imports. In: Textile Outlook International 124 (July–August): 61–123.

Kim, H. Y. (2003): Impact of Trade Liberalization on the Location of Firms: NAFTA and the Automobile Industry. In: The Annals of Regional Science 37 (1): 149–173.

Kindleberger, Ch. P. (1973): The World in Depression 1929–1939. London.

Klein, H. (1999): The Atlantic Slave Trade. (= New Approaches to the Americas 3). Cambridge.

Klimkeit, H.-J. (1988): Die Seidenstraße. Handelsweg und Kulturbrücke zwischen Morgen- und Abendland. Köln.

Kopf, P. (1987): David Hume, Philosoph und Wirtschaftstheoretiker (1711–1776). (= Beiträge zur Wirtschafts- und Sozialgeschichte 25). Wiesbaden.

Koschatzky, K. (1997): Die ASEAN-Staaten zwischen Globalisierung und Regionalisierung. In: Geographische Rundschau 49 (12): 702–707.

Kreft, H. (2008): Sicherheit der Energieversorgung Chinas. In: Geographische Rundschau 50 (1): 50–57.

Kreutzmann, H. (2004): Opium für den Weltmarkt. Beobachtungen zu Afghanistans Schlafmohnanbau. In: Geographische Rundschau 56 (11): 54–60.

Kreutzmann, H. (2006): Wasser und Entwicklung. In: Geographische Rundschau 58 (2): 4–12.

Kreutzmann, H. (2007): Politische Konflikte um Erdölressourcen. In: Gebhardt, H., R. Glaser, U. Radtke u. P. Reuber (Hg.): Geographie. Physische Geographie und Humangeographie. München: 1014–1023.

Krondl, M. (2007): The Taste of Conquest. The Rise and Fall of the Three Great Cities of Spice. New York.

Kruber, K.-P., Mees, A. u. C. Meyer (2008): Theoretische Grundlagen des internationalen Handels. In: Informationen zur Politischen Bildung (299): 23–32.

Krugman, P. R. u. M. Obstfeld (2006): Internationale Wirtschaft. Theorie und Politik der Außenwirtschaft. 7. Aufl., München u. a. O.

Kulke, E. (2008): Wirtschaftsgeographie. 3. Aufl., Weinheim u. a. O.

L

Laudicina, P. u. J. M. White (2005): India and China: Asia's FDI Magnets. In: Far Eastern Economic Review 168 (9): 25–28.

Leiste, E. (2008): Export immer wichtiger für deutsche Wirtschaft. In: Germany Trade & Invest Nr. 9. Berlin.

Levinson, M. (2006): The Box. How the Shipping Container made the World Smaller and the World Economy Bigger. Princeton u. Oxford.

Lewchuk, W. (2006): Automobile. In: McCusker, J. (Hg.): History of World Trade since 1450. Bd. I, Detroit u. a. O.: 36–40.

Liefer, I. (2008): Ausländische Direktinvestitionen und Wissenstransfer nach China. In: Geographische Rundschau 60 (5): 4–11.

Lopez, R. S. u. I. W. Raymond (Hg.) (1955): Medieval Trade in the Mediterranean World. New York.

Low, W. u. E. Davenport (2005): Postcards from the Edge: Maintaining the »Alternative« Character of Fair Trade. In: Sustainable Development 13 (3): 143–153.

Lower, J. A. (1973): Canada. An Outline History. Toronto u. a. O.

M

Maillard, J. de (2007): Finanzparadiese für Reiche und Terroristen. In: Le Monde Diplomatique (Hg.): Atlas der Globalisierung. Berlin: 118–119.

Maneschi, A. (2006): Theories of International Trade since 1900. In: McCusker, J. (Hg.): History of World Trade since 1450. Bd. II, Detroit u. a. O.: 752–754.

Marchick, D. M. u. E. M. Graham (2006): How China Can Break Down America's Wall. In: Far Eastern Economic Review 169 (6): 10–14.

Marcus, E. (2006): World Bank. In: McCusker, J. (Hg.): History of World Trade since 1450. Bd. II, Detroit u. a. O.: 820–823.

Marks, R. B. (2006): Die Ursprünge der modernen Welt. Eine globale Weltgeschichte. Darmstadt.

Martin, W. J., D. Bhattasali u. S. Li (2004): China's Accession to the WTO: Impacts on China. In: Krumm, K. u. H. Kharas (Hg.): East Asia Integrates. A Trade Policy Agenda for Shared Growth. Washington, DC: 3–30.

Mason, K. u. J. Knight (2005): Africa to Fight for Cotton Rights. In: African Business (315): 16–19.

Mathur, V. (2006): Foreign Trade in India, 1947–2007, Trends, Policies, and Prospects. New Delhi.

Mauro, F. (1990): Merchant Communities. In: Tracy, J. (Hg.): The Rise of Merchant Empires. Long-Distance Trade in the Early Modern World, 1350–1750. Cambridge u. New York: 255–286.

May, C. (2005): Intellectual Property Rights. In: Kelly, D. u. W. Grant (Hg.): The Politics of International Trade in the Twenty-First Century. Actors, Issues and Regional Dynamics. New York: 164–182.

Mayer, C. (2004): Das Schnittblumen-Siegel. Beispiel für Umwelt- und Sozialstandards auf dem Weltmarkt. In: Geographische Rundschau 56 (11): 49–52.

McClenahan, J. (2004): Rougher Ride after NAFTA. In: Industry Week 253 (2): 39–42.

McKinsey (Hg.) (2004): Made in India. The next big Manufacturing Export Story. New Delhi.

McPherson, K. (2006): Containerization. In: McCusker, J. (Hg.): History of World Trade since 1450. Bd. I, Detroit u. a. O.: 154–157.

Mecham, M. (2003): Mercosur: A Failing Development Project? In: International Affairs 79 (2): 369–387.

Mildner, S. (2004): Der Goldstandard vor dem Ersten Weltkrieg. Internet: www.weltpolitik.net.

Mildner, S. (2005): Multilaterale Handelsliberalisierung nach 1945. Internet: www.weltpolitik.net.

Millet, D. (2006): Rohstoffe für die Welt. In: Le Monde Diplomatique (Hg.): Atlas der Globalisierung. Die neuen Daten und Fakten zur Lage der Welt. Berlin: 28–29.

Mitchell, D. (2005): Sugar Policies: Opportunity for Change. In: Newfarmer, R. (Hg.): Trade, DOHA and Development. A Window into the Issues. Washington, DC: 129–137.

N

Nagel, J. G. (2007): Abenteuer Fernhandel. Die Ostindienkompagnien. Darmstadt.

Naím, M. (2003): The Five Wars of Globalization. In: Foreign Policy (January/February): 28–36.

Naím, M. (2006): Schwarzbuch des organisierten Verbrechens. Drogen, Waffen, Menschenhandel, Geldwäsche, Markenpiraterie. München u. Zürich.

Neiberger, C. (2007): Logistikunternehmen im Globalisierungsprozess. In: Geographische Rundschau 59 (5): 22–27.

Neiberger, C. u. H. Bertram (Hg.) (2005): Waren um die Welt bewegen. Strategien und Standorte im Management globaler Warenketten. (= Studien zur Mobilitäts- und Verkehrsforschung 11). Mannheim.

Neßhöver, C. (2007): Weltklasse aus Deutschland. In: Handelsblatt Agenda (Januar): 92–100.

Newfarmer, R. (2006a): Through the Window: Beacons for a Pro-Poor World Trading System. In: Newfarmer, R. (Hg.): Trade, DOHA and Development. A Window into the Issues. Washington, DC: 15–25.

Newfarmer, R. (2006b): Regional Trade Agreements: Designs for Development. In: Newfarmer, R. (Hg.): Trade, DOHA and Development. A Window into the Issues. Washington, DC: 243–254.

Nicholls, A. u. Ch. Opal (2004): Fair Trade. Market-Driven Ethical Consumption. London.

Norberg, J. (2006): China Paranoia Derails Free Trade. In: Far Eastern Economic Review 169 (1): 46–49.

North, M. (1994): Das Geld und seine Geschichte. Vom Mittelalter bis zur Gegenwart. München.

North, M. (2000): Kommunikation, Handel, Geld und Banken in der frühen Neuzeit. München.

North, M. (2006): Fugger Family. In: McCusker, J. (Hg.): History of World Trade since 1450. Bd. I, Detroit u. a. O.: 305.

Nuhn, H. (1995): Neue Entwicklung im EU-Bananenkonflikt. Dokumentation. In: Geographische Rundschau 47 (9): 197–199.

Nuhn, H. (1997): Globalisierung und Regionalisierung im Weltwirtschaftsraum. In: Geographische Rundschau 49 (3): 136–141.

Nuhn, H. (2005): Internationalisierung von Seehäfen. Vom Cityport und Gateway zum Interface globaler Transportketten. In: Neiberger, C. u. H. Bertram (Hg.): Waren um die Welt bewegen. Strategien und Standorte im Management globaler Warenketten. (= Studien zur Mobilitäts- und Verkehrsforschung 11). Mannheim: 17–31.

Nuhn, H. (2007): Globalisierung und Verkehr – weltweit vernetzte Transportssysteme. In: Geographische Rundschau 59 (5): 4–11.

Nuhn, H. u. M. Hesse (2006): Verkehrsgeographie. Paderborn u. a. O.

O

O'Rourke, K. (2006): Heckscher-Ohlin: In: McCusker, J. (Hg.): History of World Trade since 1450. Bd. I, Detroit u. a. O.: 357–359.

OECD (Organisation of Economic Co-operation and Development) (2006): Cotton in West Africa. The Economic and Social Stakes. Paris.

OECD (Organisation of Economic Co-operation and Development) u. FAO (Food and Agricultural Organization of the United Naitions) (2008): OECD-FAO Agricultural Outlook 2008–2017. Rom.

Olivier, D., F. Parola, B. Slack u. J. Wang (2007): The Time Scale of Internationalisation: The Case Study of the Container Port Industry. In: Maritime Economics & Logistics 9 (1): 1–34.

OPEC (Organization of the Petroleum Exporting Countries) (2007): World Oil Outlook 2009. Wien.

o. V. (2008): Material Flows and Recycling of ELVs. Used Cars on the Way to Africa – Dead-End or the Path to Mobility? In: Recycling M@gazine (7): 6–11.

Overhoff, Chr. (2007): Indien könnte drittgrößte Volkswirtschaft der Welt werden. bfai Datenbank Länder und Märkte. Internet: www.gtai.de/DE/Navigation.de.

Oxfam Deutschland (2005): Pressemitteilung 25. 11. 05: Zuckerabkommen der EU ist skandalöser Verrat an armen Ländern. Internet: www.oxfam.de.

Oxfam Deutschland (2007): Ist die Kaffeekrise nun vorüber? Berlin.

P

Pan, S., M. Fadiga, S. Mohanty u. M. Welch (2007): Cotton in a Free World. In: Economic Inquiry 45 (1): 188–197.

Panagariya, A. (2007): Why India Legs Behind and How it Can Bridge the Gap. In: The World Economy 30 (2): 229–248.

Parrish, B., V. Luzadis u. W. R. Bentley (2005): What Tanzania's Coffee Farmers Can Teach the World: A Performance-Based Look at the Fair Trade-Free Trade Debate. In: Sustainable Development 13 (3): 177–189.

Paul List Verlag (Hg.) (1968): Harms Geschichtsatlas. München.

Paull, M. u. W. Millstead (2006): Iron and Steal in India. In: Australian Commodities 13 (3): 555–568.

Perkowski, J. (2007a): Care and Feeding of the U.S. Consumer. In: Far Eastern Economic Review 170 (7): 14–17.

Perkowski, J. (2007b): The Coming China Car Boom. In: Far Eastern Economic Review 169 (3): 23–26.

Plur, C. (2005): Netzwerk-Optimierung für RFID. In: funkschau (9): 14–15.

Poon, J. P. (1997): The Cosmopolitanization of Trade Regions: Global Trends and Implications, 1965–1990. In: Economic Geography 73 (4): 390–404.

Porrata-Doria, R. (2005): MERCOSUR. The Common Market of the Southern Cone. Durham/NC.

Prakash, O. (2006): British East India Company. In: McCusker, J. (Hg.): History of World Trade since 1450. Bd. I, Detroit u. a. O.: 201–204.

Preusse, H. (2002): Warum stagniert der MERCO-SUR? Wirtschaftliche Faktoren. In: Lateinamerikanische Analysen (1): 119–136.

Price, J. (2006): Tobacco. In: McCusker, J. (Hg.): History of World Trade since 1450. Bd. I, Detroit u. a. O.: 757–761.

Public Citizen (2005): Suez. A Corporate Profile. Washington, DC.

R

Raeithel, G. (1995): Geschichte der nordamerikanischen Kultur. Bd. 1: Vom Puritanismus bis zum Bürgerkrieg 1600–1860. Frankfurt am Main.

Rauh, J. (2005): Internationale Telekommunikation und Welthandelsströme. In: Geographische Rundschau 57 (2): 40–47.

Reichert, T. (2006): EU-Agrarsubventionen auf dem Prüfstand. Entwicklung von Kriterien für ihren Umbau. Berlin.

Rekacewicz, P. (2007): Wie Wasser zum Wirtschaftsgut wird. In: Le Monde Diplomatique (Hg.): Die Globalisierungsmacher. Konzerne, Netzwerker, Abgehängte. (= Edition No. 2). Berlin: 78–81.

Rempel, H. (2008): Globale Verfügbarkeit nichterneuerbarer Energierohstoffe. In: Geographische Rundschau 50 (1): 22–31.

Revelli, P. (2007): Süße Plackerei. In: Le Monde Diplomatique (Hg.): Die Globalisierungsmacher. Konzerne, Netzwerker, Abgehängte. (= Edition No. 2). Berlin: 42–44.

Richardson, D. (2006): Slavery and the American Slave Trade. In: McCusker, J. (Hg.): History of World Trade since 1450. Bd. II, Detroit u. a. O.: 686–691.

Richmond, S., W. Millstead u. R. Wilson (2006): Steel and Steel Making Raw Materials. In: Australian Commodities 13 (1): 115–135.

Rivoli, P. (2006): The Travels of a T-Shirt in a Global Economy. Hoboken.

Rodrigue, J. P., C. Comtois u. B. Slack (2006): The Geography of Transportation Systems. London.

Rogerson, Chr. M. (2005): »The Region is Local«: Restructuring the Clothing Industry of Southern Africa. In: Alvstam, C. u. E. Schamp (Hg.): Linking Industries Across the World. Processes of Global Networking. Aldershot u. Burlington: 277–295.

Rostow, W. W. (1978): The World Economy, History and Prospect. Austin.

Rothe, P. (2000): Erdgeschichte. Spurensuche im Gestein. Darmstadt.

Rothermund, D. (1999): The Changing Pattern of British Trade in Indian Textiles. 1701–1757. In: Chaudhury, S. u. M. Morineau (Hg.): Merchants, Companies and Trade. Europe and Asia in the Early Modern Era. Cambridge: 276–286.

Rühling, M. (2004): Ein Synonym für Neoliberalismus? Zu Geschichte und Inhalt des »Washington Konsensus«. In: Zeitschrift Entwicklungspolitik 7: 50–52.

S

Saha, S. K. (2004): Core-Periphery in the Americas. Understanding the Political Economy of MERCOSUR and FTTA. In: Dominhuez, F. U. M. G. de Oliveira (Hg.): Mercosur between Integration and Democracy. Bern.

Salentiny, F. (1991): Die Gewürzroute. Die Entdeckung des Seewegs nach Asien. Köln.

Schamp, E. (2008): Globale Wertschöpfungsketten. In: Geographische Rundschau 60 (9): 4–11.

Schefold, B. u. K. Carstensen (2002): Die klassische politische Ökonomie. In: Issing, O. (Hg.): Geschichte der Nationalökonomie. München: 67–92.

Schinzinger, F. (2002): Vorläufer der Nationalökonomie. In: Issing, O. (Hg.): Geschichte der Nationalökonomie. München: 15–36.

Schirm, S. (1997): Politische und ökonomische Auswirkungen der NAFTA. In: Außenpolitik 48 (1): 68–79.

Schmidt, K.-H. (2002): Merkantilismus, Kameralismus, Physiokratie. In: Issing, O. (Hg.): Geschichte der Nationalökonomie. München: 37–66.

Seideman, T. (2004): Despite Globalization Traumas, Flower Industry Blooms. In: World Trade 17 (6): 22–26.

Sekhar, U. (2007): Foreign Investment and Collaboration in India's Textile and Apparel Industry. In: Textile Outlook International 128 (March–April): 142–154.

Séréni, J.-P. (2007): Neue Regeln für den Erdölmarkt. In: Le Monde Diplomatique (Hg.): Die Globalisierungsmacher. Konzerne, Netzwerker, Abgehängte. (= Edition No. 2). Berlin: 73–76.

Serfati, C. (2006): Gute Zeiten für Waffenhändler. In: Le Monde Diplomatique (Hg.): Atlas der Globalisierung. Die neuen Daten und Fakten zur Lage der Welt. Berlin: 90–91.

Servant, J.-Chr. (2007): Sweatshops für Wal-Mart. In: Le Monde Diplomatique (Hg.): Die Globalisierungsmacher. Konzerne, Netzwerker, Abgehängte. (= Edition No. 2). Berlin: 15.

Shiva, V. (2007): Cola löscht den Durst nicht. In: Le Monde Diplomatique (Hg.): Die Globalisierungsmacher. Konzerne, Netzwerker, Abgehängte. (= Edition No. 2). Berlin: 82–85.

Sinn, H.-W.(2005): Die Basar-Ökonomie. Deutschland: Exportweltmeister oder Schlusslicht? (= Schriftenreihe der bpb 534). Bonn.

SIPRI (Stockholm International Peace Research Institute) (2008): SIPRI Yearbook 2008. Armaments, Disarmament and International Security, Summary. Stockholm.

Smith, A. (1776): Der Wohlstand der Nationen. 5. Aufl. 1978. München.

Smith, J. (2004): Japan Sells its first Cars in the United States. In: World Trade 17 (7): 66.

Söllner, F. (2001): Die Geschichte des ökonomischen Denkens. Berlin, Heidelberg u. New York.

Sowinski, L. (2008): Air Cargo Flies a New Heading. In: World Trade 21 (8): 34–36.

Stamm, A. (1999): Kaffeewirtschaft in Zentralamerika. Aktuelle Situation und Entwicklungsperspektiven In: Geographische Rundschau 51 (7–8): 399–407.

Stamm, A. (2007): Bedeutung von Distanzen und Transportwegen in Entwicklungsländern. In: Geographische Rundschau 59 (5): 60–65.

Starbatty, J. (1985): Die englischen Klassiker der Nationalökonomie, Lehre und Wirkung. Darmstadt.

Statistisches Bundesamt (2008): Statistisches Jahrbuch der Bundesrepublik Deutschland 2008. Wiesbaden.

Steensgaard, N. (1981): The Companies as a Specific Institution in the History of European Expansion. In: Blussé, L. u. F. Gaastra (Hg.): Companies and Trade. The Hague: 245–265.

Stiglitz, J. (2003): The Roaring Nineties. New York.

Stiglitz, J. (2006a): Social Justice and Global Trade. In: Far Eastern Economic Review 169 (2): 18–22.

Stiglitz, J. (2006b): Making Globalization Work. New York.

Stiglitz, J. u. A. Carlton (2005): Fair Trade for all. How Trade can Promote Development. Oxford.

Stoob, H. (1995): Die Hanse. Graz, Wien u. Köln.

Süßdorf, E. (1983): Panama. Vom Nadelöhr der Weltwirtschaft zum internationalen Finanzzentrum. Internationalisierung unter dem Einfluss der USA. In: Geographische Rundschau 36 (10): 498–503.

Sun, J. (2006): China: The Next Global Auto Power? In: Far Eastern Economic Review 169 (2): 37–41.

SZ (Süddeutsche Zeitung)
23.04.07: DaimlerChrysler und andere Katastrophen.
30.07.08: Rückschlag für den Welthandel.
04.08.08: Alarmstimmung bei Reedereien.

T

The Economist
18.12.97: Bananas. Expelled from Eden.
09.12.04: A Free-Trade tag-of-war.
06.09.05: Europe and China Reach a Truce on textiles.
03.11.05: Uncle Sam Visits his Restive Neighbors.
27.07.06: Mercosur: Summit of the Americas.
22.02.07: Slavery: Breaking the Chains.
31.03.07: A Special Report on China and its Region.
12.04.07: Special Report Brazil.
10.05.07: The Japan Syndrome.
05.07.07: Mercosur: A Turning Point.
16.08.07: Scarcity in the Midst of a Surplus.

06.10.07: Latin America and the United States.

15.11.07: Special Report: Brazil.

24.11.07: The Shipping Boom. Crossing Continents.

08.12.07: Cheap no more.

08.01.08: The Laptop Wars.

18.01.08: Bumpy Ride for Biofuels.

08.03.08: What's Holding India Back?

02.08.08: World Trade. So near and yet so far.

13.12.08: A Special Report on India. 2008 Country Briefing: Brazil, China, India, Russia.

07.02.09: The Return of Economic nationalism.

28.03.09: The Nuts and Bolts come apart.

08.04.09: The Summit of the Americas.

The New York Times

05.09.06: Online Game, Made in U.S., Seizes the Globe.

01.02.07: Thousands in Mexico City protest rising Food Prices.

17.06.07: The Life of the Chinese Gold Farmer.

19.09.07: The High Costs of Ethanol.

15.05.08: Defying President Bush's Farm Bill.

05.02.09: Senate Agrees to Diluge »Buy American«Provisions.

The Washington Post

03.11.07: Sugar Industry Expands Influence.

10.11.07: Oil Price Causes Global Shift in Wealth.

17.02.08: Review: Ha-Joon Chang 2008.

The World Bank (2007): A Guide to the World Bank. 2. Aufl., Washington, DC.

The World Bank u. Ledermann, D., W. F. Maloney u. L. Servén (2003): Lessons from NAFTA for Latin America and the Carribean Countries: A Summary of Research Findings. Washington, DC.

Thorez, P. (2007): Internationaler Luft- und Seeverkehr im 21. Jahrhundert. In: Le Monde Diplomatique (Hg.): Atlas der Globalisierung. Berlin: 42–43.

Thun, E. (2006): Changing Lanes in China: Foreign Direct Investment, Local Government, and Auto Sector Development. Cambridge.

Tignor, R. (2006): Suez Canal. In: McCusker, J. (Hg.): History of World Trade since 1450. Bd. II, Detroit u. a. O.: 723–725.

Topik, S. (2006): Coffee. In: McCusker, J. (Hg.): History of World Trade since 1450. Bd. I, Detroit u. a. O.: 138–141.

Topik, S. u. M. Samper (2006): The Latin American Coffee Commodity Chain: Brazil and Costa Rica. In: Topik, S., C. Marichal u. Z. Frank (Hg.): From Silver to Cocaine. Latin American Commodity Chains and the Building of the World Economy. Durham u. London: 118–145.

Trapp, M. (1987): Adam Smith, politische Philosophie und politische Ökonomie. (= Abhandlungen zu den wirtschaftlichen Staatswissenschaften 28). Göttingen.

Trenck, Ch. De (2007): Movers and Shakers. Shattering Shipping News. In: Far Eastern Economic Review 170 (5): 53–57.

U

Uesseler, R. (2006): Neue Kriege, neue Söldner. Private Militärfirmen und globale Interventionsstrategien. In: Blätter für deutsche und internationale Politik (Hg.): Der Sound des Sachzwangs. Der Globalisierungs-Reader. Bonn u. Berlin: 114–124.

Ufen, A. (2004): Neuer Regionalismus in Südostasien – das Beispiel ASEAN. In: Nord-Süd aktuell (1): 88–104.

UNCTAD (United Nations Conference on Trade and Development) (2007a): World Investment Report. New York u. Genf.

UNCTAD (United Nations Conference on Trade and Development) (2007b): Factsheet Outward FDI Flows, by Host Region and Economy, 1970–2006. New York u. Genf.

UNCTAD (United Nations Conference on Trade and Development) (2007c): Factsheet Inward FDI Flows as a Percentage of Gross Fixed Capital Formation, by Host Region and Economy, 1970–2006. New York u. Genf.

UNCTAD (United Nations Conference on Trade and Development) (2008a): The Iron Ore Market. New York u. Genf.

UNCTAD (United Nations Conference on Trade and Development) (2008b): Handbook of Statistics 2008.

UNCTAD (United Nations Conference on Trade and Development) (2008c): Review of Maritime Transport 2008. New York u. Genf.

UNCTAD (United Nations Conference on Trade and Development) (2008d): World Investment

Report. Transnational Corporations, and the Infrastructure Challenge. New York u. Genf.

UNCTAD (United Nations Conference on Trade and Development) (2008e): Factsheet Outward FDI Flows. Genf.

UNDP (United Nations Development Programme) (2008): Human Development Report 2007/2008. New York.

United Nations (2008): Database UN comtrade. New York.

UNODC (United Nations Office on Drugs and Crime) (2008): World Drug Report 2008. New York.

U.S. Department of Commerce (versch. Jahrgänge): Statistical Abstract of the United States. Washington, DC.

USDA (United States Department of Agriculture) (2007): Cotton and Wool Situation and Outlook Yearbook. Washington, DC.

USDA (United States Department of Agriculture) (2008): Global Agricultural Supply and Demand: Factors Contributing to the Recent Increases in Food Commodity Prices. WRS-0801. Washington, DC.

V

Valdaliso, J. (2006): Spain. In: McCusker, J. (Hg.): History of World Trade since 1450. Bd. II, Detroit u. a. O.: 704–706.

Vance, J. E. (1986): Capturing the Horizon: The Historical Geography of Transportation since the 16th Century. Baltimore.

VDA (Verband der Automobil Industrie) (2008): Auto Jahresbericht 2008. Frankfurt am Main.

VdK (Verein der Kohleimporteure) (2008): Jahresbericht 2008. Hamburg.

W

Wagner, M. u. D. Huy (2005): Schafft der Strukturwandel in der Nachfrage eine neue Dimension für die Weltrohstoffmärkte? (= Commodity Top News 24). Göttingen.

Walter, R. (2006): Geschichte der Weltwirtschaft. Eine Einführung. Basel u. a. O.

Wamser, J. (2008): Wirtschaftsstandort Indien. Wirtschaftliche Öffnung und Folgen des globalen Wettbewerbs. In: Geographische Rundschau 60 (4): 4–10.

Wanda, J. (2005): Driving from Japan: Japanese Cars in America. Jefferson/NC.

Weber, C. u. D. Parusel (1995): Zum Beispiel Baumwolle. Göttingen.

Wee, H. Van der (1990): Structural Changes in European Long-Distance Trade, and Particularly in the Re-Export Trade from South to North, 1350–1750. In: Tracy, J. (Hg.): The Rise of Merchant Empires Long-Distance Trade in the Early Modern World, 1350–1750. Cambridge u. New York.

Weidenfeld, W. u. W. Wessels (Hg.) (1995): Europa von A–Z. Taschenbuch der Europäischen Union. Bonn.

Weingärtner, T. (2006): Ärger um Europas Bananen. In: Das Parlament 1–2 (online-Ausgabe).

Weisbrot, M., D. Rosnik u. D. Baker (2004): Getting Mexico to Grow with NAFTA: The World Bank's Analysis. Center for Economic and Policy Research. Washington, DC.

Whalley, J. (2006): China in the World Trading System. In: CESifo Economic Studies 52 (2): 215–245.

Wiener, J. (2005): GATS and The Politics of »Trade in Services«. In: Kelly, D. u. W. Grant (Hg.): The Politics of International Trade in the Twenty-First Century. Actors, Issues and Regional Dynamics. New York: 144–163.

Wilkinson, R. (2005): The World Organization and the Regulation of International Trade. In: Kelly, D. u. W. Grant (Hg.): The Politics of International Trade in the Twenty-First Century. Actors, Issues and Regional Dynamics. New York: 13–29.

Wirtschaftsvereinigung Stahl (2008): Steigende Rohstoffpreise verteuern die Stahlproduktion. Düsseldorf.

Woodward, R. (2006): Hanseatic League. In: McCusker, J. (Hg.): History of World Trade since 1450. Bd. I, Detroit u. a. O.: 348–351.

World Coal Institute (2007a): World Coal Facts. London.

World Coal Institute (2007b): Coal & Steel. London.

Wright, J. W. (2007): The New York Times 2008 Almanac. New York.

WTO (World Trade Organization) (2007a): Understanding the WTO. Genf.

WTO (World Trade Organization) (2007b): Trade Profiles 2007. Genf.

WTO (World Trade Organization) (2007c): World Trade Report 2007. Genf.

WTO (World Trade Organization) (2007d):
International Trade Statistics 2007. Genf.
WTO (World Trade Organization) (2008a):
Regional Trade Agreements Notified to the
GATT/WTO and in Force Chart. Genf.
WTO (World Trade Organization) (2008b):
International Trade Statistics 2008. Genf.
WTO (World Trade Organization) (2008c):
World Trade Report 2008. Trade in a Globali-
zing World. Genf.
WTO (World Trade Organization) (2008d):
World Trade Profiles 2008. Genf.

Y

Young, W. u. K. Utting (2005): Editorial: Fair
Trade, Business and Sustainable Development.
In: Sustainable Development 13 (4): 139–142.

Z

Zhao, Y. (2007): Overcoming »Green Barriers«:
China's First Five Years into the WTO. In: Jour-
nal of World Trade 41 (3): 535–558.
Zimmermann, J. (1993): Sportartikelindustrie in
Pakistan. Kleinindustrie als Hoffnungsträger
einer »frustrierten« Industrialisierung? In:
Geographische Rundschau 45 (11): 658–663.
Zimmermann, J. (2005): Pakistans Fußball-
industrie und der Sportartikel-Weltmarkt. In:
Geographische Rundschau 57 (2): 22–29.

Internetquellen

AirCargo World Online (Commonwealth Business
Media Publication): www.aircargoworld.com
Airports Council International: www.airports.org
ASEAN Secretariat: www.aseansec.org
Asia-Pacific Economic Cooperation: www.apec.org
British Petroleum: www.bp.com

Bundesministerium für Ernährung, Landwirtschaft
und Verbraucherschutz: www.bmelv.de
Chiquita: www.chiquita.com
Deutsche Welle: www.dw-world.de
Deutscher Kaffeeverband e. V.: www.kaffeever-
band.de
DHL: www.dhl.com
DiePresse.com: www.diepresse.com
Europäische Union: http://europa.eu
Fairtrade Labelling Organizations International:
www.fairtrade.net
FIZ Karlsruhe: www.fiz-karlsruhe.de
Food and Agriculture Organization of the United
Nations: www.fao.org
Fraport AG: www.airportcity-frankfurt.de
Hafen Hamburg Marketing e. V.: www.hafen-
hamburg.de
International Coffee Organization: www.ico.org
International Monetary Fund: www.imf.org
Iron and Steel Statistics Bureau: www.issb.co.uk
Lufthansa Cargo: www.lufthansa-cargo.de
Mercado Común del Sur: www.mercosur.int
Organisation Amerikanischer Staaten:
www.oas.org
Stahlinstitut VDEh und Wirtschaftsvereinigung
Stahl: www.stahl-online.de
Starbucks: www.starbucks.com
Statistisches Bundesamt Deutschland:
www.destatis.de
Transparency International: www.transparency.org
United Nations Conference on Trade and
Development: www.unctad.org
United States Department of Agriculture:
www.usda.gov
Verband der Automobilindustrie e. V.: www.vda.de
Wirtschaftliche Vereinigung Zucker e. V., Verein
der Zuckerindustrie e. V.:www.zuckerwirt-
schaft.de
World Trade Organization: www.wto.org

Sachregister

Personenregister